Joachim Erven, Jiří Horák

Mathematik für angewandte Wissenschaften

De Gruyter Studium

Weitere empfehlenswerte Titel

Mathematik für angewandte Wissenschaften.
Ein Vorkurs für Ingenieure, Natur- und Wirtschaftswissenschaftler
Joachim Erven, Matthias Erven, Josef Hörwick, 6. Auflage, 2017
ISBN 978-3-11-052684-4, e-ISBN (PDF) 978-3-11-052686-8,
e-ISBN (EPUB) 978-3-11-052697-4

Mathematik für angewandte Wissenschaften.
Ein Lehrbuch für Ingenieure und Naturwissenschaftler
Joachim Erven, Dietrich Schwägerl, 5. Auflage, 2018
ISBN 978-3-11-053694-2, e-ISBN (PDF) 978-3-11-053711-6,
e-ISBN (EPUB) 978-3-11-053723-9

Mathematik für angewandte Wissenschaften.
Ein Übungsbuch für Ingenieure und Naturwissenschaftler
Joachim Erven, Dietrich Schwägerl, Jiří Horák, 3. Auflage, 2019
ISBN 978-3-11-054889-1, e-ISBN (PDF) 978-3-11-055350-5,
e-ISBN (EPUB) 978-3-11-055365-9

Martingale und Prozesse
René L. Schilling, 2018
ISBN 978-3-11-035067-8, e-ISBN (PDF) 978-3-11-035068-5,
e-ISBN (EPUB) 978-3-11-038751-3

Numerik gewöhnlicher Differentialgleichungen.
Anfangswertprobleme und lineare Randwertprobleme
Martin Hermann, 2. Auflage, 2017
ISBN 978-3-11-050036-3, e-ISBN (PDF) 978-3-11-049888-2,
e-ISBN (EPUB) 978-3-11-049773-1

Joachim Erven, Jiří Horák

Mathematik für angewandte Wissenschaften

Ein Taschenbuch für Ingenieure und Naturwissenschaftler

2. Auflage

DE GRUYTER

Autoren
Prof. Dr. Joachim Erven
joaerven@t-online.de

Prof. Dr. Jiří Horák
jiri.horak@thi.de

ISBN 978-3-11-053712-3
e-ISBN (PDF) 978-3-11-053716-1
e-ISBN (EPUB) 978-3-11-053724-6

Library of Congress Control Number: 2018954117

Bibliografische Information der Deutschen Nationalbibliothek
Die Deutsche Nationalbibliothek verzeichnet diese Publikation in der Deutschen
Nationalbibliografie; detaillierte bibliografische Daten sind im Internet über
http://dnb.dnb.de abrufbar.

© 2018 Walter de Gruyter GmbH, Berlin/Boston
Coverabbildung: Thomas Albrecht/EyeEm/getty images
Druck und Bindung: CPI books GmbH, Leck

www.degruyter.com

Ein paar Worte voraus…

Vor fast acht Jahren erschien unter dem Titel „Taschenbuch der Ingenieurmathematik" die erste Auflage dieses Buches, damals noch im Oldenbourg Verlag. Als dieser vor einigen Jahren vom De Gruyter Verlag übernommen wurde, entstand im Zusammenhang mit der Neuordnung des Verlagsprogramms die Idee, vier Werke, an denen der erstgenannte Autor beteiligt ist, unter dem einheitlichen Rahmen „Mathematik für angewandte Wissenschaften" mit differenzierenden Untertiteln zusammenzufassen. Mit dieser Namensgebung sollte noch stärker unterstrichen werden, dass die Mathematik hier vornehmlich unter dem Aspekt der Anwendung behandelt wird, was inzwischen weit über die klassische Ingenieurmathematik hinausgeht. Das Vorkursbuch und das Lehrbuch aus dieser Reihe sind in den letzten Monaten erschienen, das Übungsbuch erscheint bald nach diesem Taschenbuch.

Außerdem ist Jiří Horák als zweiter Autor hinzugekommen. Er hat die Entstehung der Erstauflage bereits im Hintergrund begleitet und beim Korrekturlesen einige wertvolle Hinweise gegeben. Inzwischen ist er selbst Professor an der TH Ingolstadt und hat an der Erstellung dieser zweiten Auflage wesentlichen Anteil genommen. Als aktiver Hochschullehrer hat er durch den ständigen Kontakt mit den Studierenden eher die Möglichkeit, neuere Entwicklungen aufzunehmen als der erstgenannte Autor, der inzwischen emeritiert ist.

Nichtsdestoweniger wurde das bewährte Konzept der Erstauflage beibehalten: Das vorliegende Werk soll Studierende an Universitäten und Hochschulen, die als Anwender Mathematik studieren, während ihres gesamten Studiums und im Berufsleben danach als nützliches Nachschlagewerk für möglichst alle für sie relevanten mathematischen Sachverhalte zur Verfügung stehen. Deshalb haben wir uns um eine möglichst anschauliche Darstellung, unterstützt durch viele Abbildungen, bemüht, ohne jedoch die notwendige mathematische Strenge und Exaktheit zu vernachlässigen. Ein detailliertes Stichwortverzeichnis unterstützt unser Anliegen.

Der Aufbau des ersten Teils (Kapitel 1-9) entspricht etwa dem des von J. Erven und D. Schwägerl verfassten Lehrbuchs, das in der gleichen Reihe erschienen ist. Es werden die Grundlagen dargestellt, wie sie in jedem Bachelor-Studiengang einer ingenieur- oder naturwissenschaftlichen Disziplin benötigt werden. Dabei nehmen Teile der diskreten Mathematik (Lineare Algebra und Algebra) aufgrund ihrer für die Anwendung gestiegenen Bedeutung einen größeren Raum ein als in früheren vergleichbaren Werken. In den Kapiteln 9-16 werden weitergehende Themen behandelt, die insbesondere in den universitären Studiengängen der Elektro- und Informationstechnik sowie in allen Master-Studiengängen der Ingenieur- und Naturwissenschaften eine zunehmend wichtige Rolle spielen. Hervorzuheben sind hier die Kapitel über Numerik und Funktionentheorie, die wir in keinem uns bekannten Taschen-

https://doi.org/10.1515/9783110537161-005

buch in dieser Weise behandelt finden. Im Kapitel 17 sind – des schnelleren Auffindens wegen – häufig benutzte Integrale, Reihenentwicklungen und statistische Tabellen zusammengefasst. Wir halten so etwas auch in Zeiten des überall verfügbaren Internets nach wie vor für hilfreich und meist bequemer in der Handhabung. Teile des Anhangs basieren übrigens auf einem älteren Buch, an dem einer der Autoren mitgearbeitet hat und das unter dem Titel „H. Wörle, H.-J. Rumpf und J. Erven: Taschenbuch der Mathematik" 2015 als Reprint vom De Gruyter Verlag neu herausgegeben wurde.

Obwohl das vorliegende Buch aus unseren an verschiedenen Fakultäten und Hochschulen gehaltenen Vorlesungen entstanden ist, kann es kein Lehrbuch – und erst recht nicht den Vorlesungsbesuch – ersetzen. Das wird schon daran deutlich, dass bis auf wenige Ausnahmen auf Beispiele verzichtet wurde – einerseits deshalb, um es bei der Fülle des Stoffs noch einigermaßen kompakt und übersichtlich zu halten, andererseits aber auch, um es als Formelsammlung in Prüfungen zulassen zu können.

In der vorliegenden zweiten Auflage wurden etliche leider immer wieder vorkommende Schreibfehler beseitigt, an einigen Stellen die Darstellungsweise geglättet und mathematische Unsauberkeiten bereinigt. Außerdem wurden Inhalte ergänzt.

Es gibt viele Personen, die bei der Erstellung dieses Buches mitgewirkt haben und denen wir herzlich danken möchten: Da sind zunächst einmal Dietrich Schwägerl und Matthias Erven, Mitautoren bei anderen Werken dieser Reihe, zu nennen – dem einen für die Überlassung etlicher Grafiken, dem anderen für kritisches Korrekturlesen und viele fachliche Hinweise. Christine Erven hat das Abtippen der Integraltafeln übernommen und darüber hinaus den gesamten Text hinsichtlich Schreibfehler und Layoutgestaltung überprüft. Zudem sind hier die MINT-Lektorate der beiden Verlage zu nennen – namentlich Anton Schmid, Oldenbourg Verlag, für viele wertvolle Hinweise zur Konzeption und technischen Herstellung sowie Nadja Schedensack, De Gruyter Verlag, für die gute Zusammenarbeit.

Unser besonderer Dank gilt jedoch unseren Familien für die große Nachsicht, die sie bei der Erstellung der Texte mit uns hatten.

München und Ingolstadt, im Juli 2018   *J. Erven, J. Horák*

Inhalt

1   Grundlagen

1.1   Aussagenlogik und Mengenlehre

Definition:

> Eine *Aussage* ist ein sprachliches Gebilde (meist ein grammatikalisch korrekter Satz!), von dem <u>eindeutig</u> bestimmt werden kann, ob es *wahr* (*w, true,* 1) oder *falsch* (*f, false,* 0) ist.

Wesentlich für die sogenannte *Aussagenlogik* ist also die Tatsache, dass stets eindeutig feststellbar ist, welchen *Wahrheitswert* – *wahr* oder *falsch* – eine Aussage A hat; man spricht von der *Zweiwertigkeit* („tertium non datur"[1]) der Logik. Auf Grund dessen können zusammengesetzte Aussagen durch die Festlegung ihrer Wahrheitswerte – in Abhängigkeit von denen der Einzelaussagen – definiert werden. Häufig entsprechen diese dem umgangssprachlichen Gebrauch (zum Beispiel bei Verneinung oder Und-Verknüpfung), bei einigen, wie etwa Oder-Verknüpfung und Folgerung, ist allerdings Vorsicht geboten.

Negation (Verneinung)

Umgangssprachlich verneint man eine Aussage meist durch Hinzusetzen des Wortes „nicht". Die so aus A erhaltene Aussage $\overline{A}$ (auch mit $\neg A$ bezeichnet, gelesen „nicht A", „non A" oder einfach „A quer") hat – wie im alltäglichen Sprachgebrauch – genau die umgekehrten Wahrheitswerte wie A. Präzise wird dies durch sogenannte *Wahrheitstafeln* dargestellt, die man also in dieser Form auch zur Definition der *Negation* hernehmen kann:

A	$\overline{A}$
w	f
f	w

---

[1]   lat.: Es gibt kein Drittes.

https://doi.org/10.1515/9783110537161-011

Konjunktion (Und-Verknüpfung, AND)

Umgangssprachlich wird „A und B" nur dann als zutreffend angesehen, wenn beide beteiligten Einzelaussagen wahr sind, in den drei anderen Fällen (eine der beiden falsch und die andere wahr sowie beide falsch) ist „A und B" falsch. Der Gebrauch in der mathematischen Logik ist der gleiche, die *Konjunktion* der beiden Aussagen A und B, geschrieben als $A \wedge B$ (gelesen „A und B" oder „A et B") wird über die folgende Wahrheitstafel definiert:

A	B	$A \wedge B$
w	w	w
w	f	f
f	w	f
f	f	f

Auf diese Weise können insgesamt 16 verschiedene Wahrheitstafeln erzeugt werden (in der dritten Spalte kann an jeder der 4 Stellen w oder f stehen), es gibt also – anders ausgedrückt – 16 verschiedene 2-stellige Aussageverknüpfungen. Von diesen sind außer der Konjunktion noch die *Disjunktion* (Oder-Verknüpfung, OR; geschrieben $A \vee B$, gelesen „A oder B"), die *Implikation* (Folgerung; geschrieben $A \Rightarrow B$, gelesen „aus A folgt B" oder „wenn A dann B") und die *Äquivalenz* (Gleichwertigkeit; geschrieben $A \Leftrightarrow B$, gelesen „A äquivalent B") von Bedeutung. Sie werden durch folgende Wahrheitstafel definiert:

A	B	$A \wedge B$	$A \vee B$	$A \Rightarrow B$	$A \Leftrightarrow B$
w	w	w	w	w	w
w	f	f	w	f	f
f	w	f	w	w	f
f	f	f	f	w	w

Zu beachten ist, dass die Disjunktion stets nichtausschließend gemeint ist, sie also nur falsch ist, wenn beide Teilaussagen falsch sind, während in der Umgangssprache oft „entweder – oder" gemeint ist. Auch bei der Folgerung wird in der Umgangssprache häufig „wenn A dann B" mit „wenn nicht A dann nicht B" gleichgesetzt, was der Äquivalenz, aber nicht der Implikation entspricht. Eine Implikation $A \Rightarrow B$ ist (siehe oben) nur dann falsch, wenn die *Prämisse* A wahr und gleichzeitig die *Konklusion* B falsch ist.

In den beiden ersten Spalten sind alle denkbaren Kombinationen der Wahrheitswerteverteilungen der Einzelaussagen (insgesamt 4) aufgeführt, aus der dritten Spalte entnimmt man, dass nur im Falle, wo A und B wahr sind, auch $A \wedge B$ wahr ist. Das bedeutet aber auch, dass $B \wedge A$ die gleiche Wahrheitswerteverteilung hat wie $A \wedge B$, $A \wedge B$ und $B \wedge A$ sind logisch gleichbedeutend, „$A \wedge B$ entspricht $B \wedge A$" ist ein aussagenlogisches Gesetz.

Aussagenlogische Gesetze (Tautologien)

Offensichtlich ergeben sich die gleichen Verteilungen der Wahrheitswerte, wenn man bei $A \wedge B$, $A \vee B$ oder $A \Leftrightarrow B$ A und B die Rollen tauschen lässt, $A \wedge B$ und $B \wedge A$ sind also logisch gleichbedeutend, „$A \wedge B$ entspricht $B \wedge A$" ist ein *aussagenlogisches Gesetz*. Weitere wichtige Tautologien sind:

$A \wedge B$	$B \wedge A$	Kommutativgesetz
$A \vee B$	$B \vee A$	Kommutativgesetz
$A \Leftrightarrow B$	$B \Leftrightarrow A$	Kommutativgesetz
$A \Rightarrow B$	$\overline{B} \Rightarrow \overline{A}$	Kontrapositionsregel
$A \Rightarrow B$	$\overline{(A \wedge \overline{B})}$	
$A \Leftrightarrow B$	$A \Rightarrow B \wedge B \Rightarrow A$	Ringschluss-Regel
$\overline{A \wedge B}$	$\overline{A} \vee \overline{B}$	de MORGAN - Regel
$\overline{A \vee B}$	$\overline{A} \wedge \overline{B}$	de MORGAN - Regel
$A \wedge (B \vee C)$	$(A \wedge B) \vee (A \wedge C)$	Distributivgesetz
$A \vee (B \wedge C)$	$(A \vee B) \wedge (A \vee C)$	Distributivgesetz

Aussageformen

Der Ausdruck „$x > 2$" stellt ohne weitere Information über x keine Aussage im oben definierten Sinn dar. Steht die Variable x nämlich für irgendein Tier, so ergibt sich Unsinn, setzt man jedoch für x eine Zahl ein, so ergibt sich eine – wahre oder falsche – Aussage. Es liegt hier eine sogenannte Aussageform vor, die erst durch Angabe eines Einsetzungsbereichs für x zu einer Aussage wird.

Definition:

> Eine *Aussageform* ist ein sprachliches Gebilde mit mindestens einer Variablen (Leerstelle). Durch Einsetzen von entsprechend vielen Elementen aus angegebenen *Einsetzungsbereichen* wird daraus eine Aussage.

Man schreibt $A(x)$ bzw. $A(x_1, \cdots, x_n)$, wobei x bzw. $x_1, \cdots, x_n$ für Objekte aus den Einsetzungsbereichen E bzw. $E_1, \cdots, E_n$ stehen.

Interessant werden Aussageformen vor allem durch die häufig benutzte Möglichkeit der *Quantisierung*. Will man ausdrücken, dass eine Aussageform $A(x)$ für jedes Objekt x aus dem Einsetzungsbereich E gilt, so benutzt man den sogenannten *All-Quantor* (geschrieben: $\forall x : A(x)$, gelesen: „Für alle x (aus E) gilt $A(x)$."); die Tatsache, dass eine Aussageform $A(x)$ für mindestens ein Objekt x aus dem Einsetzungsbereich E wahr ist, wird durch den

Existenz-Quantor $\exists x : A(x)$ („Es gibt (mindestens) ein x aus E, für das $A(x)$ gilt) beschrieben. Durch Benutzung der Mengenschreibweise (siehe nächster Abschnitt) wird die Benutzung der Quantoren noch präziser:

All-Quantor: $\forall x \in E : A(x)$ Existenz-Quantor: $\exists x \in E : A(x)$

Insbesondere bei Verneinungen quantisierter Aussageformen ist die Benutzung der Quantoren-Schreibweise im Vergleich zur Umgangssprache kürzer und vor allem exakter: Es ist nicht ganz klar, ob mit „Für alle x gilt $A(x)$ nicht." gemeint ist, dass $A(x)$ nicht allgemeingültig ist (formal: $\overline{\forall x : A(x)}$) oder dass $A(x)$ nie gilt (formal: $\forall x : \overline{A(x)}$). Es gelten folgende Entsprechungen für Negationen quantisierter Aussageformen:

$\overline{\forall x : A(x)}$	$\exists x : \overline{A(x)}$
$\overline{\exists x : A(x)}$	$\forall x : \overline{A(x)}$
$\overline{\forall x : \big(A(x) \wedge B(x)\big)}$	$\exists x : \big(\overline{A(x)} \vee \overline{B(x)}\big)$
$\overline{\exists x : \big(A(x) \wedge B(x)\big)}$	$\forall x : \big(\overline{A(x)} \vee \overline{B(x)}\big)$
$\overline{\forall x : \big(A(x) \vee B(x)\big)}$	$\exists x : \big(\overline{A(x)} \wedge \overline{B(x)}\big)$
$\overline{\exists x : \big(A(x) \vee B(x)\big)}$	$\forall x : \big(\overline{A(x)} \wedge \overline{B(x)}\big)$
$\overline{\forall x : \big(A(x) \Rightarrow B(x)\big)}$	$\exists x : \big(A(x) \wedge \overline{B(x)}\big)$
$\overline{\exists x : \big(A(x) \Rightarrow B(x)\big)}$	$\forall x : \big(A(x) \wedge \overline{B(x)}\big)$

Eine widerspruchsfreie exakte Definition des Begriffs „Menge" ist schwierig, hier aber auch nicht erforderlich. Der Begriff soll bei den abstrakten Objekten der Mathematik analog zum alltäglichen Sprachgebrauch verwendet werden, also eine Zusammenfassung von bestimmten unterscheidbaren Objekten, Elemente genannt, zu einem Ganzen bezeichnen. Um Widersprüche zu vermeiden, geht man von der Existenz einer Grundmenge Ω aus, die sich sehr häufig aus dem Zusammenhang ergibt (Menge aller reellen Zahlen, Menge aller Punkte in der Ebene, Menge aller Matrizen o.Ä.).

Bezeichnungen:

Mengen werden meist mit Großbuchstaben (A, M, Ω, $\mathbb{M}$ o.Ä.) bezeichnet, ihre Elemente häufig mit kleinen lateinischen oder griechischen Buchstaben.

$a \in M$ – gelesen: „a (ist ein) Element von M" – bedeutet, dass das Element a zur Menge M gehört.

Die Menge, die kein Element enthält, heißt *leere Menge* und wird mit $\emptyset$ oder $\{\ \}$ bezeichnet. Sie ist dadurch gekennzeichnet, dass die Aussage $x \in \emptyset$ stets falsch ist.

Eine Menge M kann durch Aufzählen ihrer Elemente oder durch Angabe einer kennzeichnenden Eigenschaft beschrieben werden. $M = \{x \in \Omega \mid A(x)\}$ ist also die Menge aller derjenigen Elemente aus der Grundmenge Ω, für die $A(x)$ eine wahre Aussage ist.

Definition:

> Eine Menge A heißt *Teilmenge* einer Menge B (bzw. B *Obermenge* von A), wenn jedes Element von A auch Element von B ist. Man schreibt dafür $A \subseteq B$. (bzw. $B \supseteq A$), anders formuliert:
>
> $$A \subseteq B \;\Leftrightarrow\; \forall\, x{:}(x \in A \Rightarrow x \in B).$$
>
> Die Menge aller Teilmengen einer gegebenen Menge B heißt die *Potenzmenge* von B und wird mit $\mathbb{P}(B)$ bezeichnet.

Eine gegebene Menge B besitzt also stets mindestens die beiden Teilmengen $\emptyset$ und B selbst, die sogenannten *trivialen* Teilmengen. Weitere Teilmengen A von B heißen *echte* Teilmengen, wofür häufig die Schreibweise $A \subset B$ benutzt wird.

Allgemein besitzt die Potenzmenge einer n-elementigen Menge 2^n Elemente.

Definition:

> (i) Zwei Mengen A und B heißen *gleich* (geschrieben: $A = B$) genau dann, wenn sowohl $A \subseteq B$ als auch $B \subseteq A$ ist, kurz:
>
> $$A = B \;\Leftrightarrow\; \big(\forall\, x{:}\, x \in A \Leftrightarrow x \in B\big).$$
>
> (ii) Der *Durchschnitt* (die *Schnittmenge*) von A und B (geschrieben $A \cap B$) ist die Menge aller derjenigen Elemente x aus Ω, die sowohl in A als auch in B liegen. Es gilt also:
>
> $$A \cap B = \{x \mid x \in A \,\wedge\, x \in B\}.$$
>
> (iii) Die *Vereinigung(smenge)* von A und B (geschrieben $A \cup B$) ist die Menge aller derjenigen Elemente x aus Ω, die in A oder B liegen. Es gilt also:
>
> $$A \cup B = \{x \mid x \in A \,\vee\, x \in B\}.$$
>
> (iv) Die *Differenz-* oder *Restmenge* A ohne B (geschrieben $A \setminus B$) ist die Menge aller derjenigen Elemente x aus Ω, die zu A, aber nicht zu B gehören. Es gilt also:
>
> $$A \setminus B = \{x \mid x \in A \,\wedge\, x \notin B\}.$$
>
> (v) Die Differenzmenge aus Grundmenge Ω und A heißt das *Komplement von A* und wird mit $C_\Omega(A)$ oder $\overline{A}$ bezeichnet.

Mengenbeziehungen und -verknüpfungen werden häufig mit sogenannten VENN-Diagrammen veranschaulicht. In den Bildern 1.1.1 – 1.1.4 sind die oben definierten Begriffe jeweils schattiert dargestellt.

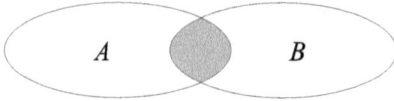

Bild 1.1.1: Der Durchschnitt $A \cap B$

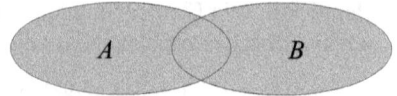

Bild 1.1.2: Die Vereinigung $A \cup B$

Hieraus ist unmittelbar zu ersehen, dass $A \cap B$ Teilmenge von sowohl A als auch B ist; andererseits sind A und B Teilmengen von $A \cup B$.

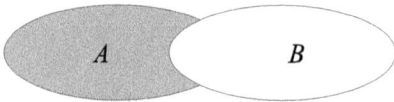

Bild 1.1.3: Die Differenzmenge $A \setminus B$

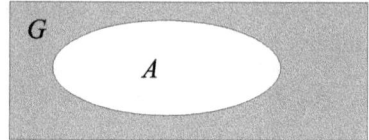

Bild 1.1.4: Das Komplement $C_G(A)$ von A

Für die Verknüpfungen von Mengen gelten folgende

Regeln:

(i) $A \cap B = B \cap A$ $A \cup B = B \cup A$
                              (Kommutativgesetze)

(ii) $A \cap (B \cap C) = (A \cap B) \cap C$ $A \cup (B \cup C) = (A \cup B) \cup C$
                         (Assoziativgesetze)

(iii) $A \cap (B \cup C) = (A \cap B) \cup (A \cap C)$ $A \cup (B \cap C) = (A \cup B) \cap (A \cup C)$
                         (Distributivgesetze)

(iv) $A \setminus (B \cup C) = (A \setminus B) \cap (A \setminus C)$ $A \setminus (B \cap C) = (A \setminus B) \cup (A \setminus C)$
                         (DE MORGAN*sche Gesetze)*

(v) $A \cap A = A$ $A \cup A = A$
                         (Idempotenzgesetze)

(vi) $A \cap G = A$ $A \cup G = G$

       $A \cap \varnothing = \varnothing$ $A \cup \varnothing = A$
                         (Neutralitätsgesetze)

(vii) Für $A \subseteq B$ gilt: $A \cap B = A$ und $A \cup B = B$

Für n gegebene Mengen $A_1, A_2, ..., A_n$ erhält man die folgende

Definition:

(i) Die Menge aller geordneten n-Tupel $(x_1, x_2, ..., x_n)$ mit $x_i \in A_i$ (für jedes $i = 1, ..., n$) heißt *kartesisches Produkt* der Mengen $A_1, A_2, ..., A_n$ und wird mit $A_1 \times ... \times A_n$ bezeichnet. Für $n = 2$, also für die Menge aller geordneten Paare (x, y) mit $x \in A_1$ und $y \in A_2$, heißt das kartesische Produkt auch *Paarmenge* der Mengen A_1 und A_2.

(ii) Ist jedes $A_i = A$, so schreibt man auch A^n statt $A \times ... \times A$.

1.2 Relationen und Funktionen

Definition:

(i) Eine Teilmenge R von $M \times N$ heißt *(binäre) Relation auf $M \times N$* oder *Relation von M nach N*. Statt $(x, y) \in R$ schreibt man meist $x R y$.

(ii) Ist R eine Relation auf $M \times N$, so nennt man $\mathbb{D} = \{x \in M \mid \exists y \in N : x R y\}$ den *Definitionsbereich* und $\mathbb{W} = \{y \in N \mid \exists x \in M : x R y\}$ den *Werte-* oder *Bildbereich* der Relation.

Im Definitions- bzw. Wertebereich werden also alle diejenigen Elemente von M bzw. N zusammengefaßt, die in R als erste bzw. zweite Komponente (mindestens einmal) vorkommen.

Die *Umkehrrelation* R^{-1} ist eine Relation auf $N \times M$, sie ist gegeben durch: $(y, x) \in R^{-1} \Leftrightarrow (x, y) \in R$.

Für den Spezialfall $M = N$ (also $R \subseteq M \times M$, man spricht dann einfach von Relationen auf M) können Relationen folgende Eigenschaften haben:

reflexiv: $\quad\quad\quad\quad \forall x \in M : x R x$

symmetrisch: $\quad\quad\quad \forall x, y \in M : x R y \Rightarrow y R x$

antisymmetrisch: $\quad\quad \forall x, y \in M : (x R y \wedge y R x) \Rightarrow x = y$

asymmetrisch: $\quad\quad\quad \forall x, y \in M : (x R y) \Rightarrow \neg(y R x)$

transitiv: $\quad\quad\quad\quad \forall x, y, z \in M : (x R y \wedge y R z) \Rightarrow x R z$

Ist eine Relation reflexiv, symmetrisch und transitiv, so heißt sie *Äquivalenzrelation*; liegt statt der Symmetrie Antisymmetrie vor, so spricht man von einer *Halbordnung*. Eine Halbordnung, bei der zusätzlich für alle $x, y \in M$ noch $x R y$ oder $y R x$ gilt, heißt *lineare Ordnung*.

Ist R eine Äquivalenzrelation auf M und $x \in M$ fest gewählt, so heißt $\{y \in M \mid x \, R \, y\}$ die *Äquivalenzklasse* von x bezüglich R, sie wird mit $[x]_R$ bezeichnet.

Definition:

> Eine Relation f auf $M \times N$ heißt *Funktion (Abbildung)*, wenn
>
>   1. $\forall x \in M \; \exists y \in N : x \, f \, y$ und
>
>   2. $\forall x \in M \; \forall y_1, y_2 \in N : x \, f \, y_1 \wedge x \, f \, y_2 \Rightarrow y_1 = y_2$
>
> ist.

Eine Funktion ist also eine Relation, bei der <u>jedem</u> Element aus M <u>eindeutig</u> ein Element aus N zugeordnet wird. Dies wird auch durch die Schreibweise $f : M \rightarrow N$, $x \mapsto f(x)$, ausgedrückt. Der Definitionsbereich $\mathbb{D}_f$ ist also ganz M, während der Wertebereich $\mathbb{W}_f$, für den man auch $f(M)$ schreibt, im Allgemeinen eine echte Teilmenge von N, dem sogenannten *Zielbereich*, ist. Die Menge $\mathbb{G}_f = \{(x, y) \in M \times N \mid y = f(x)\}$ heißt *Graph* von f.

Besondere Eigenschaften einer Funktion $f : M \rightarrow N$:

    surjektiv: $\forall y \in N \; \exists x \in M : f(x) = y$, also $f(M) = N$.

    injektiv: $\forall x_1, x_2 \in M : \left(f(x_1) = f(x_2) \Rightarrow x_1 = x_2 \right)$,

                              also haben verschiedene Argumente verschiedene Werte.

    bijektiv: surjektiv und injektiv

Ist $f : M \rightarrow N$ injektiv, so ist die auf dem Wertebereich $\mathbb{W}_f$ definierte Umkehrrelation auch eine Funktion, die sogenannte *Umkehrfunktion* f^{-1}. Durch diese wird also jedem $y \in \mathbb{W}_f$ dasjenige eindeutig bestimmte $x \in M$ zugeordnet, für das $f(x) = y$ gilt. $f^{-1} : f(M) \rightarrow M$ ist somit bijektiv und besitzt deshalb auch eine Umkehrfunktion, diese ist offensichtlich f.

Definition:

> Seien $f : M \rightarrow N$ und $g : N \rightarrow O$ Funktionen. Die Funktion $g \circ f : M \rightarrow O$, die durch die Zuordnungsvorschrift $(g \circ f)(x) := g(f(x))$ definiert ist, wird *Komposition, Verknüpfung* oder *Hintereinanderausführung* von g und f genannt.

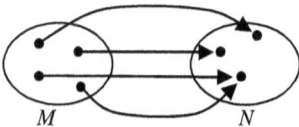

Bild 1.2.1: surjektive Funktion   **Bild 1.2.2:** injektive Funktion   **Bild 1.2.3:** bijektive Funktion

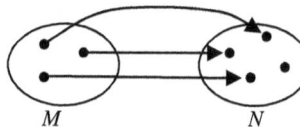

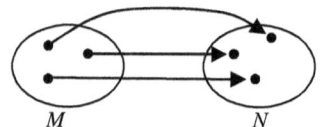

Offensichtlich gilt für beliebige Funktionen $f : M \to N$ und $g : N \to M$:

f und g sind Umkehrfunktionen zueinander $\Leftrightarrow$
$$\left(\forall x \in M : (g \circ f)(x) = x\right) \wedge \left(\forall y \in N : (f \circ g)(y) = y\right)$$

Man beachte, dass zur Äquivalenz beide All-Aussagen auf der rechten Seite gelten müssen!

1.3   Algebraische Strukturen

Definition:

> Gegeben sei eine Menge M.
>
> Eine Funktion $\circ : M \times M \to M$ heißt eine (*innere*) *Verknüpfung* auf M, $(M, \circ)$ nennt man ein *algebraisches System*.
>
> Eine Verknüpfung heißt *assoziativ* $\Leftrightarrow$ $\forall a, b, c \in M : a \circ (b \circ c) = (a \circ b) \circ c$,
>
> $\qquad\qquad\qquad\qquad$ *kommutativ* $\Leftrightarrow$ $\forall a, b \in M : a \circ b = b \circ a$.
>
> Sie besitzt ein *neutrales Element* $\Leftrightarrow$ $\exists e \in M \ \forall x \in M : x \circ e = e \circ x = x$.

Ist die Verknüpfung assoziativ, so heißt $(M, \circ)$ *Halbgruppe*; existiert zusätzlich ein neutrales Element, so liegt ein *Monoid* vor.

Ein Monoid heißt *Gruppe*, wenn zusätzlich für jedes $a \in M$ ein *inverses Element* $b \in M$ existiert, sodass $a \circ b = b \circ a = e$ gilt. Man kann zeigen, dass b eindeutig bestimmt ist, es wird meist mit a^{-1} bezeichnet. Ist die Gruppe zusätzlich kommutativ, so heißt sie *abelsch*.

Die Menge aller natürlichen Zahlen ohne 0 bilden bezüglich der Addition eine Halbgruppe; nimmt man die 0 hinzu, so erhält man ein Monoid (genauso bezüglich der Multiplikation mit 1 als neutralem Element). Die Menge aller ganzen Zahlen bilden bezüglich der Addition eine abelsche Gruppe. Demgegenüber ist die Menge aller regulären (n, n) -Matrizen bezüglich der Matrizenmultiplikation (siehe 2.2) eine nicht-abelsche Gruppe.

Eine nichtleere Teilmenge U einer Gruppe $(G, \circ)$ heißt *Untergruppe* von G, wenn $(U, \circ)$ (bezüglich der gleichen Verknüpfung) eine Gruppe ist. Äquivalent dazu ist, dass für alle $a, b \in U$ auch $a \circ b^{-1} \in U$ ist.

Gibt es auf M eine zweite Verknüpfung, etwa $*$, so erfüllen $\circ$ und $*$ das Distributivgesetz, wenn für alle $a, b, c \in M$ die Beziehung $a * (b \circ c) = (a * b) \circ (a * c)$ gilt (ggf. auch $\circ$ und $*$ vertauscht). Ein Beispiel stellen $\cup$ und $\cap$ dar, die beide Distributivgesetze erfüllen.

Häufig ersetzt man $\circ$ durch $+$ und $*$ durch $\cdot$.

$(R,+,\cdot)$ heißt *Ring,* wenn $(R,+)$ eine abelsche Gruppe, $(R,\cdot)$ eine Halbgruppe ist und die Distributivgesetze $a \cdot (b+c) = a \cdot b + a \cdot c$ und $(a+b) \cdot c = a \cdot c + b \cdot c$ gelten; er heißt *kommutativ,* wenn auch $a \cdot b = b \cdot a$ auf R gilt. Üblicherweise wird das neutrale Element bezüglich $+$ mit 0 bezeichnet, auch *Nullelement* genannt. Ist $(R,\cdot)$ ein Monoid, so heißt $(R,+,\cdot)$ *Ring mit Eins(element),* das neutrale Element bezüglich $\cdot$ wird meist mit 1 bezeichnet.

Von 0 verschiedene Elemente x und y eines Rings heißen *Nullteiler,* wenn $x \cdot y = 0$ ist. Umgekehrt heißt ein Ring *nullteilerfrei,* wenn aus $x \cdot y = 0$ stets $x = 0$ oder $y = 0$ folgt. Einen nullteilerfreien, kommutativen Ring mit Eins nennt man *Integritätsbereich.*

Die Menge aller quadratischen Matrizen der Größe n bildet bezüglich Addition und Multiplikation (siehe 2.2) einen Ring mit Einselement, der aber im Allgemeinen weder kommutativ noch nullteilerfrei ist, die Menge aller ganzen Zahlen (siehe 1.4) bildet hingegen einen Integritätsbereich.

$(K,+,\cdot)$ heißt *Körper,* wenn $(K,+)$ und $(K \setminus \{0\}, \cdot)$ abelsche Gruppen sind und das Distributivgesetz $a \cdot (b+c) = a \cdot b + a \cdot c$ gilt. Da es außer den rationalen, reellen und komplexen Zahlen weitere wichtige Beispiele von Körpern gibt, sollen hier noch einmal die sogenannten **Körperaxiome** explizit aufgeführt werden:

bezüglich der Addition:

$$\forall a,b,c \in K : a + (b+c) = (a+b) + c \qquad \text{(Assoziativgesetz)}$$
$$\forall a,b \in K : a + b = b + a \qquad \text{(Kommutativgesetz)}$$
$$\exists 0 \in K \; \forall a \in K : a + 0 = a \qquad \text{(Existenz eines Nullelements)}$$
$$\forall a \in K \; \exists (-a) \in K : a + (-a) = 0 \qquad \text{(Existenz eines Negativen)}$$

bezüglich der Multiplikation (mit $K^* = K \setminus \{0\}$):

$$\forall a,b,c \in K : a \cdot (b \cdot c) = (a \cdot b) \cdot c \qquad \text{(Assoziativgesetz)}$$
$$\forall a,b \in K : a \cdot b = b \cdot a \qquad \text{(Kommutativgesetz)}$$
$$\exists 1 \in K \; \forall a \in K : a \cdot 1 = a \qquad \text{(Existenz eines Einselements)}$$
$$\forall a \in K^* \; \exists \tfrac{1}{a} \in K^* : a \cdot \tfrac{1}{a} = 1 \qquad \text{(Existenz eines Reziproken)}$$

bezüglich Addition und Multiplikation:

$$\forall a,b,c \in K : a \cdot (b+c) = a \cdot b + a \cdot c \qquad \text{(Distributivgesetz)}$$

Definiert man für beliebige $a \in K$ und $b \in K$ (bzw. $b \in K^*$) die Umkehroperationen Subtraktion bzw. Division in Körpern durch $a - b := a + (-b)$ bzw. $\dfrac{a}{b} := a \cdot \dfrac{1}{b}$, so lassen sich aus obigem minimalen Axiomensystem weitere Rechenregeln folgern, die in beliebigen Körpern gelten:

Rechenregeln in Körpern:

(i) $-(-a) = a$ und $\dfrac{1}{\frac{1}{d}} = d$

(ii) $a \cdot 0 = 0 \cdot a = 0$ und $a \cdot b = 0 \Rightarrow (a = 0 \vee b = 0)$

Nullteilerfreiheit

(iii) $a + b = a + c \Rightarrow b = c$ und $(a \cdot b = a \cdot c) \Rightarrow (a = 0 \vee b = c)$

Kürzungsregeln

(iv) $(-1) \cdot a = -a$ und $(-a) \cdot b = -ab$

(v) $a - (-b) = a + b$ und $-(a + b) = -a - b$

(vi) $\dfrac{a}{d} + \dfrac{b}{e} = \dfrac{a \cdot e + b \cdot d}{d \cdot e}$

(vii) $\dfrac{a}{d} \cdot \dfrac{b}{e} = \dfrac{a \cdot b}{d \cdot e}$

Während die bisher behandelten algebraischen Strukturen für das Rechnen im landläufigen Sinne benötigt werden, sollen nun auf einer Menge M solche algebraischen Systeme mit zwei Verknüpfungen $\cup$ und $\cap$ betrachtet werden, die sowohl in der Schaltungstechnik als auch in der Wahrscheinlichkeitstheorie angewandt werden.

Definition:

Ein algebraisches System $(M, \cup, \cap)$ heißt *Verband*, wenn bezüglich beider Verknüpfungen Assoziativ-, Kommutativ- und die sogenannten Absorptionsgesetze $a \cup (a \cap b) = a$ und $a \cap (a \cup b) = a$ gelten.

Ein Element $1 \in M$ heißt *Einselement des Verbands*, wenn $1 \cap a = a$ und $1 \cup a = 1$ für alle $a \in M$ gilt. Analog heißt $0 \in M$ *Nullelement*, wenn $0 \cap a = 0$ und $0 \cup a = a$ ist.

Ein Verband mit Null- und Einselement heißt *komplementär*, wenn es zu jedem $a \in M$ ein $\bar{a}$ gibt, sodass $a \cup \bar{a} = 1$ und $a \cap \bar{a} = 0$ ist.

Ein komplementärer Verband mit Eins- und Nullelement, in dem beide Distributivgesetze gelten, heißt BOOLE*scher Verband* oder BOOLE*sche Algebra*.

In jedem Verband gelten die Idempotenzgesetze $a \cup a = a$ und $a \cap a = a$. Die Notation der Verknüpfungen legt ein erstes Beispiel nahe: Für eine beliebige Menge Ω sei M deren Potenzmenge, $\cup$ und $\cap$ bezeichnen Vereinigung und Durchschnitt. Mit Ω als Eins- und der leeren Menge als Nullelement sowie der Differenzmengenbildung als Komplement ist M eine BOOLE*sche Algebra*.

1.4   Zahlbereiche

Natürliche und ganze Zahlen, Teilbarkeit

$\mathbb{N} = \{0, 1, 2, \cdots\}$ bezeichnet die Menge aller *natürlichen* Zahlen, $\mathbb{N}^+ = \mathbb{N} \setminus \{0\}$. Die natürlichen Zahlen sind die kleinstmögliche Teilmenge der reellen Zahlen, die 0 und mit jedem n auch ihren Nachfolger $n+1$ enthalten. Damit hat $\mathbb{N}$ zwar ein kleinstes [1], aber kein größtes Element. Es gilt vielmehr das Axiom von ARCHIMEDES: $\forall x \in \mathbb{R}\, \exists n \in \mathbb{N} : n > x$. $\mathbb{N}$ ist sowohl bezüglich Addition als auch Multiplikation ein Monoid.

$\mathbb{Z} = \{0, \pm 1, \pm 2, \cdots\}$ bildet die Menge der *ganzen* Zahlen. Diese bilden einen Integritätsbereich, aber keinen Körper, da es außer zu 1 und -1 kein Reziprokes in $\mathbb{Z}$ gibt.

Definition:

> $a \in \mathbb{Z} \setminus \{0\}$ heißt *Teiler* von $b \in \mathbb{Z}$ (anders ausgedrückt: a teilt b oder b ist durch a teilbar; geschrieben: $a \mid b$) $\quad \Leftrightarrow \quad \exists q \in \mathbb{Z} : q \cdot a = b$
>
> $p \in \mathbb{N}, n \geq 2$, heißt *Primzahl* $\quad \Leftrightarrow \quad \forall a, b \in \mathbb{Z} : \big(p \mid (a \cdot b) \Rightarrow p \mid a \vee p \mid b\big)$
>
> $\qquad\qquad\qquad\qquad\qquad\qquad \Leftrightarrow \quad p$ hat nur 1 oder sich selbst als positive Teiler

Für zwei gegebene ganze Zahlen a und b bezeichnet $\mathrm{ggT}(a,b)$ den größten gemeinsamen Teiler und $\mathrm{kgV}(a,b)$ das kleinste gemeinsame Vielfache von a und b. Zur Bestimmung von $\mathrm{ggT}(a,b)$ mit $a, b > 0$ und $a \geq b$ benutzt man den

Divisionsalgorithmus von EUKLID:

Man dividiere a durch b ganzzahlig. Geht die Division auf, so ist $b = \mathrm{ggT}(a,b)$. Ansonsten bleibt ein ganzzahliger Rest $r_1 < b$, das heißt: $\qquad a = q_1 \cdot b + r_1$

Nun dividiere man b durch r_1, also $\qquad\qquad b = q_2 \cdot r_1 + r_2 \qquad$ mit $r_2 < r_1$,

und fahre fort mit r_1 durch r_2, also $\qquad\quad r_1 = q_3 \cdot r_2 + r_3 \qquad$ mit $r_3 < r_2$,

bis die Division aufgeht: $\qquad\qquad\qquad r_{n-1} = q_{n+1} \cdot r_n$.

Der letzte von 0 verschiedene Rest $r_n = \mathrm{ggT}(a,b)$.

Es gilt: $c = \mathrm{ggT}(a,b) \quad \Leftrightarrow \quad \exists p, q \in \mathbb{Z} : c = p \cdot a + q \cdot b$.

Insbesondere gilt, wenn a und b teilerfremd sind: $\exists p, q \in \mathbb{Z} : 1 = p \cdot a + q \cdot b$.

Für festes $n \in \mathbb{N}$, $n \geq 2$, und beliebiges $a \in \mathbb{Z}$ definiert man die *Restklasse* von a modulo n durch $[a]_n = \{x \in \mathbb{Z} \mid a$ und x haben bei Teilung durch n den gleichen Rest$\}$, anders formuliert: $[a]_n$ ist die Äquivalenzklasse von a bezüglich der durch

$$a = b \bmod n \quad \Leftrightarrow \quad \exists q \in \mathbb{Z} : a - b = q \cdot n$$

---

[1]   Manchmal wird 0 nicht zu den natürlichen Zahlen gezählt, dann gilt diese Beschreibung sinngemäß mit 1 statt 0.

auf $\mathbb{Z}$ definierten Äquivalenzrelation. Da als Reste bei der Teilung durch n nur $0, 1, \ldots, n-1$ infrage kommen, gibt es n verschiedene Restklassen modulo n. Die Menge aller dieser Restklassen wird mit $\mathbb{Z}_n$ bezeichnet. Für obige Äquivalenzrelation gilt darüber hinaus:

$$\left(a = a' \bmod n \text{ und } b = b' \bmod n\right) \implies \left(a + b = a' + b' \bmod n \text{ und } a \cdot b = a' \cdot b' \bmod n\right)$$

Eine Äquivalenzrelation mit dieser Eigenschaft heißt *Kongruenzrelation*. Deshalb lassen sich auf $\mathbb{Z}_n$ Addition und Multiplikation eindeutig definieren durch:

$$[a]_n + [b]_n := [a+b]_n \quad \text{und} \quad [a]_n \cdot [b]_n := [a \cdot b]_n$$

Mit diesen Verknüpfungen ist $\mathbb{Z}_n$ – wie $\mathbb{Z}$ – ein kommutativer Ring mit Eins (mit n Elementen), aber im Allgemeinen kein Integritätsbereich. Es gilt jedoch:

$$\mathbb{Z}_n \text{ ist ein Körper} \iff n \text{ ist eine Primzahl}$$

Rationale und reelle Zahlen

Die Menge aller Brüche $\{\frac{p}{q} \mid p \in \mathbb{Z} \wedge q \in \mathbb{N}^+\}$ heißt auch die Menge aller *rationalen* Zahlen und wird mit $\mathbb{Q}$ bezeichnet. Die Darstellung einer rationalen Zahl durch Zähler und Nenner ist nicht eindeutig; erst durch die Forderung, Zähler und Nenner durch $\mathrm{ggT}(p, q)$ zu dividieren, erhält man mit der vollständig gekürzten Darstellung Eindeutigkeit.

Aus der vollständig gekürzten Bruchdarstellung erhält man durch Ausführen der Division die Darstellung einer rationalen Zahl als Dezimalbruch, die endlich oder periodisch sein kann, und zwar ist diese

- endlich, wenn der Nenner nur die Primzahlen 2 oder 5 enthält (etwa 1,23);
- rein-periodisch, wenn der Nenner nicht die Primzahlen 2 oder 5 enthält (etwa $1,\overline{23}$);
- gemischt-periodisch, wenn neben 2 oder 5 noch mindestens eine andere Primzahl im Nenner vorkommt (etwa $1,2\overline{3}$).

Alle anderen unendlichen Dezimalbrüche stellen *irrationale* Zahlen dar. Man unterscheidet dabei zwischen *algebraischen* Zahlen (das sind Nullstellen von Polynomen mit ganzzahligen Koeffizienten, siehe 3.2) und *transzendenten* Zahlen (alle übrigen irrationalen Zahlen, zum Beispiel π oder e). Rationale und irrationale Zahlen zusammen bilden die *reellen* Zahlen, mit $\mathbb{R}$ bezeichnet.

Auf $\mathbb{R}$ stellt die übliche „<"-Relation eine lineare Ordnung dar, es ist also für alle $x, y \in \mathbb{R}$ genau eine der drei Aussagen richtig: $x < y$ oder $x > y$ oder $x = y$. Deshalb lassen sich die reellen Zahlen als Zahlengerade darstellen.

Definition:

Eine Teilmenge I von $\mathbb{R}$ heißt *Intervall* $\iff$ $\forall s, t \in I \; \forall x \in \mathbb{R} : s < x < t \Rightarrow x \in I$

Die Intervalle stellen die zusammenhängenden Teilmengen von $\mathbb{R}$ dar.

Schreibweisen: $[a, b] = \{x \in \mathbb{R} \mid a \leq x \leq b\}$ abgeschlossen, $]a, b[= \{x \in \mathbb{R} \mid a < x < b\}$ offen, $[a, b[= \{x \in \mathbb{R} \mid a \leq x < b\}$, $]a, b] = \{x \in \mathbb{R} \mid a < x \leq b\}$ halboffen.

Es ist zu beachten, dass sich ohne die Voraussetzung $a < b$ leere oder einelementige Intervalle ergeben können. Um diese degenerierten Fälle zu vermeiden, wird meist, wie auch hier, stillschweigend $a < b$ vorausgesetzt.

Definiert man ∞ als ein Element, das nicht zu $\mathbb{R}$ gehört, für das aber die Aussagen „$x < \infty$" und „$x > -\infty$" für jedes $x \in \mathbb{R}$ wahr sein sollen, so lassen sich damit bequem unbeschränkte Intervalle schreiben, insbesondere:

$]0,\infty[= \{x \in \mathbb{R} \mid 0 < x\} = \mathbb{R}^+$ bzw. $]-\infty,0[= \{x \in \mathbb{R} \mid x < 0\} = \mathbb{R}^-$ bezeichnen die Menge aller positiven bzw. negativen reellen Zahlen, $]-\infty,\infty[$ ist eine andere Schreibweise für $\mathbb{R}$.

Der (Absolut-) Betrag einer reellen Zahl, definiert als $|a| = \begin{cases} a & \text{für} \quad a \geq 0 \\ -a & \text{für} \quad a < 0 \end{cases}$, stellt anschaulich den Abstand zwischen a und dem Nullpunkt auf der Zahlengeraden dar.

Rechenregeln für den Absolutbetrag:

1. $|a| \geq 0$ und $|a| = 0 \Leftrightarrow a = 0$

2. $|a| \leq b \Leftrightarrow -b \leq a \leq b$

3. $|a \cdot b| = |a| \cdot |b|$ und $\left| \dfrac{a}{b} \right| = \dfrac{|a|}{|b|}$

4. $|a + b| \leq |a| + |b|$ und $|a - b| \geq \big||a| - |b|\big|$ (Dreiecksungleichungen)

Rationale und reelle Zahlen sind Körper; die rationalen Zahlen bilden den kleinsten Körper, der die natürlichen Zahlen enthält. Zum numerischen Rechnen und zum Messen reichen die rationalen Zahlen (genauer gesagt: eine Teilmenge davon [1]) stets aus.

Dass man trotzdem in der Ingenieurmathematik die reellen und nicht die rationalen Zahlen als Zahlbereich zugrunde legt, liegt an der $\mathbb{Q}$ fehlenden Vollständigkeit. Ein Zahlbereich M (allgemein: ein metrischer Raum M) heißt *vollständig*, wenn in ihm jede CAUCHY-Folge (siehe Abschnitt 4.1) einen Grenzwert besitzt. $\mathbb{R}$ ist die Vervollständigung von $\mathbb{Q}$, das heißt die hinzugefügten irrationalen Zahlen erhält man als Grenzwerte solcher rationaler CAUCHY-Folgen, die in $\mathbb{Q}$ nicht konvergieren. Man sagt, dass $\mathbb{Q}$ *dicht* in $\mathbb{R}$ liegt. Für das praktische Rechnen heißt das, dass sich jede irrationale Zahl beliebig genau durch eine rationale Zahl annähern lässt. Dies geschieht zum Beispiel bei der Intervallschachtelung.

Komplexe Zahlen

Für manche Anwendungen ist es sinnvoll, den Zahlbereich $\mathbb{R}$ zu den komplexen Zahlen $\mathbb{C}$ zu erweitern. Die zugrundeliegende Menge ist $\mathbb{R} \times \mathbb{R}$, also die Menge aller geordneten Paare (x, y) reeller Zahlen. Auf $\mathbb{R} \times \mathbb{R}$ definiert man zwei Verknüpfungen durch:

Addition: $(x_1, y_1) + (x_2, y_2) = (x_1 + x_2, y_1 + y_2)$

Multiplikation: $(x_1, y_1) \cdot (x_2, y_2) = (x_1 \cdot x_2 - y_1 \cdot y_2, x_1 \cdot y_2 + x_2 \cdot y_1)$

---

[1]   Diese ist gemeint, wenn in der Informatik von reals (= reelle Zahlen!) die Rede ist.

Mit den so definierten Verknüpfungen ist $\mathbb{C}$ ein Körper. Streng genommen ist $\mathbb{R}$ keine Teil-menge von $\mathbb{C}$; identifiziert man jedoch jede reelle Zahl x mit dem Zahlenpaar $(x,0)$, so ist $\mathbb{C}$ eine Zahlbereichserweiterung von $\mathbb{R}$.

Mit $i := (0,1)$ und obiger Identifikation gilt: $i^2 = -1$ und $(x, y) = x + iy$ für alle x, $y \in \mathbb{R}$. Die Zahl i heißt *imaginäre Einheit* [1] für $z = x + iy \in \mathbb{C}$ heißt x der *Real-* und y der *Imaginärteil* der komplexen Zahl z ($x = \text{Re } z$ und $y = \text{Im } z$). Damit erhält man für das

Rechnen mit komplexen Zahlen:

> Man rechne mit Ausdrücken der Gestalt $x + iy$ wie man es mit reellen Zahlen gewohnt ist, für i^2 setze man jeweils -1 ein.

Da eine komplexe Zahl z durch ein Zahlenpaar (a,b) dargestellt wird, kann man sich z auch als Punkt in der Ebene (bzw. Vektor in der Ebene vom Nullpunkt aus) bezüglich eines karte-sischen Koordinatensystems vorstellen. Man spricht in diesem Zusammenhang von der GAUSSschen Zahlenebene.

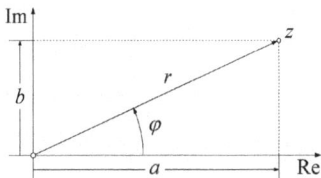

Bild 1.4.1: Komplexe Zahl z in der GAUSSschen Zahlenebene

Die waagerechte Achse stellt dann gerade die reellen Zahlen dar; auf der senkrechten Achse liegen die komplexen Zahlen, die keinen Realteil haben, die sogenannten *(rein-)imaginären* Zahlen.

Beschreibt man den eine komplexe Zahl z in der GAUSSschen Zahlenebene darstellenden Punkt statt mit kartesischen Koordinaten (a,b) mit seinen Polarkoordinaten (r,φ), so erhält man die sogenannte *trigonometrische* (auch: *EULERsche*) *Darstellung* von z (siehe Bild 1.4.1). Die Polarkoordinate r wird *Betrag von z* genannt und mit $|z|$ bezeichnet; φ heißt *Argument von z* – geschrieben arg z. Nach den Umrechnungsformeln zwischen kartesischen und Polarkoordinaten (siehe auch Abschnitt 1.8) gilt demnach:

$$|z| = \sqrt{(\text{Re } z)^2 + (\text{Im } z)^2} \text{ sowie } \arg z = \arctan\frac{\text{Im } z}{\text{Re } z} + \text{Korrekturterm [2]}$$

---

[1] Manchmal, insbesondere bei Anwendungen in der Elektrotechnik, wird j statt i benutzt. Zu beachten ist außer-dem, dass die häufig zu findende „Definition" $i = \sqrt{-1}$ zu diversen Inkonsistenzen führt, sie ist deshalb Un-sinn!

[2] Auf diesen wird in 1.8 genauer eingegangen.

Bei gegebenen Polarkoordinaten ist $\operatorname{Re}z = |z| \cdot \cos(\arg z)$ und $\operatorname{Im}z = |z| \cdot \sin(\arg z)$, insgesamt also $z = |z| \cdot e^{i\arg z}$, wobei für beliebiges $\alpha \in \mathbb{R}$ $e^{i\alpha} = \cos\alpha + i\sin\alpha$ definiert [1] ist.

Mit der trigonometrischen Darstellung komplexer Zahlen lässt sich die Multiplikation in $\mathbb{C}$ anschaulich als Drehstreckung interpretieren: Bei der Multiplikation $z_1 \cdot z_2$ wird der z_1 darstellende Vektor um den Faktor $|z_2|$ gestreckt und um den Winkel $\arg z_2$ gedreht. Zudem ist diese Darstellung hilfreich beim ganzzahligen Potenzieren:

Satz von DE MOIVRE: $\forall n \in \mathbb{Z} \ \forall z \in \mathbb{C} : z^n = |z|^n \cdot e^{in\arg z}$

Damit ist das sogenannte „komplexe Wurzelziehen" möglich. Da es im Gegensatz zu $\mathbb{R}$ in $\mathbb{C}$ keine lineare Ordnung gibt, kann es für $q \in \mathbb{C}$ auch nicht die eindeutig bestimmte Wurzel $\sqrt[n]{q}$ geben; man kann lediglich die Menge aller $z \in \mathbb{C}$ bestimmen, die Lösungen der Gleichung $z^n = q$ (mit gegebenen $n \in \mathbb{N}$, $n \geq 2$, und $q \in \mathbb{C}$) sind:

Aus der EULERschen Darstellung $q = |q| \cdot e^{i\arg q}$ erhält man die n verschiedenen Lösungen

$$z_k = |z_k| \cdot e^{i\varphi_k} \ (k = 0, 1, \ldots, n-1) \quad \text{mit } |z_k| = \sqrt[n]{|q|} \text{ und } \varphi_k = \frac{\arg q}{n} + k \cdot \frac{2\pi}{n} \ [2].$$

Definition:

> Für eine gegebene komplexe Zahl $z = x + iy$ ist die zu z *konjugiert komplexe Zahl* $\bar{z}$ (manchmal auch mit z^* bezeichnet) definiert durch $\bar{z} = x - iy$.

In der GAUSSschen Zahlenebene entspricht also der Übergang zur konjugiert komplexen Zahl einer Spiegelung an der reellen Achse. Es ist damit

$$\operatorname{Re}\bar{z} = \operatorname{Re}z \text{ und } \operatorname{Im}\bar{z} = -\operatorname{Im}z, \text{ aber auch } |\bar{z}| = |z| \text{ und } \arg\bar{z} = -\arg z.$$

Rechenregeln:

1. $z = \bar{z} \quad \Leftrightarrow \quad z \in \mathbb{R}$

2. $z + \bar{z} \in \mathbb{R}$ und $\operatorname{Re}z = \frac{1}{2}(z + \bar{z})$

3. $z - \bar{z} \in i \cdot \mathbb{R}$ und $\operatorname{Im}z = \frac{1}{2}(\bar{z} - z)$

4. $z \cdot \bar{z} \in \mathbb{R}$ und $|z| = \sqrt{z \cdot \bar{z}}$

5. $\overline{z_1 + z_2} = \bar{z}_1 + \bar{z}_2$ und $\overline{z_1 - z_2} = \bar{z}_1 - \bar{z}_2$

6. $\overline{z_1 \cdot z_2} = \bar{z}_1 \cdot \bar{z}_2$ und $\overline{\left(\dfrac{z_1}{z_2}\right)} = \dfrac{\bar{z}_1}{\bar{z}_2}$

---

[1]   zur Definition der komplexen e-Funktion siehe auch Abschnitt 3.6

[2]   Liegen die Winkel in Grad statt im Bogenmaß vor, so ist 2π durch $360°$ zu ersetzen.

1.5   Die Arithmetik der reellen Zahlen

Potenz, Wurzel, Logarithmus

Der Potenzbegriff a^b wird sukzessive – dem Aufbau des Zahlbereichs $\mathbb{R}$ folgend – definiert:

1. $b \in \mathbb{N}, a \in \mathbb{R}$: Für $b \geq 2$ ist $a^b := \underbrace{a \cdot \ldots \cdot a}_{b-\text{mal}}$; zusätzlich $a^1 := a$ und, für $a \neq 0$, $a^0 := 1$.

2. $b \in \mathbb{Z} \setminus \mathbb{N}, a \in \mathbb{R}^*$: $a^b := \dfrac{1}{a^{-b}}$ (gemäß 1.)

3. $b = \dfrac{1}{n}$ mit $n \in \mathbb{N}, n \geq 2$ (Stammbruch), $a \in [\,0, +\infty\,[$: $a^{\frac{1}{n}} := \sqrt[n]{a}$, wobei mit $\sqrt[n]{a}$ die eindeutig bestimmte nicht-negative Lösung der Gleichung $x^n = a$ bezeichnet wird.

4. $b = \dfrac{m}{n}$ mit $m, n \in \mathbb{N}, n \geq 2, a \in [\,0, +\infty\,[$: $a^{\frac{m}{n}} := \left(a^{\frac{1}{n}}\right)^m$ (gemäß 3. und 1.)

5. b irrational und positiv, $a \in [\,0, +\infty\,[$: $a^b := \lim\limits_{k \to \infty} a^{b_k}$, wobei b_k eine beliebige Folge positiver rationaler Zahlen mit $\lim\limits_{k \to \infty} b_k = b$ ist (vgl. 1.4) und a^{b_k} gemäß 4. berechnet wird.

6. $b \in \mathbb{R}^-, a \in \mathbb{R}^+$: $a^b = \dfrac{1}{a^{|b|}} = \dfrac{1}{a^{-b}}$ (gemäß 3.-5.)

Unter Beachtung der unterschiedlichen Definitionsbereiche für die Basis in Abhängigkeit vom Exponenten gelten die folgenden

Potenz- und Wurzelgesetze:

(i) $(x \cdot y)^b = x^b \cdot y^b$ (ii) $\left(\dfrac{x}{y}\right)^b = \dfrac{x^b}{y^b}$

(iii) $\left(x^b\right)^c = x^{b \cdot c}$ (iv) $x^{b+c} = x^b \cdot x^c$

(v) $\sqrt[n]{x \cdot y} = \sqrt[n]{x} \cdot \sqrt[n]{y}$ (vi) $\sqrt[m]{\sqrt[n]{x}} = \sqrt[m \cdot n]{x}$

Definition:

Für $a > 0$, $b > 1$ ist der *Logarithmus zur Basis b* definiert durch: $x = \log_b a \;\Leftrightarrow\; b^x = a$

Schreibweisen: $\lg x = \log_{10} x$ (*Zehner-Logarithmus*)

$\ln x = \log_e x$ (*natürlicher Logarithmus*)

$\operatorname{ld} x = \log_2 x$ (*dualer Logarithmus*)

Durch Umkehrung der entsprechenden Potenzgesetze ergeben sich die

Logarithmengesetze:

Für beliebige $b, c > 1, x, y > 0$ und $t \in \mathbb{R}$ gilt:

$$\text{(i)} \qquad \log_b(x \cdot y) = \log_b x + \log_b y$$

$$\text{(ii)} \qquad \log_b \frac{x}{y} = \log_b x - \log_b y$$

$$\text{(iii)} \qquad \log_b x^t = t \cdot \log_b x$$

$$\text{(iv)} \qquad \log_c x = \frac{\log_b x}{\log_b c} = \frac{\ln x}{\ln c} \qquad\qquad\qquad \textit{(Basiswechselformel)}$$

Summen- und Produktzeichen:

Es seien $m, n \in \mathbb{N}$, $a_k \in \mathbb{R}$ oder $\mathbb{C}$. Dann bezeichnet

$$\sum_{k=m}^{n} a_k := a_m + a_{m+1} + \ldots + a_n \ \text{ bzw. } \ \prod_{k=m}^{n} a_k := a_m \cdot a_{m+1} \cdot \ldots \cdot a_n, \ \text{ falls } m < n^{1)},$$

$$\sum_{k=m}^{n} a_k := a_m \qquad\qquad\qquad \text{bzw. } \prod_{k=m}^{n} a_k := a_m, \qquad\qquad \text{falls } m = n,$$

$$\text{und } \ \sum_{k=m}^{n} a_k := 0 \qquad\qquad\qquad \text{bzw. } \prod_{k=m}^{n} a_k := 1, \qquad\qquad \text{falls } m > n \text{ ist}^{2)}.$$

Rechenregeln für das Summenzeichen:

Mit $m, n \in \mathbb{N}$, $a_k, b_k, c \in \mathbb{R}$ bzw. $\mathbb{C}$ gilt:

$$\text{(i)} \qquad \sum_{k=m}^{n} (a_k + b_k) = \sum_{k=m}^{n} a_k + \sum_{k=m}^{n} b_k \qquad\qquad \text{(ii)} \qquad \sum_{k=m}^{n} c \cdot a_k = c \sum_{k=m}^{n} a_k$$

$$\text{(iii)} \qquad \text{Für jedes } i \in \mathbb{N} \text{ mit } m \leq i \leq n \text{ gilt: } \sum_{k=m}^{n} a_k = \sum_{k=m}^{i} a_k + \sum_{k=i+1}^{n} a_k,$$

$$\text{insbesondere: } \sum_{k=m}^{n} a_k = a_m + \sum_{k=m+1}^{n} a_k = \sum_{k=m}^{n-1} a_k + a_n \quad \text{(Abspalten eines Summanden)}$$

$$\text{(iv)} \qquad \text{Für beliebiges } r \in \mathbb{Z} \text{ ist } \quad \sum_{k=m}^{n} a_k = \sum_{k=m+r}^{n+r} a_{k-r} \quad \text{(Indexverschiebung)}$$

---

[1] Man beachte, dass diese Summe $n - m + 1$ (!) Summanden hat.

[2] Diese – mathematisch sinnvolle – Zusatzdefinition der „leeren Summe" ist in manchen Programmiersprachen, die ein allgemeines Summensymbol haben, nicht vorhanden; beim Programmieren ist also Vorsicht geboten!

Häufig benutzte Summenformeln:

(i) $\displaystyle\sum_{k=1}^{n} k = 1 + 2 + \ldots + n = \frac{n(n+1)}{2}$ (Summe der ersten natürlichen Zahlen)

(ii) $\displaystyle\sum_{k=1}^{n} (2k-1) = 1 + 3 + \ldots + (2n-1) = n^2$ (Summe der ersten n ungeraden Zahlen)

(iii) $\displaystyle\sum_{k=1}^{n} 2k = 2 + 4 + \ldots + 2n = n(n+1)$ (Summe der ersten n geraden Zahlen)

(iv) $\displaystyle\sum_{k=1}^{n} k^2 = 1 + 4 + \ldots + n^2 = \frac{n(n+1)(2n+1)}{6}$ (Summe der ersten n Quadratzahlen)

(v) $\displaystyle\sum_{k=1}^{n} (2k-1)^2 = 1 + 9 + \ldots + (2n-1)^2 = \frac{n(4n^2-1)}{3}$

(vi) $\displaystyle\sum_{k=1}^{n} k^3 = 1 + 8 + \ldots + n^3 = \frac{n^2(n+1)^2}{4} = \left(\sum_{k=1}^{n} k\right)^2$

(vii) $\displaystyle\sum_{k=1}^{n} (2k-1)^3 = 1 + 27 + \ldots + (2n-1)^3 = n^2(2n^2-1)$

(viii) $\displaystyle\sum_{k=1}^{n} k^4 = 1 + 16 + \ldots + n^4 = \frac{n(n+1)(2n+1)(3n^2+3n-1)}{30}$

(ix) Für $q \neq 1$: $\displaystyle\sum_{k=0}^{n} q^k = \frac{q^{n+1}-1}{q-1}$ (endliche geometrische Reihe)

(x) Für $q \neq 1$: $\displaystyle\sum_{k=1}^{n} k \cdot q^{k-1} = \frac{nq^{n+1}-(n+1)q^n+1}{(q-1)^2}$

(xi) Für beliebige $a, b \in \mathbb{R}$ bzw. $\mathbb{C}$, $n \in \mathbb{N}^+$: $a^n - b^n = (a-b)\displaystyle\sum_{k=0}^{n-1} a^{n-1-k}b^k$ [1]

---

[1] Für $n = 2$ ist dies gerade die bekannte dritte binomische Formel.

Binomialkoeffizient und binomischer Satz:

Definition:

Für $k, n \in \mathbb{N}$ mit $n \geq k$ ist der *Binomialkoeffizient* $\begin{pmatrix} n \\ k \end{pmatrix}$ (gelesen: „n über k") definiert

durch [1]: $\begin{pmatrix} n \\ 0 \end{pmatrix} = 1$ und $\begin{pmatrix} n \\ k \end{pmatrix} = \dfrac{n \cdot (n-1) \cdot \ldots \cdot (n - (k-1))}{1 \cdot 2 \cdot \ldots \cdot k}$

Unter Benutzung der *Fakultät* $n!$, definiert auf $\mathbb{N}^+$ durch $n! := 1 \cdot 2 \cdot \ldots \cdot n$ und zusätzlich $0! := 1$, erhält man für den Binomialkoeffizienten bei $n \geq k$:

$$\begin{pmatrix} n \\ k \end{pmatrix} = \frac{n!}{k! \cdot (n-k)!} \text{ und damit } \begin{pmatrix} n \\ k \end{pmatrix} = \begin{pmatrix} n \\ n-k \end{pmatrix}$$

Der *binomische Satz*, eine Verallgemeinerung der bekannten binomischen Formel, lautet:

$$\text{Für beliebige } a, b \in \mathbb{R} \text{ oder } \mathbb{C}, n \in \mathbb{N}^+, \text{ ist } (a+b)^n = \sum_{k=0}^{n} \begin{pmatrix} n \\ k \end{pmatrix} \cdot a^{n-k} b^k \; .$$

Während der Teil über Summen- und Produktzeichen für reelle und komplexe Zahlen gilt, benutzen die folgenden Teile die Tatsache, dass $\mathbb{R}$ im Gegensatz zu $\mathbb{C}$ ein linear geordneter Körper ist.

Infimum und Supremum von Teilmengen von $\mathbb{R}$

Definition:

Für $M \subseteq \mathbb{R}$ und $a, b \in \mathbb{R} \cup \{+\infty, -\infty\}$ heißt

a *untere Schranke* von M, wenn $\forall x \in M : a \leq x$ ist;

b *obere Schranke* von M, wenn $\forall x \in M : b \geq x$ ist;

a *Minimum* von M ($a = \min M$), wenn a untere Schranke und Element von M ist;

b *Maximum* von M ($b = \max M$), wenn b obere Schranke und Element von M ist;

a *Infimum* von M ($a = \inf M$), wenn a die größte untere Schranke von M ist;

b *Supremum* von M ($b = \sup M$), wenn b die kleinste obere Schranke von M ist.

Jede Teilmenge M von $\mathbb{R}$ besitzt also sowohl untere und obere Schranken als auch Infimum und Supremum, aber nicht unbedingt Minimum oder Maximum. Ist M jedoch endlich, so gibt es stets $\min M$ und $\max M$. Minimum bzw. Maximum sind – falls existent – auch Infimum bzw. Supremum von M. Ist $M = \emptyset$, so ist $+\infty = \inf M$ und $-\infty = \sup M$.

---

[1]   Später wird der Binomialkoeffizient noch allgemeiner (mit $n \in \mathbb{R}$) definiert.

Spezielle Ungleichungen

Definition verschiedener Mittelwerte:

Für gegebene $x_1, \cdots, x_n \in \mathbb{R}$ heißen $A = \frac{1}{n}\sum_{k=1}^{n} x_k$ *arithmetisches* und $Q = \sqrt{\frac{1}{n}\sum_{k=1}^{n} x_k^2}$

quadratisches Mittel. Sind zusätzlich alle x_k positiv, so bezeichnen $G = \sqrt[n]{\prod_{k=1}^{n} x_k}$ bzw.

$H = \dfrac{n}{\sum_{k=1}^{n} \frac{1}{x_k}}$ *geometrisches* bzw. *harmonisches Mittel.*

Es gilt für beliebige positive x_k: $\underbrace{\dfrac{n}{\dfrac{1}{x_1} + \ldots + \dfrac{1}{x_n}}}_{H} \leq \underbrace{\sqrt[n]{x_1 \cdot \ldots \cdot x_n}}_{G} \leq \underbrace{\tfrac{1}{n}(x_1 + \ldots + x_n)}_{A}$

Die letzte Beziehung ist nur dann eine Gleichheit, wenn alle x_k gleich sind.

Das quadratische Mittel ist stets größer oder gleich dem Betrag des arithmetischen Mittels,

also $\quad |\tfrac{1}{n}(x_1 + \ldots + x_n)| \leq \sqrt{\dfrac{x_1^2 + \ldots + x_n^2}{n}}$.

CAUCHY-SCHWARZsche Ungleichung : $\quad \left|\sum_{k=1}^{n} a_k b_k\right| \leq \sqrt{\sum_{k=1}^{n} a_k^2} \cdot \sqrt{\sum_{k=1}^{n} b_k^2}$, wobei Gleichheit

nur dann gilt, wenn es ein $c \in \mathbb{R}$ gibt, sodass $a_k = c \cdot b_k$ für alle k gilt.

TSCHEBYSCHEFFsche Ungleichung :   Sind alle a_k und b_k positiv und beide Folgen

aufsteigend oder beide abfallend geordnet, so ist $\left(\sum_{k=1}^{n} a_k\right) \cdot \left(\sum_{k=1}^{n} b_k\right) \leq n \cdot \sum_{k=1}^{n} a_k \cdot b_k$; es gilt die

umgekehrte Ungleichheit, wenn eine der beiden Folgen aufsteigend und die andere abfallend geordnet ist.

BERNOULLIsche Ungleichung: $(1+a)^n \geq 1 + na$, wobei $a \in [-1, \infty[$ und $n \in \mathbb{N}^+$ ist. Dabei gilt Gleichheit nur für $n = 1$ oder a $= 0$.

1.6   Elementare Geometrie

Strahlensätze

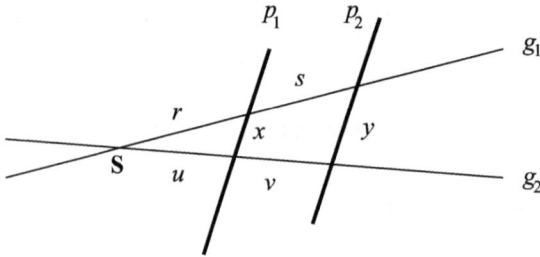

Bild 1.6.1: Zwei in S sich schneidende Geraden g_1 und g_2 werden von zwei Parallelen p_1 und p_2 geschnitten.

Es gelten folgende Proportionen $\dfrac{r}{u} = \dfrac{r+s}{u+v} = \dfrac{s}{v}$ auf den Strahlen

sowie $\dfrac{x}{y} = \dfrac{u}{u+v} = \dfrac{r}{r+s}$ auf den Parallelen.

Dreiecke

Die üblichen Bezeichnungen für ein allgemeines Dreieck finden sich in Bild 1.6.2:

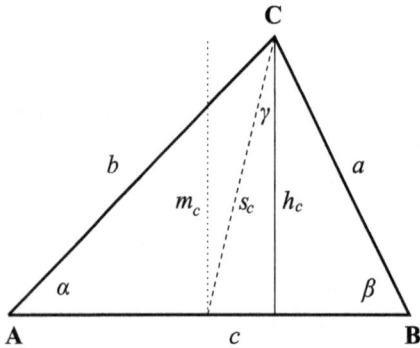

Bild 1.6.2: Allgemeines Dreieck ABC

$$\alpha + \beta + \gamma = 180°$$

Dabei bezeichnet h_c die Höhe und m_c die Mittelsenkrechte auf der Seite c sowie s_c deren Seitenhalbierende (entsprechend für die anderen Seiten a und b). Mit w_γ wird die in Bild 1.6.2 nicht eingezeichnete Winkelhalbierende des Winkels γ bezeichnet (entsprechend für die anderen Winkel α und β).

In jeweils einem Punkt schneiden sich

a)   die Seitenhalbierenden, und zwar im *Schwerpunkt S* der Dreiecksfläche, S teilt jede Seitenhalbierende im Verhältnis 2:1;

b)   die Winkelhalbierenden, und zwar ist dieser von allen Seiten gleich weit entfernt (Mittelpunkt des Inkreises);

c) die Höhen, die Schnittpunkte aus a), b) und c) liegen auf einer Geraden;

d) die Mittelsenkrechten, und zwar ist dieser von allen Eckpunkten gleich weit entfernt (Mittelpunkt des Umkreises – er kann außerhalb des Dreiecks liegen).

Der Flächeninhalt F eines Dreiecks wird nach der Formel „halbe Grundseite × Höhe" berechnet, also: $F = \frac{1}{2} a h_a = \frac{1}{2} b h_b = \frac{1}{2} c h_c = \frac{1}{2} ab \sin \gamma = \frac{1}{2} bc \sin \alpha = \frac{1}{2} ac \sin \beta$.

Mit dem halben Umfang $s = \frac{1}{2}(a+b+c)$ erhält man

a) für den Flächeninhalt $F = \sqrt{s(s-a)(s-b)(s-c)}$ (HERONsche Formel),

b) für den Radius des Inkreises $r = \sqrt{\dfrac{(s-a)(s-b)(s-c)}{s}}$,

c) für den Radius des Umkreises $R = \dfrac{abc}{4\sqrt{s(s-a)(s-b)(s-c)}}$.

Zwei Dreiecke ABC und A'B'C' heißen *kongruent*, wenn sie deckungsgleich sind, das heißt, wenn sie durch eine Bewegung in der Ebene (Verschiebung, Drehung und/oder Spiegelung an einer Achse) ineinander übergeführt werden können. Kongruenz liegt vor, wenn einer der vier Fälle erfüllt ist:

a) Entsprechende Seiten in beiden Dreiecken sind gleich.

b) Zwei entsprechende Seiten und der eingeschlossene Winkel sind jeweils gleich.

c) Eine Seite sowie die anliegenden Winkel sind jeweils gleich.

d) Jeweils zwei Seiten und der der längeren Seite gegenüberliegende Winkel sind gleich.

Zwei Dreiecke ABC und A'B'C' heißen *ähnlich*, wenn entsprechende Seiten im gleichen Verhältnis zueinander stehen, also wenn $a : a' = b : b' = c : c'$ ist. Äquivalent dazu ist, dass entsprechende Winkel übereinstimmen, also $\alpha = \alpha'$, $\beta = \beta'$ und $\gamma = \gamma'$.

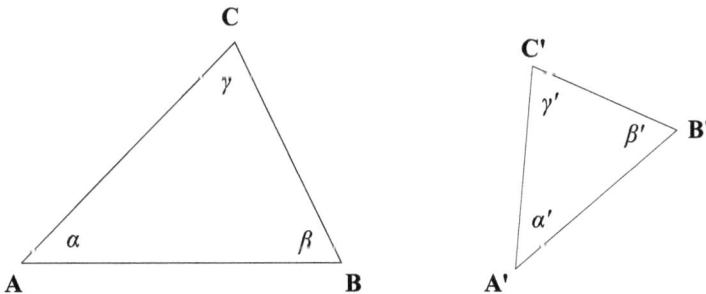

Bild 1.6.3: Ähnliche Dreiecke (Seitenverhältnis 3 : 2)

Die Flächen ähnlicher Dreiecke verhalten sich wie die Quadrate entsprechender Seiten (in Bild 1.6.3 also wie 9 : 4).

Rechtwinklige Dreiecke

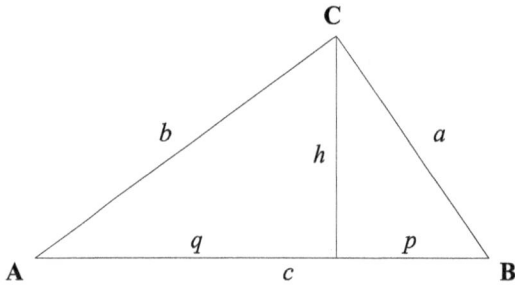

Bild 1.6.4: Rechtwinkliges Dreieck mit rechtem Winkel bei C

Satz des PYTHAGORAS: $\quad\quad c^2 = a^2 + b^2$ $\quad\quad\quad\quad$ Höhensatz: $\quad h^2 = p \cdot q$

(Katheten-)Satz des EUKLID: $b^2 = c \cdot q$ und $a^2 = c \cdot p$ $\quad$ Flächeninhalt: $F = \dfrac{c \cdot h}{2} = \dfrac{a \cdot b}{2}$

Gleichschenklige Dreiecke

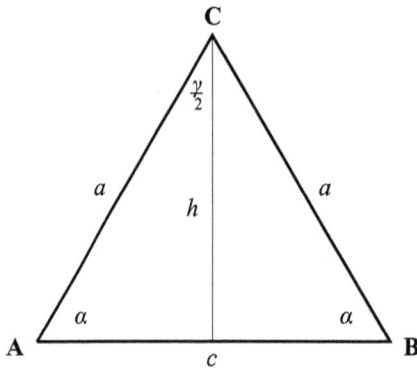

Bild 1.6.5: Gleichschenkliges Dreieck mit Spitze C

Schenkel $\overline{AC} = \overline{BC} = a$, $\quad$ Basiswinkel $\sphericalangle BAC = \sphericalangle CBA = \alpha$, $\ h = m_c = s_c = w_\gamma$;

Höhe $\quad\quad\quad h = \tfrac{1}{2}\sqrt{4a^2 - c^2} = a\cos\tfrac{\gamma}{2} = a\sin\alpha = \tfrac{c}{2}\tan\alpha = \tfrac{c}{2}\cot\tfrac{\gamma}{2}$;

Flächeninhalt $\quad F = \tfrac{1}{4}c\sqrt{4a^2 - c^2} = \tfrac{1}{4}c^2\tan\alpha = \tfrac{1}{2}a^2\tan\gamma$.

Im **gleichseitigen Dreieck**, bei dem zusätzlich $c = a$ und damit $\alpha = \gamma = 60°$ ist, vereinfachen sich diese Formeln zu

Höhe $\quad h = a \cdot \dfrac{\sqrt{3}}{2}$, $\quad\quad$ Flächeninhalt $\quad F = a^2 \cdot \dfrac{\sqrt{3}}{4}$.

Allgemeines Viereck

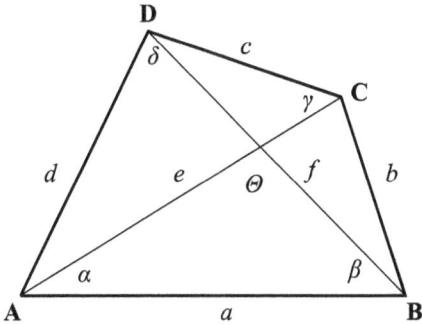

Es gilt stets: $\alpha + \beta + \gamma + \delta = 360°$ sowie

$$\theta = 90° \Leftrightarrow a^2 + c^2 = b^2 + d^2$$

$$F = \tfrac{1}{2}ef\sin\theta$$
$$= \tfrac{1}{4}\sqrt{4e^2f^2 - (b^2 + d^2 - a^2 - c^2)^2}$$

Bild 1.6.6: Allgemeines Viereck

Parallelogramm, Raute (Rhombus), Rechteck

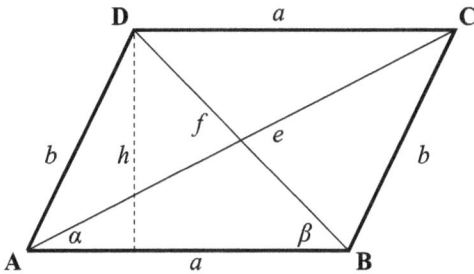

Es ist $\alpha = \gamma$ und $\beta = \delta$, also
$\alpha + \beta = 180°$. Außerdem:
$h = b\sin\alpha$, also
$F = ab\sin\alpha$
$e^2 + f^2 = 2(a^2 + b^2)$
$e = \sqrt{a^2 + b^2 + 2ab\cos\alpha}$
$f = \sqrt{a^2 + b^2 - 2ab\cos\alpha}$

Bild 1.6.7: Parallelogramm

Bei einer Raute ist zusätzlich $a = b$, also $\theta = 90°$; obige Formeln vereinfachen sich zu

$$F = a^2\sin\alpha = \tfrac{1}{2}ef , \; e^2 + f^2 = 4a^2 , \; e = 2a\cos\frac{\alpha}{2}, \; f = 2a\sin\frac{\alpha}{2} .$$

Ein Rechteck ist ein Parallelogramm, bei dem zusätzlich $\alpha = \beta = 90°$ ist. Deshalb ist

$$e = f = \sqrt{a^2 + b^2} , \, h = b \text{ und } F = ab .$$

Trapez

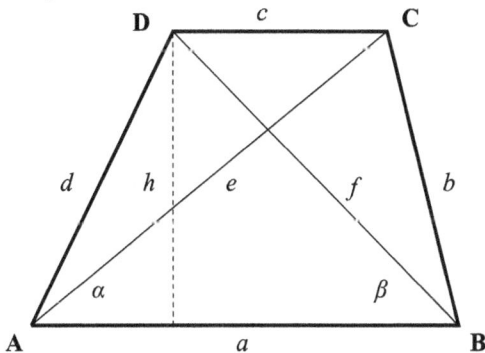

Es ist $a \parallel c$, $h = d\sin\alpha = b\sin\beta$

und $F = \dfrac{(a+c)\cdot h}{2}$

sowie $e = \sqrt{a^2 + b^2 - 2ab\cos\beta}$

und $e = \sqrt{a^2 + d^2 - 2ad\cos\alpha}$.

Bild 1.6.8: Trapez

Regelmäßiges *n*-Eck

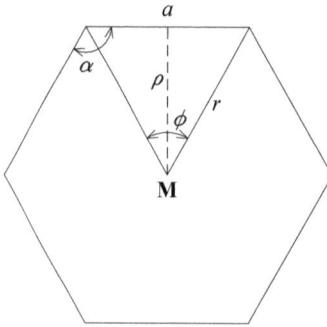

Es ist $\phi = \dfrac{2\pi}{n}$ und $\sin\dfrac{\pi}{n} = \dfrac{a}{2r}$ und

somit $r = \dfrac{a}{2\sin\dfrac{\pi}{n}}$ sowie $\rho = \dfrac{a}{2\tan\dfrac{\pi}{n}}$.

Insgesamt: $\qquad F = \dfrac{n\,a^2}{4\tan\dfrac{\pi}{n}}$

Bild 1.6.9: Regelmäßiges *n*-Eck

Kreise und Kreisteile

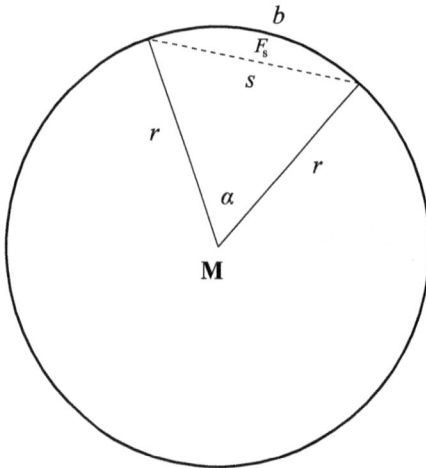

Kreisumfang	$U = 2\pi\,r$
Kreisfläche	$F = \pi\,r^2$
Bogenlänge	$b = r\dfrac{\alpha}{180°}\pi$
Kreissektorfläche	$F_A = r^2\dfrac{\alpha}{360°}\pi$
Sehnenlänge	$s = 2\,r\sin\dfrac{\alpha}{2}$
Kreissegmentfläche	

$$F_S = \frac{r^2}{2}\left(\frac{\alpha}{180°}\pi - \sin\alpha\right)$$

Bild 1.6.10: Kreis um **M** mit Radius *r*

1.7 Ebene Trigonometrie

Die Winkelmessung erfolgt in Grad (Vollkreis $\cong 360°$) oder im Bogenmaß (Vollkreis $\cong 2\pi$). Dieses wird definiert als $\dfrac{b}{r}$ (Bezeichnungen wie in Bild 1.6.10), wegen der Proportionalität von Bogenlänge und Kreissektorwinkel α (gemessen in Grad) folgt aus $\dfrac{b}{\alpha} = \dfrac{2\pi r}{360°}$:

$$\frac{b}{r} = \frac{\alpha}{180°} \cdot \pi$$

woraus man die zur Umrechnung von Grad in Bogenmaß gebräuchliche Merkregel erhält:

$$\boxed{° \cong \frac{\pi}{180}} \qquad\qquad \text{Beispiel: } 60° \cong 60 \cdot \frac{\pi}{180} = \frac{\pi}{3}$$

Gerichtete Winkel werden gegen den Uhrzeigersinn („links herum") als positiv gezählt, die Richtung im Uhrzeigersinn ist negativ (bei der nautischen Navigation ist es genau umgekehrt!).

Die Lage eines Punktes auf dem Einheitskreis (das ist der Kreis um den Ursprung des Koordinatensystems mit Radius 1) ist einerseits durch die Angabe seiner kartesischen Koordinaten eindeutig bestimmt. Andererseits ist er durch den gerichteten Winkel, den der Radiusvektor dieses Punktes P_x mit der positiven x-Achse bildet, genauso eindeutig festgelegt (siehe Bild 1.7.1). Es besteht also eine eineindeutige Beziehung zwischen dem in Bild 1.7.1 mit x

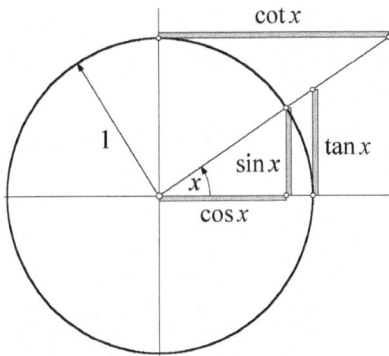

Bild 1.7.1: Die trigonometrischen Funktionswerte am Einheitskreis

bezeichneten Winkel und den Koordinaten des Punktes auf der Kreisperipherie, die zur Definition der trigonometrischen Funktionswerte führt:

Mit $\cos x$ wird die Abszisse und mit $\sin x$ die Ordinate des durch den gerichteten Winkel x eindeutig bestimmten Punktes P_x auf dem Einheitskreis bezeichnet. Daraus ergeben sich sofort folgende **elementaren Eigenschaften von Kosinus und Sinus** (Entsprechendes gilt im Bogenmaß – dann ist jedoch „90°" durch „$\frac{\pi}{2}$" etc. zu ersetzen):

1. $-1 \le \cos x \le 1$ und $-1 \le \sin x \le 1$

2. $\sin^2 x + \cos^2 x = 1$ (folgt aus dem Satz des PYTHAGORAS)

3. $\sin 0° = \sin 360° = 0$, $\cos 0° = \cos 360° = 1$; $\sin 90° = 1$, $\cos 90° = 0$;
   $\sin 180° = 0$ und $\cos 180° = -1$; $\sin 270° = -1$ und $\cos 270° = 0$

4. $\sin(-x) = -\sin x$, $\cos(-x) = \cos x$

5. $\sin(360° + x) = \sin x$, $\cos(360° + x) = \cos x$

6. $\sin(180° + x) = -\sin x$, $\cos(180° + x) = -\cos x$

7. $\sin(90° + x) = \cos x$, $\cos(90° + x) = -\sin x$

Mittels Sinus und Kosinus werden definiert: $\tan x = \dfrac{\sin x}{\cos x}$ und $\cot x = \dfrac{\cos x}{\sin x}$

Im Gegensatz zu Sinus und Kosinus, die für jeden Winkel definiert sind, lassen sich Tangens und Kotangens für bestimmte Winkel nicht berechnen, und zwar sind $\tan 90°$ und $\tan 270°$ undefiniert, genauso wie $\cot 0°$ und $\cot 180°$.

Zufolge der Definition und aufgrund der Ähnlichkeit entsprechender Dreiecke (eine Dreiecksseite hat jeweils die Länge 1) lassen sich $\tan x$ und $\cot x$ wie in Bild 1.7.1 anschaulich darstellen.

Im Gegensatz zu Sinus- und Kosinusfunktion wiederholen sich die Werte von Tangens und Kotangens bereits nach einem Halbkreis (180°):

$$\tan(180° + x) = \tan x, \qquad \cot(180° + x) = \cot x,$$

nach einem Viertelkreis (90°) gilt:

$$\tan(90° + x) = -\cot x, \qquad \cot(90° + x) = -\tan x.$$

Wichtige Werte der trigonometrischen Funktionen im ersten Quadranten (die anderen lassen sich mittels obiger Formeln daraus berechnen) sind in folgender Tabelle zusammengestellt:

Winkel (in °)	Bogenmaß	$\sin x$	$\cos x$	$\tan x$	$\cot x$
0	0	$\frac{1}{2}\sqrt{0} = 0$	1	0	nicht def.
30	$\frac{\pi}{6}$	$\frac{1}{2}\sqrt{1} = \frac{1}{2}$	$\frac{1}{2}\sqrt{3}$	$\frac{1}{3}\sqrt{3}$	$\sqrt{3}$
45	$\frac{\pi}{4}$	$\frac{1}{2}\sqrt{2}$	$\frac{1}{2}\sqrt{2}$	1	1
60	$\frac{\pi}{3}$	$\frac{1}{2}\sqrt{3}$	$\frac{1}{2}$	$\sqrt{3}$	$\frac{1}{3}\sqrt{3}$
90	$\frac{\pi}{2}$	$\frac{1}{2}\sqrt{4} = 1$	0	nicht def.	0

Trigonometrische Funktionen am rechtwinkligen Dreieck

Bild 1.7.2 zeigt ein rechtwinkliges Dreieck mit dem rechten Winkel bei B. Darin eingezeichnet ist das dazu ähnliche Dreieck aus Bild 1.7.1.

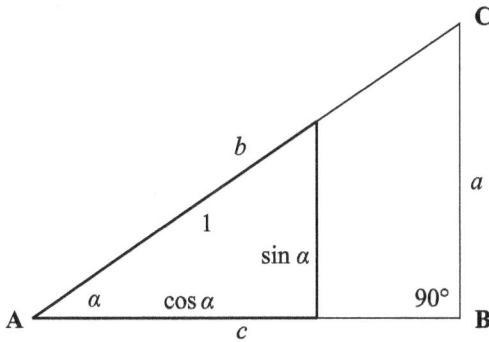

Bild 1.7.2: Trigonometrie am rechtwinkligen Dreieck

Aus Strahlensätzen:

$$\cos\alpha = \frac{\cos\alpha}{1} = \frac{c}{b}, \quad \sin\alpha = \frac{a}{b}, \quad \tan\alpha = \frac{a}{c}, \quad \cot\alpha = \frac{c}{a}.$$

Als Merkregel:

Kosinus = Ankathete / Hypotenuse	Sinus = Gegenkathete / Hypotenuse
Tangens = Gegenkathete / Ankathete	Kotangens = Ankathete / Gegenkathete

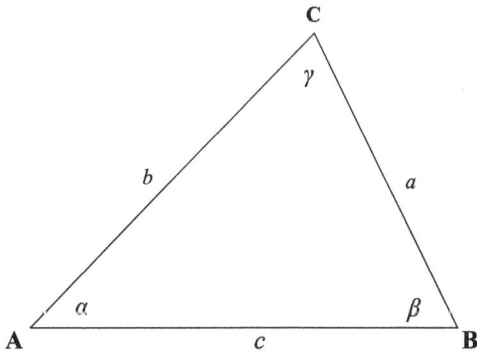

Bild 1.7.4: Zu Sinus- und Kosinussatz

Sinussatz:
$$\frac{a}{\sin\alpha} = \frac{b}{\sin\beta} = \frac{c}{\sin\gamma}$$

Kosinussatz:
$$a^2 = b^2 + c^2 - 2bc\cos\alpha \qquad b^2 = a^2 + c^2 - 2ac\cos\beta$$

$$c^2 = a^2 + b^2 - 2ab\cos\gamma$$

Ist insbesondere γ ein rechter Winkel, so ist die letzte Gleichung der Satz des PYTHAGORAS; der Kosinussatz heißt deshalb manchmal auch der *verallgemeinerte Satz des* PYTHAGORAS.

Weitere wichtige trigonometrische Formeln finden sich in Abschnitt 3.5.

1.8   Koordinatensysteme

In der Ebene ist ein Punkt **P** (siehe dazu Bild 1.8.1) durch seine kartesischen Koordinaten (x, y), also durch ein Paar (beliebiger) reeller Zahlen gegeben. Genauso kann die Lage von **P** eindeutig durch die im selben Bild mit r und φ bezeichneten *Polarkoordinaten* beschrieben werden:

r ist der Abstand zwischen **0** und **P**, also gilt stets: $r \geq 0$.

φ ist der gerichtete Winkel zwischen der positiven x-Achse und der Verbindungsstrecke $\overline{\mathbf{OP}}$ auf dem kürzeren Weg; liegt **P** auf der negativen x-Achse, so wird die mathematisch positive Richtung gewählt, ist **P** = **0**, so ist φ unbestimmt, die Lage von **P** ist dann bereits durch die r-Koordinate eindeutig bestimmt. Es ist also $\varphi \in \,]-\pi, \pi]$ (bzw. $]-180°, 180°]$).

Es sei darauf hingewiesen, dass manchmal auch die Winkelmessung nur in mathematisch positiver Richtung vorgenommen wird – dann ist $\varphi \in [0, 2\pi[$ (bzw. $[0°, 360°[$).

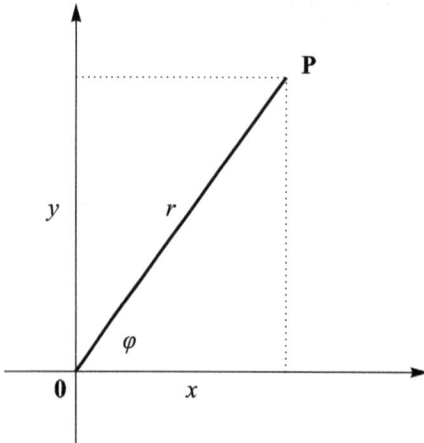

Bild 1.8.1: Kartesische und Polarkoordinaten in der Ebene

Berechnung der Polarkoordinaten aus den kartesischen Koordinaten von P:

$$r = \sqrt{x^2 + y^2}$$ für beliebige Lagen von **P**

$$\varphi = \arctan \frac{y}{x} + k \cdot \pi \,^{1)} \qquad \text{mit } k \in \{0, 1, -1\} \text{ vom Quadranten abhängig, und zwar:}$$

$$k = \begin{cases} 0 & \text{falls } \mathbf{P} \text{ im 1. oder 4. Quadranten liegt (also } x > 0), \\ 1 & \text{falls } \mathbf{P} \text{ im 2. Quadranten liegt (also } x < 0 \text{ und } y > 0), \\ -1 & \text{falls } \mathbf{P} \text{ im 3. Quadranten liegt (also } x < 0 \text{ und } y < 0). \end{cases}$$

Bei Winkelmessung nur mit positiven Werten ist

$$k = \begin{cases} 0 & \text{falls } \mathbf{P} \text{ im 1. Quadranten liegt,} \\ 1 & \text{falls } \mathbf{P} \text{ im 2. oder 3. Quadranten liegt,} \\ 2 & \text{falls } \mathbf{P} \text{ im 4. Quadranten liegt.} \end{cases}$$

Berechnung der kartesischen Koordinaten aus den Polarkoordinaten von P:

$$x = r \cos \varphi, \ y = r \sin \varphi \qquad \text{für beliebige Lagen von } \mathbf{P}$$

Polarkoordinaten werden nicht nur bei der trigonometrischen Darstellung komplexer Zahlen (siehe 1.4) oder bei der Klassifikation von Kegelschnitten (siehe 1.9), sondern auch bei der Doppelintegration oder der Lösung von Differentialgleichungen benutzt.

Koordinatensysteme im dreidimensionalen Raum

Die Lage eines Punktes **P** im dreidimensionalen Raum, der bezüglich eines kartesischen Koordinatensystems durch das Tripel (x, y, z) gegeben ist, kann unter Benutzung der oben eingeführten Polarkoordinaten auch folgendermaßen beschrieben werden:

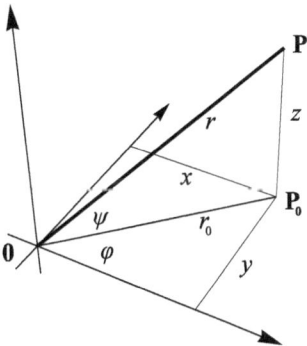

Bild 1.8.2: Zylinder- und Kugelkoordinaten

Bei den sogenannten *Zylinderkoordinaten* wird der Punkt $\mathbf{P_0}$, den man als senkrechte Projektion von $\mathbf{P}$ in die (x, y)-Ebene erhält (siehe Bild 1.8.2), mit seinen Polarkoordinaten (r_0, φ) beschrieben, als dritte Zylinderkoordinate wird z übernommen. Der Zusammenhang zwischen den kartesischen Koordinaten (x, y, z) und den Zylinderkoordinaten (r_0, φ, z) ist also gegeben durch:

$$r_0 = \sqrt{x^2 + y^2} \quad \text{und} \quad \varphi = \arctan \frac{y}{x} + k \cdot \pi \text{, wobei } k \text{ genauso wie oben von der Lage von } \mathbf{P_0} \text{ im}$$

jeweiligen Quadranten der (x, y)-Ebene abhängt,

$$x = r_0 \cos \varphi, \quad y = r_0 \sin \varphi \quad \text{für beliebige Lagen von } \mathbf{P}.$$

Bei der Beschreibung mittels *Kugelkoordinaten* wird die Höhe z durch die Entfernung von $\mathbf{P}$ vom Koordinatenursprung sowie die Größe des gerichteten Winkels zwischen $\overline{0\mathbf{P_0}}$ und $\overline{0\mathbf{P}}$ (in Bild 1.8.2 mit r bzw. ψ bezeichnet) dargestellt, $\psi \in [-\frac{\pi}{2}, \frac{\pi}{2}]$ bzw. $\psi \in [-90°, 90°]$. Mit r und ψ ist $r_0 = r \cos \psi$, womit man für den Zusammenhang zwischen den kartesischen Koordinaten (x, y, z) und den Kugelkoordinaten (r, φ, ψ) erhält:

$$r = \sqrt{x^2 + y^2 + z^2}, \quad \varphi = \arctan \frac{y}{x} + k \cdot \pi^{\,[1)}, \quad \psi = \arcsin \frac{z}{\sqrt{x^2 + y^2 + z^2}}$$

sowie

$$x = r \cos \varphi \cos \psi, \quad y = r \sin \varphi \cos \psi, \quad z = r \sin \psi$$

Übergänge zu anderen kartesischen Koordinatensystemen in der Ebene bzw. im Raum, die anschaulich der Verschiebung des Koordinatenursprungs oder der Drehung um Nullpunkt bzw. eine Koordinatenachse entsprechen, können mit Methoden der Linearen Algebra (siehe hierzu Abschnitt 2.6) beschrieben werden.

1.9   Kegelschnitte

Kegelschnitte sind ebene Kurven, die sich beim Schnitt eines geraden Kreiskegels mit einer Ebene ergeben. Aus der Anschauung ist klar, dass danach auch die leere Menge, ein einzelner Punkt oder eine Gerade im Raum Kegelschnitte sind. Als nichttriviale Beispiele ergeben sich Ellipsen (insbesondere Kreise), Hyperbeln und Parabeln, die in diesem Abschnitt näher behandelt werden sollen.

Die allgemeine Gleichung eines Kegelschnitts lautet:

[1)] Für den Korrekturfaktor k gilt das bei Polar- und Zylinderkoordinaten Gesagte.

$$Ax^2 + By^2 + Fxy + Cx + Dy + E = 0 \qquad \text{mit festen } A, \dots, F \in \mathbb{R}$$

Durch Drehung des Koordinatensystems in der Schnittebene kann man stets erreichen, dass der gemischte Term Fxy wegfällt; in diesem Koordinatensystem sind die Symmetrieachsen des Kegelschnitts parallel zu den Koordinatenachsen, man erhält als Gleichung eines Kegelschnitts in achsenparalleler Lage:

$$Ax^2 + By^2 + Cx + Dy + E = 0 \qquad \text{mit festen } A, \dots, E \in \mathbb{R} \quad (1.9.1)$$

Ferner sollen A und B nicht gleichzeitig verschwinden, da sich sonst Geraden ergeben. Ohne Beschränkung der Allgemeingültigkeit sei $A \neq 0$, sodass sich die letzte Gleichung auf die Form

$$x^2 + \alpha y^2 + \beta x + \gamma y + \delta = 0 \qquad (1.9.2)$$

bringen lässt. Ist $\delta = 0$, so geht die Kurve durch den Ursprung, sonst nicht.

Ellipse

Ist $-\delta + \dfrac{\beta^2}{4} + \dfrac{\gamma^2}{4} > 0$, so lässt sich für $\alpha > 0$ (!) diese Gleichung mit quadratischer Ergänzung umformen auf

$$\frac{(x - x_0)^2}{a^2} + \frac{(y - y_0)^2}{b^2} = 1, \qquad (1.9.3)$$

man erhält die Gleichung einer *Ellipse* mit dem *Mittelpunkt* $\mathbf{M} = (x_0, y_0)$ und den *Halbachsen* a und b.

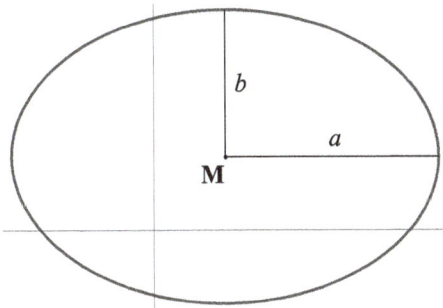

Bild 1.9.1: Achsenparallele Ellipse in allgemeiner Lage

Häufig liegt der Mittelpunkt der Ellipse im Ursprung; (1.9.3) vereinfacht sich dann zur sogenannten **Mittelpunkts-** oder **Ursprungsgleichung**

$$\frac{x^2}{a^2} + \frac{y^2}{b^2} = 1. \qquad (1.9.4)$$

Ist $a = b = R$, so ergibt sich als Spezialfall der Ellipse ein Kreis; (1.9.3) wird dann zu

$$(x - x_0)^2 + (y - y_0)^2 = R^2 , \tag{1.9.5}$$

der *allgemeinen Kreisgleichung*, die für den Fall, dass Mittelpunkt und Ursprung zusammen-fallen, die besonders einfache Form $x^2 + y^2 = R^2$ annimmt.

Auf der Verlängerung der größeren Halbachse (in Bild 1.9.1 ist das a) liegen die beiden *Brennpunkte* F_1 und F_2, und zwar jeweils in Entfernung $e = \sqrt{a^2 - b^2}$ vom Mittelpunkt M. Die Brennpunkte sind geometrisch durch folgende Eigenschaft gekennzeichnet:

$$\overline{PF_1} + \overline{PF_2} = 2a = \text{const.} \quad \text{für jeden Punkt } P \text{ auf der Ellipse}$$

Der Ausdruck $\varepsilon = \dfrac{\sqrt{a^2 - b^2}}{a}$ heißt *numerische Exzentrizität*. Offensichtlich ist $\varepsilon < 1$.

Beim Spezialfall Kreis fallen Brennpunkte und Mittelpunkt zusammen, die numerische Ex-zentrizität ist dann 0.

Ellipsen lassen sich auch mittels **Polarkoordinaten** (r, φ) beschreiben. Fallen Mittelpunkt und Ursprung zusammen, so ergibt sich aus (1.9.4):

$$r = \frac{b}{\sqrt{1 - \varepsilon^2 \cos^2 \varphi}} \quad \text{mit } \varepsilon < 1 \tag{1.9.6}$$

Für den Kreis in Ursprungslage, also für $a = b = R$ und $\varepsilon = 0$, ist damit einfach $r = R$ die gesuchte Gleichung.

Für eine Ellipse mit $M = (\sqrt{a^2 - b^2}, 0)$ – der linke Brennpunkt liegt also im Ursprung – wird beim Übergang zu Polarkoordinaten aus (1.9.3):

$$r = \frac{p}{1 - \varepsilon \cos \varphi} \quad \text{mit } \varepsilon < 1 \text{ und } p = \frac{b^2}{a} . \tag{1.9.7}$$

Liegt der rechte Brennpunkt im Ursprung, ist also $M = (-\sqrt{a^2 - b^2}, 0)$, so ergibt sich

$$r = \frac{p}{1 + \varepsilon \cos \varphi} \quad \text{mit } \varepsilon < 1 \text{ und } p = \frac{b^2}{a} . \tag{1.9.8}$$

Die **Parameterdarstellung** einer Ellipse mit Mittelpunkt $M = (x_0, y_0)$, wie sie in Bild 1.9.1 dargestellt ist, lautet (mit $t \in [0, 2\pi[$):

$$x = x_0 + a \cos t$$
$$y = y_0 + b \sin t$$

Hyperbel

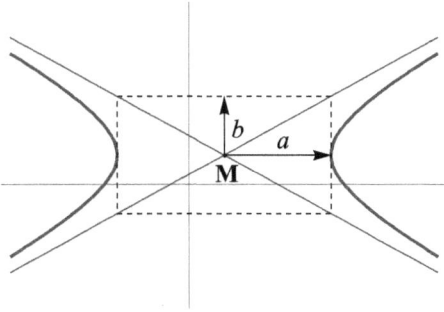

Bild 1.9.2: Achsenparallele Hyperbel in allgemeiner Lage

Ist in (1.9.2) $-\delta + \dfrac{\beta^2}{4} + \dfrac{\gamma^2}{4} > 0$ und $\alpha < 0$ (!), so lässt sich die Gleichung umformen auf

$$\frac{(x-x_0)^2}{a^2} - \frac{(y-y_0)^2}{b^2} = 1, \qquad\qquad (1.9.9)$$

man erhält die Gleichung einer *Hyperbel* mit dem *Mittelpunkt* $\mathbf{M} = (x_0, y_0)$ und den *Halbachsen* a und b (siehe Bild 1.9.2).

Liegt der Mittelpunkt der Hyperbel im Ursprung, vereinfacht sich (1.9.9) zur **Mittelpunkts-** oder **Ursprungsgleichung**

$$\frac{x^2}{a^2} - \frac{y^2}{b^2} = 1. \qquad\qquad (1.9.10)$$

Die Funktionsgraphen von $y = y_0 \pm \dfrac{b}{a}(x - x_0)$ sind die Asymptoten der Hyperbel; sie schneiden sich in $\mathbf{M}$ und sind die Diagonalen des in Bild 1.9.2 gestrichelt gezeichneten Rechtecks mit den Kantenlängen $2a$ und $2b$.

Auf der Verlängerung der größeren Halbachse (in Bild 1.9.2 ist das a) liegen die beiden *Brennpunkte* $\mathbf{F_1}$ und $\mathbf{F_2}$, und zwar jeweils in Entfernung $e = \sqrt{a^2 + b^2}$ vom Mittelpunkt $\mathbf{M}$, also im Innern der Hyperbeläste. Die Brennpunkte sind geometrisch durch folgende Eigenschaft gekennzeichnet:

$$|\,\overline{\mathbf{PF_1}} - \overline{\mathbf{PF_2}}\,| = 2a = \text{const. für jeden Punkt } \mathbf{P} \text{ auf der Hyperbel}$$

Der Ausdruck $\varepsilon = \dfrac{\sqrt{a^2 + b^2}}{a}$ bezeichnet hier die numerische Exzentrizität. Offensichtlich ist $\varepsilon > 1$.

Beim Übergang zu **Polarkoordinaten** (r, φ) ergeben sich für Hyperbeln sehr ähnliche Formeln wie bei Ellipsen, nämlich

für Mittelpunkt im Ursprung:
$$r = \frac{b}{\sqrt{\varepsilon^2 \cos^2 \varphi - 1}} , \qquad (1.9.11)$$

für linker Brennpunkt im Ursprung:
$$r = \frac{p}{\varepsilon \cos \varphi \pm 1} , \qquad (1.9.12)$$

für rechter Brennpunkt im Ursprung:
$$r = \frac{-p}{\varepsilon \cos \varphi \pm 1} . \qquad (1.9.13)$$

Das obere Vorzeichen beschreibt den linken, das untere Vorzeichen den rechten Hyperbelast.

Auch hier ist, wie bei Ellipsen, $p = \dfrac{b^2}{a}$; man beachte jedoch, dass wegen der abweichenden Definition der numerischen Exzentrizität als $\varepsilon = \dfrac{\sqrt{a^2 + b^2}}{a}$ hier stets $\varepsilon > 1$ ist.

Die **Parameterdarstellung** einer Hyperbel mit Mittelpunkt $\mathbf{M} = (x_0, y_0)$, wie sie in Bild 1.9.2 dargestellt ist, lautet (mit $t \in \mathbb{R}$):

$$x = x_0 \mp a \cosh t$$
$$y = y_0 + b \sinh t$$

Wieder bezeichnet das obere Vorzeichen den linken und das untere den rechten Hyperbelast.

Parabel

Ist in (1.9.2) $\alpha = 0$ und $\gamma \neq 0$ (sonst entsteht kein nichttrivialer Kegelschnitt), so lässt sich (1.9.2) schreiben als

$$(x - x_0)^2 = 2p(y - y_0) \qquad \text{mit } p \neq 0 \qquad (1.9.14)$$

Die Parabel ist für positive p nach oben und für negative p nach unten geöffnet. (x_0, y_0) sind die Koordinaten des Scheitelpunkts $\mathbf{S}$, $(x_0, y_0 + \dfrac{p}{2})$ die des Brennpunkts $\mathbf{F}$. Dieser liegt also stets im Innern der Parabel und ist um $\dfrac{|p|}{2}$ von $\mathbf{S}$ entfernt (siehe Bild 1.9.3).

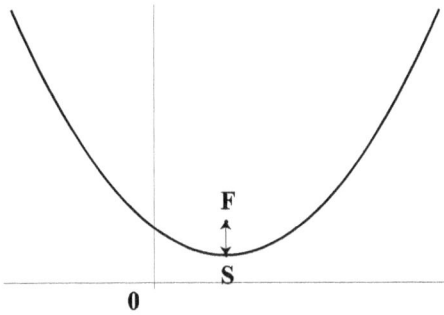

Bild 1.9.3: Parabel in allgemeiner Lage

Liegt der Scheitel im Ursprung, so vereinfacht sich (1.9.14) zur *Scheitelgleichung*

$$y = \frac{1}{2p}x^2 \, . \tag{1.9.15}$$

Für diese Lage – Scheitelpunkt im Ursprung des Koordinatensystems – lässt sich leicht aus (1.9.15) der Übergang zu **Polarkoordinaten** (r, φ) vollziehen:

$$r = 2p \sin \varphi (1 + \tan^2 \varphi) \tag{1.9.16}$$

Liegt der Brennpunkt **F** im Ursprung des Koordinatensystems, also $S = (0, -\frac{p}{2})$, so ergibt sich aus (1.9.14)

$$r = \frac{p}{1 - \sin \varphi} \quad \text{für } p > 0 \quad \text{und} \quad r = \frac{|p|}{1 + \sin \varphi} \quad \text{für } p < 0,$$

insgesamt $\quad r = \dfrac{|p|}{1 - \text{sign}(p) \cdot \sin \varphi} \quad$ für beliebige $p \neq 0.$ $\tag{1.9.17}$

Eine **Parameterdarstellung** der in Bild 1.9.3 skizzierten Parabel ist mit $t \in \mathbb{R}$ gegeben durch

$$x = x_0 + t, \qquad y = y_0 + \frac{t^2}{2p} \tag{1.9.18}$$

<u>Allgemeine Bemerkung</u>:

Damit (1.9.1) die Gleichung eines nichttrivialen Kegelschnitts ist, dürfen nicht beide quadratischen Terme gleichzeitig verschwinden. Hier wurde vorausgesetzt, dass dies stets x^2 ist. Fordert man nun, dass y^2 stets vorkommen soll, so ändert sich bei der Ellipse nichts, da wegen des „+" in (1.9.3) x- und y-Terme miteinander vertauschbar sind. Ergibt sich statt (1.9.9) die Gleichung

$$\frac{(y-y_0)^2}{b^2} - \frac{(x-x_0)^2}{a^2} = 1,$$

in der x^2 und y^2 ihre Rollen getauscht haben, so stellt dies eine Hyperbel dar, bei der die Hyperbeläste statt nach links bzw. rechts nach oben bzw. unten geöffnet sind.

Definiert man nun die numerische Exzentrizität als $\varepsilon = \dfrac{\sqrt{a^2+b^2}}{b}$ und den Parameter p als

$p = \dfrac{a^2}{b}$, so ergeben sich für die Darstellung in Polarkoordinaten (r,φ) ganz ähnliche Ausdrücke wie in (1.9.11) – (1.9.13), im Einzelnen

für Mittelpunkt im Ursprung:
$$r = \frac{a}{\sqrt{\varepsilon^2 \sin^2\varphi - 1}},$$

für oberer Brennpunkt im Ursprung:
$$r = \frac{-p}{\varepsilon\sin\varphi \mp 1},$$

für unterer Brennpunkt im Ursprung:
$$r = \frac{p}{\varepsilon\sin\varphi \mp 1}.$$

Das obere Vorzeichen beschreibt den oberen, das untere Vorzeichen den unteren Ast.

Etwas anders verhält es sich bei Parabeln, da hier nur ein quadratischer Term vorkommt:

In (1.9.1) ist nun $A = 0$ und $B \neq 0$. Die Gleichungen (1.9.14) – (1.9.17) werden zu

$$(y-y_0)^2 = 2p(x-x_0), \qquad\qquad x = \frac{1}{2p}y^2,$$

$$r = 2p\cos\varphi(1+\cot^2\varphi) \qquad \text{und} \qquad r = \frac{|p|}{1-\operatorname{sign}(p)\cdot\cos\varphi}.$$

Vergleicht man nun die letzte Gleichung mit (1.9.8), (1.9.12) und (1.9.13), so erhält man als Zusammenfassung folgendes Resultat:

Die Polarkoordinatengleichung $r = \dfrac{|p|}{1+\varepsilon\cdot\cos\varphi}$ stellt stets einen Kegelschnitt dar, dessen einer Brennpunkt im Ursprung des Koordinatensystems liegt, und zwar für $\varepsilon > 1$ eine Hyperbel,

für $\varepsilon = 1$ eine Parabel,

für $\varepsilon \in \,]0,1[$ eine Ellipse,

für $\varepsilon = 0$ einen Kreis;

ε und p bestimmen wie oben beschrieben die Halbachsen.

1.10 Räumliche Körper

In diesem Abschnitt sollen Körper im eigentlichen (umgangssprachlichen) Sinne, also nicht die im Abschnitt 1.3 vorgestellten algebraischen Strukturen gleichen Namens, betrachtet werden. Die Thematik ist Teil der sogenannten *Stereometrie*.

Ein Körper in diesem Sinne ist also eine allseitig von einer Fläche oder zusammenhängenden Flächenstücken begrenzte Teilmenge des dreidimensionalen Raumes. Die Art der begrenzenden Flächen, eben oder gekrümmt, führt zu einer natürlichen Einteilung der entsprechenden Körper. Es sollen hier vor allem die Volumina und Oberflächen der verschiedenen Körper behandelt werden.

Wichtig für die Berechnung des Volumens „verschobener“ oder „verdrehter“ Körper ist das

Prinzip von CAVALIERI:

Zwei Körper besitzen dasselbe Volumen, wenn all ihre Schnittflächen mit zu einer Grundebene parallelen Ebenen in entsprechenden Höhen den gleichen Flächeninhalt haben.

Anschaulich lässt sich dies etwa folgendermaßen interpretieren: Verdreht man einen quadratischen Abreißblock schraubenförmig, so ändert sich sein Volumen nicht, es lässt sich anhand der quaderförmigen Grundform leicht bestimmen.

Obiger Sachverhalt, in der Literatur auch als Satz von CAVALIERI bekannt, wurde bereits Mitte des 17. Jahrhunderts formuliert. In der Integralrechnung, mit deren Hilfe die meisten der hier vorgestellten Ergebnisse erhalten werden[1], gilt der Satz als Spezialfall des allgemeineren Satzes von FUBINI.

A. Körper mit ebenen Begrenzungsflächen (Polyeder)

Als *Polyeder* (*Vielflach*) bezeichnet man einen Körper, der nur von ebenen Vielecken begrenzt wird. Den Zusammenhang zwischen den Anzahlen von Ecken (E), Kanten (K) und Flächen (F) beschreibt der

---

[1] siehe dazu auch Abschnitt 5.4

EULERsche Polyedersatz:

$$E - K + F = 2$$

Definition:

(i) Ein Polyeder, bei dem die beiden Grundflächen G_1 und G_2 kongruente Vielecke sind und in zueinander parallelen Ebenen liegen und bei dem die Seitenflächen Parallelogramme sind, heißt *Prisma*.

(ii) Sind die Grundflächen Parallelogramme, so heißt es *Spat* oder *Parallelepiped*.

(iii) Ein Prisma heißt *gerade*, wenn die Seitenkanten senkrecht auf den Grundflächen stehen.

(iv) Ein Prisma heißt *regulär*, wenn es gerade ist und die Grundflächen reguläre n-Ecke sind.

Bezeichnet G den Flächeninhalt von G_1 bzw. G_2 und h den Abstand der beiden parallelen Ebenen, so ist das Volumen eines Prismas stets

$$V = G \cdot h .$$

Wird ein **Parallelepiped** von den drei linear unabhängigen Vektoren $\mathbf{a}$, $\mathbf{b}$ und $\mathbf{c}$ aufgespannt, so gilt für dessen Volumen mit den Bezeichnungen aus Kapitel 2

$$V = |(\mathbf{a} \times \mathbf{b}) \cdot \mathbf{c}| .$$

Deshalb heißt der Ausdruck $(\mathbf{a} \times \mathbf{b}) \cdot \mathbf{c}$ auch *Spatprodukt* von $\mathbf{a}$, $\mathbf{b}$ und $\mathbf{c}$.

Ist bei einem **geraden Prisma** die Grundfläche ein Rechteck, so ergibt sich ein *Quader* (Kanten seien a, b und c), dann gilt für Volumen V und Oberfläche O:

$$V = abc \quad \text{und} \quad O = 2(ab + ac + bc)$$

Die vier Raumdiagonalen schneiden sich in einem Punkt, sie haben die Länge

$$d = \sqrt{a^2 + b^2 + c^2} .$$

Liegt der Spezialfall eines Würfels vor (also $a = b = c$), so vereinfachen sich obige Formeln:

$$V = a^3 \qquad O = 6a^2 \qquad d = a\sqrt{3}$$

Bei einem **regulären Prisma** mit Höhe h und einem regelmäßigen n-Eck mit Kantenlänge a als Grundfläche besteht die Mantelfläche aus n Rechtecken, jeweils mit Flächeninhalt $a \cdot h$.

Nach Abschnitt 1.6 ergibt sich für die Grundfläche (regelmäßiges n-Eck) $\quad G = \dfrac{na^2}{4 \tan \dfrac{\pi}{n}} .$

Damit ist $V = \dfrac{nha^2}{4 \tan \dfrac{\pi}{n}}$ und $O = 2G + n \cdot ah = \dfrac{na^2}{2 \tan \dfrac{\pi}{n}} + nah = na \left(\dfrac{a}{2 \tan \dfrac{\pi}{n}} + h \right).$

Definition:

Ein Polyeder, dessen Grundfläche G ein beliebiges n-Eck ist und dessen Seitenflächen Dreiecke sind, die sich in einem Punkt S, der sogenannten Spitze, treffen, heißt *Pyramide*.

Ist die Grundfläche ein regelmäßiges n-Eck derart, dass das Lot von S auf G diese in ihrem Mittelpunkt trifft, so heißt die Pyramide *regulär*. Die Seitenflächen sind kongruente Dreiecke.

Schneidet man von einer Pyramide durch eine zur Grundfläche parallele Ebene den oberen Teil ab, so entsteht ein *Pyramidenstumpf*; die beiden parallelen Polyederflächen sind ähnlich zueinander, die Seitenflächen sind Trapeze.

Bezeichnet h den Abstand der Spitze von der Grundfläche (die Höhe der Pyramide), so erhält man das Volumen einer Pyramide als

$$V = \frac{1}{3}G \cdot h.$$

Eine Pyramide mit einem Dreieck als Grundfläche heißt *Tetraeder*. Da auch die Seitenflächen Dreiecke sind, ist ein Tetraeder ein durch vier Dreiecke begrenztes Polyeder. Man kann jede der Dreiecksflächen als Grundfläche auffassen.

Für den Sonderfall, dass alle vier Dreiecke kongruent und gleichseitig (mit Seitenlänge a) sind, lassen sich Volumen, Oberfläche und Körperhöhe angeben:

$$V = \frac{a^3}{12}\sqrt{2} \qquad O = a^2\sqrt{3} \qquad h = \frac{a}{3}\sqrt{6}$$

Bezeichnet bei einem Pyramidenstumpf G die Grund-, g die Deckfläche und h deren Abstand, so gilt für das Volumen:

$$V = \frac{1}{3}(G + \sqrt{G \cdot g} + g)$$

B. Körper mit gekrümmten Begrenzungsflächen

Körper mit gekrümmter Begrenzungsfläche entstehen häufig durch die Rotation einer ebenen Fläche um eine Drehachse, die in der gleichen Ebene liegt, die erzeugende Fläche aber nicht schneidet. Zur Bestimmung von Mantelfläche und Volumen ist der folgende Satz oft sehr hilfreich:

GULDINsche Regeln:

1. Die Mantelfläche M eines wie oben beschriebenen Rotationskörpers ist das Produkt aus der Länge des die rotierende Fläche begrenzenden Bogenstücks l und der von seinem Schwerpunkt S_B beschriebenen Kreiswegs. Bezeichnet R den Abstand des Schwerpunkts von der Drehachse, so ist also

$$M = 2\pi R \cdot l.$$

2. Das Volumen V eines solchen Rotationskörpers ist das Produkt aus dem Inhalt A der rotierenden Fläche und der Länge des von ihrem Schwerpunkt S_A beschriebenen Kreiswegs. Bezeichnet R den Abstand des Schwerpunkts von der Drehachse, so ist also

$$V = 2\pi R \cdot A \, .$$

Sowohl Bogenlängen als auch Schwerpunktlagen lassen sich meist nur mittels Integralrechnung bestimmen; deshalb sei an dieser Stelle auf die Abschnitte 5.4 und 6.1 verwiesen.

Ein Beispiel für die Anwendung der GULDINschen Regeln mit elementaren Mitteln stellt der *Torus* dar. Dabei rotiert ein Kreis mit Radius r und Mittelpunkt $(R,0)$ (mit $r < R$) um die y-Achse. Es entsteht ein Torus, auch Kreisring genannt (siehe Bild 1.10.1).

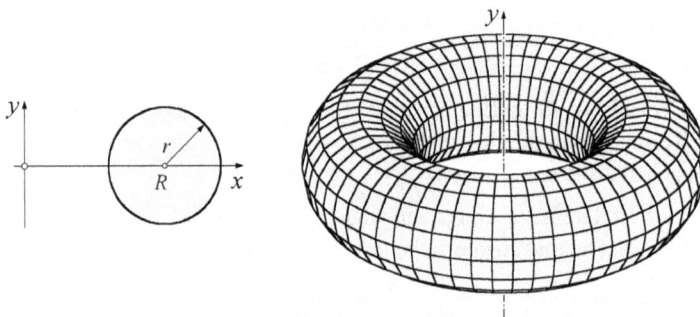

Bild 1.10.1: Rotierender Kreis und Torus

Der Schwerpunkt sowohl der rotierenden Kreislinie als auch der Kreisfläche ist der Mittelpunkt des Kreises, er legt also bei der Rotation einen Weg der Länge $2\pi R$ zurück. Die Länge des rotierenden Bogenstücks ist der Umfang des Kreises, also $2\pi r$, die Fläche hat den Inhalt πr^2. Damit ergibt sich für Volumen und Oberfläche des Torus:

$$V = 2\pi^2 R r^2 \quad \text{und} \quad O = 4\pi^2 R r$$

Definition:

Ein Körper heißt *Kreiszylinder*, wenn Deck- und Grundfläche kongruente Kreise mit Radius r sind, die in parallelen Ebenen mit Abstand h liegen. Ein Kreiszylinder heißt *gerade*, wenn die Verbindungsstrecke der beiden Kreismittelpunkte senkrecht auf der Grundfläche steht.

Ein gerader Kreiszylinder kann als Rotationskörper – mit der Körperachse als Drehachse – aufgefasst werden, das Volumen ergibt sich somit zu

$$V = \pi r^2 h \, .$$

Nach dem Prinzip von CAVALIERI ergibt sich für einen <u>beliebigen</u> Kreiszylinder der gleiche Wert.

Bei der Berechnung der Oberfläche O eines <u>geraden</u> Kreiszylinders ist zu beachten, dass man zu der etwa durch Abwicklung leicht zu bestimmenden Mantelfläche M noch Grund- und Deckfläche addieren muss:

$$M = 2\pi rh \quad \text{und} \quad O = 2\pi rh + 2\pi r^2 = 2\pi r(h+r)$$

Definition:

In der Ebene G sei ein Kreis mit Mittelpunkt M und Radius r gegeben. Verbindet man alle Punkte der Kreislinie mit einem Punkt S, Spitze genannt, der von der Ebene G den Abstand $h > 0$ hat, so entsteht ein *Kreiskegel*.

Dieser heißt *gerade*, wenn die Verbindungsstrecke zwischen Spitze und Kreismittelpunkt auf G senkrecht steht.

Wie oben kann ein gerader Kreiskegel als Rotationskörper – mit der Körperachse als Drehachse – aufgefasst werden, das Volumen ergibt sich somit zu

$$V = \frac{1}{3}\pi r^2 h \,.$$

Nach dem Prinzip von CAVALIERI ergibt sich für einen <u>beliebigen</u> Kreiskegel der gleiche Wert.

Bezeichnet bei einem <u>geraden</u> Kreiskegel s die *Mantellinie* (das ist gerade die Hypotenuse des rotierenden Dreiecks), so ist

$$M = \pi r s = \pi r \sqrt{r^2 + h^2} \quad \text{und} \quad O = \pi r(s+r) = \pi r\left(r + \sqrt{r^2 + h^2}\right) \,.$$

Definition:

Ist ein Körper symmetrisch bezüglich drei aufeinander senkrecht stehender, sich im Körpermittelpunkt M schneidender Ebenen und sind die dabei entstehenden Schnittfiguren Ellipsen mit den Halbachsen a und b, a und c bzw. b und c, so heißt er *Ellipsoid* (siehe Bild 1.10.2).

Sein Volumen ist $\qquad V = \dfrac{4\pi}{3} abc \,.$

Die Oberfläche eines Ellipsoids lässt sich nicht mithilfe elementarer Funktionsausdrücke bestimmen, es werden elliptische Integrale benutzt. Von Knud Thomsen[1] stammt eine integralfreie sehr brauchbare Näherungsformel:

$$O \approx 4\pi\left(\frac{1}{3}\left((ab)^{\frac{8}{5}} + (ac)^{\frac{8}{5}} + (bc)^{\frac{8}{5}}\right)\right)^{\frac{5}{8}}$$

---

[1] siehe wikipedia.org/wiki/Ellipsoid

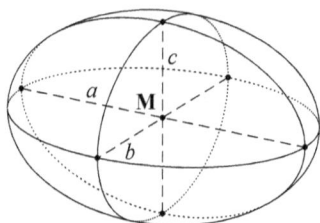

Bild 1.10.2: Ellipsoid

Ist $b = c$, so kann das Ellipsoid durch Rotation um die durch a gegebene Achse erzeugt werden, das Volumen ist demnach $\qquad V = \dfrac{4\pi}{3}\, ab^2$.

Mit der GULDINschen Regel erhält man nun

für $a > b$:
$$O = 2\pi a\left(a + \frac{b^2}{\sqrt{a^2 - b^2}} \cdot \operatorname{ar\,sinh} \frac{\sqrt{a^2 - b^2}}{b}\right)$$

für $a < b$:
$$O = 2\pi a\left(a + \frac{b^2}{\sqrt{b^2 - a^2}} \cdot \operatorname{arc\,sin} \frac{\sqrt{b^2 - a^2}}{b}\right)$$

Haben alle drei Halbachsen die gleiche Länge r, so ergibt sich der Spezialfall einer *Kugel* mit

$$V = \frac{4}{3}\pi r^3 \quad \text{und} \quad O = 4\pi r^2 .$$

2   Grundzüge der Linearen Algebra

2.1   Vektorraum, Unterraum, Basis

Eine der wichtigsten und am häufigsten vorkommenden mathematischen Strukturen ist der Vektorraum über einem Körper K.

Definition:

> Gegeben sei eine nichtleere Menge V mit einer inneren Verknüpfung $+ : V \times V \to V$, Addition genannt, ein Körper $(K,+,\cdot)$ sowie eine äußere Verknüpfung $K \times V \to V, (\lambda, \mathbf{v}) \mapsto \lambda \mathbf{v}$, skalare Multiplikation genannt.
>
> V heißt *Vektorraum über K* (kurz: K-Vektorraum), wenn folgende Bedingungen gelten:
>
> (i) $(V,+)$ ist eine abelsche Gruppe;
>
> (ii)   für alle $\lambda, \mu \in K$, $\mathbf{v}, \mathbf{w} \in V$ gilt:
>
>   a) $\lambda(\mu \mathbf{v}) = (\lambda \cdot \mu)\mathbf{v}$,
>
>   b) $(\lambda + \mu)\mathbf{v} = \lambda \mathbf{v} + \mu \mathbf{v}$,
>
>   c) $\lambda(\mathbf{v} + \mathbf{w}) = \lambda \mathbf{v} + \lambda \mathbf{w}$,
>
>   d) $1\mathbf{v} = \mathbf{v}$ (1 bezeichnet das Einselement von K).
>
> Die Elemente von V heißen *Vektoren*, das Nullelement $\mathbf{0}$ von $(V,+)$ heißt Nullvektor, die Körperelemente werden *Skalare* genannt.

Jeder Körper ist offensichtlich ein Vektorraum über sich selbst. Definiert man auf K^n Addition und skalare Multiplikation komponentenweise, also über

$$(v_1, \cdots, v_n) + (w_1, \cdots, w_n) := (v_1 + w_1, \cdots, v_n + w_n) \quad \text{und} \quad \lambda(v_1, \cdots, v_n) := (\lambda v_1, \cdots, \lambda v_n),$$

so erhält man weitere wichtige Vektorräume. Für $K = \mathbb{R}$ und $n = 3$ erhält man so den Anschauungsraum als Vektorraum. Eher abstrakt sind die Beispiele „Menge aller reellwertigen Funktionen mit demselben Definitionsbereich", „Menge aller reellen Polynome", „Menge aller konvergenten Folgen" oder vieles mehr.

Rechenregeln in Vektorräumen:

Aus obigen Vektorraum-Axiomen lassen sich folgende weitere Rechenregeln ableiten:

https://doi.org/10.1515/9783110537161-055

1. $\lambda \mathbf{0} = \mathbf{0}$ und $0\mathbf{v} = \mathbf{0}$ 2. $\lambda \mathbf{v} = \mathbf{0} \Leftrightarrow \lambda = 0 \vee \mathbf{v} = \mathbf{0}$ 3. $(-1)\mathbf{v} = -\mathbf{v}$

Definition:

> Eine nichtleere Teilmenge U eines Vektorraums V heißt *Unterraum* von V, wenn U bezüglich der in V definierten Verknüpfungen selbst ein Vektorraum ist, insbesondere ist $\mathbf{0} \in V$ auch Nullelement von U. Anders formuliert:
>
> $$U \subseteq V, U \neq \varnothing, \text{ ist Unterraum von } V \Leftrightarrow \forall \lambda \in K \; \forall \mathbf{v}, \mathbf{w} \in U : \mathbf{v} + \mathbf{w} \in U \wedge \lambda \mathbf{v} \in U$$

Die Menge $\{\mathbf{0}\}$, der sogenannte *Nullraum*, sowie V selbst sind Unterräume von V. Außerdem ist für $\mathbf{v}_1, \mathbf{v}_2, \cdots, \mathbf{v}_m \in V$ die Menge $\{\lambda_1 \mathbf{v}_1 + \lambda_2 \mathbf{v}_2 + \ldots + \lambda_m \mathbf{v}_m \mid \lambda_k \in K\}$, die Menge aller *Linearkombinationen* der $\mathbf{v}_1, \mathbf{v}_2, \cdots, \mathbf{v}_m$, geschrieben $[\mathbf{v}_1, \mathbf{v}_2, \cdots, \mathbf{v}_m]$, ein Unterraum von V.

Definition:

> (i) Eine Teilmenge $\{\mathbf{v}_1, \mathbf{v}_2, \cdots, \mathbf{v}_m\}$ von V heißt *linear unabhängig*, wenn eine Linearkombination der $\mathbf{v}_1, \mathbf{v}_2, \cdots, \mathbf{v}_m$ nur dann den Nullvektor ergibt, wenn alle $\lambda_k = 0$ sind, also wenn $\lambda_1 \mathbf{v}_1 + \lambda_2 \mathbf{v}_2 + \ldots + \lambda_m \mathbf{v}_m = \mathbf{0} \Rightarrow \lambda_1 = \lambda_2 = \ldots = \lambda_m = 0$ gilt.
>
> Anderenfalls heißt sie *linear abhängig*.
>
> (ii) $\{\mathbf{v}_1, \mathbf{v}_2, \cdots, \mathbf{v}_m\}$ heißt *Basis* des Unterraums U, wenn $U = [\mathbf{v}_1, \mathbf{v}_2, \cdots, \mathbf{v}_m]$ und $\{\mathbf{v}_1, \mathbf{v}_2, \cdots, \mathbf{v}_m\}$ linear unabhängig ist.
>
> (iii) Die Anzahl m der Basiselemente eines Unterraums[1] heißt *Dimension* von U, kurz $\dim U = m$.

Gleichbedeutend mit (i) ist $\{\mathbf{v}_1, \mathbf{v}_2, \cdots, \mathbf{v}_m\}$ linear abhängig, wenn sich mindestens ein Vektor aus $\{\mathbf{v}_1, \mathbf{v}_2, \cdots, \mathbf{v}_m\}$ als Linearkombination der anderen darstellen lässt. Für K^n hat man die *kanonische Basis* $\{\mathbf{e}_1, \mathbf{e}_2, \cdots, \mathbf{e}_n\}$, wobei bei $\mathbf{e}_k = (0, \cdots, 1, \cdots, 0)$ alle Komponenten bis auf die k-te 0 sind, $\mathbf{e}_k$ heißt k-ter *kanonischer Einheitsvektor*. Deshalb ist $\dim K^n = n$.

2.2   Matrizen und Determinanten

In diesem Abschnitt sei K ein beliebiger Körper, bei der Einführung der Determinanten muss vorausgesetzt werden, dass die *Charakteristik* von K ungleich 2 ist. Dabei ist die Charakteristik eines Körpers die kleinstmögliche Anzahl von Einselementen, die aufaddiert das Nullelement ergibt. Ist dies nie der Fall (wie in $\mathbb{R}$ oder $\mathbb{C}$), so wird die Charakteristik als 0 definiert. In den meisten hier interessierenden Anwendungen ist $K = \mathbb{R}$, manchmal auch $K = \mathbb{C}$.

---

[1]   Es ist durchaus nicht trivial, dass diese Zahl wohlbestimmt ist.

Definition:

Eine rechteckige Anordnung von $m \cdot n$ doppelt indizierten Elementen $a_{ij} \in K$ in der Form

$$\begin{pmatrix} a_{11} & a_{12} & \cdots & a_{1n} \\ a_{21} & a_{22} & \cdots & a_{2n} \\ \vdots & \vdots & \cdots & \vdots \\ a_{m1} & a_{m2} & \cdots & a_{mn} \end{pmatrix}$$

heißt (m, n)-*Matrix über K*. Die Menge aller (m, n)-Matrizen wird mit $M_{m,n}(K)$ bezeichnet. Die waagerechten Reihen heißen *Zeilen*, die senkrechten *Spalten* der Matrix. Dementsprechend gibt m die Zeilen- und n die Spaltenzahl der Matrix an. Bei a_{ij} heißen i der Zeilen- und j der Spaltenindex des Elements.

Matrizen als Ganzes werden meist mit Großbuchstaben $\mathbf{A, B, E}$ o.Ä. bezeichnet.

Die durch die Vorschrift $a'_{ij} := a_{ji}$ gebildete (n, m)-Matrix heißt die zu $\mathbf{A}$ *transponierte Matrix* und wird mit $\mathbf{A}^T$ bezeichnet.

Ist $m = 1$, so heißt die Matrix *Zeilenvektor*, für $n = 1$ *Spaltenvektor*. Für $m = n$ heißt die Matrix *quadratisch*.

In offensichtlicher Weise lässt sich $M_{m,n}(K)$ mit K^{mn} identifizieren. Durch komponentenweise Definition von Addtion und skalarer Multiplikation, also durch

$$\begin{pmatrix} a_{11} & a_{12} & \cdots & a_{1n} \\ a_{21} & a_{22} & \cdots & a_{2n} \\ \vdots & \vdots & \cdots & \vdots \\ a_{m1} & a_{m2} & \cdots & a_{mn} \end{pmatrix} + \begin{pmatrix} b_{11} & b_{12} & \cdots & b_{1n} \\ b_{21} & b_{22} & \cdots & b_{2n} \\ \vdots & \vdots & \cdots & \vdots \\ b_{m1} & b_{m2} & \cdots & b_{mn} \end{pmatrix} := \begin{pmatrix} a_{11}+b_{11} & a_{12}+b_{12} & \cdots & a_{1n}+b_{1n} \\ a_{21}+b_{21} & a_{22}+b_{22} & \cdots & a_{2n}+b_{2n} \\ \vdots & \vdots & \cdots & \vdots \\ a_{m1}+b_{m1} & a_{m2}+b_{m2} & \cdots & a_{mn}+b_{mn} \end{pmatrix}$$

$$\text{und} \quad \lambda \begin{pmatrix} a_{11} & a_{12} & \cdots & a_{1n} \\ a_{21} & a_{22} & \cdots & a_{2n} \\ \vdots & \vdots & \cdots & \vdots \\ a_{m1} & a_{m2} & \cdots & a_{mn} \end{pmatrix} := \begin{pmatrix} \lambda a_{11} & \lambda a_{12} & \cdots & \lambda a_{1n} \\ \lambda a_{21} & \lambda a_{22} & \cdots & \lambda a_{2n} \\ \vdots & \vdots & \cdots & \vdots \\ \lambda a_{m1} & \lambda a_{m2} & \cdots & \lambda a_{mn} \end{pmatrix},$$

wird $M_{m,n}(K)$ ein K-Vektorraum der Dimension $m \cdot n$.

Spezielle Eigenschaften quadratischer Matrizen:

1. $\mathbf{A}$ heißt *symmetrisch* $\qquad \Leftrightarrow \mathbf{A} = \mathbf{A}^T \qquad \Leftrightarrow \forall i, j : a_{ij} = a_{ji}$

2. $\mathbf{A}$ heißt *schiefsymmetrisch* $\qquad \Leftrightarrow \mathbf{A} = -\mathbf{A}^T \qquad \Leftrightarrow \forall i, j : a_{ij} = -a_{ji}$

3. **A** heißt *obere Dreiecksmatrix* $\Leftrightarrow \forall i,j : i > j \Rightarrow a_{ij} = 0$, also $\mathbf{A} = \begin{pmatrix} a_{11} & a_{12} & \cdots & a_{1n} \\ 0 & a_{22} & \cdots & a_{2n} \\ \vdots & \vdots & \cdots & \vdots \\ 0 & 0 & \cdots & a_{nn} \end{pmatrix}$

4. **A** heißt *untere Dreiecksmatrix* $\Leftrightarrow \forall i,j : j > i \Rightarrow a_{ij} = 0$, also $\mathbf{A} = \begin{pmatrix} a_{11} & 0 & \cdots & 0 \\ a_{21} & a_{22} & \cdots & 0 \\ \vdots & \vdots & \cdots & \vdots \\ a_{n1} & a_{n2} & \cdots & a_{nn} \end{pmatrix}$

5. **A** heißt *Diagonalmatrix* $\Leftrightarrow \forall i,j : j \neq i \Rightarrow a_{ij} = 0$, also $\mathbf{A} = \begin{pmatrix} a_{11} & 0 & \cdots & 0 \\ 0 & a_{22} & \cdots & 0 \\ \vdots & \vdots & \cdots & \vdots \\ 0 & 0 & \cdots & a_{nn} \end{pmatrix}$

6. Die Elemente der Form a_{ii} bilden die *Hauptdiagonale* von **A** .

7. Die Diagonalmatrix mit lauter Einsen auf der Hauptdiagonalen heißt *Einheitsmatrix* und wird mit **E** bezeichnet. Für die Einträge e_{ij} von **E** gilt also: $e_{ij} = \begin{cases} 1 & \text{falls} \quad i = j \\ 0 & \text{falls} \quad i \neq j \end{cases}$.

Matrizenmultiplikation:

Für eine (m,n)-Matrix $\mathbf{A} = (a_{ij})$ und eine (n,l)-Matrix $\mathbf{B} = (b_{ij})$ (Größen beachten!) ist das *Matrizenprodukt* $\mathbf{A} \cdot \mathbf{B}$ (oder **AB**) eine (m,l)-Matrix $\mathbf{C} = (c_{ij})$ mit $c_{ij} = \sum_{k=1}^{n} a_{ik} b_{kj}$, anders ausgedrückt: Das (i,j)-te Element der Matrix $\mathbf{A} \cdot \mathbf{B}$ erhält man, indem man die i-te Zeile von **A** und die j-te Spalte von **B** (beide haben die gleiche Länge n) in Form des Standardskalarprodukts (siehe 2.4) miteinander multipliziert.

Gleichartige Matrizen lassen sich also nur dann miteinander multiplizieren, wenn sie quadratisch sind. Aber auch dann gelten einige von der Zahlenmultiplikation her bekannte Rechenregeln, insbesondere das Kommutativgesetz und die Kürzungsregel, im Allgemeinen <u>nicht</u>. Die n-reihigen quadratischen Matrizen bilden einen Ring mit der Einheitsmatrix als Einselement, der weder kommutativ noch nullteilerfrei ist.

Rechenregeln für die Matrizenmultiplikation:

Es seien $\mathbf{A}, \mathbf{B}, \mathbf{C}$ Matrizen, es bezeichne **E** die Einheitsmatrix (entsprechender Größe), es sei $\lambda \in \mathbb{R}$. Wenn die entsprechenden Ausdrücke (von den Matrizengrößen her) definiert sind, gelten folgende Regeln:

(i) $\mathbf{A} \cdot (\mathbf{B} \cdot \mathbf{C}) = (\mathbf{A} \cdot \mathbf{B}) \cdot \mathbf{C}$ (Assoziativgesetz)

(ii) $\mathbf{A} \cdot \mathbf{E} = \mathbf{A}$ und $\mathbf{E} \cdot \mathbf{A} = \mathbf{A}$ (neutrales Element)

(iii) $\mathbf{A} \cdot (\mathbf{B} + \mathbf{C}) = \mathbf{A} \cdot \mathbf{B} + \mathbf{A} \cdot \mathbf{C}$ (Distributivgesetz)

(iv) $(\mathbf{B} + \mathbf{C}) \cdot \mathbf{A} = \mathbf{B} \cdot \mathbf{A} + \mathbf{C} \cdot \mathbf{A}$ (Distributivgesetz)

(v) $(\lambda \mathbf{A}) \cdot \mathbf{B} = \lambda (\mathbf{A} \cdot \mathbf{B}) = \mathbf{A} \cdot (\lambda \mathbf{B})$

(vi) $(\mathbf{A} \cdot \mathbf{B})^{\mathrm{T}} = \mathbf{B}^{\mathrm{T}} \cdot \mathbf{A}^{\mathrm{T}}$

(vii)   Falls zusätzlich $\mathbf{A} \cdot \mathbf{B} = \mathbf{B} \cdot \mathbf{A}$ ist: $(\mathbf{A} \cdot \mathbf{B})^{k} = \mathbf{A}^{k} \cdot \mathbf{B}^{k}$

Rang einer Matrix

Jede der m Zeilen einer (m, n)-Matrix $\mathbf{A} = (a_{ij})$ kann als Element von K^{n} aufgefasst werden, $z_{i} = (a_{i1}, \cdots, a_{in})$. Damit ist $[z_{1}, z_{2}, \cdots, z_{m}]$ ein Unterraum von K^{n}, der sogenannte *Zeilenraum* von $\mathbf{A}$, seine Dimension heißt *Zeilenrang*. Analog bilden die Spalten $[s_{1}, s_{2}, \cdots, s_{n}]$ den *Spaltenraum* von $\mathbf{A}$, einen Unterraum von K^{m}, dessen Dimension der *Spaltenrang* ist. Da stets Zeilenrang und Spaltenrang einer Matrix gleich sind, spricht man einfach vom *Rang* einer Matrix, rg A geschrieben. Dieser ist also höchstens gleich Zeilenzahl bzw. Spalten-zahl.

Matrizenumformungen

Eine gegebene (m, n)-Matrix $\mathbf{A} = (a_{ij})$ kann durch folgende *elementare Zeilenoperationen* verändert werden:

(Z1)   Die i-te wird mit der j-ten Zeile vertauscht.

(Z2)   Die i-te Zeile wird mit $\lambda \neq 0$ multipliziert.

(Z3)   Das λ-Fache der i-ten Zeile wird zur j-ten addiert und ergibt die neue j-te Zeile.

Diese elementaren Zeilenoperationen lassen sich auch durch Multiplikation mit sogenannten – quadratischen – *Elementarmatrizen* von links ausdrücken, und zwar:

1. Für $i \neq j$ bezeichne $\mathbf{V}_{ij}$ diejenige Matrix, die aus der Einheitsmatrix durch Vertauschen von i-ter und j-ter Zeile hervorgeht. $\mathbf{V}_{ij} \cdot \mathbf{A}$ entspricht dann **(Z1)**.

2. Für $\lambda \in \mathbb{R}^{*}$ bezeichne $\mathbf{M}_{i}^{\lambda}$ diejenige Diagonalmatrix, die an der i-ten Stelle mit λ und sonst mit lauter Einsen besetzt ist. $\mathbf{M}_{i}^{\lambda} \cdot \mathbf{A}$ entspricht dann **(Z2)**.

3. Für $i \neq j$ bezeichne $\mathbf{S}_{ji}$ diejenige Matrix, die aus der Einheitsmatrix durch Hinzufügen einer 1 an der Stelle (j, i) entsteht. **(Z3)** entspricht dann $\mathbf{M}_{i}^{\lambda^{-1}} \cdot \mathbf{S}_{ji} \cdot \mathbf{M}_{i}^{\lambda} \cdot \mathbf{A}$.

Analog lassen sich *elementare Spaltenoperationen* definieren; ihr Ergebnis erhält man als Matrizenprodukt mit den entsprechenden Elementarmatrizen von rechts multipliziert.

Bei diesen elementaren Matrizenumformungen bleibt der Rang der Matrix unverändert. Zur Rangbestimmung bringt man also durch elementare Zeilenumformungen die Matrix auf die sogenannte *Staffelform* (auch: *Zeilenstufenform*), die wie folgt gekennzeichnet ist:

In jeder Zeile stehen links und unterhalb von dem *Pivotelement* $\bullet \neq 0$ nur Nullen; geht man die Zeilen von oben nach unten durch, so rückt $\bullet$ pro Zeile um mindestens eine Stelle nach rechts, wie im folgenden Beispiel einer $(5,7)$-Matrix dargestellt:

$$\begin{pmatrix} \bullet & * & * & * & * & * & * \\ 0 & \bullet & * & * & * & * & * \\ 0 & 0 & 0 & \bullet & * & * & * \\ 0 & 0 & 0 & 0 & \bullet & * & * \\ 0 & 0 & 0 & 0 & 0 & 0 & 0 \end{pmatrix} \quad \begin{array}{l} \bullet \neq 0 \,\text{Pivotelement} \\ * \in K \,\text{beliebig} \end{array}$$

Der Rang lässt sich leicht als Anzahl der Nicht-Nullzeilen in der Staffelform bestimmen (im Beispiel $\text{rg }\mathbf{A} = 4$).

Zur Erstellung der Staffelform geht man wie folgt vor:

1. Man sucht in der ersten Spalte ein passendes Pivotelement $\neq 0$ aus und bringt diese Operationszeile durch Zeilenvertauschung an die erste Stelle. Ist die erste Spalte eine Nullspalte, so suche man ein Pivotelement in der zweiten Spalte usw.

2. Durch Addition eines passenden Vielfachen der Operationszeile auf die darunter stehenden erreicht man, dass alle Elemente unterhalb des Pivotelements 0 werden. Die Operationszeile bleibt dabei unverändert.

3. Danach geht man eine Zeile nach unten und sucht in der nächsten Spalte (nur nach unten!) ein neues Pivotelement. Damit verfahre man wie in 1. und 2. beschrieben.

4. Man wiederhole dieses Vorgehen solange, bis man mit dem Pivotelement rechts oder unten „anstößt" oder bis unterhalb des Pivotelements nur noch reine Nullzeilen stehen.

Reguläre Matrizen

Eine quadratische Matrix $\mathbf{A}$ heißt *regulär* (oder *invertierbar*), wenn es eine Matrix $\mathbf{A}^{-1}$ gibt, sodass $\mathbf{A} \cdot \mathbf{A}^{-1} = \mathbf{A}^{-1} \cdot \mathbf{A} = \mathbf{E}$ ist.

$\mathbf{A}^{-1}$ ist eindeutig bestimmt und heißt *zu $\mathbf{A}$ inverse Matrix*.

$\mathbf{A}$ ist genau dann regulär, wenn ihr Rang maximal, also gleich Zeilen- und Spaltenzahl ist.

Zur Bestimmung der Inversen einer regulären Matrix $\mathbf{A}$ kann man das durch $\mathbf{A} \cdot \mathbf{A}^{-1} = \mathbf{E}$ für die Einträge von $\mathbf{A}^{-1}$ gegebene lineare Gleichungssystem der Größe (n^2, n^2) lösen. Eine weitere Möglichkeit ist die Benutzung der adjungierten Matrix (siehe am Ende dieses Abschnitts). Am einfachsten ist häufig die folgende Methode:

1. Man schreibt **A** und die Einheitsmatrix **E** nebeneinander in eine $(n,2n)$ -Matrix:

$$\begin{pmatrix} a_{11} & \cdots & a_{1n} & 1 & \cdots & 0 \\ \vdots & \ddots & \vdots & \vdots & \ddots & \vdots \\ a_{n1} & \cdots & a_{nn} & 0 & \cdots & 1 \end{pmatrix}.$$

2. An der gesamten Matrix führe man nun elementare Zeilenoperationen aus mit dem Ziel, eine Staffelform zu erreichen. Der vordere aus **A** stammende Teil ist eine obere Dreiecksmatrix. Kommt auf der Hauptdiagonalen eine 0 vor, besitzt **A** keine Inverse, das Verfahren wird abgebrochen, ansonsten:

3. Die Hauptdiagonalelemente werden – von unten nach oben – als Pivotelemente benutzt mit dem Ziel, durch (**Z2**) und (**Z3**) den vorderen Teil auf die Einheitsmatrix **E** umzuformen; der hintere Teil stellt dann $\mathbf{A}^{-1}$ dar.

$$\begin{pmatrix} 1 & \cdots & 0 & a'_{11} & \cdots & a'_{1n} \\ \vdots & \ddots & \vdots & \vdots & \ddots & \vdots \\ 0 & \cdots & 1 & a'_{n1} & \cdots & a'_{nn} \end{pmatrix}$$

$$\underbrace{\qquad\qquad\qquad}_{=\mathbf{A}^{-1}}$$

Die regulären Matrizen bilden bezüglich der Matrizenmultiplikation eine nichtkommutative Gruppe GL(n,K).

Rechenregeln für reguläre Matrizen **A**, **B**, $\lambda \in \mathbb{R}^*$:

1. $\left(\mathbf{A}^{-1}\right)^{-1} = \mathbf{A}$ 2. $\left(\mathbf{A}^{\mathrm{T}}\right)^{-1} = \left(\mathbf{A}^{-1}\right)^{\mathrm{T}}$ 3. $\left(\mathbf{A}^n\right)^{-1} = \left(\mathbf{A}^{-1}\right)^n$

4. $\left(\mathbf{A} \cdot \mathbf{B}\right)^{-1} = \mathbf{B}^{-1} \cdot \mathbf{A}^{-1}$ 5. $\left(\lambda\mathbf{A}\right)^{-1} = \frac{1}{\lambda}\mathbf{A}^{-1}$

Determinanten

Definition von LEIBNIZ:

$$\det \mathbf{A} = \begin{vmatrix} a_{11} & \cdots & a_{1n} \\ \vdots & \ddots & \vdots \\ a_{n1} & \cdots & a_{nn} \end{vmatrix} = \sum_{\sigma \in S_n} (-1)^{I(\sigma)} \cdot a_{\sigma(1),1} \cdot \ldots \cdot a_{\sigma(n),n} \quad \text{für } \mathbf{A} = \left(a_{ij}\right)$$

Dabei bezeichnet S_n die sogenannte symmetrische Gruppe, das ist die Menge aller Permutationen von $\{1, \cdots, n\}$, die Summe besteht also aus $n!$ Summanden (siehe 15.1). $I(\sigma)$ ist die Anzahl aller *Inversionen* in σ, das ist die Anzahl aller Paare (i, j), für die $i < j$ und $\sigma(i) > \sigma(j)$ ist. Die Determinante ist eine Zahl aus K, $\det : M_{n,n}(K) \to K$.

Unmittelbar aus dieser Definition erhält man die Spezialfälle

$$n = 2: \begin{vmatrix} a_{11} & a_{12} \\ a_{21} & a_{22} \end{vmatrix} = a_{11}a_{22} - a_{12}a_{21} \quad \text{und}$$

$$n = 3: \begin{vmatrix} a_{11} & a_{12} & a_{13} \\ a_{21} & a_{22} & a_{23} \\ a_{31} & a_{32} & a_{33} \end{vmatrix} = a_{11}a_{22}a_{33} + a_{12}a_{23}a_{31} + a_{13}a_{21}a_{32} - a_{13}a_{22}a_{31} - a_{23}a_{32}a_{11} - a_{33}a_{12}a_{21}$$

(Regel von SARRUS)

Definition von WEIERSTRASS:

Mit $M_{n,n}(K) = (K^n)^n$ (zeilenweise Betrachtung der Matrizeneinträge) ist die Determinante eine multilineare antisymmetrische Abbildung[1] von $(K^n)^n$ nach K mit $\det \mathbf{E} = 1$.

Durch diese Forderung ist eindeutig eine Abbildung definiert; die gemäß LEIBNIZ-Definition berechnete Determinante erfüllt diese Bedingungen.

Rechenregeln für Determinanten:

1. Bezeichnet $\mathbf{U}_{ik}(\mathbf{A})$ diejenige $(n-1, n-1)$-Untermatrix von $\mathbf{A}$, die durch Streichen der i-ten Zeile und k-ten Spalte von $\mathbf{A}$ entsteht, so gilt nach dem LAPLACEschen Entwicklungssatz

für jedes feste i: $\det \mathbf{A} = \sum_{k=1}^{n} (-1)^{i+k} a_{ik} \cdot \det \mathbf{U}_{ik}(\mathbf{A})$ (Entwicklung nach der i-ten Zeile)

2. $\det \mathbf{A} = \det \mathbf{A}^T$; deshalb gilt 1. analog auch für die Entwicklung nach einer festen Spalte j.

3. $\det (\mathbf{A} \cdot \mathbf{B}) = (\det \mathbf{A}) \cdot (\det \mathbf{B})$

4. Anwendung elementarer Zeilenoperationen:

(Z1) – Zeilenvertauschung:	$\Rightarrow$	Vorzeichenwechsel
(Z2) – Zeilenvervielfachung	$\Rightarrow$	Vervielfachung um gleichen Faktor
(Z3) – Zeilenaddition	$\Rightarrow$	keine Änderung

Wegen 2. gilt dies analog auch für Spaltenoperationen.

Spezielle Determinanten

1. $\mathbf{A}$ ist obere/untere Dreiecksmatrix, insbesondere Diagonalmatrix:

$$\det A = a_{11} \cdot a_{22} \cdot \ldots \cdot a_{nn} \quad \text{(Produkt der Hauptdiagonalelemente)}$$

---

[1] siehe hierzu Abschnitt 2.3

2. **A** ist reguläre Matrix: $\det \mathbf{A} \neq 0$ und $\det \mathbf{A}^{-1} = \dfrac{1}{\det \mathbf{A}}$

$$\text{Es gilt sogar:} \quad \mathbf{A} \text{ regulär} \Leftrightarrow \det \mathbf{A} \neq 0 \Leftrightarrow \text{rg } \mathbf{A} = n \text{ (maximal)}$$

3. λ-Faches einer Matrix: $\det(\lambda \mathbf{A}) = \lambda^n \cdot \det \mathbf{A}$

Adjungierte Matrix

Für eine (n,n)-Matrix **A** ist die *Adjunkte* zu a_{ik} definiert als $A_{ik} = (-1)^{i+k} \cdot \det \mathbf{U}_{ik}(\mathbf{A})$. Die Transponierte der aus allen Adjunkten gebildeten (n,n)-Matrix heißt zu **A** *adjungierte Matrix* $\mathbf{A}_{\text{adj}}$, also $\mathbf{A}_{\text{adj}} = (A_{ik})^{\mathrm{T}}$.

Es ist $\mathbf{A} \cdot \mathbf{A}_{\text{adj}} = \mathbf{A}_{\text{adj}} \cdot \mathbf{A} = (\det \mathbf{A})\mathbf{E}$, woraus für reguläre Matrizen $\mathbf{A}^{-1} = \dfrac{1}{\det \mathbf{A}} \mathbf{A}_{\text{adj}}$ folgt.

2.3   Lineare Abbildungen und lineare Gleichungssysteme

Definition:

> Es seien **V** *und* **W** K-Vektorräume.
>
> (i) $f : \mathbf{V} \to \mathbf{W}$ heißt *lineare Abbildung* $\Leftrightarrow$ $\forall \mathbf{v}, \mathbf{w} \in \mathbf{V} : f(\mathbf{v} + \mathbf{w}) = f(\mathbf{v}) + f(\mathbf{w})$
>
>   und $\forall \mathbf{v} \in \mathbf{V} \; \forall \lambda \in K : f(\lambda \mathbf{v}) = \lambda f(\mathbf{v})$
>
> (ii)   Eine bijektive lineare Abbildung $f : \mathbf{V} \to \mathbf{W}$ heißt *Isomorphismus*; **V** und **W** heißen dann *isomorph*.
>
> (iii)   Ist $\mathbf{V} = \mathbf{W}$, so heißt f *Endomorphismus*; ist f zusätzlich bijektiv, so heißt f *Automorphismus*.
>
> (iv) $F : \mathbf{V}^n \to \mathbf{W}$ heißt *multilinear* (*n-linear*), wenn die Abbildung in Abhängigkeit von jedem der n Argumente einzeln (bei Festhalten der anderen) linear im Sinne von (i) ist.
>
> (v)   Eine multilineare Abbildung heißt *antisymmetrisch*, wenn die Vertauschung beliebiger Argumente $\mathbf{v}_i$ und $\mathbf{v}_j$ lediglich zum Vorzeichenwechsel bei $F(\mathbf{v}_1, \cdots, \mathbf{v}_n)$ führt. F heißt *alternierend*, wenn $F(\mathbf{v}_1, \cdots, \mathbf{v}_n) = \mathbf{0}$ ist, falls $\mathbf{v}_i$ und $\mathbf{v}_j$ gleich sind.[1]

---

[1]   Ist die Charakteristik von K ungleich 2, so sind die Begriffe „antisymmetrisch" und „alternierend" äquivalent.

Das Bild von $\mathbf{V}$ unter f, also der Wertebereich $f(\mathbf{V})$, ist ein Unterraum von $\mathbf{W}$; der *Kern von f*, das ist $\{\mathbf{v} \in \mathbf{V} \mid f(\mathbf{v}) = \mathbf{0}\}$, ist ein Unterraum von $\mathbf{V}$. Ihre Dimensionen heißen *Rang* bzw. *Defekt* von f ($\mathrm{rg}\,f$ bzw. $\mathrm{def}\,f$).

Sind $\mathbf{V}$ und $\mathbf{W}$ endlich-dimensional, so gilt der **Rang-Defekt-Satz**: $\dim \mathbf{V} = \mathrm{rg}\,f + \mathrm{def}\,f$.

Ist $\{\mathbf{v}_1, \mathbf{v}_2, \cdots, \mathbf{v}_n\}$ eine Basis von $\mathbf{V}$, so ist f wegen der Linearität vollständig bekannt, wenn die Bilder der Basiselemente $\{\mathbf{v}_1, \mathbf{v}_2, \cdots, \mathbf{v}_n\}$ bekannt sind. Entwickelt man jedes $f(\mathbf{v}_j)$ nach einer Basis $\{\mathbf{w}_1, \mathbf{w}_2, \cdots, \mathbf{w}_m\}$ von $\mathbf{W}$, so ergibt sich $f(\mathbf{v}_j) = \sum_{i=1}^{m} a_{ij}\mathbf{w}_i$ mit $a_{ij} \in K$. Die lineare Abbildung $f : \mathbf{V} \to \mathbf{W}$ ist also bezüglich gegebener Basen in $\mathbf{V}$ und $\mathbf{W}$ eindeutig durch die (m, n)-Matrix $\mathbf{A} = (a_{ij})$ gegeben. Dabei sind die Koordinaten der Bilder der Basis von $\mathbf{V}$, entwickelt nach der Basis von $\mathbf{W}$, die Spalten von $\mathbf{A}$. Für unterschiedliche Basenpaare ergeben sich natürlich auch unterschiedliche Matrizen, es ist jedoch stets $\mathrm{rg}\,f = \mathrm{rg}\,\mathbf{A}$.

Lineare Gleichungssysteme (LGS)

m lineare Gleichungen für die n Unbekannten $x_1, \cdots, x_n \in K$ in der Form

$$
\begin{array}{ccccccc}
a_{11}x_1 & + & a_{12}x_2 & + & \cdots & + & a_{1n}x_n & = & b_1 \\
a_{21}x_1 & + & a_{22}x_2 & + & \cdots & + & a_{2n}x_n & = & b_2 \\
\vdots & & \vdots & & & & \vdots & = & \vdots \\
a_{m1}x_1 & + & a_{m2}x_2 & + & \cdots & + & a_{mn}x_n & = & b_m
\end{array}
$$

mit gegebenen $a_{ij}, b_i \in K$

bilden ein *lineares Gleichungssystem der Größe* (m, n), kurz: ein (m, n)-LGS.

Mit der Matrizenmultiplikation aus 2.2 kann dies auch als $\mathbf{A} \cdot \mathbf{x} = \mathbf{b}$ geschrieben werden; die (m, n)-Matrix $\mathbf{A} = (a_{ij})$ heißt *Koeffizientenmatrix*, der Spaltenvektor $\mathbf{b}$ *rechte Seite* oder *Störvektor*, der Spaltenvektor $\mathbf{x}$ *Lösung(svektor)* des LGS. Die $(m, n+1)$-Matrix, die durch Anhängen der rechten Seite – als $(n+1)$-te Spalte – an die Koeffizientenmatrix entsteht, heißt *erweiterte Koeffizientenmatrix* oder *Systemmatrix* $\mathbf{A}_{\mathrm{erw}}$.

Ist $\mathbf{b} = \mathbf{0}$, so heißt das LGS *homogen*, anderenfalls *inhomogen*. Ist $m = n$, so heißt das LGS *quadratisch*.

Lösbarkeit linearer Gleichungssysteme

Für eine gegebene (m, n)-Matrix $\mathbf{A}$ wird durch die Zuordnung $\mathbf{x} \mapsto \mathbf{A} \cdot \mathbf{x}$ eine lineare Abbildung $f_{\mathbf{A}}$ von K^n nach K^m definiert. Diese wird bezüglich der kanonischen Basen von K^n und K^m durch $\mathbf{A}$ dargestellt. Deshalb:

1. Das LGS $\mathbf{A} \cdot \mathbf{x} = \mathbf{b}$ ist genau dann lösbar, wenn $\mathrm{rg}\,\mathbf{A} = \mathrm{rg}\,\mathbf{A}_{\mathrm{erw}}$ ist.

2. Ist $\mathbf{A} \cdot \mathbf{x} = \mathbf{b}$ lösbar, so sind in der Lösung $(n - \mathrm{rg}\,\mathbf{A})$ Parameter frei wählbar.

3. Ein homogenes LGS $A \cdot x = 0$ ist stets lösbar (zumindest durch die *triviale* Lösung $x = 0$); die Lösungsmenge $H =$ Kern von f_A ist ein Unterraum von K^n, gefundene Lösungen eines homogenen Systems lassen sich also zu weiteren Lösungen beliebig linear kombinieren.

4. Mit einer speziellen Lösung x_s eines inhomogenen Systems $A \cdot x = b$ erhält man seine Lösungsgesamtheit als $x_s + H = \{x \in K^n \mid \exists x_h \in H : x = x_s + x_h\}$.

5. Ist $A \cdot x = b$ quadratisch, so gilt: $A \cdot x = b$ ist (mit jedem b) eindeutig lösbar

$$\Leftrightarrow \quad A \text{ ist regulär (damit ist } x = A^{-1} \cdot b)$$
$$\Leftrightarrow \quad \det A \neq 0$$
$$\Leftrightarrow \quad \text{rg } A = n \text{ (maximal)}$$

6. Die j-te Komponente x_j des Lösungsvektors x lässt sich mit der CRAMERschen Regel direkt berechnen: $\qquad x_j = \dfrac{\det \Delta_j}{\det A}$,

wobei Δ_j aus A gebildet wird, indem die j-te Spalte durch die rechte Seite b ersetzt wird.

GAUSSsches Eliminationsverfahren

Mit diesem konstruktiven Verfahren wird zunächst festgestellt, ob ein gegebenes (m, n)-LGS $A \cdot x = b$ lösbar ist und wie viele Parameter in der allgemeinen Lösung frei wählbar sind. Durch Rückwärtselimination wird anschließend die allgemeine Lösung ermittelt.

---

1. Man bringe die erweiterte Koeffizientenmatrix A_{erw} nur durch Zeilenoperationen (!) auf Staffelform.

2. Ist rg $A \neq$ rg A_{erw}, so ist das LGS unlösbar, das Verfahren wird abgebrochen; ist rg $A =$ rg A_{erw}, so ist das LGS lösbar. Die allgemeine Lösung erhält man wie folgt:

3. $n -$ rg A ist die Anzahl der in der allgemeinen Lösung frei wählbaren Parameter (gegebenenfalls 0 – dann ist das LGS eindeutig lösbar).

4. Nach Streichen von Nullzeilen ergibt die dann letzte eine Gleichung mit $k \geq 1$ Unbekannten. $k - 1$ davon werden mit frei wählbaren Parametern vorbesetzt, nach der übrigen wird aufgelöst.

5. Die vorletzte Zeile der Staffelform stellt eine Gleichung dar, in der mindestens eine Unbekannte mehr vorkommt. Die Ergebnisse aus dem 4. Schritt werden eingesetzt. In der entstandenen Gleichung werden alle bis auf eine Unbekannte durch weitere freie Parameter vorbesetzt, nach der übrigen wird aufgelöst.

6. Analog verfahre man mit allen weiteren Zeilen bis in die erste. Der resultierende Lösungsvektor ist dann von $l = n -$ rg A frei wählbaren Parametern λ_i abhängig, er lässt sich in der Form $x = x_s + \sum_{i=1}^{l} \lambda_i v_i$ schreiben.

2.4   EUKLIDische Räume und Orthogonalität

Im Gegensatz zu den Abschnitten 2.1 bis 2.3 werden in diesem Abschnitt nur reelle Vektor-räume betrachtet, also ist hier stets $K = \mathbb{R}$. Einige der Begriffe und Sätze sind zwar auch für $K = \mathbb{C}$ sinnvoll, spielen aber bei den hier betrachteten Anwendungen keine Rolle.

Definition:

Eine auf einem $\mathbb{R}$-Vektorraum V gegebene Verknüpfung $< \cdot , \cdot >: V \times V \to \mathbb{R}$ heißt

(i)   *bilinear*, wenn für alle $\mathbf{u}, \mathbf{v}, \mathbf{w} \in V$ und $\lambda \in \mathbb{R}$

$$< \mathbf{u} + \mathbf{v}, \mathbf{w} > = < \mathbf{u}, \mathbf{w} > + < \mathbf{v}, \mathbf{w} > \quad \text{und} \quad < \lambda \mathbf{u}, \mathbf{w} > = \lambda < \mathbf{u}, \mathbf{w} > \quad \text{sowie}$$

$$< \mathbf{u}, \mathbf{v} + \mathbf{w} > = < \mathbf{u}, \mathbf{v} > + < \mathbf{u}, \mathbf{w} > \quad \text{und} \quad < \mathbf{u}, \lambda \mathbf{w} > = \lambda < \mathbf{u}, \mathbf{w} > \quad \text{ist};$$

(ii)   *symmetrisch*, wenn für alle $\mathbf{v}, \mathbf{w} \in V$

$$< \mathbf{v}, \mathbf{w} > = < \mathbf{w}, \mathbf{v} > \quad \text{ist};$$

(iii)   *positiv definit*, wenn für alle $\mathbf{v} \in V$

$$< \mathbf{v}, \mathbf{v} > \geq 0 \quad \text{und} \quad < \mathbf{v}, \mathbf{v} > = 0 \Leftrightarrow \mathbf{v} = \mathbf{0} \quad \text{ist}.$$

(iv)   Eine bilineare, symmetrische, positiv definite Verknüpfung heißt *Skalarprodukt* oder *inneres Produkt* für V.

(v)   Ein $\mathbb{R}$-Vektorraum mit Skalarprodukt heißt EUKLID*ischer (Vektor-)Raum.*

Häufig wird das Skalarprodukt auch als $\mathbf{v} \cdot \mathbf{w}$ oder $(\mathbf{v}, \mathbf{w})$ statt $< \mathbf{v}, \mathbf{w} >$ notiert.

Bekanntestes Beispiel eines Skalarprodukts ist das *Standardskalarprodukt* für $V = \mathbb{R}^n$, defi-niert als

$$< (v_1, \cdots, v_n), (w_1, \cdots, w_n) > = \sum_{i=1}^{n} v_i w_i \, .$$

Dieses liegt – wenn nicht ausdrücklich etwas anderes vermerkt ist – immer zugrunde, wenn der $\mathbb{R}^n$ als EUKLIDischer Raum betrachtet wird.

Ein ganz anderes, etwa bei der FOURIER-Entwicklung (siehe Abschnitt 7.3) wichtiges Ska-larprodukt, ist auf dem Vektorraum $V = \{ f : \mathbb{R} \to \mathbb{R} \mid f$ ist stetig und $2\pi -$ periodisch$\}$ gege-ben durch

$$< f, g > = \int_{0}^{2\pi} f(x) g(x) \, \mathrm{d}x \, ,$$

worauf später noch genauer eingegangen wird.

Mittels eines Skalarprodukts wird durch $\| \mathbf{v} \| := \sqrt{<\mathbf{v}, \mathbf{v}>}$ auf V eine Norm definiert, jeder EUKLIDische Raum ist also ein normierter Vektorraum[1].

Für das Standardskalarprodukt ist $\|(v_1, \cdots, v_n)\| = \sqrt{\sum_{i=1}^{n} v_i^2}$, was im anschaulichen Fall $n = 2$ oder $n = 3$ dem Satz von PYTHAGORAS, für $n = 1$ dem Absolutbetrag einer reellen Zahl entspricht.

In einem EUKLIDischen Raum gilt die **CAUCHY-SCHWARZsche Ungleichung** [2]:

$|<\mathbf{v}, \mathbf{w}>| \leq \| \mathbf{v} \| \cdot \| \mathbf{w} \|$, wobei Gleichheit nur dann gilt, wenn $\mathbf{v}$ und $\mathbf{w}$ linear abhängig sind.

Definition:

(i)	$\mathbf{v}$ und $\mathbf{w}$ heißen *orthogonal*	$\Leftrightarrow$	$<\mathbf{v}, \mathbf{w}> = 0$
(ii)	$\{\mathbf{v}_1, \ldots, \mathbf{v}_m\}$ bilden ein *Orthogonalsystem*	$\Leftrightarrow$	$<\mathbf{v}_i, \mathbf{v}_j> = 0$ für $i \neq j$
(iii)	$\{\mathbf{v}_1, \ldots, \mathbf{v}_m\}$ bilden ein *Orthonormalsystem*	$\Leftrightarrow$	$<\mathbf{v}_i, \mathbf{v}_j> = \begin{cases} 0 & \text{für } i \neq j \\ 1 & \text{für } i = j \end{cases}$

Orthogonale vom Nullvektor verschiedene Vektoren sind stets linear unabhängig. Eine Basis eines Unterraums, die gleichzeitig ein Orthonormalsystem ist, heißt *Orthonormalbasis*.

Darstellung von $\mathbf{v} \in V$ mittels Orthonormalbasis $\{\mathbf{v}_1, \ldots, \mathbf{v}_m\}$: $\mathbf{v} = \sum_{i=1}^{m} <\mathbf{v}, \mathbf{v}_i> \mathbf{v}_i$

Die kanonische Basis bildet bezüglich des Standardskalarprodukts eine Orthonormalbasis des $\mathbb{R}^n$.

Orthogonalisierungsverfahren von GRAM-SCHMIDT:

Für eine gegebene Basis $\{\mathbf{v}_1, \ldots, \mathbf{v}_m\}$ eines EUKLIDischen Raums V soll eine Orthonormalbasis $\{\mathbf{e}_1, \ldots, \mathbf{e}_m\}$ derart bestimmt werden, dass $[\mathbf{v}_1, \ldots, \mathbf{v}_l] = [\mathbf{e}_1, \ldots, \mathbf{e}_l]$ für jedes $l \in \{1, \cdots, m\}$ gilt:

---

1. $\mathbf{e}_1 = \dfrac{\mathbf{v}_1}{\| \mathbf{v}_1 \|}$

2. $\mathbf{f}_2 = \mathbf{v}_2 - <\mathbf{v}_2, \mathbf{e}_1> \mathbf{e}_1$, $\mathbf{e}_2 = \dfrac{\mathbf{f}_2}{\| \mathbf{f}_2 \|}$

---

[1]   siehe dazu Abschnitt 8.1

[2]   Die in Abschnitt 1.4 beschriebene Formel gleichen Namens ergibt sich als Spezialfall für das Standardskalarprodukt.

---

3. $\mathbf{f}_3 = \mathbf{v}_3 - <\mathbf{v}_3, \mathbf{e}_1> \mathbf{e}_1 - <\mathbf{v}_3, \mathbf{e}_2> \mathbf{e}_2 ,$ $\mathbf{e}_3 = \dfrac{\mathbf{f}_3}{\|\mathbf{f}_3\|}$ usw. bis $l = m$

Orthogonale Abbildungen und orthogonale Matrizen

Eine lineare Abbildung $f : V \to V$ heißt *orthogonal*, wenn $<f(\mathbf{v}), f(\mathbf{w})> = <\mathbf{v}, \mathbf{w}>$ für alle $\mathbf{v}, \mathbf{w} \in V$ ist. Orthogonale Abbildungen sind stets bijektiv, also Automorphismen.

Bezüglich einer Orthonormalbasis wird eine orthogonale Abbildung durch eine Matrix $\mathbf{A}$ dargestellt, deren Spalten und Zeilen ein Orthonormalsystem bilden, es gilt also:

$$\mathbf{A} \cdot \mathbf{A}^{\mathrm{T}} = \mathbf{A}^{\mathrm{T}} \cdot \mathbf{A} = \mathbf{E} \quad \text{bzw.} \quad \mathbf{A}^{-1} = \mathbf{A}^{\mathrm{T}}$$

Solche Matrizen, für die also $\mathbf{A}^{-1} = \mathbf{A}^{\mathrm{T}}$ ist, heißen *orthogonale* Matrizen. Für eine orthogonale Matrix $\mathbf{A}$ ist $\det \mathbf{A} = \pm 1$; die Menge aller orthogonalen Matrizen bilden bezüglich der Matrizenmultiplikation eine Untergruppe von GL(n, $\mathbb{R}$), die sogenannte *orthogonale Gruppe* O(n).

2.5   Eigenwerte

In diesem Abschnitt werden stets $\mathbb{R}$ oder $\mathbb{C}$ als Körper K zugrundegelegt.

Definition:

Für einen Endomorphismus $f : V \to V$ heißt $\lambda \in K$ *Eigenwert* von f, wenn es ein $\mathbf{v} \neq \mathbf{0}$ gibt, sodass $f(\mathbf{v}) = \lambda \mathbf{v}$ ist. $\mathbf{v}$ heißt dann ein zum Eigenwert λ gehöriger *Eigenvektor*.

Die Menge aller Eigenvektoren zu einem festen Eigenwert λ, vereinigt mit dem Nullvektor (der ja für jedes λ die Eigenwertgleichung erfüllt!), bilden einen Unterraum von V, den sogenannten *Eigenraum E_λ*; seine Dimension heißt *geometrische Vielfachheit* des Eigenwerts λ.

Für eine gegebene (n,n)-Matrix $\mathbf{A}$ heißen $\lambda \in K$ bzw. $\mathbf{v} \in K^n$ Eigenwert bzw. Eigenvektor von $\mathbf{A}$, wenn sie dies für die lineare Abbildung $\mathbf{v} \mapsto \mathbf{A} \cdot \mathbf{v}$ sind, wenn also gilt:

$$\mathbf{A} \cdot \begin{pmatrix} v_1 \\ \vdots \\ v_n \end{pmatrix} = \lambda \begin{pmatrix} v_1 \\ \vdots \\ v_n \end{pmatrix}$$

Eigenvektoren zu verschiedenen Eigenwerten einer linearen Abbildung bzw. einer Matrix sind stets linear unabhängig.

Zur praktischen Bestimmung von Eigenwerten und Eigenvektoren einer Matrix geht man wie folgt vor:

---

1. Mit festem $\lambda \in K$ berechne man $p_{\mathbf{A}}(\lambda) = \det(\mathbf{A} - \lambda\mathbf{E}) = \begin{vmatrix} a_{11} - \lambda & \cdots & a_{1n} \\ \vdots & \ddots & \vdots \\ a_{n1} & \cdots & a_{nn} - \lambda \end{vmatrix}$.

Dies ist ein Polynom vom Grade n, das *charakteristische Polynom* von $\mathbf{A}$.

2. Die Eigenwerte von $\mathbf{A}$ sind die Nullstellen von $p_{\mathbf{A}}(\lambda)$; die *algebraische Vielfachheit* eines Eigenwerts λ gibt an, wievielfache Nullstelle λ ist.

3. Der zu einem Eigenwert λ gehörige Eigenraum E_{λ} ist der Lösungsraum des durch

$\mathbf{A} \cdot \begin{pmatrix} v_1 \\ \vdots \\ v_n \end{pmatrix} = \lambda \begin{pmatrix} v_1 \\ \vdots \\ v_n \end{pmatrix}$ gegebenen homogenen (!) linearen Gleichungssystems.

Ordnet man das charakteristische Polynom nach fallenden Potenzen, so ist der führende Koeffizient $(-1)^n$, der nächste $(-1)^{n-1}\mathrm{Sp}\,\mathbf{A}$. Dabei ist die *Spur* einer quadratischen Matrix $\mathbf{A}$, mit $\mathrm{Sp}\,\mathbf{A}$ bezeichnet, die Summe aller Hauptdiagonalelemente, also $\mathrm{Sp}\,\mathbf{A} = \sum_{i=1}^{n} a_{ii}$. Das absolute Glied von $p_{\mathbf{A}}(\lambda)$ ist $\det \mathbf{A}$.

Für jeden Eigenwert λ ist die geometrische Vielfachheit mindestens 1 und höchstens gleich seiner algebraischen.

Für einen gegebenen Endomorphismus f eines endlich-dimensionalen Vektorraums V kann man – wie in 2.3 beschrieben – die f bezüglich einer gewählten Basis darstellende Matrix $\mathbf{A}$ bestimmen und wie in **1.** deren charakteristisches Polynom $p_{\mathbf{A}}(\lambda)$ berechnen. Dieses ist unabhängig von der gewählten Basis von V. Deshalb lassen sich damit die Eigenwerte von f und die zugehörigen Eigenvektoren wie oben bestimmen; bei letzteren ergeben sich genau genommen die Koordinaten-n-Tupel der Eigenvektoren bezüglich der gewählten Basis.

Um einen gegebenen Endomorphismus f durch eine Diagonalmatrix darstellen zu können, muss die dazu gewählte Basis ausschließlich aus Eigenvektoren bestehen. Die Frage nach der Existenz einer solchen Eigenbasis ist äquivalent zu der Frage, ob die Darstellungsmatrix $\mathbf{A}$ diagonalisierbar ist.

Eine quadratische Matrix heißt genau dann *diagonalisierbar* (oder: *zu einer Diagonalmatrix ähnlich*), wenn es eine reguläre Matrix $\mathbf{P}$ derart gibt, dass $\mathbf{P}^{-1}\mathbf{A}\mathbf{P}$ eine Diagonalmatrix ist.

Diagonalisierung einer Matrix A:

1. Man prüfe, ob das charakteristische Polynom $p_A(\lambda)$ vollständig in Linearfaktoren zerfällt (über $\mathbb{C}$ ist dies stets der Fall, siehe 3.6).

2. Ist für jeden Eigenwert λ die geometrische Vielfachheit gleich der algebraischen, so ist **A** diagonalisierbar (ggf. über $\mathbb{C}$), sonst nicht.

3. Die Transformationsmatrix **P** erhält man, in dem man n linear unabhängige Eigenvektoren (wegen 2. vorhanden!) spaltenweise aufschreibt. $\mathbf{P}^{-1}\mathbf{AP}$ ist eine Diagonalmatrix aus den Eigenwerten in der Reihenfolge der Eigenvektoren in **P**.

Hat eine (n,n)-Matrix n verschiedene Eigenwerte, so ist sie also diagonalisierbar.

Spektralsatz für symmetrische Matrizen:

Symmetrische reelle Matrizen haben nur reelle Eigenwerte (keine komplexen!), bei jedem sind geometrische und algebraische Vielfachheit gleich, sie sind also stets über $\mathbb{R}$ diagonalisierbar. Da hier außerdem Eigenvektoren zu verschiedenen Eigenwerten orthogonal sind, erhält man eine Orthonormalbasis aus Eigenvektoren, indem man in jedem Eigenraum das GRAM-SCHMIDTsche Orthonormalisierungsverfahren anwendet. Die Transformationsmatrix **P** ist dann eine orthogonale Matrix, mit $\mathbf{P}^{-1} = \mathbf{P}^T$ lässt sich die Transformation auf Diagonalmatrix leicht durchführen.

Die Eigenwerte einer **orthogonalen** Matrix haben alle den Betrag 1 (auch die komplexen!); orthogonale Matrizen sind im Allgemeinen nur über $\mathbb{C}$ diagonalisierbar.

2.6   Anwendung: Analytische Geometrie im $\mathbb{R}^3$

Ein Vektor $\mathbf{v} = (v_1, v_2, v_3) \in \mathbb{R}^3$ ist genau genommen die Äquivalenzklasse aller derjenigen Pfeile, die durch Parallelverschiebung in den Pfeil vom Nullpunkt zum Punkt $P(v_1, v_2, v_3)$, genannt Ortsvektor von P, überführt werden können. Mit der Schreibweise **v** sollen sowohl der Vektor als auch der Punkt P bezeichnet werden, aus dem Zusammenhang wird klar, was jeweils gemeint ist. Alle Begriffe und Bezeichnungsweisen sollen – sofern sinnvoll – analog auf die Ebene $\mathbb{R}^2$ übertragen werden.

Als Skalarprodukt des EUKLIDischen Raums dient das Standardskalarprodukt, als Orthonormalbasis die kanonische Basis $\{\mathbf{e}_1, \mathbf{e}_2, \mathbf{e}_3\}$. Die Koordinaten von **v** bezüglich dieser Basis sind gerade die Komponenten (v_1, v_2, v_3) von **v**.

Für das Skalarprodukt gilt: $< \mathbf{v}, \mathbf{w} > = \|\mathbf{v}\| \|\mathbf{w}\| \cos \sphericalangle(\mathbf{v}, \mathbf{w})$

<u>Nebenbemerkung</u>: Deshalb wird in nicht-anschaulichen EUKLIDischen Räumen der ungerichtete Winkel zwischen zwei Vektoren $\mathbf{v}$ und $\mathbf{w}$ gerade so definiert: $\sphericalangle(\mathbf{v}, \mathbf{w}) = \arccos \dfrac{<\mathbf{v}, \mathbf{w}>}{\|\mathbf{v}\| \|\mathbf{w}\|}$.

Dass der letzte Ausdruck wohldefiniert ist, liegt an der CAUCHY-SCHWARZschen Ungleichung.

Zwei Vektoren $\mathbf{v}$ und $\mathbf{w}$ im $\mathbb{R}^3$ sind also orthogonal, wenn einer von ihnen der Nullvektor ist oder wenn sie senkrecht aufeinander stehen.

Definition:

> Das *Kreuzprodukt* zweier Vektoren (auch: *äußeres Produkt* oder *Vektorprodukt*) ist eine Funktion von $\mathbb{R}^3 \times \mathbb{R}^3$ nach $\mathbb{R}^3$, die folgendermaßen definiert ist:
>
> $$(v_1, v_2, v_3) \times (w_1, w_2, w_3) = (v_2 w_3 - v_3 w_2, v_3 w_1 - v_1 w_3, v_1 w_2 - v_2 w_1)$$

Man beachte, dass in der ersten Komponente gerade die Indizes 2 und 3 vorkommen und dann zyklisch getauscht wird. Man kann $\mathbf{v} \times \mathbf{w}$ auch berechnen, indem man mittels LAPLACE-Entwicklung oder Regel von SARRUS die formale Determinante $\begin{vmatrix} \mathbf{e}_1 & \mathbf{e}_2 & \mathbf{e}_3 \\ v_1 & v_2 & v_3 \\ w_1 & w_2 & w_3 \end{vmatrix}$ auswertet.

Rechenregeln für das Kreuzprodukt:

1. Antisymmetrie: $\mathbf{v} \times \mathbf{w} = -\mathbf{w} \times \mathbf{v}$, insbesondere: $\mathbf{v} \times \mathbf{v} = \mathbf{0}$

2. Distributivgesetze: $(\mathbf{u} + \mathbf{v}) \times \mathbf{w} = \mathbf{u} \times \mathbf{w} + \mathbf{v} \times \mathbf{w}$ und $\mathbf{u} \times (\mathbf{v} + \mathbf{w}) = \mathbf{u} \times \mathbf{v} + \mathbf{u} \times \mathbf{w}$

3. Für beliebiges $\lambda \in \mathbb{R}$: $(\lambda \mathbf{v}) \times \mathbf{w} = \lambda(\mathbf{v} \times \mathbf{w}) = \mathbf{v} \times (\lambda \mathbf{w})$

4. $\mathbf{v} \times \mathbf{w} = \mathbf{0}$ $\Leftrightarrow$ $\mathbf{v}$ und $\mathbf{w}$ sind linear abhängig

5. $<\mathbf{v}, \mathbf{v} \times \mathbf{w}> = 0$ und $<\mathbf{w}, \mathbf{v} \times \mathbf{w}> = 0$

Damit lässt sich das Kreuzprodukt **anschaulich** interpretieren:

$\mathbf{v} \times \mathbf{w}$ ist ein Vektor, der senkrecht auf der von $\mathbf{v}$ und $\mathbf{w}$ aufgespannten Ebene steht, seine Richtung ist durch die *Rechtsschraubenregel* gegeben, das heißt: In diese Richtung bewegt sich eine Schraube mit Rechtsgewinde, wenn man $\mathbf{v}$ nach $\mathbf{w}$ dreht. Die Länge von $\mathbf{v} \times \mathbf{w}$ lässt sich berechnen als $\|\mathbf{v} \times \mathbf{w}\| = \|\mathbf{v}\| \|\mathbf{w}\| |\sin \sphericalangle(\mathbf{v}, \mathbf{w})|$.

Ebenen im Raum

Die Parameterdarstellung einer Ebene E (siehe Bild 2.6.1) durch $\mathbf{P}_0$ mit den Richtungsvektoren $\mathbf{a}$ und $\mathbf{b}$ ist gegeben durch $\mathbf{r}(\lambda, \mu) = \mathbf{r}_0 + \lambda \mathbf{a} + \mu \mathbf{b}$ mit $\lambda, \mu \in \mathbb{R}$.

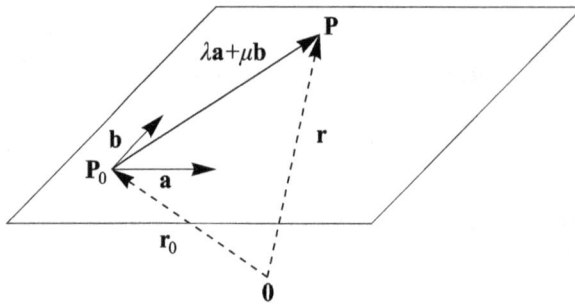

Bild 2.6.1: Ebene durch einen Punkt mit zwei Richtungsvektoren

Durch drei Punkte, gegeben durch ihre Ortsvektoren $\mathbf{r}_0$, $\mathbf{r}_1$, $\mathbf{r}_2$, ist genau dann eindeutig eine Ebene gegeben, wenn die Punkte nicht auf einer Geraden liegen, wenn also $\mathbf{r}_1 - \mathbf{r}_0$ und $\mathbf{r}_2 - \mathbf{r}_0$ linear unabhängig sind, das heißt, wenn $(\mathbf{r}_1 - \mathbf{r}_0) \times (\mathbf{r}_2 - \mathbf{r}_0) \neq 0$ ist. Die Parameterdarstellung von E ist dann $\quad \mathbf{r}(\lambda, \mu) = \mathbf{r}_0 + \lambda(\mathbf{r}_1 - \mathbf{r}_0) + \mu(\mathbf{r}_2 - \mathbf{r}_0) \quad$ mit $\lambda, \mu \in \mathbb{R}$.

Da das Kreuzprodukt senkrecht auf jedem der beiden Vektoren steht, ist $\mathbf{a} \times \mathbf{b}$ ein Normalenvektor von E. Umgekehrt ist eine Ebene eindeutig gegeben durch Angabe eines Punktes $\mathbf{P}_0$ sowie eines Normalenvektors $\mathbf{n}$, auf dem jeder in E verlaufende Verbindungsvektor $\mathbf{r} - \mathbf{r}_0$ senkrecht steht; man erhält die Beschreibung einer Ebene mittels Normalenvektor:

$$\mathbf{n} \cdot (\mathbf{r} - \mathbf{r}_0) = 0 \quad \Leftrightarrow \quad \mathbf{n} \cdot \mathbf{r} = \mathbf{n} \cdot \mathbf{r}_0 \quad \text{mit gegebenen } \mathbf{n}, \mathbf{r}_0 \in \mathbb{R}^3$$

Führt man das Standardskalarprodukt mit unbekanntem $\mathbf{r} = (x, y, z)$ explizit aus, so erhält man mit $\quad Ax + By + Cz = D \quad$ (mit gegebenen $A, B, C, D \in \mathbb{R}$) die allgemeine Form einer Ebenengleichung, einer linearen Gleichung mit drei Unbekannten. Ist diese homogen, so enthält E den Nullpunkt, sonst nicht.

Ist eine Ebene E durch einen Punkt $\mathbf{P}_0$ und einen Normalenvektor $\mathbf{n}$ gegeben, so lassen sich damit verschiedene **Abstände** berechnen:

a) Abstand von einem Punkt $\mathbf{Q}$:
$$d = \frac{|\mathbf{n} \cdot (\mathbf{r}_Q - \mathbf{r}_0)|}{\|\mathbf{n}\|}$$

b) Abstand von einer zu E parallelen Geraden $\mathbf{r}(\lambda) = \mathbf{r}_1 + \lambda \mathbf{a}$:
$$d = \frac{|\mathbf{n} \cdot (\mathbf{r}_1 - \mathbf{r}_0)|}{\|\mathbf{n}\|}$$

Wegen der Parallelität muss $\mathbf{n} \cdot \mathbf{a} = 0$ sein.

c) Abstand von einer zu E parallelen Ebene $\mathbf{n} \cdot (\mathbf{r} - \mathbf{r}_1) = 0$:
$$d = \frac{|\mathbf{n} \cdot (\mathbf{r}_1 - \mathbf{r}_0)|}{\|\mathbf{n}\|}$$

Wegen der Parallelität ist $\mathbf{n}$ Normalenvektor zu beiden Ebenen.

Ohne Schwierigkeiten lassen sich obige Formeln – wo sinnvoll – auf eine Dimension niedriger, also in die Ebene $\mathbb{R}^2$, übertragen:

Parameterdarstellung einer Geraden mit Richtungsvektor **a**: $\mathbf{r}(\lambda) = \mathbf{r}_0 + \lambda\mathbf{a}$ mit $\lambda \in \mathbb{R}$

Gerade durch zwei Punkte, Ortsvektoren $\mathbf{r}_0$ und $\mathbf{r}_1$: $\mathbf{r}(\lambda) = \mathbf{r}_0 + \lambda(\mathbf{r}_1 - \mathbf{r}_0)$, $\lambda \in \mathbb{R}$

Normalenvektor zu einer Geraden mit Richtungsvektor **a**: $\mathbf{a} = (a_1, a_2) \Rightarrow \mathbf{n} = (-a_2, a_1)$

Abstand einer Geraden von einem Punkt **Q** (wie oben): $d = \dfrac{|\mathbf{n} \cdot (\mathbf{r}_Q - \mathbf{r}_0)|}{\|\mathbf{n}\|}$

Drehungen im $\mathbb{R}^3$

Bei einer Drehung D um eine feste Achse, gegeben durch den Richtungsvektor **a**, um einen Winkel α bleiben alle Längen und Winkel erhalten, die lineare Abbildung $D : \mathbb{R}^3 \to \mathbb{R}^3$ erhält also das Skalarprodukt, ist also eine orthogonale Abbildung.

Die Elemente der Drehachse bleiben unverändert, das heißt $D(\mathbf{a}) = \mathbf{a}$. Dies bedeutet, dass 1 Eigenwert von D und **a** zugehöriger Eigenvektor ist. Da alle Eigenwerte einer orthogonalen Abbildung den Betrag 1 haben, kommt als weiterer reeller Eigenwert nur -1 infrage. Die Eigenwertgleichung lautet dann $D(\mathbf{v}) = -\mathbf{v}$, was bei einer Drehung nur für Vektoren aus dem zweidimensionalen Unterraum $\mathbf{a}^\perp$ der zu **a** senkrechten Vektoren möglich ist. -1 ist also doppelter Eigenwert. Die Drehung ist dann auf $\mathbf{a}^\perp$ eine Spiegelung am Nullpunkt, also ist der Drehwinkel $\alpha = 180°$. Ist andererseits 1 mehrfacher reeller Eigenwert, so kann er nicht doppelter Eigenwert sein, da echt komplexe Nullstellen eines reellen Polynoms in gerader Anzahl auftreten (siehe 3.6) und auch -1 nur doppelt auftreten kann. Ist aber 1 dreifacher Eigenwert, so gilt $D(\mathbf{v}) = \mathbf{v}$ für alle $\mathbf{v} \in \mathbb{R}^3$, D ist also die identische Abbildung, als Drehung also eine solche mit Drehwinkel $\alpha = 0°$.

Bei einer nichttrivialen Drehung ist also 1 einfacher Eigenwert, der zugehörige Eigenvektor ist die Drehachse, der Drehwinkel α ist das Argument eines weiteren – komplexen – Eigenwerts von D.

Will man bei einer gegebenen (3,3)-Matrix **A** prüfen, ob sie eine Drehung beschreibt und ggf. die Drehgrößen bestimmen, so geht man wie folgt vor:

1. Man prüft, ob **A** orthogonal, also ob $\mathbf{A} \cdot \mathbf{A}^{\mathrm{T}} = \mathbf{E}$ ist.

2. Wenn $\det \mathbf{A} = 1$ ist, stellt **A** eine Drehung dar.

3. Man bestimme einen Eigenvektor zum Eigenwert 1; dieser ist die Drehachse **a**.

4. Für den Drehwinkel α gilt: $\cos \alpha = \frac{1}{2}(\mathrm{Sp}\,\mathbf{A} - 1)$.

5. Normiert man **a** auf 1 und ergänzt diesen Vektor zu einer Orthonormalbasis von $\mathbb{R}^3$, so hat die Abbildungsmatrix bezüglich dieser Basis die Gestalt

$$\begin{pmatrix} 1 & 0 & 0 \\ 0 & \cos \alpha & -\sin \alpha \\ 0 & \sin \alpha & \cos \alpha \end{pmatrix}.$$

3 Elementare Funktionen

3.1 Funktionen einer reellen Veränderlichen

Für Funktionen einer reellen Veränderlichen $f: M \to N$ ist üblicherweise **verabredet**:

Zielbereich:	$N = \mathbb{R}$
Definitionsbereich:	M ist eine Teilmenge von $\mathbb{R}$, die, wenn nicht explizit angeben, alle diejenigen x enthalten soll, für die die Rechenvorschrift $f(x)$ ausführbar ist.

Aufgrund der in $\mathbb{R}$ gegebenen Ordnung lassen sich speziell für reelle Funktionen einer Veränderlichen $f: \mathbb{D}_f \to \mathbb{R}$ die folgenden Begriffe definieren:

Definition:

(i)	f ist *monoton wachsend* (bzw. *fallend*)		
	$\Leftrightarrow$	$\forall\, a, b \in \mathbb{D}_f: a < b \Rightarrow f(a) \leq f(b)$	(bzw. $f(a) \geq f(b)$)
(ii)	f ist *streng monoton wachsend* (bzw. *fallend*)		
	$\Leftrightarrow$	$\forall\, a, b \in \mathbb{D}_f: a < b \Rightarrow f(a) < f(b)$	(bzw. $f(a) > f(b)$)
(iii)	f ist *nach oben beschränkt* (bzw. *nach unten beschränkt*)		
	$\Leftrightarrow$	$\exists\, C \in \mathbb{R}: \forall\, a \in \mathbb{D}_f: f(a) \leq C$	(bzw. $f(a) \geq C$))
(iv)	f ist *beschränkt* $\Leftrightarrow$	$\exists\, C \in \mathbb{R}^+: \forall\, a \in \mathbb{D}_f: |f(a)| \leq C$	

Gemäß obiger Definition ist unmittelbar einsichtig, dass f genau dann beschränkt ist, wenn es nach oben und unten beschränkt ist.

Außerdem sind konstante Funktionen (also solche mit $f(x) = c \quad \forall x \in \mathbb{D}_f$) sowohl monoton wachsend als auch fallend, was auf den ersten Blick etwas irritiert. Für streng monotone Funktionen, die offenbar injektiv sind und somit eine Umkehrfunktion besitzen, gilt:

https://doi.org/10.1515/9783110537161-075

Satz:

Ist f streng monoton wachsend (fallend), dann existiert die Umkehrfunktion f^{-1} und ist ebenfalls streng monoton wachsend (fallend). Es ist $\mathbb{D}_{f^{-1}} = \mathbb{W}_f$ und $\mathbb{W}_{f^{-1}} = \mathbb{D}_f$. Durch $b = f(a)$ und $a = f^{-1}(b)$ sind dieselben Werte a und b miteinander verknüpft.

Weitere wichtige Eigenschaften reeller Funktionen einer Veränderlichen enthält die

Definition:

(i)   Eine Funktion $f: \mathbb{D}_f \to \mathbb{R}$ heißt *gerade* $\Leftrightarrow \forall\, x \in \mathbb{D}_f: f(x) = f(-x)$

(ii)   Eine Funktion $f: \mathbb{D}_f \to \mathbb{R}$ heißt *ungerade* $\Leftrightarrow \forall\, x \in \mathbb{D}_f: f(x) = -f(-x)$

(iii)   Eine Funktion $f: \mathbb{D}_f \to \mathbb{R}$ heißt *P-periodisch* $\Leftrightarrow \forall\, x \in \mathbb{D}_f: f(x) = f(x+P)$

P heißt *Periode* von f. Die kleinste Periode $P \in \mathbb{R}^+$ heißt *primitive Periode*.

Zur anschaulichen Darstellung einer Funktion einer Veränderlichen wird häufig ihr *Graph* in der Zeichenebene benutzt. Diese Punktmenge $\mathbb{G}_f$ des $\mathbb{R}^2$ ist folgendermaßen für eine Funktion $f: \mathbb{D}_f \to \mathbb{R}$ definiert (vgl. 1.2):

$$\mathbb{G}_f = \{(x, y) \in \mathbb{R}^2 \mid x \in \mathbb{D}_f \text{ und } y = f(x)\}$$

Die oben definierten Eigenschaften von Funktionen lassen sich leicht am Verlauf der Graphen ablesen.

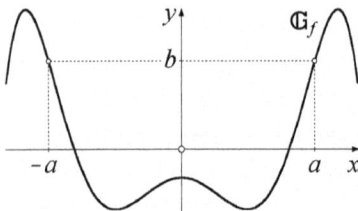

Bild 3.1.1: Graph einer geraden Funktion

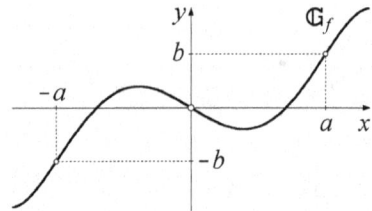

Bild 3.1.2: Graph einer ungeraden Funktion

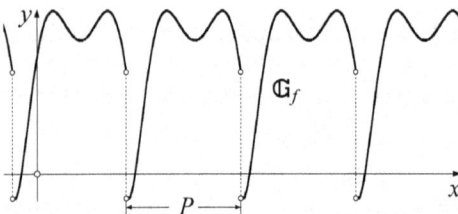

Bild 3.1.3: Graph einer P-periodischen Funktion

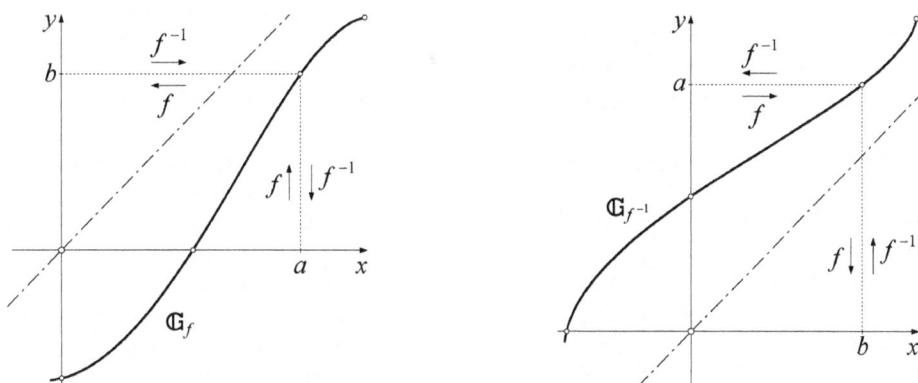

Bild 3.1.4: Graphen einer streng monoton wachsenden Funktion und ihrer Umkehrfunktion

In den folgenden Abschnitten werden die wichtigsten Funktionen einer reellen Veränderlichen dargestellt.

3.2   Rationale Funktionen

In diesem Abschnitt werden ganzrationale Funktionen, insbesondere die algebraischen Eigenschaften von Polynomen, und – darauf aufbauend – gebrochen rationale Funktionen, insbesondere deren Partialbruchzerlegung, behandelt.

Definition:

(i)   Eine Funktion $p : \mathbb{R} \to \mathbb{R}$ heißt *ganzrational (Polynom)* [1] , wenn für alle $x \in \mathbb{R}$

$p(x) = \sum_{i=0}^{n} a_i x^i$ ist. Dabei ist n eine natürliche Zahl, und $a_0, a_1, ..., a_n$ sind feste

reelle Zahlen, die *Koeffizienten* von p.

(ii)   Die größte natürliche Zahl k, für die $a_k \neq 0$ ist, heißt der *Grad des Polynoms*, mit

grad $p(x)$ bezeichnet.

---

[1]   Es gibt Körper, bei denen die beiden Begriffe nicht dasselbe bedeuten; für die hier verwendeten Zahlbereiche $\mathbb{R}$ und $\mathbb{C}$ sind sie jedoch inhaltsgleich, sie werden deshalb synonym verwandt.

Zusatz: Das Polynom, dessen Koeffizienten alle 0 sind, heißt das *Nullpolynom*; es gibt also (vgl. (ii) in obiger Definition) keine natürliche Zahl, die als Grad des Nullpolynoms infrage kommt.[1]

Üblicherweise wird mit der Schreibweise $p(x) = \sum\limits_{i=0}^{n} a_i x^i$ unterstellt, dass $a_n \neq 0$, also

grad $p(x) = n$ ist. Polynome vom Grade 0 sind die konstanten Funktionen vom Werte $\neq 0$.

Es ist unmittelbar einsichtig, dass für zwei Polynome $p(x)$ und $q(x)$ gilt:

$$\text{grad } (p(x) + q(x)) \leq \max \{\text{grad } p(x), \text{grad } q(x)\} \text{ und}$$

$$\text{grad } (p(x) \cdot q(x)) = \text{grad } p(x) + \text{grad } q(x).$$

Algebraische Eigenschaften von Polynomen

Statt über $\mathbb{R}$ kann man genauso Polynome über einem beliebigen Körper K betrachten; die Menge aller solchen Polynome wird mit $K[x]$ bezeichnet.

1. Bezüglich der üblichen Addition von Funktionen und der Multiplikation mit einem Skalar ist $K[x]$ ein (unendlich-dimensionaler) K-Vektorraum mit dem Nullpolynom als Nullvektor; die Menge aller Polynome p mit grad $p \leq n$ bildet einen $(n+1)$-dimensionalen Unterraum von $K[x]$.

2. Bezüglich der üblichen Addition und Multiplikation von Funktionen ist $K[x]$ ein Integritätsbereich mit der konstanten Funktion vom Werte 1 als Einselement.

3. Wie im Integritätsbereich $\mathbb{Z}$ gilt auch in $K[x]$ der **Satz über die Teilung mit Rest:**

Für zwei Polynome $p_1(x)$ und $p_2(x)$ mit grad $p_1(x) \geq$ grad $p_2(x) \geq 1$ gibt es eindeutig bestimmte Polynome $q(x)$ und $r(x)$ derart, dass

$$p_1(x) = q(x) \cdot p_2(x) + r(x) \qquad (\text{mit grad } r(x) < \text{grad } p_2(x))$$

ist.

4. Hieraus folgt unmittelbar: Ist b eine Nullstelle von $p(x)$, so lässt sich der *Linearfaktor* (Polynom 1. Grades) $(x - b)$ aus $p(x)$ ausklammern, das heißt, es gibt ein Polynom $q(x)$, dessen Grad um 1 kleiner ist als der von $p(x)$, mit dem gilt:

$$p(x) = (x - b) \cdot q(x).$$

Allgemein:

> $b \in K$ heißt *r-fache Nullstelle* von $p(x)$ (mit $r \in \mathbb{N}^+$)
>
> $\Leftrightarrow \qquad p(b) = 0$ und $p(x) = (x - b)^r \cdot q(x)$ mit einem Polynom $q(x)$, für das $q(b) \neq 0$ ist.

---

[1] Meist wird aus Gründen der Systematik sein Grad auf $-\infty$ festgesetzt.

Mittels Differentialrechnung lässt sich dies für $K = \mathbb{R}$ oder $K = \mathbb{C}$ äquivalent ausdrücken:

$b \in K$ ist r - *fache Nullstelle* von $p(x) \iff \forall k \in \{0, \cdots, r-1\}: p^{(k)}(b) = 0$ und $p^{(r)}(b) \neq 0$.

5. Identitätssatz für Polynome:

> Für die Polynome $p(x) = \displaystyle\sum_{i=0}^{n} a_i x^i$ und $q(x) = \displaystyle\sum_{i=0}^{m} b_i x^i$ gelte $p(x) = q(x)$ für alle $x \in K$.
>
> Dann müssen alle $a_i = b_i$ sein, „überzählige" a_i oder b_i (für $n \neq m$) sind 0.

Anders formuliert: Zwei Polynome sind <u>nur</u> dann gleich, wenn sie in allen Koeffizienten übereinstimmen.

Dieser Satz beinhaltet, dass die Polynome $\{1, x, x^2, \cdots, x^n\}$ linear unabhängig in $K[x]$ sind, und ist die Grundlage des sogenannten *Koeffizientenvergleichs*.

6. Zerlegungssatz für reelle Polynome:

> Jedes Polynom $p(x)$ über $\mathbb{R}$ mit grad $p(x) \geq 1$ lässt sich darstellen als
>
> $$p(x) = C \cdot (x-b_1)^{r_1} \cdot \ldots \cdot (x-b_k)^{r_k} \cdot (x^2 + c_1 x + d_1)^{s_1} \cdot \ldots \cdot (x^2 + c_m x + d_m)^{s_m}.$$
>
> Diese Darstellung ist bis auf die Reihenfolge der Faktoren eindeutig.
>
> Dabei ist C der Koeffizient bei der höchsten Potenz in $p(x)$; $b_1, ..., b_k$ sind die <u>verschiedenen</u> Nullstellen von $p(x)$ mit ihren Vielfachheiten $r_1, ..., r_k$; die Polynome zweiten Grades $x^2 + c_i x + d_i$ ($i = 1, ..., m$) sind alle *irreduzibel*, haben also keine reelle Nullstelle, die s_i geben die jeweiligen Vielfachheiten an.

Man findet obige Zerlegung, indem man zunächst den Koeffizienten der höchsten Potenz ausklammert, dann für jede gefundene Nullstelle b_i durch den Linearfaktor $x - b_i$ entsprechend oft dividiert; das Herausfinden der verbleibenden quadratischen unzerlegbaren Terme kann sich (ohne einen Umweg über das Komplexe, s. Abschnitt 3.6) im Einzelfall recht schwierig gestalten, es gibt hierfür keinen Algorithmus.

Außerdem bedeutet der Satz, dass sich reelle Polynome mit Grad 3 oder größer auf jeden Fall zerlegen lassen müssen (sie sind *reduzibel*); die Zerlegung von Polynomen ungeraden Grades muss mindestens einen Linearfaktor aufweisen, das heißt, dass solche Polynome mindestens eine reelle Nullstelle haben. Darüber hinaus kann ein Polynom vom Grade n höchstens n verschiedene Nullstellen haben.

Analytische Eigenschaften reeller Polynome (ganzrationaler Funktionen)

Aufgrund der Rechenvorschrift können Polynome stets auf dem ganzen Körper definiert werden. Für ein reelles Polynom $p(x) = \displaystyle\sum_{i=0}^{n} a_i x^i$ vom Grade $n \geq 0$ gilt an den Grenzen des Definitionsbereichs:

Für $a_n > 0$: $\quad \lim\limits_{x \to \infty} p(x) = +\infty \quad$ und $\quad \lim\limits_{x \to -\infty} p(x) = \begin{cases} +\infty & \text{falls } n \text{ gerade} \\ -\infty & \text{falls } n \text{ ungerade} \end{cases}$

für $a_n < 0$: $\quad \lim\limits_{x \to \infty} p(x) = -\infty \quad$ und $\quad \lim\limits_{x \to -\infty} p(x) = \begin{cases} -\infty & \text{falls } n \text{ gerade} \\ +\infty & \text{falls } n \text{ ungerade} \end{cases}$

Mit der auch sonst sehr nützlichen *Signumfunktion* sign: $\mathbb{R} \to \mathbb{R}$, definiert durch

$$\text{sign } x = \begin{cases} 1 & \text{für } x > 0 \\ 0 & \text{für } x = 0, \\ -1 & \text{für } x < 0 \end{cases}$$

lässt sich dies kürzer ausdrücken: $\quad \lim\limits_{x \to \infty} p(x) = (\text{sign } a_n)\infty \quad$ und $\quad \lim\limits_{x \to -\infty} p(x) = (-1)^n (\text{sign } a_n)\infty$

Definition:

> (i)   Eine Funktion $f(x)$ heißt *gebrochen rational*, wenn sie sich als Quotient zweier Polynome $p(x)$ und $q(x)$ darstellen lässt, also als $f(x) = \dfrac{p(x)}{q(x)}$. Der größtmögliche Definitionsbereich ist dann $\mathbb{D}_f = \mathbb{R} \setminus \{ b \mid q(b) = 0 \}$.
>
> (ii)   Eine gebrochen rationale Funktion $f(x)$ heißt *echt gebrochen rational*, wenn der Grad des Zählerpolynoms kleiner als derjenige des Nennerpolynoms ist.

Durch die oben behandelte Polynomdivision mit Rest lässt sich jede gebrochen rationale Funktion eindeutig als Summe eines Polynoms und einer echt gebrochen rationalen Funktion darstellen. Echt gebrochen rationale Funktionen lassen sich vereinfachen durch eine

Partialbruchzerlegung:

Gegeben sei eine beliebige <u>echt</u> gebrochen rationale Funktion $f(x) = \dfrac{p(x)}{q(x)}$, außerdem sei die Zerlegung des Nennerpolynoms in Linearfaktoren und irreduzible quadratische Polynome bekannt, etwa

$$q(x) = C \cdot (x - b_1)^{r_1} \cdot \ldots \cdot (x - b_k)^{r_k} \cdot (x^2 + c_1 x + d_1)^{s_1} \cdot \ldots \cdot (x^2 + c_m x + d_m)^{s_m}.$$

Dann lässt sich $f(x)$ darstellen als Summe von Termen folgender Art:

Jede Nullstelle b_i führt zu Summanden der Form $\dfrac{A_{ij}}{(x - b_i)^j}$, wobei die Potenzen j alle natür-

lichen Zahlen von 1 bis zur Vielfachheit der Nullstelle b_i durchlaufen, die Konstanten A_{ij} sind zu bestimmende reelle Zahlen; jedes irreduzible quadratische Polynom $x^2 + c_i x + d_i$

führt zu Summanden der Form $\dfrac{E_{ij}x+F_{ij}}{(x^2+c_ix+d_i)^j}$, wobei die Potenzen j alle natürlichen Zahlen

von 1 bis zur Vielfachheit des Polynoms $x^2+c_ix+d_i$ in der Darstellung von $q(x)$ durchlaufen, die Konstanten E_{ij} und F_{ij} sind zu bestimmende reelle Zahlen.

Diese Darstellung ist bis auf die Reihenfolge der Summanden eindeutig.

Praktische Durchführung der Partialbruchzerlegung:

> 1. Zunächst prüfe man, ob $f(x)=\dfrac{p(x)}{q(x)}$ echt gebrochen rational ist – wenn nicht,
>
>   stelle man durch Polynomdivision $f(x)=p_1(x)+\dfrac{p_2(x)}{q(x)}$ dar; für $\dfrac{p_2(x)}{q(x)}$ wird
>
>   dann die Partialbruchzerlegung durchgeführt.
>
> 2. Nun zerlege man das Nennerpolynom wie oben beschrieben in Linearfaktoren und irreduzible quadratische Polynome, zum Beispiel $q(x)=(x+2)^2(x-1)(x^2+1)^2$.
>
> 3. Der Partialbruchansatz in obigem Beispiel lautet nun
>
> $$\frac{p_2(x)}{q(x)}=\frac{A_{11}}{x+2}+\frac{A_{12}}{(x+2)^2}+\frac{A_{21}}{x-1}+\frac{E_{11}x+F_{11}}{x^2+1}+\frac{E_{12}x+F_{12}}{(x^2+1)^2}.$$
>
> 4. Durch Multiplikation mit dem Hauptnenner $q(x)$ ergibt sich links das Zählerpolynom und rechts nach Ausmultiplizieren ein Polynom, dessen Grad um 1 kleiner ist als der des Nennerpolynoms $q(x)$. Dessen Koeffizienten sind Ausdrücke mit den gesuchten Konstanten.
>
> 5. Zur Bestimmung der Konstanten muss ein quadratisches LGS gelöst werden (in unserem Beispiel von der Größe (6, 6)), das man auf verschiedene Weisen erhalten kann:
>
>   a) Man führt für die Polynome aus 4. einen Koeffizientenvergleich durch.
>
>   b) Man setzt in 4. (am besten vor dem Ausmultiplizieren) nacheinander beliebige x-Werte ein; wenn man mit den Nullstellen von $q(x)$ beginnt, entstehen zunächst Gleichungen, die jeweils nur eine Unbekannte enthalten (in unserem Beispiel A_{12} und A_{21}).

Verhalten an den Grenzen des Definitionsbereichs

1. $f(x)=\dfrac{p(x)}{q(x)}$ ist für die Nullstellen b_i von $q(x)$ nicht definiert, der Ausdruck geht hier

gegen $\pm\infty$. Welches Vorzeichen bei einem konkreten b_i zu wählen ist, kann man sehr leicht sehen, wenn man das Grenzverhalten der Terme mit b_i in der Partialbruchzerlegung untersucht. Die anderen spielen keine Rolle, da sie einen endlichen Grenzwert haben.

2. Ist $f(x) = \dfrac{p(x)}{q(x)}$ mit $p(x) = \displaystyle\sum_{i=0}^{n} a_i x^i$ und $q(x) = \displaystyle\sum_{i=0}^{m} b_i x^i$, so gilt für $\displaystyle\lim_{x \to \pm\infty} f(x)$:

a) bei $n < m$: $\displaystyle\lim_{x \to \pm\infty} f(x) = 0$; und zwar geht für $x \to +\infty$ der Ausdruck von oben gegen 0,

wenn $\dfrac{a_n}{b_m} > 0$ ist, sonst von unten. Für $x \to -\infty$ muss $\dfrac{a_n}{b_m}(-1)^{n-m} > 0$ sein, damit die An-

näherung von oben erfolgt.

b) bei $n = m$: $\displaystyle\lim_{x \to \pm\infty} f(x) = \dfrac{a_n}{b_m}$

c) bei $n > m$: Hier bestimmt das Polynom $p_1(x)$ in dem durch Polynomdivision erhaltenen

Ausdruck $f(x) = p_1(x) + \dfrac{p_2(x)}{q(x)}$ das Grenzverhalten: Es ist (siehe oben)

$\displaystyle\lim_{x \to \infty} f(x) = \lim_{x \to \infty} p_1(x) = (\text{sign}\,\dfrac{a_n}{b_m})\infty$ und $\displaystyle\lim_{x \to -\infty} f(x) = \lim_{x \to -\infty} p_1(x) = (-1)^{n-m}(\text{sign}\,\dfrac{a_n}{b_m})\infty$.

3.3   Potenz- und Wurzelfunktionen

Definition:

> Eine Funktion der Gestalt $p_b(x) = x^b$ (mit $b \in \mathbb{R}$) heißt *Potenzfunktion*; ist speziell $b = \dfrac{1}{n}$ mit
>
> $n \in \mathbb{N}$, $n \geq 2$, so heißt $p_b(x)$ *Wurzelfunktion*.

Eigenschaften:

1. Nach der Definition der Potenz ist eine Potenzfunktion $p_b(x) = x^b$ stets mindestens auf $\mathbb{R}^+$ definierbar; in Abhängigkeit von b kann $\mathbb{D}_{p_b}$ auch größer sein, und zwar:

a) Für $b \geq 0$ kann p_b auch auf $\mathbb{R}_0^+$ definiert werden.

b) Für $b \in \mathbb{Z}$ kann p_b auf $\mathbb{R}^*$, für $b \in \mathbb{N}$ sogar auf ganz $\mathbb{R}$ definiert werden.

2. Für $b > 0$ (bzw. $b < 0$) ist $p_b \mid \mathbb{R}^+$ streng monoton wachsend (bzw. fallend), besitzt also

eine auf $\mathbb{W}_{p_b} = \mathbb{R}_0^+$ definierte Umkehrfunktion. Diese ist $x^{\frac{1}{b}}$.

3. Für alle Potenzfunktionen ist $p_b(1) = 1$.

In den folgenden Bildern (3.3.1) bis (3.3.10) sind einige charakteristische Graphen für Potenzfunktionen $p_b(x) = x^b$ mit unterschiedlichen Werten für b dargestellt.

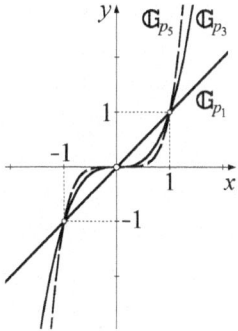

Bild 3.3.1: b = ungerade natürliche Zahl

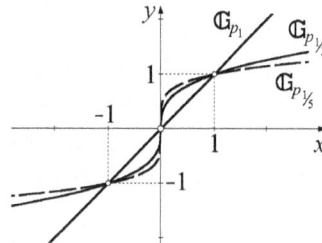

Bild 3.3.2: zugehörige Umkehrfunktionen

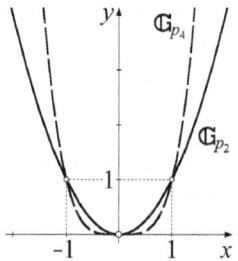

Bild 3.3.3: b = gerade natürliche Zahl

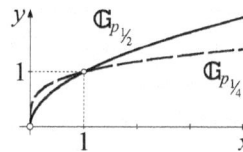

Bild 3.3.4: zugehörige Umkehrfunktionen

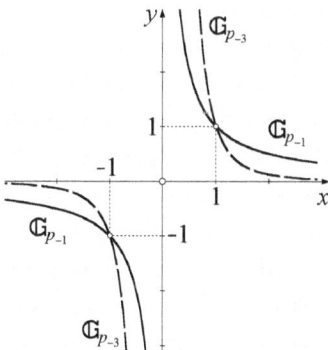

Bild 3.3.5: b = ungerade negative Zahl

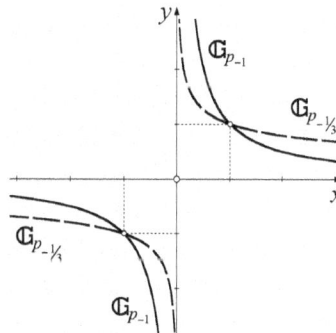

Bild 3.3.6: zugehörige Umkehrfunktionen

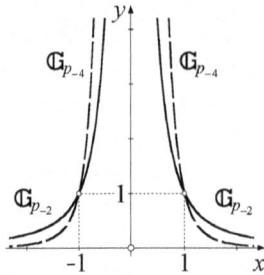

Bild 3.3.7: b = gerade negative Zahl

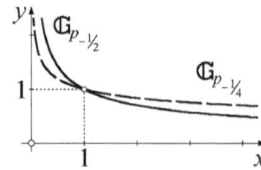

Bild 3.3.8: zugehörige Umkehrfunktionen

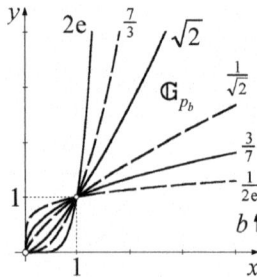

Bild 3.3.9: b = reelle positive Zahl $\notin \mathbb{Z}$
(samt b für Umkehrfunktionen)

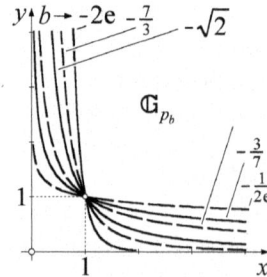

Bild 3.3.10: b = reelle negative Zahl $\notin \mathbb{Z}$
(samt b für Umkehrfunktionen)

3.4 Exponential- und Logarithmus-, Hyperbel- und Areafunktionen

Definition:

> Die für festes $a \in \mathbb{R}^{+}$ durch $\exp_a x = a^x$ auf ganz $\mathbb{R}$ definierte Funktion heißt (*allgemeine*) *Exponentialfunktion*.

Nach Definition der Potenz ist bei jeder positiven Basis a der Ausdruck a^x für jedes reelle x definiert. Für $a = 1$ ergibt sich dabei die konstante Funktion vom Werte 1, die man ja auch als Polynom vom Grade 0 auffassen kann; für $a \in \,]0, 1[$ ergibt sich wegen $a = \dfrac{1}{b}$ (mit $b > 1$):

$a^x = \left(\dfrac{1}{b}\right)^x = \dfrac{1^x}{b^x} = \dfrac{1}{b^x}$, das heißt, jede Exponentialfunktion mit einer Basis < 1 lässt sich mittels Kehrwert auf eine solche mit einer Basis > 1 zurückführen. Deshalb werden hier – wie sonst auch üblich – nur Exponentialfunktionen mit Basen > 1 betrachtet.

Eine Exponentialfunktion $\exp_a x = a^x$ mit $a > 1$ hat folgende

Eigenschaften:

1. $\exp_a(0) = 1$ (das heißt, die Graphen aller Exponentialfunktionen haben diesen Punkt gemeinsam).

2. $\mathbb{W}_{\exp_a} = \mathbb{R}^+$ (das heißt, Exponentialfunktionen nehmen genau alle positiven Werte an).

3. a^x ist streng monoton wachsend, besitzt also eine auf $\mathbb{R}^+$ definierte Umkehrfunktion, die sogenannte *Logarithmusfunktion zur Basis a*, mit $\log_a x$ bezeichnet.

4. $\log_a x$ ist auf $\mathbb{R}^+$ definiert, hat den Wertebereich $\mathbb{R}$ und ist – wie a^x – streng monoton wachsend.

5. Aus der Basiswechselformel
$$\log_b x = \frac{\log_a x}{\log_a b}$$

erhält man mit $a = e$ (EULERsche Zahl) für beliebiges $b > 1$

$$\boxed{\log_b x = \frac{\ln x}{\ln b}}$$

Die graphische Darstellung von $\log_b x$ erhält man also aus der von $\ln x$ durch einfaches Umskalieren der y-Achse um den Faktor $\dfrac{1}{\ln b}$.

Analog lassen sich alle Exponentialfunktionen auf die zur Basis e, die sogenannte *spezielle Exponentialfunktion* (kurz: die e-*Funktion*) zurückführen; der Basiswechsel entspricht nun einer Umskalierung der x-Achse um den Faktor $\ln a$:

$$\boxed{a^x = e^{x \ln a}}$$

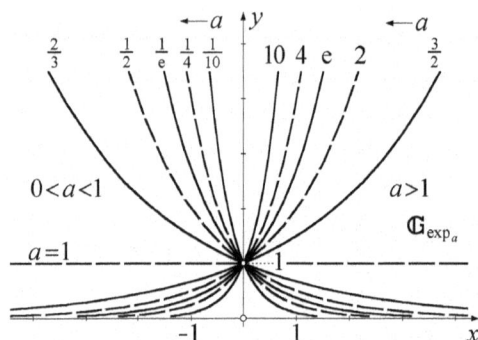

Bild 3.4.1: Exponentialfunktionen

zu verschiedenen Basiswerten a

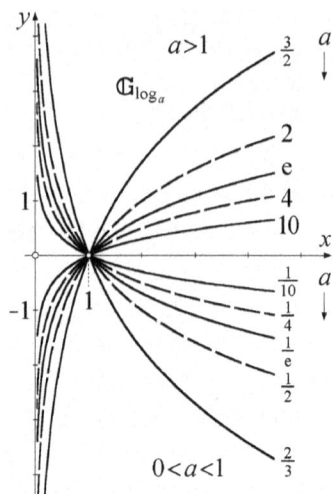

Bild 3.4.2: Logarithmusfunktionen

Definition:

(i)	$\sinh x = \frac{1}{2}\left(e^x - e^{-x}\right)$	(„*sinus hyperbolicus*")
(ii)	$\cosh x = \frac{1}{2}\left(e^x + e^{-x}\right)$	(„*cosinus hyperbolicus*")
(iii)	$\tanh x = \dfrac{\sinh x}{\cosh x}$	(„*tangens hyperbolicus*")
(iv)	$\coth x = \dfrac{\cosh x}{\sinh x}$	(„*cotangens hyperbolicus*")

Eigenschaften:

1. Definitionsbereiche: sinh, cosh und tanh können auf ganz $\mathbb{R}$ definiert werden; da sinh nur in 0 eine Nullstelle hat, ist $\mathbb{D}_{\coth} = \mathbb{R}^{*}$.

2. Wertebereiche: $\mathbb{W}_{\sinh} = \mathbb{R}$, $\mathbb{W}_{\cosh} = [1, \infty[$, $\mathbb{W}_{\tanh} =]-1, 1[$, $\mathbb{W}_{\coth} = \mathbb{R} \setminus [-1, 1]$.

3. Für alle $x \in \mathbb{R}$ gilt die wichtige Formel: $\qquad \cosh^2 x - \sinh^2 x = 1$

4. cosh und coth haben keine **Nullstellen**, sinh und tanh jeweils nur in 0.

5. cosh ist gerade, sinh, tanh und coth sind ungerade.

6. sinh und tanh sind auf ganz $\mathbb{R}$, cosh ist auf $[0, \infty[$ streng monoton wachsend und auf $]-\infty, 0]$ streng monoton fallend; coth ist auf $]-\infty, 0[$ und auf $]0, \infty[$ jeweils streng monoton fallend (Definitionslücke in 0 beachten!).

7. Deshalb sind sinh, tanh und coth auf ihrem jeweiligen Definitionsbereich, cosh beschränkt auf $[0, \infty[$ umkehrbar. Die jeweiligen Umkehrfunktionen werden mit arsinh, artanh, arcoth und arcosh bezeichnet und heißen *Area-Sinus-Hyperbolicus-Funktion* und entsprechend für die anderen. Diese lassen sich in ihrem jeweiligen Definitionsbereich ausdrücken als

$$\operatorname{ar sinh} x = \ln\left(x + \sqrt{x^2 + 1} \right), \qquad \operatorname{arcosh} x = \ln\left(x + \sqrt{x^2 - 1} \right),$$

$$\operatorname{ar tanh} x = \operatorname{ar coth} x = \tfrac{1}{2}\ln\left|\frac{x+1}{x-1}\right| \quad \text{(unterschiedliche Definitionsbereiche!)}$$

Die angesprochenen Verlaufseigenschaften der hyperbolischen Funktionen und ihrer Umkehrfunktionen sind auch an den in Bild 3.4.3 bis 3.4.6 dargestellten Graphen erkennbar.

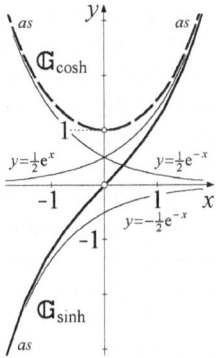

Bild 3.4.3: sinh x und cosh x

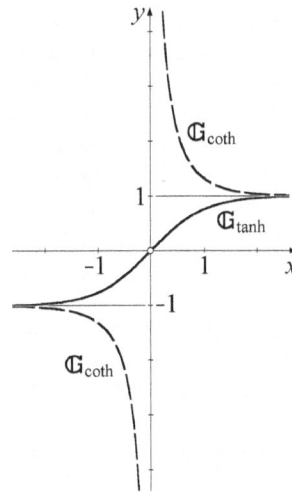

Bild 3.4.4: tanh x und coth x

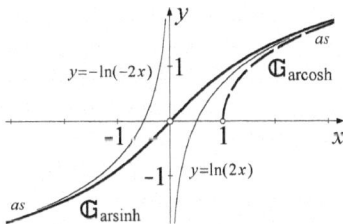

Bild 3.4.5: arsinh x und arcosh x

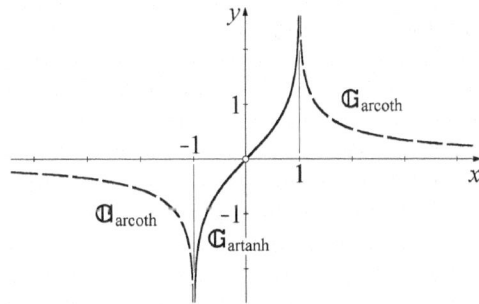

Bild 3.4.6: artanh x und arcoth x

3.5   Trigonometrische und Arcus-Funktionen

Definitionen und grundlegende Eigenschaften der trigonometrischen Funktionen wurden bereits in 1.6 behandelt; alle weiteren Formeln werden wie üblich im Bogenmaß notiert.

Eigenschaften der trigonometrischen Funktionen

1. $\sin x$ und $\cos x$ sind auf ganz $\mathbb{R}$ **definiert** und **2π-periodisch**, das heißt

$$\sin(x + 2\pi) = \sin x \text{ und } \cos(x + 2\pi) = \cos x \quad \forall x \in \mathbb{R} \,.$$

2. Es ist $\tan x = \dfrac{\sin x}{\cos x}$ und $\cot x = \dfrac{\cos x}{\sin x}$, $\sin^2 x + \cos^2 x = 1$.

Deshalb ist $\mathbb{D}_{\tan} = \mathbb{R}\backslash\{b \in \mathbb{R} \mid \cos b = 0\}$ und $\mathbb{D}_{\cot} = \mathbb{R}\backslash\{b \in \mathbb{R} \mid \sin b = 0\}$.

$\tan x$ und $\cot x$ sind π-periodisch.

3. Nullstellen: $\sin b = 0$ $\Leftrightarrow$ $b = k \cdot \pi$

$\cos b = 0$ $\Leftrightarrow$ $b = \dfrac{\pi}{2} + k \cdot \pi$

$\tan b = 0$ $\Leftrightarrow$ $b = k \cdot \pi$

$\cot b = 0$ $\Leftrightarrow$ $b = \dfrac{\pi}{2} + k \cdot \pi$

Dabei ist stets $k \in \mathbb{Z}$. Die Nullstellen einer trigonometrischen Funktion haben also jeweils den Abstand π voneinander; $\sin x$ und $\cos x$ haben somit in jeder Periode zwei, $\tan x$ und $\cot x$ nur eine Nullstelle.

4. Wertebereiche: $\mathbb{W}_{\sin} = \mathbb{W}_{\cos} = [-1, 1]$, $\mathbb{W}_{\tan} = \mathbb{W}_{\cot} = \mathbb{R}$.

Insbesondere gilt für die Minimal- bzw. Maximalwerte von $\sin x$ und $\cos x$:

$$\sin b = 1 \Leftrightarrow b = \frac{\pi}{2} + 2k \cdot \pi \qquad \text{bzw.} \qquad \sin b = -1 \Leftrightarrow b = \frac{3\pi}{2} + 2k \cdot \pi;$$

$$\cos b = 1 \Leftrightarrow b = 2k \cdot \pi \qquad \text{bzw.} \qquad \cos b = -1 \Leftrightarrow b = (2k + 1) \cdot \pi$$

5. Symmetrieeigenschaften: $\sin x$, $\tan x$ und $\cot x$ sind ungerade, $\cos x$ ist eine gerade Funktion, also: $\sin(-x) = -\sin x$, $\tan(-x) = -\tan x$, $\cot(-x) = -\cot x$ und $\cos(-x) = \cos x$.

6. Verschiebungen um eine halbe bzw. Viertelperiode im Argument von Sinus- und Kosinusfunktion ergeben:

$$\sin(x + \pi) = -\sin x \qquad \text{und} \qquad \cos(x + \pi) = -\cos x$$

$$\sin(x + \frac{\pi}{2}) = \cos x \qquad \text{und} \qquad \cos(x + \frac{\pi}{2}) = -\sin x \,.$$

Die letzte Gleichung bedeutet anschaulich, dass der Kosinus dem Sinus um eine Viertelperiode voraus läuft, was auch an den in Bild 3.5.1 dargestellten Graphen zu sehen ist.

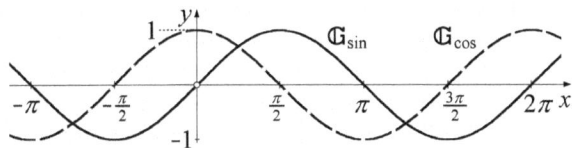

Bild 3.5.1: Die Graphen von Sinus- und Kosinusfunktion

7. Additionstheoreme: Für alle $x, y \in \mathbb{R}$ gilt:

$$\sin(x \pm y) = \sin x \cos y \pm \sin y \cos x \qquad \cos(x \pm y) = \cos x \cos y \mp \sin x \sin y$$

8. Hieraus lassen sich viele **weitere nützliche Formeln**[1] ableiten, etwa:

$$\tan(x \pm y) = \frac{\tan x \pm \tan y}{1 \mp \tan x \tan y} \qquad \cot(x \pm y) = \frac{\cot x \cot y \mp 1}{\cot x \pm \cot y}$$

$$\sin 2x = 2 \sin x \cos x \qquad \sin 3x = 3 \sin x - 4 \sin^3 x$$

$$\sin nx = n \sin x \cos^{n-1} x - \binom{n}{3} \sin^3 x \cos^{n-3} x + \binom{n}{5} \sin^5 x \cos^{n-5} x - \dots$$

$$\cos 2x = \cos^2 x - \sin^2 x \qquad \cos 3x = 4 \cos^3 x - 3 \cos x$$

$$\cos nx = \cos^n x - \binom{n}{2} \sin^2 x \cos^{n-2} x + \binom{n}{4} \sin^4 x \cos^{n-4} x - \dots$$

$$\tan 2x = \frac{2 \tan x}{1 - \tan^2 x} \qquad \tan 3x = \frac{3 \tan x - \tan^3 x}{1 - 3 \tan^2 x}$$

$$\cot 2x = \frac{\cot^2 x - 1}{2 \cot x} \qquad \cot 3x = \frac{\cot^3 x - 3 \cot x}{3 \cot^2 x - 1}$$

9. Summen und Differenzen von trigonometrischen Ausdrücken:

$$\sin x + \sin y = 2 \sin \frac{x+y}{2} \cos \frac{x-y}{2} \qquad \sin x - \sin y = 2 \sin \frac{x-y}{2} \cos \frac{x+y}{2}$$

$$\cos x + \cos y = 2 \cos \frac{x+y}{2} \cos \frac{x-y}{2} \qquad \cos x - \cos y = -2 \sin \frac{x+y}{2} \sin \frac{x-y}{2}$$

---

[1] x und y sind jeweils so zu wählen, dass alle vorkommenden Ausdrücke definiert sind!

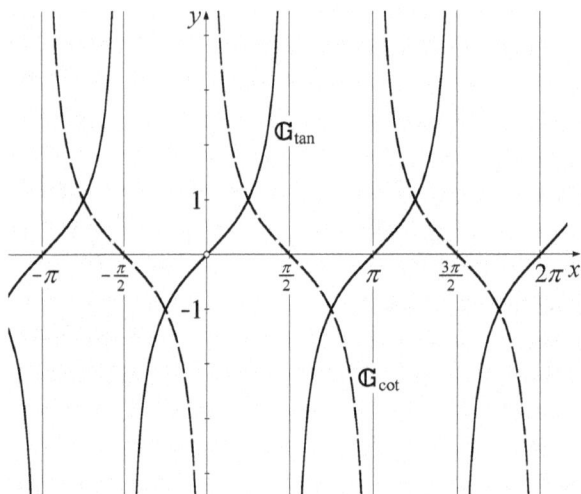

Bild 3.5.2: Die Graphen von Tangens- und Kotangensfunktion

10. Produkte von trigonometrischen Ausdrücken:

$$\sin x \sin y = \frac{1}{2}[\cos(x-y) - \cos(x+y)]$$

$$\sin x \cos y = \frac{1}{2}[\sin(x-y) + \sin(x+y)]$$

$$\cos x \cos y = \frac{1}{2}[\cos(x-y) + \cos(x+y)]$$

11. Ausdrücke mit dem halben Winkel:

$$\sin^2 \frac{\alpha}{2} = \frac{1-\cos\alpha}{2} \qquad\qquad \cos^2 \frac{\alpha}{2} = \frac{1+\cos\alpha}{2}$$

$$\tan \frac{\alpha}{2} = \frac{\sin\alpha}{1+\cos\alpha} \qquad\qquad \cot \frac{\alpha}{2} = \frac{\sin\alpha}{1-\cos\alpha}$$

12. Wechsel zwischen verschiedenen trigonometrischen Funktionen:

$$\sin x = l \cdot \sqrt{1-\cos^2 x} = k \cdot \frac{\tan x}{\sqrt{1+\tan^2 x}}$$

$$\cos x = k \cdot \sqrt{1-\sin^2 x} = k \cdot \frac{1}{\sqrt{1+\tan^2 x}}$$

$$\tan x = k \cdot \frac{\sin x}{\sqrt{1-\sin^2 x}} = l \cdot \frac{\cos x}{\sqrt{1-\cos^2 x}}$$

Dabei ist $\quad k = \begin{cases} 1 \text{ für } x \in [-\frac{\pi}{2}, \frac{\pi}{2}] \\ -1 \text{ für } x \in]\frac{\pi}{2}, \frac{3\pi}{2}[\end{cases}$ und $\quad l = \begin{cases} 1 \text{ für } x \in [0, \pi] \\ -1 \text{ für } x \in]\pi, 2\pi[\end{cases}$

(bzw. 2π-periodisch fortgesetzt).

Arcusfunktionen

Die trigonometrischen Funktionen sind auf ihrem gesamten möglichen Definitionsbereich nicht injektiv, besitzen also dort keine Umkehrfunktion. Deshalb beschränkt man sich bei der Umkehrung jeweils auf Teilmengen des Definitionsbereichs. Üblich ist dabei Folgendes:

1. $f = \sin \mid [-\frac{\pi}{2}, \frac{\pi}{2}]$ besitzt die Umkehrfunktion $f^{-1}(x) = \arcsin x$, deshalb:

$\mathbb{D}_{\arcsin} = [-1, 1]$, $\mathbb{W}_{\arcsin} = [-\frac{\pi}{2}, \frac{\pi}{2}]$, arcsin ist streng monoton wachsend.

2. $f = \cos \mid [0, \pi]$ besitzt die Umkehrfunktion $f^{-1}(x) = \arccos x$, deshalb:

$\mathbb{D}_{\arccos} = [-1, 1]$, $\mathbb{W}_{\arccos} = [0, \pi]$, arccos ist streng monoton fallend.

3. $f = \tan \mid]-\frac{\pi}{2}, \frac{\pi}{2}[$ besitzt die Umkehrfunktion $f^{-1}(x) = \arctan x$, deshalb:

$\mathbb{D}_{\arctan} = \mathbb{R}$, $\mathbb{W}_{\arctan} =]-\frac{\pi}{2}, \frac{\pi}{2}[$, arctan ist streng monoton wachsend.

4. $f = \cot \mid]0, \pi[$ besitzt die Umkehrfunktion $f^{-1}(x) = \text{arccot}\, x$, deshalb:

$\mathbb{D}_{\text{arccot}} = \mathbb{R}$, $\mathbb{W}_{\text{arccot}} =]0, \pi[$, arccot ist streng monoton fallend.

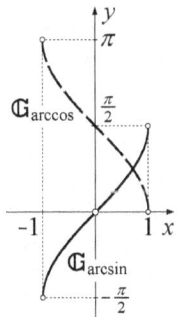

Bild 3.5.3: arcsin x und arccos x

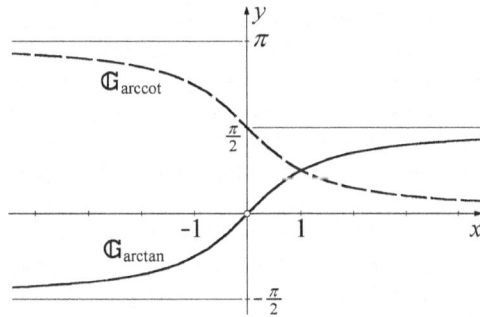

Bild 3.5.4: arctan x und arccot x

Nach Definition der Umkehrfunktion ist $\sin(\arcsin x) = x$ für alle $x \in \mathbb{D}_{\arcsin}$; Entsprechendes gilt für cos, tan und cot.

Mittels **12.** erhält man darüber hinaus:

$$\sin(\arccos x) = \sqrt{1 - x^2}\ , \qquad\qquad \sin(\arctan x) = \frac{x}{\sqrt{1 + x^2}}\ ,$$

$$\cos(\arcsin x) = \sqrt{1 - x^2}\ , \qquad\qquad \cos(\arctan x) = \frac{1}{\sqrt{1 + x^2}}\ ,$$

$$\tan(\arcsin x) = \frac{x}{\sqrt{1 - x^2}}\ , \qquad\qquad \tan(\arccos x) = \frac{\sqrt{1 - x^2}}{x}\ .$$

3.6   Komplexe Funktionen

In diesem Abschnitt soll kurz auf komplexe Funktionen einer Veränderlichen eingegangen werden. Diese Veränderliche wird, wie in $\mathbb{C}$ üblich, mit $z = x + \mathrm{i}y$ bezeichnet. Es sei darauf hingewiesen, dass man wie in Abschnitt 1.2 einen Graphen definieren kann, dieser sich aber im Allgemeinen nicht skizzieren lässt, da man dafür ja einen vierdimensionalen Darstellungsraum benötigte.

Alle hier behandelten Funktionen sind *Fortsetzungen* der entsprechenden reellen Funktionen, die in den vorherigen Abschnitten behandelt wurden. Dabei heißt die (komplexe) Funktion $f_\mathbb{C} \colon \mathbb{D} \to \mathbb{C}$ eine *Fortsetzung* der (reellen) Funktion $f_\mathbb{R}$, wenn $f_\mathbb{C}(x) = f_\mathbb{R}(x)$ für alle $x \in \mathbb{R} \cap \mathbb{D}$ ist. Ist dies der Fall, so wird auf den entsprechenden Index verzichtet.

Definition:

> Eine Funktion $p \colon \mathbb{C} \to \mathbb{C}$, gegeben durch $z \mapsto p(z) = \sum_{k=0}^{n} a_k z^k$ mit $a_k \in \mathbb{C}$, $a_n \neq 0$, heißt
>
> komplexes Polynom vom Grade n.

Für eine Nullstelle b von $p(z)$ lässt sich, wie bei jedem Körper, ein Linearfaktor $z - b$ ausklammern; über $\mathbb{C}$ gilt jedoch darüber hinaus der wichtige

Fundamentalsatz der Algebra:

> Jedes komplexe Polynom mit grad $p \geq 1$ hat eine Nullstelle.
>
> **Anders formuliert**: Jedes komplexe Polynom vom Grade n ($n \geq 1$) zerfällt vollständig in Linearfaktoren, das heißt, es hat genau n (nicht unbedingt voneinander verschiedene!) Nullstellen.

Dies gilt, da $\mathbb{R} \subseteq \mathbb{C}$ ist, natürlich auch für reelle Polynome und scheint auf den ersten Blick dem Zerlegungssatz aus Abschnitt 3.2 zu widersprechen – man muss jedoch beachten, dass bei dieser Aussage die komplexen Nullstellen mitzuzählen sind!

Ist q eine (echt) komplexe Nullstelle eines reellen Polynoms $p(x)$, so gilt dies auch für $\bar{q}$; komplexe Nullstellen eines reellen Polynoms liegen also stets in gerader Anzahl vor.

Wegen des Fundamentalsatzes der Algebra ist die **Partialbruchzerlegung** über $\mathbb{C}$ einfacher als die über $\mathbb{R}$, da dort nur Partialbrüche der Gestalt $\dfrac{A_i}{(z-b_j)^k}$ auftreten (wegen der fehlenden irreduziblen quadratischen Terme bei der komplexen Zerlegung des Nennerpolynoms).

Komplexe Exponentialfunktion

Diese wird für beliebiges $z \in \mathbb{C}$, $z = x + iy$, definiert als

$$e^z = e^{x+iy} = e^x(\cos y + i \sin y) \quad ^{1)}$$

Offensichtlich ist diese Funktion eine Fortsetzung der reellen e-Funktion.

Wie im Reellen: e^z hat keine Nullstelle und $e^{z_1+z_2} = e^{z_1} \cdot e^{z_2}$ gilt für alle $z_1, z_2 \in \mathbb{C}$.
Anders als in $\mathbb{R}$: e^z ist nicht injektiv, besitzt also keine Umkehrfunktion auf $\mathbb{D}$.

Mit der komplexen Exponentialfunktion erhält man (mit beliebigem $z \in \mathbb{C}$)

Komplexe hyperbolische und trigonometrische Funktionen

$$\cosh z = \tfrac{1}{2}(e^z + e^{-z}) \qquad \qquad \sinh z = \tfrac{1}{2}(e^z - e^{-z})$$

$$\cos z = \tfrac{1}{2}(e^{iz} + e^{-iz}) \qquad \qquad \sin z = \tfrac{1}{2i}(e^{iz} - e^{-iz})$$

Auch diese Funktionen sind Fortsetzungen der entsprechenden elementaren reellen Funktionen.

Eigenschaften:

1. Für alle $z \in \mathbb{C}$: $\qquad \cosh^2 z - \sinh^2 z = 1 \qquad$ und $\qquad \cos^2 z + \sin^2 z = 1$.

2. Für alle $z \in \mathbb{C}$: $\qquad \cosh(iz) = \cos z \qquad$ und $\qquad \sinh(iz) = i \sin z$.

3. In $\mathbb{C}$ gelten – wie in $\mathbb{R}$ – die Additionstheoreme für trigonometrische Funktionen

$$\sin(z_1 \pm z_2) = \sin z_1 \cos z_2 \pm \cos z_1 \sin z_2 \text{ und } \cos(z_1 \pm z_2) = \cos z_1 \cos z_2 \mp \sin z_1 \sin z_2$$

4. Mit **2.** und **3.** lassen sich die komplexen trigonometrischen Funktionen nur durch reelle Funktionen ausdrücken; es gilt für alle $a, b \in \mathbb{R}$:

---

[1] Dabei sind auf der rechten Seite der Gleichung die vom Reellen her bekannten elementaren Funktionen gemeint.

$$\sin(a+ib) = \sin a \cosh b + i \cos a \sinh b \quad \text{und} \quad \cos(a+ib) = \cos a \cosh b - i \sin a \sinh b$$

5. Nullstellen:

$$\cosh z = 0 \quad \Leftrightarrow \quad z = i(\frac{\pi}{2} + k\pi)$$

$$\sinh z = 0 \quad \Leftrightarrow \quad z = i \cdot k\pi$$

$$\cos z = 0 \quad \Leftrightarrow \quad z = \frac{\pi}{2} + k\pi$$

$$\sin z = 0 \quad \Leftrightarrow \quad z = k\pi \qquad \text{(jeweils } k \in \mathbb{Z})$$

Bemerkenswert ist, dass die trigonometrischen Funktionen auch im Komplexen nur die aus $\mathbb{R}$ bekannten Nullstellen haben, während die hyperbolischen Funktionen zusätzlich noch rein-imaginäre Nullstellen besitzen.

6. Anders als in $\mathbb{R}$ sind die trigonometrischen Funktionen im Komplexen **unbeschränkt**, für die hyperbolischen gilt dies ja schon im Reellen. Sowohl komplexe hyperbolische als auch trigonometrische Funktionen sind **nicht injektiv**, sie besitzen also keine Umkehrfunktion.

Wie oben bereits erwähnt, ist die komplexe Exponentialfunktion nicht umkehrbar. Deshalb formuliert man folgende

Definition:

> Für alle $z \in \mathbb{C} \setminus \,]-\infty, 0]$ definiert man die *komplexe Logarithmusfunktion* log durch:
>
> $$\log z = \ln |z| + j \cdot \arg z$$

Man beachte, dass wegen der Wahl des Definitionsbereichs stets $\arg z \in \,]-\pi, \pi[$ und $|z| > 0$ ist. Wie der natürliche Logarithmus ln ist auch der komplexe Logarithmus log für negative reelle Zahlen nicht definiert, auf $\mathbb{R}^+$ jedoch stimmen log und ln überein.

Achtung: Einige für die reelle ln-Funktion bekannte Regeln gelten für die komplexe log-Funktion **im Allgemeinen nicht**, etwa:

1. Es gilt zwar $e^{\log z} = z$ für alle $z \in \mathbb{C} \setminus \,]-\infty, 0]$, die Umkehrung $\log e^z = z$ gilt jedoch zum Beispiel nicht für z mit $\operatorname{Im} z \in \,] \pi, 2\pi [$.

2. Auch $\log(z_1 \cdot z_2) = \log z_1 + \log z_2$ gilt nur für solche z_i, deren Argument-Summe nicht über π oder unter $-\pi$ hinausgeht.

Mit komplexer Exponential- und Logarithmusfunktion kann man – analog zum Reellen – auch *Potenzen mit komplexen Exponenten* erklären:

Definition:

> Für $w \in \mathbb{C} \setminus \,]-\infty, 0]$ und $z \in \mathbb{C}$ ist $w^z = e^{z \cdot \log w}$

4 Differentialrechnung einer reellen Veränderlichen

In diesem Kapitel sollen nicht nur der Ableitungsbegriff in $\mathbb{R}$ und seine Anwendungen behandelt werden, sondern es soll auch auf den dabei zugrundeliegenden Konvergenzbegriff bei Folgen und Funktionen eingegangen werden. Im letzten Abschnitt werden die Ergebnisse auf komplex- und vektorwertige Funktionen verallgemeinert.

4.1 Konvergenz von Folgen

Definition:

> Eine *Folge reeller Zahlen* ist eine Funktion $a : \mathbb{N} \to \mathbb{R}$. Statt $a(k)$ wird üblicherweise a_k für den Funktionswert geschrieben.
>
> Bezeichnungsweisen für Folgen: $\{a_k\}_{k \in \mathbb{N}}$ oder $(a_k)_0^\infty$ oder – weniger exakt – einfach a_k.

Verallgemeinerungen:

1. Statt der Menge aller natürlichen Zahlen kommen als Definitionsbereich von Folgen auch solche Teilmengen von $\mathbb{N}$ infrage, die aus allen k bestehen, die größer oder gleich einem festen n sind, zum Beispiel $\mathbb{N}^+$. Charakteristisch für Folgen ist, dass der Definitionsbereich ein kleinstes Element hat, unendlich und diskret ist.

2. Statt Folgen reeller Zahlen kann man analog Folgen von komplexen Zahlen, Vektoren, Matrizen, Funktionen o.Ä. definieren. Charakteristisch für den Folgenbegriff ist der Definitionsbereich (vgl. **1.**).

Folgen werden als Funktionen genau wie diese oft durch eine Rechenvorschrift gegeben; aufgrund des besonderen Definitionsbereichs können sie aber auch *rekursiv* gegeben werden:

Eine Folge $\{a_k\}_{k \in \mathbb{N}}$ ist eindeutig durch die Angabe eines *Anfangsglieds* a_0 sowie eine *Rekursionsvorschrift* R_{k+1} gegeben, mit der sich a_{k+1} eindeutig aus a_k bestimmen lässt.

Ein Beispiel hierfür ist die *Folge der Binomialkoeffizienten* (siehe auch Abschnitt 1.5):

https://doi.org/10.1515/9783110537161-095

Für festes $\alpha \in \mathbb{R}$ ist $\begin{pmatrix} \alpha \\ k \end{pmatrix}$ definiert durch $\begin{pmatrix} \alpha \\ 0 \end{pmatrix} := 1$ und $\begin{pmatrix} \alpha \\ k+1 \end{pmatrix} := \dfrac{\alpha - k}{k+1} \begin{pmatrix} \alpha \\ k \end{pmatrix}$.

Durch sukzessive Anwendung der Rekursionsvorschrift ergibt sich

$$\begin{pmatrix} \alpha \\ 1 \end{pmatrix} = \alpha \,, \quad \begin{pmatrix} \alpha \\ 2 \end{pmatrix} = \frac{\alpha(\alpha-1)}{2} \,, \quad \begin{pmatrix} \alpha \\ 3 \end{pmatrix} = \frac{\alpha(\alpha-1)(\alpha-2)}{6} \quad \text{usw.}$$

sowie für $\alpha = n \in \mathbb{N}$

bei $n \geq k$: $\qquad \begin{pmatrix} n \\ k \end{pmatrix} = \dfrac{n!}{k! \cdot (n-k)!}$ und damit $\begin{pmatrix} n \\ k \end{pmatrix} = \begin{pmatrix} n \\ n-k \end{pmatrix}$,

bei $n < k$: $\qquad \begin{pmatrix} n \\ k \end{pmatrix} = 0$.

Bei der **verallgemeinerten Rekursion** kann die Rekursionsvorschrift zur Berechnung von a_{k+1} nicht nur a_k, sondern auch weitere Vorgängerglieder benutzen; es müssen dann entsprechend viele Anfangsglieder vorgeschrieben werden. Ein Beispiel hierfür sind die sogenannten FIBONACCI-Zahlen 0, 1, 1, 2, 3, 5, 8, 13,…, die durch

$$a_0 = 0, \, a_1 = 1 \text{ (Anfangsglieder) sowie } a_{k+1} = a_k + a_{k-1} \text{ (Rekursionsvorschrift)}$$

gegeben sind. Viel komplizierter ist die explizite Formel von BINET-DE MOIVRE:

$$a_k = \frac{1}{\sqrt{5}} \left(\frac{1+\sqrt{5}}{2} \right)^k - \frac{1}{\sqrt{5}} \left(\frac{1-\sqrt{5}}{2} \right)^k$$

Definition:

(i) $\{a_k\}_{k \in \mathbb{N}}$ *konvergiert* gegen $a \in \mathbb{R}$ (geschrieben: $\lim\limits_{k \to \infty} a_k = a$)

$\qquad \Leftrightarrow \qquad \forall \varepsilon \in \mathbb{R}^+ \, \exists k_0 \in \mathbb{N} \, \forall k \in \mathbb{N} : k \geq k_0 \Rightarrow |a_k - a| < \varepsilon$.

Ist $a = 0$, so heißt $\{a_k\}_{k \in \mathbb{N}}$ *Nullfolge*.

(ii) $\{a_k\}_{k \in \mathbb{N}}$ *konvergiert* gegen $+\infty$ ($\lim\limits_{k \to \infty} a_k = +\infty$) bzw. gegen $-\infty$ ($\lim\limits_{k \to \infty} a_k = -\infty$)

$\qquad \Leftrightarrow \qquad \forall M \in \mathbb{R}^+ \, \exists k_0 \in \mathbb{N} \, \forall k \in \mathbb{N} : k \geq k_0 \Rightarrow a_k > M$ bzw. $a_k < -M$

(iii) Eine Folge heißt *konvergent*, wenn es eine reelle Zahl a mit $\lim\limits_{k \to \infty} a_k = a$ gibt, sonst

$\qquad$ heißt sie divergent.[1]

(iv) $\{a_k\}_{k \in \mathbb{N}}$ heißt CAUCHY-Folge

$\qquad \Leftrightarrow \qquad \forall \varepsilon \in \mathbb{R}^+ \, \exists k_0 \in \mathbb{N} \, \forall k, m \in \mathbb{N} : k, m \geq k_0 \Rightarrow |a_k - a_m| < \varepsilon$.

---

[1] Manchmal wird eine Folge auch nur dann als divergent bezeichnet, wenn (i) und (ii) nicht zutreffen.

Konvergenz gegen einen Grenzwert a bedeutet also anschaulich ausgedrückt, dass von einem bestimmbaren Index k_0 an alle Folgenglieder um weniger als ε von a entfernt sind (siehe (i) in obiger Definition); CAUCHY-Konvergenz (siehe (iv)) bedeutet lediglich, dass von k_0 an alle Folgenglieder um weniger als ε voneinander entfernt sind.

Dass jede Folge mit Grenzwert auch CAUCHY-konvergent ist, folgt unmittelbar aus der Dreiecksungleichung; dass auch jede CAUCHY-Folge einen Grenzwert besitzt, gilt nicht allgemein, jedoch für reelle Zahlenfolgen: Dies ist gerade der Inhalt des Vollständigkeitsbegriffs von $\mathbb{R}$. So lässt sich leicht zeigen, dass die durch

$$a_0 = \frac{3}{2}, \quad a_{k+1} = \frac{a_k}{2} + \frac{1}{a_k}$$

rekursiv definierte Folge rationaler Zahlen zwar eine CAUCHY-Folge ist, ihr Grenzwert $\sqrt{2}$ ist jedoch bekanntlich irrational, liegt also außerhalb des Zahlenbereichs der Folgenglieder.

Elementare Grenzwertsätze:

Für konvergente (!) Folgen $\{a_k\}_{k \in \mathbb{N}}$ und $\{b_k\}_{k \in \mathbb{N}}$ gilt:

(i) $\displaystyle\lim_{k \to \infty}(a_k \pm b_k) = \lim_{k \to \infty} a_k \pm \lim_{k \to \infty} b_k$

(ii) $\displaystyle\lim_{k \to \infty}(a_k \cdot b_k) = \left(\lim_{k \to \infty} a_k\right) \cdot \left(\lim_{k \to \infty} b_k\right)$

(iii) $\displaystyle\lim_{k \to \infty}\frac{a_k}{b_k} = \frac{\lim_{k \to \infty} a_k}{\lim_{k \to \infty} b_k}$, falls alle $b_k \neq 0$ sind und $\displaystyle\lim_{k \to \infty} b_k \neq 0$ ist.

(iv) Falls a_k^{α} für alle $k \in \mathbb{N}$ definiert ist: $\displaystyle\lim_{k \to \infty} a_k^{\alpha} = \left(\lim_{k \to \infty} a_k\right)^{\alpha}$

(v) $\displaystyle\lim_{k \to \infty} |a_k| = \left|\lim_{k \to \infty} a_k\right|$

(vi) $\left(\forall k \in \mathbb{N} : a_k \leq b_k\right) \Rightarrow \displaystyle\lim_{k \to \infty} a_k \leq \lim_{k \to \infty} b_k$

(vii) Ist $\displaystyle\lim_{k \to \infty} b_k = 0$ und $\{c_k\}_{k \in \mathbb{N}}$ eine beschränkte – nicht unbedingt konvergente – Folge, so ist auch $\displaystyle\lim_{k \to \infty} b_k \cdot c_k = 0$.

(viii) Ist $\{c_k\}_{k \in \mathbb{N}}$ eine Folge derart, dass $a_k \leq c_k \leq b_k$ für alle $k \in \mathbb{N}$ gilt und ist außerdem $\displaystyle\lim_{k \to \infty} a_k = \lim_{k \to \infty} b_k$, so ist auch c_k konvergent mit $\displaystyle\lim_{k \to \infty} c_k = \lim_{k \to \infty} a_k$.

Offensichtlich ist jede konvergente Folge nach oben und unten beschränkt; die Umkehrung gilt aber im Allgemeinen nicht, es gilt jedoch der

Grenzwertsatz für monotone Folgen:

Ist $\{a_k\}_{k \in \mathbb{N}}$ monoton wachsend (bzw. monoton fallend) und nach oben beschränkt (bzw. nach unten beschränkt), so existiert $\displaystyle\lim_{k \to \infty} a_k$ in $\mathbb{R}$.

Einige wichtige Grenzwerte:

(i) $\lim\limits_{k \to \infty} \dfrac{1}{k+1} = 0$

(ii) $\lim\limits_{k \to \infty} \sqrt[k]{c} = 1$ für alle $c > 0$

(iii) $\lim\limits_{k \to \infty} \sqrt[k]{k^\alpha} = 1$ für alle $\alpha > 0$

(iv) $\lim\limits_{k \to \infty} \sqrt[k]{p(k)} = 1$ für jedes Polynom $p(x) \neq$ Nullpolynom

(v) $\lim\limits_{k \to \infty} c^k = \begin{cases} 0 & \text{falls } |c| < 1 \\ \infty & \text{falls } c > 1 \\ \text{ex. nicht} & \text{falls } c < -1 \end{cases}$

(vi) $\lim\limits_{k \to \infty} \left(1 + \dfrac{1}{k}\right)^k = e$

Gleichung (vi) wird häufig als Definitionsgleichung für die EULERsche Zahl e genommen:

Die Folge $\left(1 + \dfrac{1}{k}\right)^k$ ist – wie man zeigen kann – streng monoton wachsend und durch $S = 3$

nach oben beschränkt, nach dem Grenzwertsatz für monotone Folgen existiert also der Grenzwert in $\mathbb{R}$ – er wird e genannt.

4.2   Grenzwert von Funktionen und Stetigkeit

Definition:

Für $f : \mathbb{D} \to \mathbb{R}$, $x_0, a \in \mathbb{R}$ definiert man:

(i) $\lim\limits_{x \to x_0} f(x) = a$ $\Leftrightarrow$ $\forall \varepsilon \in \mathbb{R}^+ \exists \delta \in \mathbb{R}^+ \forall x \in \mathbb{D} : |x - x_0| < \delta \Rightarrow |f(x) - a| < \varepsilon$

(ii) $\lim\limits_{x \to x_0+} f(x) = a$ $\Leftrightarrow$ $\forall \varepsilon \in \mathbb{R}^+ \exists \delta \in \mathbb{R}^+ \forall x \in \mathbb{D} : (|x - x_0| < \delta \wedge x > x_0)$

$\Rightarrow |f(x) - a| < \varepsilon$

(iii) $\lim\limits_{x \to x_0-} f(x) = a$ $\Leftrightarrow$ $\forall \varepsilon \in \mathbb{R}^+ \exists \delta \in \mathbb{R}^+ \forall x \in \mathbb{D} : (|x - x_0| < \delta \wedge x < x_0)$

$\Rightarrow |f(x) - a| < \varepsilon$

(iv)	$\displaystyle\lim_{x\to\infty} f(x) = a$	$\Leftrightarrow$ $\forall\varepsilon\in\mathbb{R}^+ \exists M\in\mathbb{R}^+ \forall x\in\mathbb{D}: x > M \Rightarrow \lvert f(x) - a\rvert < \varepsilon$
(v)	$\displaystyle\lim_{x\to-\infty} f(x) = a$	$\Leftrightarrow$ $\forall\varepsilon\in\mathbb{R}^+ \exists M\in\mathbb{R}^+ \forall x\in\mathbb{D}: x < -M \Rightarrow \lvert f(x) - a\rvert < \varepsilon$

Bei (i) spricht man vom beidseitigen, bei (ii) bzw. (iii) vom rechtseitigen bzw. linksseitigen Grenzwert von f in x_0.

Analog ist $\lim f(x) = \pm\infty$ definiert:

In (i) bis (v) ist jeweils lediglich der Ausdruck $\lvert f(x) - a\rvert < \varepsilon$ zu ersetzen, und zwar bei $\lim f(x) = \infty$ durch $f(x) > \varepsilon$, bei $\lim f(x) = -\infty$ durch $f(x) < -\varepsilon$.

Offenbar gilt: $\boxed{\displaystyle\lim_{x\to x_0} f(x) = a \quad\Leftrightarrow\quad \lim_{x\to x_0+} f(x) = a \text{ und } \lim_{x\to x_0-} f(x) = a}$

Praktischer zur konkreten Berechnung von $\displaystyle\lim_{x\to x_0} f(x)$ ist jedoch folgende äquivalente

Definition:

\multicolumn{3}{l}{Für $f:\mathbb{D}\to\mathbb{R}$, $x_0, a\in\mathbb{R}$ definiert man:}
(i)	$\displaystyle\lim_{x\to x_0} f(x) = a$	$\Leftrightarrow$ Für <u>alle</u> Folgen x_k mit Werten aus $\mathbb{D}$ und $\displaystyle\lim_{k\to\infty} x_k = x_0$ ist $\displaystyle\lim_{k\to\infty} f(x_k) = a$.
(ii)	$\displaystyle\lim_{x\to x_0+} f(x) = a$	$\Leftrightarrow$ Für <u>alle</u> Folgen x_k mit Werten aus $\mathbb{D}$, $x_k > x_0$ und $\displaystyle\lim_{k\to\infty} x_k = x_0$ ist $\displaystyle\lim_{k\to\infty} f(x_k) = a$.
(iii)	$\displaystyle\lim_{x\to x_0-} f(x) = a$	$\Leftrightarrow$ Für <u>alle</u> Folgen x_k mit Werten aus $\mathbb{D}$, $x_k < x_0$ und $\displaystyle\lim_{k\to\infty} x_k = x_0$ ist $\displaystyle\lim_{k\to\infty} f(x_k) = a$.
(iv)	$\displaystyle\lim_{x\to\infty} f(x) = a$	$\Leftrightarrow$ Für <u>alle</u> Folgen x_k mit Werten aus $\mathbb{D}$ und $\displaystyle\lim_{k\to\infty} x_k = \infty$ ist $\displaystyle\lim_{k\to\infty} f(x_k) = a$.
(v)	$\displaystyle\lim_{x\to-\infty} f(x) = a$	$\Leftrightarrow$ Für <u>alle</u> Folgen x_k mit Werten aus $\mathbb{D}$ und $\displaystyle\lim_{k\to\infty} x_k = -\infty$ ist $\displaystyle\lim_{k\to\infty} f(x_k) = a$.

Bei unendlichem Funktionsgrenzwert ist analog zu oben a durch $\pm\infty$ zu ersetzen.

Es sei ausdrücklich auf die Bedeutung von „alle" in der letzten Formulierung hingewiesen: Will man prüfen, ob z.B. $\lim\limits_{x\to 0}\sin\dfrac{1}{x}$ existiert, so würde das Einsetzen der Nullfolge $x_k=\dfrac{1}{\pi k}$ den Grenzwert 0 nahe legen; nimmt man jedoch das ebenfalls mögliche $x_k=\dfrac{1}{\frac{\pi}{2}+2\pi k}$, so ist

$\lim\limits_{k\to\infty} f(x_k)=1\neq 0$, $\lim\limits_{x\to 0}\sin\dfrac{1}{x}$ existiert also nicht.

Die Definition des Grenzwerts von Funktionen mittels Folgenkonvergenz hat auch den Vorteil, dass sich die elementaren Grenzwertsätze aus Abschnitt 4.1 ohne weiteres übertragen lassen, etwa: Der Grenzwert einer Summe von Funktionen ist die Summe der Einzelgrenzwerte usw.

Ein zentraler Begriff für Funktionen findet sich in folgender

Definition:

> Es sei $f:\mathbb{D}\to\mathbb{R}$, $x_0\in\mathbb{D}$.
>
> (i) f heißt *stetig in* x_0 $\Leftrightarrow$ $f(x_0)=\lim\limits_{x\to x_0} f(x)$
>
> (ii) f heißt *rechtsseitig stetig in* x_0 $\Leftrightarrow$ $f(x_0)=\lim\limits_{x\to x_0+} f(x)$
>
> (iii) f heißt *linksseitig stetig in* x_0 $\Leftrightarrow$ $f(x_0)=\lim\limits_{x\to x_0-} f(x)$

Gemäß der Definition ist klar, dass die Stetigkeit einer Funktion an einer Stelle x_0 beinhaltet, dass x_0 zum Definitionsbereich gehört. Liegt in x_0 eine Definitionslücke einer sonst stetigen Funktion vor, so kann, wenn $\lim\limits_{x\to x_0} f(x)=a$ in $\mathbb{R}$ existiert, f zu einer auch in x_0 stetigen Funktion dadurch fortgesetzt werden, dass a als Funktionswert der Definitionslücke definiert wird.

Aus den elementaren Grenzwertsätzen folgt unmittelbar, dass Summe, Differenz, Produkt und – wenn möglich – Quotient zweier an der Stelle x_0 stetiger Funktionen in x_0 ebenfalls stetig sind.

Darüber hinaus kann man damit sowie mit weitergehenden Grenzwertuntersuchungen zeigen, dass alle im Kapitel 3 besprochenen elementaren Funktionen auf ihren jeweiligen Definitionsbereichen stetig sind, es gilt also der wichtige

Satz:

> Ganzrationale und gebrochen rationale Funktionen, Potenz- und Exponentialfunktionen, hyperbolische und trigonometrische Funktionen sind auf ihrem jeweiligen Definitionsbereich stetig. Dasselbe gilt für deren ggf. existierende Umkehrfunktionen.

Eine der wichtigsten Eigenschaften stetiger Funktionen enthält der sogenannte

Zwischenwertsatz:

> Die Funktion f sei auf einem Intervall (!) I stetig, es seien a und b beliebige Stellen dieses Intervalls mit $a < b$. Dann gibt es für jeden Wert η zwischen $f(a)$ und $f(b)$ (mindestens) ein $\xi \in\ ]a, b[$ mit $f(\xi) = \eta$.

Anschaulich besagt der Zwischenwertsatz, dass bei auf einem Intervall stetigen Funktionen der Übergang zwischen den Funktionswerten „kontinuierlich", also „stetig" vonstattengeht, es gibt keine Sprünge – noch einfacher ausgedrückt: Man kann den Graphen einer auf einem Intervall stetigen Funktion zeichnen, ohne den Stift abzusetzen.

4.3   Ableitung, Tangente, Differential

Nur für ein Polynom ersten Grades, das bekanntlich durch eine Gerade dargestellt wird, lässt sich „Steigung" leicht definieren: In jedem Punkt **P** ist der relative Zuwachs des Funktionswerts $\dfrac{\Delta f}{\Delta x}$ konstant und lässt sich als Tangens des Schnittwinkels α der Geraden mit der positiven x-Achse leicht berechnen. Wie aus Bild 4.3.1 ersichtlich, ist für eine beliebige in einer Umgebung von x_0 definierte Funktion dieser Ausdruck von Δx abhängig.

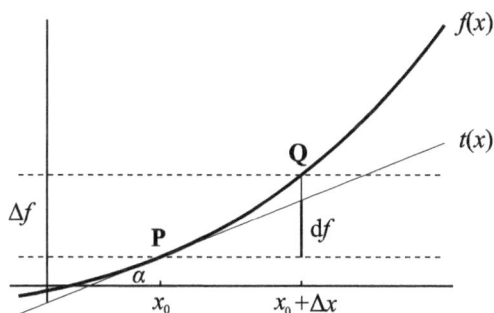

Bild 4.3.1: Steigung, Tangente und Differential einer in x_0 differenzierbaren Funktion

Der Ausdruck $\dfrac{\Delta f}{\Delta x} = \dfrac{f(x_0 + \Delta x) - f(x_0)}{\Delta x}$, definiert für solche $\Delta x \neq 0$ (auch negative!), dass $x_0 + \Delta x \in \mathbb{D}_f$ ist, heißt *Differenzenquotient* von f an der Stelle x_0.

Differenzierbarkeit und Ableitung

Da der Differenzenquotient im Allgemeinen von Δx abhängt und nur für betraglich kleine Werte annähernd den lokalen Anstieg in x_0 widerspiegelt, bildet man $\lim\limits_{\Delta x \to 0} \dfrac{\Delta f}{\Delta x}$ und hat die

Definition:

> f heißt *differenzierbar* in x_0 $\qquad\Leftrightarrow\qquad$ $\displaystyle\lim_{\Delta x \to 0} \frac{f(x_0 + \Delta x) - f(x_0)}{\Delta x}$ existiert in $\mathbb{R}$.
>
> Der Grenzwert heißt *Differentialquotient* oder *(erste) Ableitung* von f an der Stelle x_0. Er
> wird mit $\left.\dfrac{df}{dx}\right|_{x = x_0}$ oder mit $f'(x_0)$ bezeichnet.
>
> Existiert der Grenzwert nicht nur an einer Stelle $x_0 \in \mathbb{D}_f$, sondern auf einer Teilmenge
> $I \subseteq \mathbb{D}_f$, so ist durch $x \mapsto f'(x)$ auf I die *Ableitungsfunktion* $f'(x)$ definiert.

Manchmal wird auch der (schwächere) Begriff der *rechtsseitigen* (bzw. *linksseitigen*) Differenzierbarkeit benutzt: In obiger Definition wird dann der beidseitige Grenzwert durch den entsprechenden einseitigen ersetzt.

Häufig wird aus praktischen Gründen $x = x_0 + \Delta x$ gesetzt, sodass dann

$$f'(x_0) = \lim_{x \to x_0} \frac{f(x) - f(x_0)}{x - x_0}$$

definiert ist.

Wie die Stetigkeit ist auch die Differenzierbarkeit eine lokale Eigenschaft einer Funktion. Die Aussage „f ist stetig/differenzierbar" (ohne Angabe der Stelle x_0) wird meist als „f ist stetig/differenzierbar auf dem betrachteten Definitionsbereich" verstanden.

Höhere Ableitungen

Ist f auf $I \subseteq \mathbb{D}_f$ differenzierbar, existiert also die Ableitungsfunktion $f' : I \to \mathbb{R}$, so gilt die

Definition:

> f heißt zweimal *differenzierbar* in x_0 $\Leftrightarrow$ $\displaystyle\lim_{\Delta x \to 0} \frac{f'(x_0 + \Delta x) - f'(x_0)}{\Delta x}$ existiert in $\mathbb{R}$.
>
> Der Grenzwert heißt *zweite Ableitung* von f und wird mit $\left.\dfrac{d^2 f}{dx^2}\right|_{x = x_0}$ oder mit $f''(x_0)$
>
> bezeichnet. Analog wird definiert: $f'''(x) = (f'')'(x)$, allgemein: $f^{(n+1)}(x) = (f^{(n)})'(x)$.
> Die 0-te Ableitung $f^{(0)}(x)$ bezeichnet die Funktion $f(x)$ selbst.

Man bezeichnet mit $C^n(I)$ die Menge aller derjenigen Funktionen, die auf I n-mal stetig differenzierbar sind, das heißt, dass die n-te Ableitung auf I existiert und stetig ist. $C^0(I)$ ist also die Menge aller auf I stetigen Funktionen, $C^\infty(I)$ die Menge aller beliebig oft differenzierbaren Funktionen.

Tangente

Die *Tangente* („Berührende") in **P** an den Graphen einer differenzierbaren Funktion $f(x)$ ist diejenige (eindeutig bestimmte) Gerade $t(x)$ mit Steigung $f'(x_0)$, die mit dem Graphen von $f(x)$ den Berührpunkt $\mathbf{P} = (x_0, f(x_0))$ gemeinsam hat (siehe Bild 4.3.1). Deshalb lautet die

Tangentengleichung: $\boxed{t(x) = f(x_0) + f'(x_0) \cdot (x - x_0)}$

Die Existenz der Tangente in **P** folgt somit aus der Differenzierbarkeit von $f(x)$ in x_0.

Eine rein geometrische Definition einer Tangenten ist für beliebige Graphen nicht möglich. Man kann jedoch eine Tangente als eine solche Gerade bezeichnen, die durch **P** geht und in einer Umgebung von x_0 die Funktion $f(x)$ „am besten" approximiert. Unter allen Geraden $s(x)$ durch **P**, also denjenigen von der Form $s(x) = f(x_0) + c \cdot (x - x_0)$ mit beliebigem $c \in \mathbb{R}$, ist $t(x)$ diejenige, für die $|f(x) - t(x)|$ für kleiner werdende Δx schneller gegen 0 geht als Δx selbst, für die also $\lim_{\Delta x \to 0} \dfrac{|f(x) - t(x)|}{\Delta x} = 0$ ist. Die letzte Forderung hat aber unmittelbar die Differenzierbarkeit von f in x_0, wie sie oben definiert ist, zur Folge. Differenzierbarkeit und Existenz einer Tangenten sind also äquivalent.

Differential

Das *Differential* df einer differenzierbaren Funktion f gibt den Zuwachs der Tangenten $t(x)$ von x_0 bis $x_0 + \Delta x$ an (vgl. Bild 4.3.1), es ist also $\mathrm{d}f = t(x_0 + \Delta x) - t(x_0)$. Da $t(x)$ eine Gerade ist, erhält man

$$\mathrm{d}f = \tan \alpha \cdot \Delta x = f'(x_0) \cdot \Delta x. \tag{4.3.1}$$

Setzt man speziell $f(x) = x$ und beachtet, dass dann $f'(x) = 1$ ist, so ergibt sich $\mathrm{d}x = \Delta x$, womit man aus (4.3.1) die leicht zu merkende Formel

$$\boxed{\mathrm{d}f = f'(x_0) \cdot \mathrm{d}x} \tag{4.3.2}$$

für das Differential erhält[1].

Wegen der oben beschriebenen Grenzwerteigenschaft der Tangenten ist – für beträglich kleine Δx – das Differential df eine gute Approximation für die Änderung der Funktionswerte Δf, eine Tatsache, die zum Beispiel bei der Fehlerrechnung angewendet wird.

---

[1] Daran wird deutlich, wie geschickt die Schreibweise der Ableitung als Differentialquotient ist.

4.4   Elementare Ableitungen und Ableitungsregeln

Unmittelbar aus der Definition erhält man durch Grenzwertbildung

Ableitungen einiger elementarer Funktionen:[1]

1. $f(x) = c$	$\Rightarrow$	$f'(x) = 0$	
2. $f(x) = x^n \ (n \in \mathbb{N}^+)$	$\Rightarrow$	$f'(x) = nx^{n-1}$	
3. $f(x) = \lvert x \rvert$	$\Rightarrow$	$f'(x) = \mathrm{sign}\ x$	(für $x \in \mathbb{R}^*$, in $x = 0$ nicht diffb.)
4. $f(x) = \sin x$	$\Rightarrow$	$f'(x) = \cos x$	
5. $f(x) = \cos x$	$\Rightarrow$	$f'(x) = -\sin x$	
6. $f(x) = \ln x$	$\Rightarrow$	$f'(x) = \dfrac{1}{x}$	

Zur Berechnung weiterer Ableitungen benutzt man diese „Bausteine" sowie

Elementare Ableitungsregeln:[2]

1. Gliedweises Differenzieren von Summen:	$(f \pm g)'(x) = f'(x) \pm g'(x)$
2. Wegfall eines konstanten Summanden:	$(f(x) \pm c)' = f'(x)$
3. „Durchziehen" eines konstanten Faktors:	$(c \cdot f(x))' = c \cdot f'(x)$
4. Produktregel (LEIBNIZ-Regel):	$(f \cdot g)'(x) = f'(x) \cdot g(x) + f(x) \cdot g'(x)$
5. Quotientenregel:	$\left(\dfrac{f}{g}\right)'(x) = \dfrac{f'(x) \cdot g(x) - f(x) \cdot g'(x)}{(g(x))^2}$

Die wohl wichtigste Ableitungsregel ist die sogenannte

Kettenregel:

Soll die zusammengesetzte Funktion $h = f \circ g$ differenziert werden und sind die Einzelableitungen f' und g' bekannt, so ist $\quad h'(x) = (f \circ g)'(x) = f'(g(x)) \cdot g'(x)$

oder anders geschrieben mit $u = g(x):\quad \dfrac{\mathrm{d}f(u)}{\mathrm{d}x} = \dfrac{\mathrm{d}f(u)}{\mathrm{d}u} \cdot \dfrac{\mathrm{d}u}{\mathrm{d}x}.$

Damit erhält man die Ableitung der **Umkehrfunktion**: $\qquad (f^{-1})'(x) = \dfrac{1}{f'(f^{-1}(x))}$

---

[1]   Wenn nicht anders vermerkt, gelten die Ableitungsformeln auf dem gesamten Definitionsbereich der Funktion.

[2]   Diese gelten überall dort, wo alle vorkommenden Ausdrücke definiert sind.

Die durch elementare Grenzwertrechnung sowie die daraus durch Anwendung obiger Regeln erhaltenen Ableitungsfunktionen sind in der folgenden **Tabelle wichtiger Ableitungen** zusammengestellt. Ableitungen sind dabei auf dem jeweils größtmöglichen Definitionsbereich zu betrachten, der durchaus kleiner als der Definitionsbereich der Funktion sein kann (zum Beispiel bei arcsin x).

$f(x)$	$f'(x)$	$f(x)$	$f'(x)$
x^t für $t \in \mathbb{R}$	$t \cdot x^{t-1}$	$\sinh x$	$\cosh x$
$\sqrt{x}$	$\dfrac{1}{2\sqrt{x}}$	$\cosh x$	$\sinh x$
$\sqrt[n]{x}$	$\dfrac{1}{n \cdot \sqrt[n]{x^{n-1}}}$	$\tanh x$	$\dfrac{1}{\cosh^2 x} = 1 - \tanh^2 x$
$\sin x$	$\cos x$	$\coth x$	$\dfrac{1}{\sinh^2 x} = -1 + \coth^2 x$
$\cos x$	$-\sin x$	$\arcsin x$	$\dfrac{1}{\sqrt{1-x^2}}$
$\tan x$	$\dfrac{1}{\cos^2 x} = 1 + \tan^2 x$	$\arccos x$	$-\dfrac{1}{\sqrt{1-x^2}}$
$\cot x$	$\dfrac{1}{\sin^2 x} = 1 + \cot^2 x$	$\arctan x$	$\dfrac{1}{1+x^2}$
$\ln |x|$	$\dfrac{1}{x}$	$\text{arc}\,\cot x$	$-\dfrac{1}{1+x^2}$
$\ln \sin x$	$\cot x$	$\text{ar}\sinh x$	$\dfrac{1}{\sqrt{1+x^2}}$
$\ln \cos x$	$-\tan x$	$\text{ar}\cosh x$	$\dfrac{1}{\sqrt{x^2-1}}$
e^x	e^x	$\text{ar}\tanh x$	$\dfrac{1}{1-x^2}$
a^x für $a \in \mathbb{R}^+$	$a^x \cdot \ln a$	$\text{ar}\coth x$	$\dfrac{1}{1-x^2}$
x^x	$x^x(1 + \ln x)$		

Durch mehrfache Anwendung obiger Differentiationsregeln erhält man die **höheren Ableitungen** einer gegebenen Funktion $f(x)$, von denen einige besonders häufig vorkommende Beispiele hier dargestellt sind:

1. $f(x) = e^x$ $\Rightarrow$ $f^{(m)}(x) = e^x$

2. $f(x) = \sinh x$ $\Rightarrow$ $f^{(m)}(x) = \begin{cases} \sinh x & \text{für gerade } m \\ \cosh x & \text{für ungerade } m \end{cases}$

3. $f(x) = \cosh x$ $\Rightarrow$ $f^{(m)}(x) = \begin{cases} \cosh x & \text{für gerade } m \\ \sinh x & \text{für ungerade } m \end{cases}$

4. $f(x) = \sin x$ $\Rightarrow$ $f^{(m)}(x) = \begin{cases} (-1)^{\frac{m}{2}} \sin x & \text{für gerade } m \\ (-1)^{\frac{m-1}{2}} \cos x & \text{für ungerade } m \end{cases}$

5. $f(x) = \cos x$ $\Rightarrow$ $f^{(m)}(x) = \begin{cases} (-1)^{\frac{m}{2}} \cos x & \text{für gerade } m \\ (-1)^{\frac{m+1}{2}} \sin x & \text{für ungerade } m \end{cases}$

6. $f(x) = \sin(ax+b)$ $\Rightarrow$ $f^{(m)}(x) = a^m \sin(ax+b+m\dfrac{\pi}{2})$

7. $f(x) = \cos(ax+b)$ $\Rightarrow$ $f^{(m)}(x) = a^m \cos(ax+b+m\dfrac{\pi}{2})$

8. $f(x) = \ln x$ $\Rightarrow$ $f^{(m)}(x) = \dfrac{(-1)^{m-1}(m-1)!}{x^m}$

9. $f(x) = x^n$ $\Rightarrow$ $f^{(m)}(x) = \dfrac{n!}{(n-m)!} x^{n-m}$ für $m \leq n$, sonst $f^{(m)}(x) = 0$

10. $f(x) = \displaystyle\sum_{k=0}^{n} a_k x^k$ $\Rightarrow$ $f^{(m)}(x) = \displaystyle\sum_{k=m}^{n} a_k \dfrac{k!}{(k-m)!} x^{k-m}$

11. $f(x) = (a+bx)^t$ $\Rightarrow$ $f^{(m)}(x) = \dbinom{t}{m} m!(a+bx)^{t-m}$ für $t \in \mathbb{R}$

12. $f(x) = a^{bx}$ $\Rightarrow$ $f^{(m)}(x) = (b\ln a)^m a^{bx}$

4.5   Anwendungen der Differentialrechnung

In diesem Abschnitt sollen wichtige Anwendungen der Differentialrechnung dargestellt werden, nämlich einerseits für die Untersuchung des Wachstumsverhaltens von Funktionen
(Kurvendiskussion) und andererseits bei der Bestimmung von Grenzwerten (Regeln von
BERNOULLI - de l'HOSPITAL). Grundlage aller Anwendungen sind Mittelwertsatz bzw. Satz
von ROLLE, die am Anfang dieses Abschnitts stehen.

Definition:

Es sei $D \subseteq \mathbb{R}$, $f : D \to \mathbb{R}$ eine Funktion, $x_0 \in D$.

(i) f besitzt in x_0 ein *globales Maximum* $\Leftrightarrow$ $\forall x \in D : f(x) \leq f(x_0)$

(ii) f besitzt in x_0 ein *globales Minimum* $\Leftrightarrow$ $\forall x \in D : f(x) \geq f(x_0)$

(iii) f besitzt in x_0 ein *lokales Maximum* $\Leftrightarrow$

$$\exists \varepsilon \in \mathbb{R}^+ : \forall x \in]x_0 - \varepsilon, x_0 + \varepsilon[\cap D : f(x) \leq f(x_0)$$

(iv) f besitzt in x_0 ein *lokales Minimum* $\Leftrightarrow$

$$\exists \varepsilon \in \mathbb{R}^+ : \forall x \in]x_0 - \varepsilon, x_0 + \varepsilon[\cap D : f(x) \geq f(x_0)$$

Statt „global" ist auch die Bezeichnung „absolut", statt „lokal" auch „relativ" gebräuchlich.
Besitzt f in x_0 ein Maximum oder Minimum, dann sagt man, dass f in x_0 ein *Extremum*
besitzt. Es ist möglich, dass eine Funktion überhaupt keine Extrema besitzt, da Extremwerte
– im Gegensatz zu Schranken – stets angenommen werden müssen. Es sei noch darauf hingewiesen, dass der Begriff „lokales Extremum" häufig auch beinhaltet, dass x_0 ein sogenannter *innerer Punkt* ist, das heißt, dass er nicht auf dem Rande des Definitionsbereichs liegt.

Die oben definierten Begriffe lassen sich ohne Schwierigkeiten auf Funktionen mehrerer
Veränderlicher oder auf im Komplexen definierte reellwertige Funktionen verallgemeinern.

Für den Rest dieses Abschnitts werde <u>zusätzlich vorausgesetzt</u>: Alle betrachteten Funktionen
seien auf einem Intervall I, also einem zusammenhängenden Bereich der reellen Achse, definiert und dort differenzierbar.

Satz von ROLLE:

Für $a, b \in I$, $a < b$, sei $f(a) = f(b)$ [1]. Dann existiert (mindestens) ein $\xi \in]a, b[$ mit
$f'(\xi) = 0$. Anschaulich bedeutet dies (siehe Bild 4.5.1), dass der Graph von f mindestens
einmal zwischen a und b eine waagerechte Tangente besitzt.

Auf den ersten Blick sieht der Satz von ROLLE wie ein Spezialfall des anschließenden Mit-
telwertsatzes aus; die beiden Sätze sind jedoch äquivalent.

---

[1]   In der ursprünglichen Version ist der Funktionswert 0, was aber als Voraussetzung entbehrlich ist.

Mittelwertsatz:

Es seien $a, b \in I$ mit $a < b$. Dann existiert (mindestens) ein $\xi \in\,]a, b[$ mit

$$f'(\xi) = \frac{f(b) - f(a)}{b - a}.$$

Anschaulich bedeutet dies (siehe Bild 4.5.2), dass der Graph von f mindestens einmal zwischen a und b eine zur Sekanten durch $(a, f(a))$ und $(b, f(b))$ parallele Tangente besitzt.

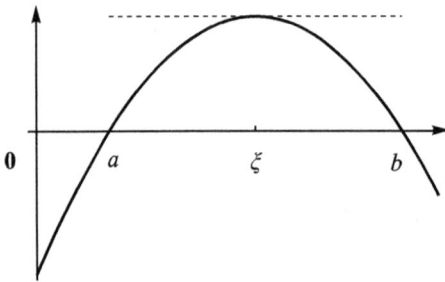

Bild 4.5.1: zum Satz von ROLLE   **Bild 4.5.2:** zum Mittelwertsatz

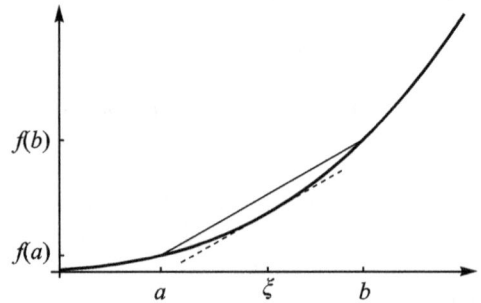

Damit können nun Zusammenhänge zwischen dem Wachstumsverhalten und Extrema von f einerseits und Werten der Ableitungsfunktion andererseits formuliert werden.

Wachstumsverhalten von auf Intervallen definierten Funktionen

1.	f ist konstant auf I	$\Leftrightarrow$	$\forall x \in I : f'(x) = 0$
2.	f ist monoton wachsend auf I	$\Leftrightarrow$	$\forall x \in I : f'(x) \geq 0$
3.	f ist monoton fallend auf I	$\Leftrightarrow$	$\forall x \in I : f'(x) \leq 0$

Bei **2.** bzw. **3.** ist zu beachten, dass aus der strengen Monotonie keinesfalls $f'(x) > 0$ bzw. $f'(x) < 0$ folgt, es gilt jedoch umgekehrt:

Ist $f'(x_0) > 0$ (bzw. $f'(x_0) < 0$) für ein $x_0 \in I$, so ist f auf einer Umgebung von x_0 streng monoton wachsend (fallend).

Lokale Extrema

Notwendiges Kriterium:	Damit in x_0 ein lokales Extremum vorliegt, muss x_0 ein *kritischer (stationärer) Punkt* sein, das heißt, es muss $f'(x_0) = 0$ sein.
Hinreichendes Kriterium:	Ist $f'(x_0) = 0$ und $f''(x_0) < 0$ (bzw. $f''(x_0) > 0$), so liegt in x_0 ein Maximum (bzw. Minimum) vor.
Notwendig und hinreichend	für ein lokales Maximum (bzw. Minimum) in x_0 ist[1]: $f'(x_0) = 0$, und in x_0 wechselt $f'(x)$ sein Vorzeichen von + nach – (bzw. von – nach +).

Mittels Differentialrechnung können nur lokale Extrema bestimmt werden. Ob diese auch **global** sind, muss stets gesondert untersucht werden. Man beachte, dass stetige Funktionen auf einem abgeschlossenen Intervall stets ihr globales Maximum und Minimum annehmen, gegebenenfalls am Rand.

Krümmung und Wendepunkte

Die Krümmungsrichtung eines Graphen wird durch das Vorzeichen der zweiten Ableitung bestimmt:

Der Graph ist nach *links gekrümmt* (beim Durchlaufen in positiver x-Richtung) – auch *konvex* genannt, wenn $f''(x) \geq 0$ ist; er ist *rechts gekrümmt* (auch: *konkav*), wenn $f''(x) \leq 0$ ist.

Ist $f''(x_0) = 0$ und findet in x_0 ein Vorzeichenwechsel der zweiten Ableitung statt, so liegt ein *Wendepunkt* vor, die Tangente „schneidet" dann den Graphen von *f* im Berührpunkt.

Asymptoten

Der Graph einer Funktion $f(x)$ hat an einer Definitionslücke x_0 eine senkrechte Asymptote, wenn dort die Funktion den Grenzwert $+\infty$ oder $-\infty$ hat. Gibt es eine Gerade $g(x) = mx + b$ derart, dass sich der Graph von *f* für $x \to \infty$ (bzw. $x \to -\infty$) immer mehr an diese Gerade annähert, so spricht man ebenfalls von einer Asymptoten von *f*. Die Parameter der Geraden werden wie folgt ermittelt:

$$m = \lim_{x \to \infty} \frac{f(x)}{x} \quad \text{und} \quad b = \lim_{x \to \infty} (f(x) - mx)$$

Existiert einer der beiden Grenzwerte nicht in $\mathbb{R}$, so besitzt $f(x)$ keine Asymptote für $x \to \infty$. Analog verfährt man für $x \to -\infty$.

Es kann vorkommen, dass $f(x)$ nur eine oder überhaupt keine Asymptote besitzt.

---

[1] „$\Rightarrow$" gilt nur, wenn f' in einer Umgebung von x_0 keine weitere Nullstelle besitzt.

Regeln von BERNOULLI - de l'HOSPITAL:

1.	Ist $\lim\limits_{x \to x_0} f(x) = 0$ und $\lim\limits_{x \to x_0} g(x) = 0$ und existiert $\lim\limits_{x \to x_0} \dfrac{f'(x)}{g'(x)}$ in $\mathbb{R}$, so existiert auch

$$\lim\limits_{x \to x_0} \frac{f(x)}{g(x)} \text{ in } \mathbb{R} \text{ und ist gleich } \lim\limits_{x \to x_0} \frac{f'(x)}{g'(x)} \quad (\text{Fall: } "\tfrac{0}{0}").$$

2. Ist $\lim\limits_{x \to x_0} f(x) = \pm\infty$ und $\lim\limits_{x \to x_0} g(x) = \pm\infty$ und existiert $\lim\limits_{x \to x_0} \dfrac{f'(x)}{g'(x)}$ in $\mathbb{R}$, so existiert

auch $\lim\limits_{x \to x_0} \dfrac{f(x)}{g(x)}$ in $\mathbb{R}$ und ist gleich $\lim\limits_{x \to x_0} \dfrac{f'(x)}{g'(x)} \quad (\text{Fall: } "\tfrac{\infty}{\infty}").$

Entsprechendes gilt für $x \to x_0 +,\ x \to x_0 -,\ x \to \infty$ und $x \to -\infty$.

Achtung: Bei der Anwendung der Regeln von BERNOULLI - de l'HOSPITAL ist stets darauf zu achten, dass alle Voraussetzungen erfüllt sind. Sind diese für $\dfrac{f'(x)}{g'(x)}$ erneut erfüllt, so lässt sich der Grenzwert von $\dfrac{f(x)}{g(x)}$ ggf. durch mehrfache Anwendung dieser Regel bestimmen.

Existiert $\lim\limits_{x \to x_0} \dfrac{f'(x)}{g'(x)}$ nicht in $\mathbb{R}$, so lässt sich nichts über $\lim\limits_{x \to x_0} \dfrac{f(x)}{g(x)}$ aussagen.

Weitere unbestimmte Grenzwerte

Durch elementare Umformungen lassen sich weitere Ausdrücke auf eine Form bringen, auf die die Regeln von BERNOULLI - de l'HOSPITAL ggf. anwendbar sind:

1. Fall $"0 \cdot \infty"$: Ist $\lim\limits_{x \to x_0} f(x) = 0$ und $\lim\limits_{x \to x_0} g(x) = \pm\infty$, so erfüllt $f(x)g(x) = \dfrac{f(x)}{\dfrac{1}{g(x)}} = \dfrac{g(x)}{\dfrac{1}{f(x)}}$

die Voraussetzungen der ersten bzw. zweiten Regel von BERNOULLI - de l'HOSPITAL.

2. Fall $"\infty - \infty"$: Ist $\lim\limits_{x \to x_0} f(x) = \lim\limits_{x \to x_0} g(x) = \infty$, so erhält man in $f(x) - g(x) = \dfrac{\dfrac{1}{g(x)} - \dfrac{1}{f(x)}}{\dfrac{1}{f(x)g(x)}}$

einen für die erste Regel von BERNOULLI - de l'HOSPITAL passenden Ausdruck.

3. Fall $"0^0","\infty^0"$: Für die Bestimmung von $\lim\limits_{x \to x_0} f(x)^{g(x)}$ benutzt man $f(x)^{g(x)} = e^{g(x)\ln f(x)}$

und untersucht $\lim\limits_{x \to x_0} g(x)\ln f(x)$. Hat dieser den Wert a, so ist $\lim\limits_{x \to x_0} f(x)^{g(x)} = e^a$.

Spezielle Grenzwerte

1. $\lim\limits_{x\to\infty} a^x = \begin{cases} \infty & \text{für} \quad a > 1 \\ 1 & \text{für} \quad a = 1 \\ 0 & \text{für} \quad 0 < a < 1 \end{cases}$

2. $\lim\limits_{x\to 0+} x^x = 1$

3. $\lim\limits_{x\to\infty}\left(1 + \dfrac{a}{x}\right)^x = e^a$

4. $\lim\limits_{x\to 0} \dfrac{\sin ax}{x} = a$

5. $\lim\limits_{x\to 0} \dfrac{\tan ax}{x} = a$

6. $\lim\limits_{x\to 0+} x^b \ln x = \begin{cases} 0 & \text{für} \quad b > 0 \\ -\infty & \text{für} \quad b \le 0 \end{cases}$

7. $\lim\limits_{x\to\infty} \dfrac{x^\alpha}{b^x} = 0 \quad \text{für } b > 1,\ \alpha \in \mathbb{R}$

8. $\lim\limits_{x\to\infty} x^\alpha \cdot e^{-bx} = 0 \quad \text{für } b > 0,\ \alpha \in \mathbb{R}$

4.6   Differentiation vektorwertiger Funktionen

In diesem Abschnitt sollen die Begriffe und Regeln der Differentialrechnung, wie sie bisher für Funktionen $f : \mathbb{D} \to \mathbb{R}$, $\mathbb{D} \subseteq \mathbb{R}$, entwickelt wurden, auf solche ausgedehnt werden, deren Werte in $\mathbb{R}^n$ liegen. Funktionen $f : \mathbb{D} \to \mathbb{R}^n$ sind also für $t \in \mathbb{D}$ durch ihre sogenannten auf $\mathbb{D}$ definierten *Komponentenfunktionen* f_i gegeben: $f(t) = (f_1(t), \cdots, f_n(t))$.

Definition:

> $f : \mathbb{D} \to \mathbb{R}^n$ ist *differenzierbar* (in $x_0 \in \mathbb{D}$ bzw. auf $I \subseteq \mathbb{D}$)
>
> $\Leftrightarrow \qquad \forall i \in \{1, \cdots, n\}: f_i$ ist differenzierbar (in $x_0 \in \mathbb{D}$ bzw. auf $I \subseteq \mathbb{D}$)

Wegen der komponentenweisen Definition der Ableitung lassen sich die elementaren Ableitungsregeln (vgl. Abschnitt 4.4) ohne weiteres auf Funktionen $f, g : \mathbb{D} \to \mathbb{R}^n$ übertragen:

> **(i)** $\quad f(t) = \text{const.} \qquad\qquad \Rightarrow \qquad \forall t \in \mathbb{D}: f'(t) = (0, \cdots, 0)$
>
> **(ii)** $\quad (f \pm g)'(t) = f'(t) \pm g'(t)$
>
> **(iii)** $\quad (cf)'(t) = cf'(t) \quad$ für jedes $c \in \mathbb{R}$
>
> **(iv)** $\quad (f \circ h)'(t) = h'(t) \cdot f'(h(t)) \quad$ für jede beliebige Umparametrisierung $h : I \to \mathbb{D}$

Die Produktregel lässt sich auf verschiedene Weise übertragen; man beachte dabei die Reihenfolge der Faktoren, da die Produkte im Allgemeinen nicht kommutativ sind:

a)   für das Skalarprodukt im $\mathbb{R}^n$: $(\mathbf{v} \cdot \mathbf{w})'(t) = \mathbf{v}'(t) \cdot \mathbf{w}(t) + \mathbf{v}(t) \cdot \mathbf{w}'(t)$

b)   für das Kreuzprodukt im $\mathbb{R}^3$: $(\mathbf{v} \times \mathbf{w})'(t) = \mathbf{v}'(t) \times \mathbf{w}(t) + \mathbf{v}(t) \times \mathbf{w}'(t)$

c)   für das Produkt von Matrizen: $(\mathbf{A} \cdot \mathbf{B})'(t) = \mathbf{A}'(t) \cdot \mathbf{B}(t) + \mathbf{A}(t) \cdot \mathbf{B}'(t)$

Ist $\mathbf{A}(t)$ auf I regulär und differenzierbar, so gilt: $(\mathbf{A}^{-1})'(t) = -\mathbf{A}^{-1}(t) \cdot \mathbf{A}'(t) \cdot \mathbf{A}^{-1}(t)$

Obige Überlegungen gelten natürlich insbesondere für sogenannte **komplexwertige Funktionen** $f : \mathbb{D} \to \mathbb{C}$. Man kann dann obige Definition unter Benutzung von $u(t) := \operatorname{Re} f(t)$ und $v(t) := \operatorname{Im} f(t)$ in folgender leicht zu merkenden Form schreiben:

$$f'(t) := (u + \mathrm{i}v)'(t) := u'(t) + \mathrm{i}v'(t)$$

Da obige Regel (iii) auch für alle $c \in \mathbb{C}$ gilt und sich außerdem die in Abschnitt 3.6 definierten komplexen Funktionen beim Ableiten wie die entsprechenden reellen verhalten, hat man folgende einfache **Merkregel** für das Differenzieren komplexwertiger Funktionen:

Man betrachte die komplexe Einheit i wie eine reelle Konstante und differenziere komplexe Funktionen wie von $\mathbb{R}$ her gewohnt.

---

5 Integralrechnung einer reellen Veränderlichen

<u>Allgemeine Voraussetzung:</u> Im gesamten Kapitel seien alle betrachteten Funktionen stets auf Intervallen, also zusammenhängenden Bereichen der reellen Achse, definiert.

5.1 Stammfunktion und unbestimmtes Integral

Definition:

$$F(x) \text{ heißt (eine) } \textit{Stammfunktion} \text{ von } f : I \to \mathbb{R} \quad \Leftrightarrow \quad \forall x \in I : F'(x) = f(x)$$

Aufgrund dessen ist eine Stammfunktion $F(x)$ mindestens auf dem Definitionsbereich von $f(x)$ definiert und differenzierbar. Zudem ist nach den Ableitungsregeln mit $F(x)$ auch $F(x) + C$ mit beliebigem $C \in \mathbb{R}$ eine Stammfunktion von $f(x)$. Eine Stammfunktion ist also nie eindeutig bestimmt.

Da andererseits $f(x)$ auf einem Intervall definiert ist, können sich zwei Stammfunktionen $F_1(x)$ und $F_2(x)$ der gleichen Funktion $f(x)$ nur um eine Konstante C unterscheiden. Daraus ergibt sich die

Definition:

Die Menge aller Stammfunktionen $F(x) + C$ (mit $C \in \mathbb{R}$) einer gegebenen Funktion $f(x)$ heißt das *unbestimmte Integral* von $f(x)$ und wird mit $\int f(x)\,dx$ bezeichnet.

Durch Umkehrung entsprechender elementarer Ableitungen erhält man die sogenannten

https://doi.org/10.1515/9783110537161-113

Grundintegrale:

(i)	$\int x^b \mathrm{d}x = \dfrac{1}{b+1}x^{b+1} + C$ für $b \in \mathbb{R}\backslash\{-1\}$	$\int \dfrac{1}{x}\mathrm{d}x = \ln|x| + C$
(ii)	$\int e^x \mathrm{d}x = e^x + C$	
(iii)	$\int \sin x\,\mathrm{d}x = -\cos x + C$	$\int \cos x\,\mathrm{d}x = \sin x + C$
(iv)	$\int \dfrac{1}{\sin^2 x}\mathrm{d}x = -\cot x + C$	$\int \dfrac{1}{\cos^2 x}\mathrm{d}x = \tan x + C$
(v)	$\int \dfrac{1}{\sinh^2 x}\mathrm{d}x = -\coth x + C$	$\int \dfrac{1}{\cosh^2 x}\mathrm{d}x = \tanh x + C$
(vi)	$\int \dfrac{1}{1-x^2}\mathrm{d}x = \begin{cases} \operatorname{artanh} x + C & \text{für } |x| < 1 \\ \operatorname{arcoth} x + C & \text{für } |x| > 1 \end{cases}$	$\int \dfrac{1}{1+x^2}\mathrm{d}x = \arctan x + C$
(vii)	$\int \dfrac{1}{\sqrt{1-x^2}}\mathrm{d}x = \arcsin x + C = -\arccos x + C$	$\int \dfrac{1}{\sqrt{1+x^2}}\mathrm{d}x = \operatorname{ar\,sinh} x + C$

Aus diesen Grundintegralen erhält man durch Anwendung der im Folgenden behandelten Integrationsregeln und -techniken viele weitere Integrale, die in den Integraltafeln im Anhang aufgeführt sind.

Unmittelbar durch Umkehrung entsprechender Ableitungsregeln ergibt sich die

Linearität des Integrals:

(i)	$\int (f(x) \pm g(x))\mathrm{d}x = \int f(x)\mathrm{d}x \pm \int g(x)\mathrm{d}x$
(ii)	$\int (\alpha f(x))\mathrm{d}x = \alpha \int f(x)\mathrm{d}x$ für beliebige $\alpha \in \mathbb{R}$

5.2   Hauptsatz der Differential- und Integralrechnung und bestimmtes Integral

Gemäß dem vorherigen Abschnitt gibt es für eine gegebene Funktion $f(x)$ stets unendlich viele verschiedene Stammfunktionen – falls überhaupt eine existiert. Für welche Funktionen dies der Fall ist und wie man sie ggf. bestimmen kann, soll in diesem Abschnitt untersucht werden.

Dafür sei $f : I \to \mathbb{R}$ auf I stetig und habe nur positive Werte. Für festes $a \in I$ bezeichne $A_a(x)$ die Maßzahl der Fläche zwischen Graph und x-Achse, wenn $x > a$ ist; $A_a(x)$ sei das Negative dieser Maßzahl, wenn $x < a$ ist; $A_a(x) = 0$, wenn $x = a$ ist (siehe Bild 5.2.1).

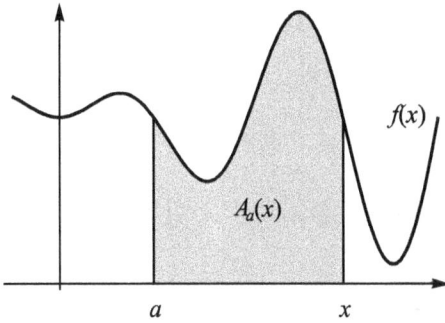

Bild 5.2.1: Flächenfunktion $A_a(x)$ für $x > a$

Für die so auf I definierte Flächenfunktion $A_a(x)$ gilt $A_a'(x) = f(x)$; $A_a(x)$ ist also eine Stammfunktion von $f(x)$, und zwar diejenige, die an der Stelle a verschwindet (Hauptsatz der Differential- und Integralrechnung).

Für feste b, $c \in I$ mit $a < b < c$ gilt für die Fläche A zwischen dem Graphen von $f(x)$ und der x-Achse im Bereich von b bis c offensichtlich

$$A = A_a(c) - A_a(b) = F(b) - F(c),$$

wobei $F(x)$ eine beliebige Stammfunktion von $f(x)$ ist, die sich von $A_a(x)$ ja nur um eine additive reelle Konstante unterscheiden kann.

Definition:

> Besitzt $f(x)$ eine Stammfunktion, so heißt der Ausdruck
>
> $$\int_a^b f(x)\mathrm{d}x = F(x)\big|_a^b = [F(x)]_a^b = F(b) - F(a)$$
>
> das *bestimmte Integral* von $f(x)$. Dabei ist $F(x)$ eine <u>beliebige</u> Stammfunktion von $f(x)$, a und b beliebig gewählte Elemente aus I, für die nicht unbedingt $a < b$ gelten muss.

Unmittelbar aus der Definition ergeben sich folgende

Rechenregeln für bestimmte Integrale:

(i) $\quad \displaystyle\int_b^a f(x)\mathrm{d}x = -\int_a^b f(x)\mathrm{d}x$

(ii) $\quad \displaystyle\int_a^a f(x)\mathrm{d}x = 0$

(iii) $\quad \displaystyle\int_a^b f(x)\mathrm{d}x + \int_b^c f(x)\mathrm{d}x = \int_a^c f(x)\mathrm{d}x \quad$ (auch dann, wenn $b \notin [a, c]$ ist!)

Obige Konstruktion der Flächenfunktion $A_a(x)$ lässt sich auch auf stetige Funktionen verallgemeinern, die nicht nur positive Werte auf I haben. Damit besitzen (zumindest) alle stetigen Funktionen Stammfunktionen.

Unter Benutzung von bestimmten Integralen erhält man Stammfunktionen durch:

$$F(x) = b + \int_a^x f(t)\mathrm{d}t \quad \text{ist diejenige Stammfunktion von } f, \text{ für die } F(a) = b \text{ ist.}$$

Weitere Eigenschaften bestimmter Integrale:

1. $f(x) \le g(x)$ auf $[a,b] \quad \Rightarrow \quad \int_a^b f(x)\mathrm{d}x \le \int_a^b g(x)\mathrm{d}x$

2. $\left| \int_a^b f(x)\mathrm{d}x \right| \le \int_a^b | f(x) | \, \mathrm{d}x \le (b-a) \max_{x \in [a,b]} | f(x) |$ (für $a \le b$ und stetige Funktionen f)

3. Mittelwertsatz: Sind $f(x)$ und $g(x)$ stetig auf $[a,b]$ und wechselt $g(x)$ dort sein Vorzeichen nicht, so gibt es ein $\xi \in]a,b[$ mit

$$\int_a^b f(x)g(x)\mathrm{d}x = f(\xi) \cdot \int_a^b g(x)\mathrm{d}x, \quad \text{insbesondere mit } g(x) \equiv 1:$$

$$\int_a^b f(x)\mathrm{d}x = f(\xi) \cdot (b-a).$$

4. HÖLDERsche Ungleichung :

$$\int_a^b | f(x)g(x) | \mathrm{d}x \le \left(\int_a^b | f(x) |^p \, \mathrm{d}x \right)^{\frac{1}{p}} \cdot \left(\int_a^b | g(x) |^q \, \mathrm{d}x \right)^{\frac{1}{q}},$$

mit $p, q > 1$ und $\dfrac{1}{p} + \dfrac{1}{q} = 1$; für $p = q = 2$ ist dies die CAUCHY-SCHWARZsche Ungleichung (vgl. auch Abschnitt 2.4).

5. MINKOWSKIsche Ungleichung :

$$\left(\int_a^b | f(x) + g(x) |^p \, \mathrm{d}x \right)^{\frac{1}{p}} \le \left(\int_a^b | f(x) |^p \, \mathrm{d}x \right)^{\frac{1}{p}} + \left(\int_a^b | g(x) |^p \, \mathrm{d}x \right)^{\frac{1}{p}}$$

mit $p > 1$.

Andere Definition des bestimmten Integrals: Grenzwert einer unendlichen Summe

Um die Fläche A zwischen dem Graphen einer positiven stetigen Funktion f und der x-Achse im Bereich zwischen a und b zu bestimmen, zerlegt man das Intervall $[a,b]$ in n (nicht unbedingt gleich große) abgeschlossene Teilintervalle $I_1,\ldots,I_n$, die nur die jeweiligen Eckpunkte gemeinsam haben, also $[a,b]=I_1\cup\cdots\cup I_n$. Es bezeichne $d_i^{(n)}$ die Intervallbreite von I_i bei Zerlegung in n Teilintervalle. Wegen der Stetigkeit von f existieren in jedem I_i Stellen $\underline{x}_i$ und $\overline{x}_i$, in denen $f\,|\,I_i$ sein Minimum bzw. Maximum annimmt. Wenn f – anders als in Bild 5.2.2 dargestellt – nicht streng monoton ist, liegen diese Werte nicht notwendig auf dem Rand des Teilintervalls I_i. Es gilt damit für jedes $n \in \mathbb{N}$:

$$\underbrace{\sum_{i=1}^{n} f(\underline{x}_i)\cdot d_i^{(n)}}_{\text{Untersumme}} \leq A \leq \underbrace{\sum_{i=1}^{n} f(\overline{x}_i)\cdot d_i^{(n)}}_{\text{Obersumme}}$$

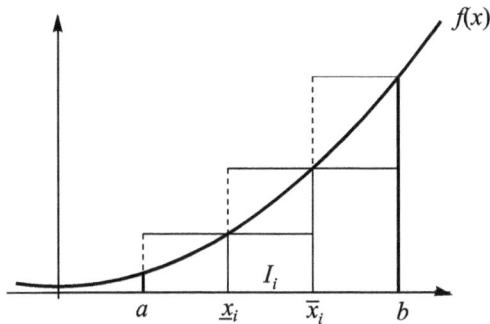

Bild 5.2.2: Untersumme und Obersumme

Für immer feiner werdende Zerlegungen von $[a,b]$, also für $n \to \infty$ und $\max d_i^{(n)} \to 0$, konvergiert die Untersumme von unten und die Obersumme von oben gegen die gesuchte Fläche A, die nach dem Hauptsatz der Differential- und Integralrechnung ja auch durch das bestimmte Integral $\int\limits_a^b f(x)\mathrm{d}x$ berechnet werden kann. Man hat damit die

Definition:

> Eine Funktion $f(x)$ heißt RIEMANN-*integrierbar* auf $[a,b]$, wenn für jede immer feiner werdende Zerlegung von $[a,b]$ die Untersumme $\sum\limits_{i=1}^{n} f(\underline{x}_i)\cdot d_i^{(n)}$ und die Obersumme
>
> $\sum\limits_{i=1}^{n} f(x_i)\cdot d_i^{(n)}$ für $n \to \infty$ den gleichen Grenzwert haben. Dieser heißt *bestimmtes Integral* und wird mit $\int\limits_a^b f(x)\mathrm{d}x$ bezeichnet.

Diese – klassische – Definition des bestimmten Integrals, die ohne Differentialrechnung auskommt, ist zwar für das praktische Rechnen ungeeignet, sie erschließt aber viele Anwendungen, auf die unter anderem in Abschnitt 5.4 eingegangen wird. Dies insbesondere deshalb, da für eine auf $[a,b]$ RIEMANN-integrierbare Funktion $f(x)$

$$\int_a^b f(x)\mathrm{d}x = \lim_{n\to\infty} \sum_{i=1}^{n} f(x_i) \cdot d_i^{(n)}$$

ist, und zwar für <u>beliebige</u> x_i aus I_i.

Alle auf einem abgeschlossenen Intervall stetigen Funktionen sind dort auch RIEMANN-integrierbar. Häufig ist diese Funktionsklasse jedoch für ingenieurmäßige Anwendungen zu klein. Ausreichend groß ist im Allgemeinen die Klasse der auf einem Intervall stückweise stetigen Funktionen, die ebenfalls RIEMANN-integrierbar sind.

Definition:

$f(x)$ heißt *stückweise stetig* auf $[a,b]$, wenn

1. $f(x)$ auf $[a,b]$ höchstens endlich viele Unstetigkeitsstellen x_i besitzt und

2. für jede Unstetigkeitsstelle x_i $\lim_{x\to x_i+} f(x)$ und $\lim_{x\to x_i-} f(x)$ in $\mathbb{R}$ existieren.

Uneigentliche Integrale

Uneigentliche Integrale sind eine Verallgemeinerung der bestimmten Integrale. Die Existenz von $\int_a^b f(x)\mathrm{d}x$ hängt nicht nur von der Integration selbst, sondern auch von der anschließenden Ermittlung eines Grenzwerts ab. Man unterscheidet zwei Typen uneigentlicher Integrale:

1. Typ: Die Integrandenfunktion $f(x)$ besitzt in $[a,b]$ eine Definitionslücke oder Unstetigkeitsstelle c und ist ansonsten stetig.

a) Ist etwa $c = a$, so existiert für kleine positive ε $\int_{a+\epsilon}^b f(x)\mathrm{d}x$ und ist von ε abhängig. Existiert $\lim_{\varepsilon\to0+} \int_{a+\epsilon}^b f(x)\mathrm{d}x$ in $\mathbb{R}$, so wird dieser Grenzwert mit $\int_a^b f(x)\mathrm{d}x$ bezeichnet.

So ist zum Beispiel $\int_0^1 \frac{1}{\sqrt{x}}\mathrm{d}x = 2$, während $\int_0^1 \frac{1}{x}\mathrm{d}x$ nicht existiert.

b) Analog für $c = b$: $\int_a^b f(x)\mathrm{d}x = \lim_{\varepsilon\to0+} \int_a^{b-\varepsilon} f(x)\mathrm{d}x$ (falls der Grenzwert existiert)

c) Liegt die Definitionslücke/Unstetigkeitsstelle c im Innern des Integrationsbereichs $[a,b]$,

so prüft man wie oben, ob die beiden uneigentlichen Integrale $\int\limits_a^c f(x)\mathrm{d}x$ und $\int\limits_c^b f(x)\mathrm{d}x$ exis-

tieren und erhält dann $\int\limits_a^b f(x)\mathrm{d}x := \int\limits_a^c f(x)\mathrm{d}x + \int\limits_c^b f(x)\mathrm{d}x$.

Auf diese Weise berechnet man das Integral einer stückweise stetigen Funktion als Summe der Teilintegrale zwischen den Unstetigkeitsstellen.

2. Typ: Der Integrationsbereich ist unendlich lang, das heißt, $a = -\infty$ oder $b = \infty$.

Man berechnet wie oben ein bestimmtes Integral für endliche Grenzen und lässt dann die entsprechende Grenze gegen $-\infty$ bzw. $+\infty$ gehen, also hat man (im Falle der Existenz):

$$\int\limits_{-\infty}^b f(x)\mathrm{d}x = \lim_{a \to -\infty} \int\limits_a^b f(x)\mathrm{d}x \quad \text{bzw.} \quad \int\limits_a^\infty f(x)\mathrm{d}x = \lim_{b \to \infty} \int\limits_a^b f(x)\mathrm{d}x$$

Für die Berechnung von $\int\limits_{-\infty}^\infty f(x)\mathrm{d}x$ muss die Existenz von $\int\limits_{-\infty}^b f(x)\mathrm{d}x$ und $\int\limits_b^\infty f(x)\mathrm{d}x$ (für ein

festes $b \in \mathbb{R}$, oft: $b = 0$) überprüft und anschließend die Summe gebildet werden.

So ist zum Beispiel $\int\limits_{-\infty}^\infty \dfrac{1}{1+x^2}\mathrm{d}x = \int\limits_{-\infty}^0 \dfrac{1}{1+x^2}\mathrm{d}x + \int\limits_0^\infty \dfrac{1}{1+x^2}\mathrm{d}x = \pi$ (wegen $\lim\limits_{x \to \infty} \arctan x = \dfrac{\pi}{2}$).

Achtung: Es ist im Allgemeinen falsch, $\int\limits_{-\infty}^\infty f(x)\mathrm{d}x = \lim\limits_{a \to \infty} \int\limits_{-a}^a f(x)\mathrm{d}x$ zu setzen, wie das Bei-

spiel $\int\limits_{-\infty}^\infty x\,\mathrm{d}x$ zeigt.

Integration komplexwertiger Funktionen

Analog zur Differentiation wird i wie eine reelle Konstante behandelt;

für $f(t) = u(t) + iv(t)$ ist also

$$\int\limits_a^b f(t)\mathrm{d}t := \int\limits_a^b u(t)\mathrm{d}t + \mathrm{i} \cdot \int\limits_a^b v(t)\mathrm{d}t .$$

5.3   Integrationstechniken

Integration durch Substitution

Hierbei wird die Kettenregel der Differentialrechnung „umgekehrt":

Für unbestimmte Integrale: $\int f(x)\mathrm{d}x = \int f(\varphi(t)) \cdot \varphi'(t)\,\mathrm{d}t$ bei der Substitution $x = \varphi(t)$,

für bestimmte Integrale: $\int\limits_a^b f(x)\mathrm{d}x = \int\limits_c^d f(\varphi(t)) \cdot \varphi'(t)\,\mathrm{d}t$ mit $\varphi(c) = a$ und $\varphi(d) = b$.

Die die Substitutionsregel ausdrückende Gleichung kann in beide Richtungen sehr nützlich interpretiert werden:

a) von links nach rechts:

Man versucht dabei, in $\int f(x)\mathrm{d}x$ die Variable x als $x = \varphi(t)$ auszudrücken mit dem Ziel, den

Integranden zu vereinfachen, etwa wird in $\int \sqrt{2x+1}\,\mathrm{d}x$ über $x = \varphi(t) := \dfrac{t-1}{2}$ der Integrand

zu $\frac{1}{2}\sqrt{t}$, was sich ohne weiteres mittels der Grundintegrale integrieren lässt. Beim so erhaltenen Ergebnis muss die Variable t schließlich wieder durch x resubstituiert werden, um die gesuchte Stammfunktion (als Funktion von x) zu erhalten; in obigem Beispiel wird aus $\frac{1}{3}\sqrt{t^3}$ mit $t = 2x+1$ schließlich $\frac{1}{3}\sqrt{(2x+1)^3} + C = \int \sqrt{2x+1}\,\mathrm{d}x$.

Bei der Berechnung bestimmter Integrale mit der Substitutionsregel ist eine Resubstitution nicht erforderlich, wenn man die Integrationsgrenzen wie oben beschrieben beim Übergang vom x- auf das t-Integral verändert.

Zusammenfassung:

1. In $\int f(x)\mathrm{d}x$ wird ein Ausdruck von x gleich einer neuen Variablen t gesetzt: $t = A(x)$.

2. Dieser Ausdruck wird nach der alten Variablen x aufgelöst: $x = \varphi(t)$.

3. Man differenziere nun nach der neuen Variablen t: $\dfrac{\mathrm{d}x}{\mathrm{d}t} = \varphi'(t) \;\Rightarrow\; \mathrm{d}x = \varphi'(t) \cdot \mathrm{d}t$.

4. Man ersetze nun in $\int f(x)\mathrm{d}x$ x und $\mathrm{d}x$ gemäß **2.** bzw. **3.** und erhält das t-Integral, für das man beim bestimmten Integral die Integrationsgrenzen mittels **1.** berechnet.

5. Nach Lösung des t-Integrals muss das Ergebnis – im Fall des unbestimmten Integrals – mittels **1.** resubstituiert werden.

Meist ist klar, welcher Ausdruck $A(x)$ als neue Variable t zu wählen ist (etwa in obigem Beispiel $t = 2x+1$), da sich damit der Integrand sofort vereinfacht. Bei anderen Formen von $f(x)$ ist eine sinnvolle Substitution nicht immer sofort erkennbar, deshalb hier eine

Zusammenstellung einiger gebräuchlicher Substitutionen:

$$f(x) = R\left(x, \sqrt{a^2 - x^2} \right) \quad \Rightarrow \quad x = a \sin t$$

$$f(x) = R\left(x, \sqrt{a^2 + x^2} \right) \quad \Rightarrow \quad x = a \tan t$$

$$f(x) = R\left(x, \sqrt{x^2 - a^2} \right) \quad \Rightarrow \quad x = a \cosh t$$

$$f(x) = R(\cos x, \sin x) \quad \Rightarrow \quad x = 2 \arctan t$$

R ist dabei eine beliebige rationale Funktion, die von einem oder beiden der genannten Argumente abhängt.

b) von rechts nach links:

Liegt der Integrand als Produkt zweier Funktionen vor, so kann man manchmal den einen Faktor als $f(\varphi(t))$ und den anderen als $\varphi'(t)$ interpretieren, manchmal erst, nachdem der Integrand durch eine geeignete Konstantenmultiplikation „passend" wurde, etwa in

$$\int t \cdot e^{t^2} dt = \tfrac{1}{2} \int \underbrace{2t}_{\varphi'(t)} \cdot \underbrace{e^{t^2}}_{f(\varphi(t))} dt \text{ mit } \varphi(t) = t^2. \text{ Nach Durchführung der } x\text{-Integration muss das}$$

Ergebnis mittels $x = \varphi(t)$ resubstituiert werden, im Beispiel: $\int t \cdot e^{t^2} dt = \tfrac{1}{2} \int e^x dx = \tfrac{1}{2} e^{t^2} + C$.

Besonders häufig wird dieses Vorgehen bei Ausdrücken der folgenden Art angewendet:

$$\int g(t) \cdot g'(t) dt = \tfrac{1}{2} (g(t))^2 + C$$

$$\int \sqrt{g(t)} \cdot g'(t) dt = \tfrac{2}{3} \left(\sqrt{g(t)} \right)^3 + C$$

$$\int \frac{g'(t)}{g(t)} dt = \ln | g(t) | + C \qquad \text{„logarithmische Ableitung"}$$

Mit der Substitutionsregel erhält man auch einen sehr nützlichen Satz zur

Integration über symmetrische Intervalle:

$f(x)$ gerade	$\Rightarrow$	$\displaystyle\int_{-a}^{a} f(x)dx = 2 \int_{0}^{a} f(x)dx$
$f(x)$ ungerade	$\Rightarrow$	$\displaystyle\int_{-a}^{a} f(x)dx = 0$

Partielle Integration

Dieses Verfahren stellt die „Umkehrung" der Produktregel der Differentialrechnung dar:

$$\int f'(x)g(x)\,\mathrm{d}x = f(x)g(x) - \int f(x)g'(x)\,\mathrm{d}x$$

$$\text{bzw.} \quad \int_a^b f'(x)g(x)\,\mathrm{d}x = [f(x)g(x)]_a^b - \int_a^b f(x)g'(x)\,\mathrm{d}x$$

Bei der partiellen Integration wird also die Integration eines Produkts auf die eines anderen verlagert. Es ist also wichtig, die richtige Zuordnung der gegebenen Faktoren (was entspricht $f'(x)$, was $g(x)$?) vorzunehmen, um eine Vereinfachung zu erreichen. Es ist deshalb sinnvoll, folgende Hinweise zu beachten:

1. Ist einer der Faktoren ein Polynom, so sollte dieses als $g(x)$ genommen werden, da sich beim Ableiten der Grad um eins erniedrigt; führt man die partielle Integration auf diese Weise genügend oft durch, kann der Produktanteil aus dem Polynom auf eine Konstante reduziert werden.

2. Hat eine der beteiligten Funktionen die Eigenschaft, dass sich – bis auf konstante Faktoren – die Ableitungen nach wenigen Schritten wiederholen (zum Beispiel bei trigonometrischen, hyperbolischen oder Exponentialfunktionen), so ergibt die mehrfache Durchführung der partiellen Integration unter anderem wieder das gesuchte Integral (mit einem anderen Faktor) auf der rechten Seite. Man kann also durch einfaches Auflösen das Integral bestimmen.

3. Manchmal lässt sich $\int g(x)\,\mathrm{d}x$ durch Einführen des konstanten Faktors $f'(x) = 1$ im Integranden der partiellen Integration zugänglich machen. Das ist z.B. bei $\int \ln x\,\mathrm{d}x$ möglich.

Integration mittels Partialbruchzerlegung

Jede rationale Funktion $f(x)$ lässt sich durch Polynomdivision eindeutig als Summe eines Polynoms, dessen Integration unproblematisch ist, und einer echt gebrochen rationalen Funktion $\tilde{f}(x)$ zerlegen. Bei der Integration von $\tilde{f}(x)$ benutzt man die in Abschnitt 3.2 behandelte Partialbruchzerlegung. Dabei entstehen verschiedene Arten von Partialbrüchen:

1. Aus den Linearfaktoren der Nennerzerlegung ergeben sich Ausdrücke der Gestalt $\dfrac{A}{(x-b)^k}$ mit $A, b \in \mathbb{R}$, $k \in \mathbb{N}^+$. Diese lassen sich durch die Substitution $x = t + b$ auf Grundintegrale aus Abschnitt 5.1 zurückführen, und zwar:

a) für $k = 1$: $\qquad \int \dfrac{A}{x-b}\,\mathrm{d}x = A\ln|x-b| + C$

b) für $k \geq 2$: $\qquad \int \dfrac{A}{(x-b)^k}\,\mathrm{d}x = \dfrac{-A}{(k-1)(x-b)^{k-1}} + C$

2. Aus den irreduziblen quadratischen Termen der Nennerzerlegung ergeben sich Ausdrücke

der Gestalt $\dfrac{Ex+F}{(x^2+cx+d)^k}$ mit E, F, c, $d \in \mathbb{R}$, $k \in \mathbb{N}^+$. Da x^2+cx+d unzerlegbar ist, lässt

es sich (durch quadratische Ergänzung) umformen in $(x+e)^2+f^2$. Damit wird der

Integrand zu $\dfrac{Ex+F}{(x^2+cx+d)^k} = \dfrac{Ex+F}{((x+e)^2+f^2)^k} = \dfrac{E(x+e)+(F-Ee)}{((x+e)^2+f^2)^k} = \dfrac{Et+(F-Ee)}{(t^2+f^2)^k}$ mit

der Substitution $x = t-e$. Für die Integration der durch Bruchstrichtrennung des letzten
Terms entstehenden Brüche muss für k wieder eine Fallunterscheidung durchgeführt werden:

a) für $k = 1$: $\displaystyle\int \dfrac{Et}{t^2+f^2}\,dt = \dfrac{E}{2}\ln(t^2+f^2)+C$ (logarithmische Ableitung) und

$\displaystyle\int \dfrac{F-Ee}{t^2+f^2}\,dt = \dfrac{F-Ee}{f}\arctan\dfrac{t}{f}+C$

b) für $k \geq 2$: $\displaystyle\int \dfrac{Et}{(t^2+f^2)^k}\,dt = \dfrac{-E}{2(k-1)(t^2+f^2)^{k-1}}+C$. Den Ausdruck $\displaystyle\int \dfrac{F-Ee}{(t^2+f^2)^k}\,dt$

berechnet man mithilfe des Integrals $I_k = \displaystyle\int \dfrac{1}{(t^2+f^2)^k}\,dt$, das der Rekursi-

onsformel $I_{k+1} = \dfrac{t}{2kf^2(t^2+f^2)^k} + \dfrac{2k-1}{2kf^2}I_k$ genügt.

Die in diesem Abschnitt dargestellten Integrationstechniken werden oft auch in einer Kombination benutzt, um ein gegebenes Integral zu berechnen. Es sei ausdrücklich darauf hingewiesen, dass oft schon eine geschickte Umformung des Integranden sehr hilfreich ist, bevor man aufwendige Integrationstechniken anwendet. So ist es zum Beispiel einfacher, statt $\ln x^2$ oder $2\sin x\cos x$ die äquivalenten Ausdrücke $2\ln|x|$ bzw. $\sin 2x$ zu integrieren.

Letztendlich lassen sich alle im Anhang dargestellten Integrale durch Integrandenumformungen und die beschriebenen Integrationstechniken auf die in 5.1 aufgeführten Grundintegrale zurückführen.

5.4   Anwendungen der Integralrechnung

Fläche zwischen zwei Graphen

Unmittelbar aus dem Hauptsatz der Differential- und Integralrechnung ergibt sich diese Anwendung:

Die Fläche F zwischen den Graphen von $f(x)$ und $g(x)$ auf dem Intervall $[a,b]$ (siehe Bild 5.4.1) ist

$$F = \int_a^b (f(x) - g(x)) \, dx \,,$$

wobei nur $f(x) \geq g(x)$ – aber nicht unbedingt positiv – sein muss.

Damit lassen sich nun die Koordinaten des *Schwerpunkts* der Fläche zwischen den Graphen von $f(x)$ und $g(x)$ berechnen:

$$x_S = \frac{\displaystyle\int_a^b x(f(x) - g(x)) \, dx}{\displaystyle\int_a^b (f(x) - g(x)) \, dx} \quad \text{und} \quad y_S = \frac{\displaystyle\int_a^b \left((f(x))^2 - (g(x))^2\right) dx}{2 \displaystyle\int_a^b (f(x) - g(x)) \, dx} \qquad \text{(SF)}$$

Man beachte, dass das Integral im Nenner den Flächeninhalt darstellt; darüber hinaus sei auf den Faktor 2 im Nenner der y-Koordinate hingewiesen.

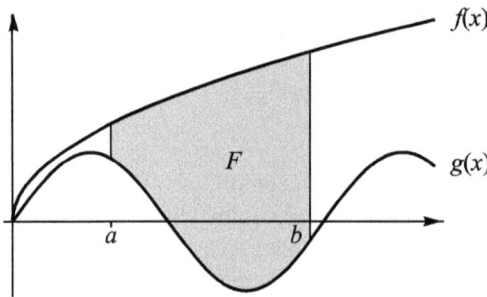

Bild 5.4.1: Fläche zwischen zwei Graphen

Der Mittelwert einer Funktion

Der Wert $f'(\xi)$ im Mittelwertsatz der Integralrechnung (vgl. Abschnitt 5.2) wird als Mittelwert M der Funktion $f(x)$ auf dem Intervall $[a,b]$ bezeichnet, also

$$M = \frac{1}{b-a} \int_a^b f(x) \, dx \,.$$

Anschaulich ist M diejenige Höhe, auf der der Streifen zwischen a und b „abgeschnitten" werden muss, damit das entstandene Rechteck die gleiche Fläche hat wie die, die von x-Achse und Funktionsgraph eingeschlossen wird (siehe Bild 5.4.2).

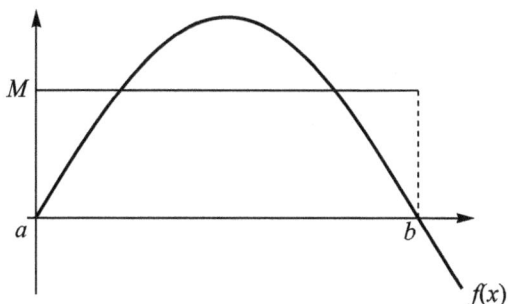

Bild 5.4.2: Der Mittelwert einer Funktion

Dieser Begriff wird zum Beispiel angewandt bei der Ermittlung der Durchschnittsgeschwindigkeit oder des arithmetischen Mittelwerts der Stromstärke, wenn diese als Funktionen von der Zeit gegeben sind.

Volumenberechnung

Ein Körper besitze eine Achse $\mathcal{A}$ (diese muss nicht unbedingt Symmetrieachse sein!) derart, dass die Flächen, die beim Schnitt mit zu dieser Achse senkrechten Ebenen entstehen, sich als Funktion von der Schnitthöhe ausdrücken lassen, etwa $A(x)$ mit $a \leq x \leq b$ (siehe Bild 5.4.3). Beispiele hierfür sind beliebige Zylinder, Pyramiden mit beliebigen Grundflächen, Rotationsflächen etc.

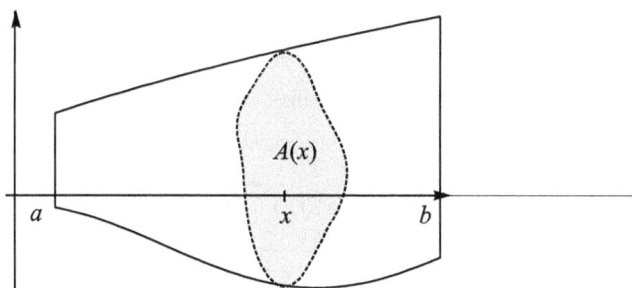

Bild 5.4.3: Körper mit x Achse als Achse $\mathcal{A}$

Für das Volumen V gilt:
$$V = \int_a^b A(x)\mathrm{d}x$$

Damit erhält man unter anderem die Volumenformeln für folgende Körper:

Pyramide mit Grundfläche G und Höhe h: $\qquad V = \frac{1}{3}G \cdot h$

Pyramidenstumpf mit Grundflächen G und g, Höhe h: $\qquad V = \frac{1}{3}h(G + \sqrt{Gg} + g)$

Kreiskegel mit Grundkreisradius r und Höhe h: $\qquad V = \frac{1}{3}\pi r^2 \cdot h$

Rotationskörper

Der Graph der auf dem Intervall $[a,b]$ nicht-negativen Funktion $f(x)$, der in diesem Zusammenhang auch *Median* genannt wird, rotiere um die x-Achse (siehe Bild 5.4.4).

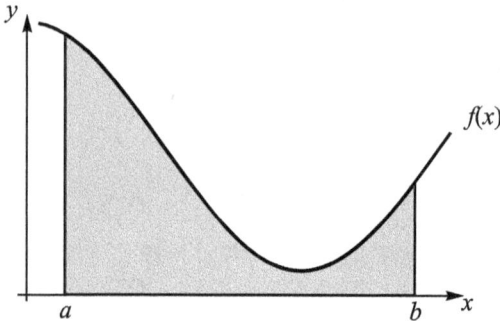

Bild 5.4.4: Rotation um die x-Achse

Das Volumen V_{rot} des dabei entstehenden Rotationskörpers ergibt sich als Spezialfall aus obiger Formel zu

$$V_{\text{rot}} = \pi \int_a^b (f(x))^2 \, dx \, .$$

Multipliziert man den Inhalt der rotierenden Fläche (siehe Bild 5.4.4) mit ihrer Schwerpunktkoordinaten y_S (siehe **(SF)**) sowie 2π, so erhält man dasselbe Ergebnis – die 2. GULDINsche Regel ist an diesem Spezialfall bestätigt.

Wie für ebene Flächen lassen sich auch für Stücke eines Graphen die Schwerpunktkoordinaten berechnen:

$$x_S = \frac{\displaystyle\int_a^b x\sqrt{1+(f'(x))^2}\,dx}{\displaystyle\int_a^b \sqrt{1+(f'(x))^2}\,dx} \quad \text{und} \quad y_S = \frac{\displaystyle\int_a^b f(x)\sqrt{1+(f'(x))^2}\,dx}{\displaystyle\int_a^b \sqrt{1+(f'(x))^2}\,dx} \qquad \textbf{(SB)}$$

Im Nenner beider Ausdrücke steht die Bogenlänge s, auf die im Kapitel 6 noch näher eingegangen wird.

Mit der 1. GULDINsche Regel (siehe Abschnitt 1.10) erhält man daraus für die Mantelfläche des Rotationskörpers:

$$M_{\text{rot}} = 2\pi \int_a^b f(x)\sqrt{1+(f'(x))^2}\,dx$$

Findet die Rotation um die y-Achse statt, so ist in obigen Formeln x sinngemäß durch y zu ersetzen; insbesondere ist der Median als Funktion von y darzustellen (ggf. mit der Umkehrfunktion).

Gammafunktion

Durch ein uneigentliches Integral ist die vor allem in der Wahrscheinlichkeitstheorie wichtige *Gammafunktion* $\Gamma : \mathbb{R}^+ \to \mathbb{R}$ definiert:

$$\Gamma(x) = \int\limits_0^\infty e^{-t} t^{x-1}\, dt \quad \text{für alle } x > 0$$

Für diese erhält man die Rekursionsformel $\Gamma(x+1) = x \cdot \Gamma(x)$, woraus unmittelbar mit $\Gamma(1) = 1$ für $n \in \mathbb{N}$ folgt:

$$\Gamma(n+1) = n!$$

Die Gammafunktion heißt deshalb auch *verallgemeinerte Fakultät*.

Aus $\Gamma(\tfrac{1}{2}) = \sqrt{\pi}$ und obiger Rekursionsformel erhält man die ebenfalls in der Statistik wichtigen Werte für die „halben" Argumente $\tfrac{1}{2}, \tfrac{3}{2}, \cdots$ als

$$\Gamma\left(\frac{2k+1}{2}\right) = \frac{1 \cdot 3 \cdot \ldots \cdot (2k-1)}{2^k} \cdot \sqrt{\pi} \ .$$

6   Ebene und räumliche Kurven

Kurven sind grob gesprochen „eindimensionale" Teilmengen eines höherdimensionalen Raums. Beispiele hierfür kamen in diesem Buch bereits als Kegelschnitte (siehe Abschnitt 1.9) oder als Graphen von Funktionen einer reellen Veränderlichen (siehe Abschnitt 3.1) vor.

Kegelschnitte sind Lösungsmengen gewisser Gleichungen 2. Grades mit zwei Variablen x und y (vgl. Gleichung (1.9.1)); der Graph einer auf $D \subseteq \mathbb{R}$ definierten Funktion f ist definiert als $\{(x, y) \in \mathbb{R}^2 \mid x \in D \wedge y = f(x)\}$. Wenn man diese als Punktmengen in einem kartesischen Koordinatensystem darstellt, ergeben sich *ebene Kurven*.

Es ist unmittelbar einsichtig, dass die Beschreibung einer Kurve als Lösungsmenge einer Gleichung, wie bei Kegelschnitten praktiziert, für viele mit der geometrischen Darstellung zusammenhängende Zwecke ungeeignet ist. Die Darstellung als Graph einer Funktion ist hier wesentlich hilfreicher, nur lassen sich viele wichtige Kurven in der Ebene (zum Beispiel Ellipsen, Hyperbeln, etc.) nicht als Graph einer Funktion darstellen; im Raum ist dies sowieso nicht möglich.

In diesem Kapitel werden zunächst ebene Kurven in verschiedenen Darstellungsweisen (als Graph, in Polarkoordinaten und in Parameterdarstellung) untersucht; danach folgt ein Abschnitt über räumliche Kurven.

Für die Betrachtung von Kurven in höherdimensionalen Räumen, die sich der geometrischen Anschauung entziehen, sei auf Kapitel 11 verwiesen.

6.1   Als Graphen darstellbare ebene Kurven

Die betrachtete Kurve $\mathcal{K}$ sei als Graph einer Funktion $f : I \to \mathbb{R}$ gegeben. Da nur zusammenhängende Kurven betrachtet werden sollen, ist der Definitionsbereich ein Intervall, welches abgeschlossen, halboffen oder offen sein kann – je nachdem, ob die Kurve Anfangs- und/oder Endpunkt besitzt oder nicht. Außerdem soll f genügend oft nach x differenzierbar sein. Ein fester Kurvenpunkt $P \in \mathcal{K}$ habe die Koordinaten (x_P, y_P), es ist also $y_P = f(x_P)$.

Einige der in diesem Abschnitt behandelten Begriffe und Eigenschaften wurden bereits in Abschnitt 4.5 in anderem Zusammenhang dargestellt, sollen hier aber noch einmal kurz erwähnt werden.

https://doi.org/10.1515/9783110537161-129

Tangente in (x_P, y_P)

> Steigung: $m = f'(x_P)$ Gleichung: $t(x) = f(x_P) + f'(x_P)(x - x_P)$

Ist die Steigung „unendlich" (zum Beispiel bei $f(x) = \text{sign}(x) \cdot \sqrt{|x|}$ in $(0,0)$), so ist die Tangente eine senkrechte Gerade mit der Gleichung $x = x_P$.

Asymptoten

$\mathcal{K}$ kann nur am offenen Rand des Definitionsbereichs eine **senkrechte** Asymptote besitzen. Dann muss dort $\lim\limits_{x \to x_0} f(x) = \pm\infty$ sein.

Gibt es eine Gerade $g(x) = mx + b$ derart, dass sich der Graph von f für $x \to \infty$ (bzw. $x \to -\infty$) immer mehr an diese Gerade annähert, so spricht man ebenfalls von einer Asymptoten von f. Die Parameter der Geraden werden wie folgt ermittelt:

$$m = \lim_{x \to \infty} \frac{f(x)}{x} \quad \text{und} \quad b = \lim_{x \to \infty}(f(x) - mx)$$

Existiert einer der beiden Grenzwerte nicht in $\mathbb{R}$, so besitzt $f(x)$ keine Asymptote für $x \to \infty$. Analog verfährt man für $x \to -\infty$.

Kurven mit Anfangs- und Endpunkt (also mit abgeschlossenem Intervall I als Definitionsbereich) besitzen keine Asymptoten.

Bogenlänge s

Die Länge einer Kurve, die natürlich nur sinnvoll für Kurven mit Anfangs- und Endpunkt, also mit $I = [a,b]$, zu definieren ist, wird *Bogenlänge s* genannt; für sie gilt:

$$s = \int_a^b \sqrt{1 + (f'(x))^2}\, \mathrm{d}x$$

Es sei darauf hingewiesen, dass selbst für viele „einfache" Beispiele dieses Integral nicht elementar lösbar ist.

Krümmung

Unter *Krümmung* in einem Kurvenpunkt P versteht man die Änderung des Tangentenwinkels in Abhängigkeit von der Bogenlänge, also $\dfrac{\mathrm{d}\alpha}{\mathrm{d}s}$. Sie lässt sich berechnen als

$$\kappa_P = \frac{f''(x_P)}{\left(\sqrt{1 + (f'(x_P))^2}\right)^3}.$$

Häufig interessiert man sich nur für das Vorzeichen von κ – da der Nenner immer positiv ist, ist es das gleiche wie bei f'' (vgl. auch Abschnitt 4.5). Die Kurve ist nach links gekrümmt, wenn $\kappa > 0$ ist, und nach rechts, wenn $\kappa < 0$ ist (natürlich jeweils dann, wenn sie von links nach rechts, also mit wachsenden x-Werten, durchlaufen wird, siehe Bild 6.1.1).

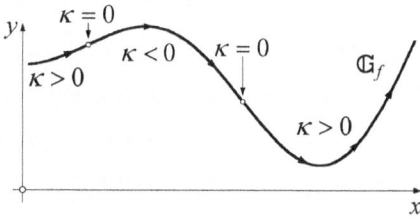

Bild 6.1.1: Vorzeichen von κ

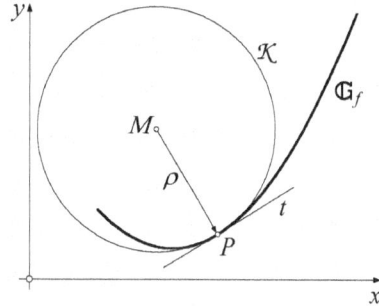

Bild 6.1.2: Krümmungskreis und Kurve

$|\kappa|$ gibt die Stärke der Krümmung an; für $\kappa \neq 0$ heißt $\rho = \dfrac{1}{\kappa}$ *Krümmungsradius*. Die Bezeichnung rührt daher, dass ein Kreis mit Radius R offenbar überall die gleiche Krümmung, nämlich $\kappa = \dfrac{1}{R}$ hat, umgekehrt also der Kehrwert der Krümmung in einem Kurvenpunkt P als Radius eines Kreises, des sogenannten *Krümmungskreises*, aufgefasst werden kann. Dieser Krümmungskreis berührt die Kurve $\mathcal{K}$ in P und hat dort die gleiche Steigung und Krümmung wie $\mathcal{K}$ (siehe Bild 6.1.2). Sein Mittelpunkt M liegt also auf der Senkrechten zur Tangenten in P und hat die Koordinaten

$$x_M = x_P - \frac{(1+[f'(x_P)]^2) \cdot f'(x_P)}{f''(x_P)} \quad \text{und} \quad y_M = y_P + \frac{1+[f'(x_P)]^2}{f''(x_P)}.$$

6.2 Ebene Kurven in Polarkoordinaten

Jeder Punkt P einer Kurve $\mathcal{K}$ lässt sich nicht nur durch seine kartesischen Koordinaten (x_P, y_P), sondern auch durch seine Polarkoordinaten r_P und φ_P ausdrücken. Besteht für die Polarkoordinaten der Punkte von $\mathcal{K}$ ein funktionaler Zusammenhang der Gestalt $r = f(\varphi)$ mit $\varphi \in \mathbb{D}_f$, so ist $\mathcal{K} = \{(f(\varphi) \cdot \cos\varphi, f(\varphi) \cdot \sin\varphi) \in \mathbb{R}^2 \mid \varphi \in \mathbb{D}_f\}$. Ein Beispiel ist die Darstellung eines Kegelschnitts durch $r = \dfrac{|p|}{1+\varepsilon \cdot \cos\varphi}$ (vgl. Abschnitt 1.9).

Weitere Beispiele hierfür sind (Bilder 6.2.1 bis 6.2.4):

a) Archimedische Spirale: $r = a\varphi$ mit $a > 0$ und $\mathbb{D}_f = [\,0, \infty\,[$

b) Logarithmische Spirale: $r = ae^{b\varphi}$ mit $a, b > 0$ und $\mathbb{D}_f = \mathbb{R}$

c) Hyperbolische Spirale: $r = \dfrac{1}{\varphi - \dfrac{\pi}{4}}$ mit $\mathbb{D}_f = [\,\dfrac{\pi}{4}, \infty\,[$

d) Lemniskate: $r = a\sqrt{\cos(2\varphi)}$ mit $a > 0$, $\mathbb{D}_f = [-\dfrac{\pi}{4}, \dfrac{\pi}{4}] \cup [\dfrac{3\pi}{4}, \dfrac{5\pi}{4}]$

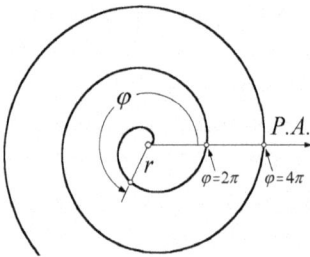

Bild 6.2.1: Archimedische Spirale

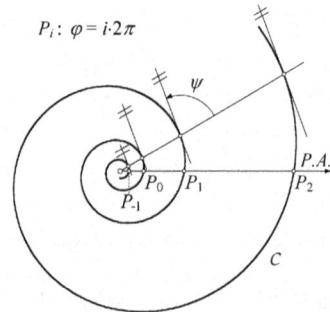

Bild 6.2.2: Logarithmische Spirale

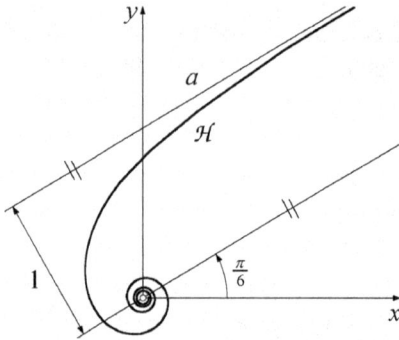

Bild 6.2.3: Hyperbolische Spirale

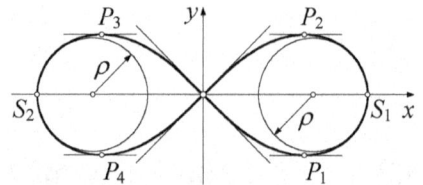

Bild 6.2.4: Lemniskate

Wie üblich wird die Ableitung von $r = f(\varphi)$ nach φ mit $f'(\varphi)$ bezeichnet. In einem Kurvenpunkt P einer auf diese Weise beschriebenen Kurve mit Polarkoordinaten $r_P = f(\varphi_P)$ gilt dann für die

Steigung

$$\tan \alpha_P = \frac{f'(\varphi_P)\sin \varphi + r_P \cos \varphi}{f'(\varphi_P)\cos \varphi - r_P \sin \varphi} \quad \text{und für die}$$

Krümmung

$$\kappa_P = \frac{r_P^2 + 2(f'(\varphi_P))^2 - r_P f''(\varphi_P)}{\left(\sqrt{r_P^2 + (f'(\varphi_P))^2}\right)^3} \, .$$

Asymptoten

Die durch $r = f(\varphi)$ gegebene Kurve hat eine Asymptote a in Richtung φ^*, wenn $\lim\limits_{\varphi \to \varphi^*} f(\varphi) = \infty$ ist. Mit $q^* = \lim\limits_{\varphi \to \varphi^*} \dfrac{(f(\varphi))^2}{f'(\varphi)}$ lautet die Asymptotengleichung

$$a(x) = x \cdot \tan \varphi^* - \frac{q^*}{\cos \varphi^*} \, .$$

Bogenlänge

Für die Länge s des Bogens von P_1 nach P_2 (siehe Bild 6.2.5) gilt

$$s = \int\limits_{\varphi_1}^{\varphi_2} \sqrt{(f(\varphi))^2 + f'(\varphi))^2} \, d\varphi \, .$$

Sektorflächeninhalt

Für die Fläche A des in Bild 6.2.5 schraffierten Sektors gilt

$$A = \int\limits_{\varphi_1}^{\varphi_2} (f(\varphi))^2 \, d\varphi \, .$$

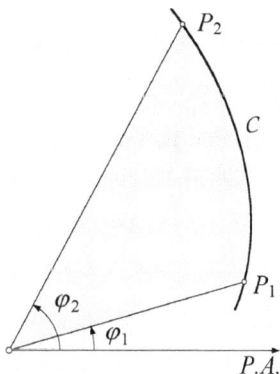

Bild 6.2.5: Bogenlänge und Sektorflächeninhalt

6.3   Ebene Kurven in Parameterdarstellung

Die allgemeinste und für das praktische Rechnen am besten geeignete Beschreibung einer Kurve ist die *Parameterdarstellung*. Dabei werden x- und y-Koordinate eines Kurvenpunkts jeweils als Funktion von einem Parameter $t \in I$ (I Intervall) beschrieben. Häufig ist es hilfreich, sich t als Zeit vorzustellen – die Funktion $\mathbf{c}(t) = \begin{pmatrix} x(t) \\ y(t) \end{pmatrix}$ beschreibt dann den Vorgang des Zeichnens der Kurve oder das Durchlaufen der Kurve im Zeitintervall I.

Ableitungen nach dem Parameter t sollen auch dann, wenn t nicht die Zeit darstellt, mit $\dot{x}$ bzw. $\dot{y}$ bezeichnet werden. Die durch $\mathbf{c}(t)$ dargestellte Kurve ist also der Wertebereich der Funktion $\mathbf{c}(t)$, nicht etwa deren Graph (der wäre ja eine Teilmenge des $\mathbb{R}^3$!).

Ist eine ebene Kurve als Graph einer Funktion $f : I \to \mathbb{R}$ gegeben, so lässt sich daraus leicht eine Parameterdarstellung gewinnen, nämlich $\mathbf{c}(t) = \begin{pmatrix} x(t) \\ y(t) \end{pmatrix} := \begin{pmatrix} t \\ f(t) \end{pmatrix}$ mit $t \in I$; liegt sie in Polardarstellung $r = f(\varphi)$ mit $\varphi \in I$ vor, so erhält man daraus auf I die Parameterdarstellung

$$\mathbf{c}(t) = \begin{pmatrix} x(t) \\ y(t) \end{pmatrix} := \begin{pmatrix} f(t)\cos t \\ f(t)\sin t \end{pmatrix}.$$

Umgekehrt lässt sich nicht jede in Parameterdarstellung gegebene Kurve als Graph einer Funktion auffassen (zum Beispiel lässt sich von einem Kreis nur der obere oder der untere Halbkreis als Graph einer Funktion beschreiben). Dasselbe gilt für die Polardarstellung. Insofern ist die Parameterdarstellung die allgemeinste Form einer Kurvenbeschreibung.

Die sogenannte *parameterfreie Darstellung* einer Kurve $\mathcal{K}$ (also als Graph einer Funktion), die im Allgemeinen nur lokal möglich ist, erhält man dadurch, dass man $x(t)$ nach t auflöst und dies dann in $y(t)$ einsetzt oder umgekehrt.

Offensichtlich ist die Parameterdarstellung nicht eindeutig – so beschreiben zum Beispiel die Funktionen $\mathbf{c}_1(t) = \begin{pmatrix} \cos 2\pi t \\ \sin 2\pi t \end{pmatrix}$ und $\mathbf{c}_2(t) = \begin{pmatrix} \sin 2\pi \sqrt{t} \\ \cos 2\pi \sqrt{t} \end{pmatrix}$ (jeweils $t \in [0, 1]$) die gleiche Kurve, nämlich einen Kreis um den Nullpunkt mit Radius 1, bei dem allerdings Anfangspunkt, Durchlaufungsrichtung und -geschwindigkeit verschieden sind. Für die im Folgenden beschriebenen geometrischen Eigenschaften spielen die unterschiedlichen Parametrisierungen der gleichen Kurve allerdings keine Rolle.

Steigung und Tangentenvektor

Die durch $\mathbf{c}(t) = \begin{pmatrix} x(t) \\ y(t) \end{pmatrix}$ gegebene Kurve $\mathcal{K}$ hat im Kurvenpunkt $P = \mathbf{c}(t_P)$ die Steigung

$$\tan \alpha = \frac{\dot{y}(t_P)}{\dot{x}(t_P)} \, ;$$

ist $\dot{x}(t_P) = 0$ und $\dot{y}(t_P) \neq 0$, so besitzt die Kurve in P eine senkrechte Tangente.

Für $\dot{x}(t_P) = 0$ und $\dot{y}(t_P) = 0$ lässt sich die Steigung in P durch $\lim\limits_{t \to t_P} \dfrac{\dot{y}(t)}{\dot{x}(t)}$ bestimmen, falls dieser existiert.

Sind $\dot{x}(t_P)$ und $\dot{y}(t_P)$ nicht gleichzeitig 0, so ist $\dot{\mathbf{c}}(t_P) = \begin{pmatrix} \dot{x}(t_P) \\ \dot{y}(t_P) \end{pmatrix}$ der *Tangentenvektor* (auch:

Geschwindigkeitsvektor) an $\mathcal{K}$ in P; sein Betrag $\|\dot{\mathbf{c}}(t_P)\| = \sqrt{(\dot{x}(t_P))^2 + (\dot{y}(t_P))^2}$ heißt (*Bahn-*) *Geschwindigkeit* an der Stelle P.

Asymptoten

Gibt es t^* mit $\lim\limits_{t \to t^*} x(t) = \pm\infty$ und $\lim\limits_{t \to t^*} y(t) = y_a$, so besitzt $\mathcal{K}$ eine Asymptote parallel zur x-Achse durch y_a; umgekehrt besitzt die Kurve bei $\lim\limits_{t \to t^*} y(t) = \pm\infty$ und $\lim\limits_{t \to t^*} x(t) = x_a$ eine solche parallel zur y-Achse durch x_a.

Gibt es t^* mit $\lim\limits_{t \to t^*} x(t) = \pm\infty$, $\lim\limits_{t \to t^*} y(t) = \pm\infty$ und existieren außerdem $\lim\limits_{t \to t^*} \dfrac{y(t)}{x(t)} = m$ und $\lim\limits_{t \to t^*}(y(t) - mx(t)) = b$ in $\mathbb{R}$, so ist $a(x) = mx + b$ eine Asymptote für $\mathcal{K}$.

Krümmung

Die Krümmung κ_P im Kurvenpunkt $P = \mathbf{c}(t_P)$ errechnet man aus

$$\kappa_P = \left(\frac{\dot{x}\ddot{y} - \ddot{x}\dot{y}}{\sqrt{\dot{x}^2 + \dot{y}^2}^{\,3}} \right)(t_P) \, .$$

LEIBNIZsche Sektorformel

Die von einer *geschlossenen* Kurve (d.h. $\mathbf{c}(t_1) = \mathbf{c}(t_2)$) eingeschlossene Fläche A (siehe Bild 6.3.1) erhält man durch

$$A = \tfrac{1}{2} \int_{t_1}^{t_2} (x\dot{y} - \dot{x}y)\mathrm{d}t \, .$$

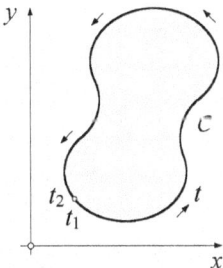

Bild 6.3.1: zur LEIBNIZschen Sektorformel

Dabei ist zu beachten, dass die Parametrisierung der Kurve so zu wählen ist, dass beim Durchlaufen die Fläche stets links liegt (ansonsten ergibt sich $-A$).

Bogenlänge

Die Länge s der Kurve $\mathcal{K}$ von $\mathbf{c}(t_1)$ nach $\mathbf{c}(t_2)$ (mit $t_1 < t_2$) ist gegeben durch

$$s = \int_{t_1}^{t_2} \sqrt{\dot{x}^2 + \dot{y}^2}\, dt\ .$$

Die Parameterdarstellungen der Kegelschnitte wurden bereits in Abschnitt 1.9 beschrieben. Im Folgenden sollen nun als weitere Beispiele sogenannte **Rollkurven** behandelt werden, bei denen die Bewegung eines Punktes, der fest mit einem Kreis $\mathcal{K}$ verbunden ist, beim Abrollen auf einem anderen geometrischen Objekt untersucht wird.

Zykloiden

Auf einer festen Geraden g rolle ein Kreis $\mathcal{K}$ vom Radius r ab, ohne zu gleiten. Ein fest mit $\mathcal{K}$ verbundener Punkt P im Abstand a vom Kreismittelpunkt M beschreibt eine *Zykloide*. Dabei sind drei Fälle zu unterscheiden (Bild 6.3.2):

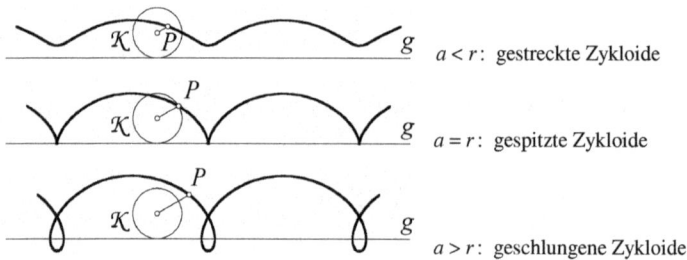

$a < r$: gestreckte Zykloide

$a = r$: gespitzte Zykloide

$a > r$: geschlungene Zykloide

Bild 6.3.2: Verschiedene Arten von Zykloiden

Eine Parameterdarstellung $\mathbf{c}(t) = \begin{pmatrix} x(t) \\ y(t) \end{pmatrix}$ (mit $t \in \mathbb{R}$) einer Zykloiden ist gegeben durch

$$x(t) = rt - a\sin t$$
$$y(t) = r - a\cos t$$

Die Spitzpunkte bei $a = r$ entstehen dadurch, dass hier $\dot{x}(t_P)$ und $\dot{y}(t_P)$ gleichzeitig 0 sind, was bei $a \neq r$ nicht möglich ist. Bei $a > r$ gibt es sogenannte *Doppelpunkte*, das sind Schnittpunkte einer Kurve mit sich selbst.

Trochoiden

Ein Rollkreis $\mathcal{K}$ (Mittelpunkt M, Radius r) rolle auf einem Festkreis $\mathcal{F}$ (Mittelpunkt O, Radius R) ab, ohne zu gleiten. OM geht stets durch den Berührpunkt B beider Kreise. Ein fest mit $\mathcal{K}$ verbundener Punkt P (Abstand a von M) beschreibt eine *Trochoide*. Rollt $\mathcal{K}$

außen an $\mathcal{F}$ ab, heißt sie *Epitrochoide*, rollt $\mathcal{K}$ innen an $\mathcal{F}$ ab, heißt sie *Hypotrochoide*; für letztere muss $r < R$ sein. Beide sind in Bild 6.3.3 dargestellt.

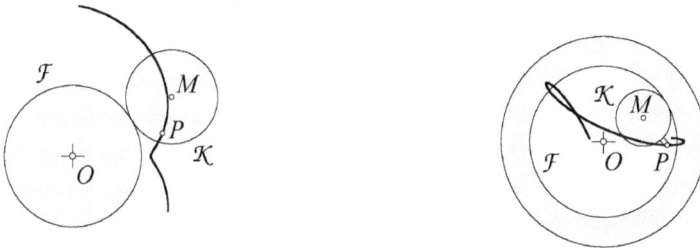

Bild 6.3.3: Epitrochoide und Hypotrochoide

Parameterdarstellungen:

Epitrochoide:

$$x(t) = (R + r)\cos t - a\cos\left(\frac{R+r}{r}t\right)$$
$$y(t) = (R + r)\sin t - a\sin\left(\frac{R+r}{r}t\right)$$

Hypotrochoide:

$$x(t) = (R - r)\cos t + a\cos\left(\frac{R-r}{r}t\right)$$
$$y(t) = (R - r)\sin t - a\sin\left(\frac{R-r}{r}t\right)$$

Ist $a = r$, so hat die Trochoide Spitzpunkte.

Eine Trochoide ist genau dann geschlossen, wenn das Verhältnis der Radien $r : R$ rational ist.

Eine Epitrochoide mit $R = r = a$ heißt Kardioide (siehe Bild 6.3.4). Sie besitzt einen Spitzpunkt für $t = 0$ bzw. $t = 2k\pi$ $(k \in \mathbb{Z})$ und schließt sich bereits nach einem Umlauf ($t \in [0, 2\pi]$).

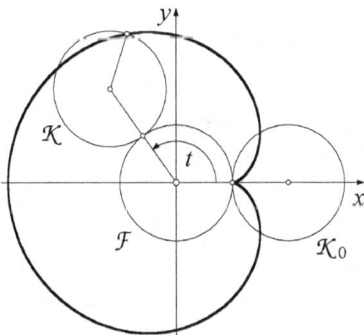

Bild 6.3.4: Kardioide

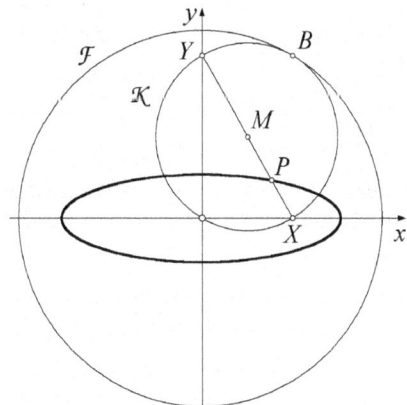

Bild 6.3.5: Elliptische Bewegung

Die Hypotrochoide mit $R = 2r$ ist eine Ellipse mit den Halbachsen $r + a$ und $r - a$, dieser Sonderfall heißt deshalb *elliptische Bewegung* (siehe Bild 6.3.4). Ist zusätzlich $r = a$, so degeneriert die Ellipse zur Strecke zwischen $(-R, 0)$ und $(R, 0)$; die vollzogene Bewegung wird in der Technik *Geradführung* genannt.

6.4   Räumliche Kurven

Räumliche Kurven werden meist in Parameterform dargestellt, also ist $\mathcal{K}$ der Wertebereich einer Funktion $\mathbf{c}(t) = \begin{pmatrix} x(t) \\ y(t) \\ z(t) \end{pmatrix}$ mit $t \in I$. Wie im zweidimensionalen Fall werden auch hier Ableitungen nach dem Parameter t als $\dot{x}$ etc. dargestellt. Es ergeben sich viele Parallelen zu den im vorigen Abschnitt dargestellten Formeln.

Tangentenvektor und Geschwindigkeit

$$\dot{\mathbf{c}}(t_P) = \begin{pmatrix} \dot{x}(t_P) \\ \dot{y}(t_P) \\ \dot{z}(t_P) \end{pmatrix} \qquad \qquad \|\dot{\mathbf{c}}(t_P)\| = \sqrt{(\dot{x}(t_P))^2 + (\dot{y}(t_P))^2 + (\dot{z}(t_P))^2}$$

Bogenlänge

Die Länge s der Kurve $\mathcal{K}$ von $\mathbf{c}(t_1)$ nach $\mathbf{c}(t_2)$ (mit $t_1 < t_2$) ist gegeben durch

$$s = \int_{t_1}^{t_2} \sqrt{\dot{x}^2 + \dot{y}^2 + \dot{z}^2} \, dt .$$

Manchmal wird auch die Bogenlänge s als Parameter für die Kurvendarstellung genommen. Die Formeln für Krümmung und Torsion sehen dann anders aus als im Folgenden dargestellt.

Krümmung

Anders als in der Ebene spielt im Raum das Vorzeichen von κ keine Rolle, da man nicht zwischen Links- und Rechtskrümmung unterscheiden kann. Es ist

$$\kappa_P^2 = \left(\frac{(\dot{x}^2 + \dot{y}^2 + \dot{z}^2)(\ddot{x}^2 + \ddot{y}^2 + \ddot{z}^2) - (\dot{x}\ddot{x} + \dot{y}\ddot{y} + \dot{z}\ddot{z})^2}{(\dot{x}^2 + \dot{y}^2 + \dot{z}^2)^3} \right)(t_P) .$$

$\rho_P = \left| \dfrac{1}{\kappa_P} \right|$ ist wie in der Ebene der Krümmungsradius.

Torsion

Die *Torsion* (auch: *Windung*) T einer Raumkurve in einem Punkt P gibt an, wie stark die Kurve bei P von einer ebenen Kurve abweicht. Das Vorzeichen von T gibt – in eine bestimmte Richtung gesehen – den Drehsinn an. Es ist

$$T_P = \frac{1}{\rho_P^2} \left[\frac{1}{(\dot{x}^2 + \dot{y}^2 + \dot{z}^2)^3} \cdot \det \begin{pmatrix} \dot{x} & \dot{y} & \dot{z} \\ \ddot{x} & \ddot{y} & \ddot{z} \\ \dddot{x} & \dddot{y} & \dddot{z} \end{pmatrix} \right] (t_P) .$$

Als wichtiges Beispiel einer Raumkurve sei hier die **Schraubenlinie** genannt, gegeben durch

$$\mathbf{c}(t) = \begin{pmatrix} \rho \cos t \\ \rho \sin t \\ ht \end{pmatrix} \text{ mit } \rho, h \in \mathbb{R}^+.$$

Die senkrechte Projektion dieser Kurve auf die (x, y)-Ebene ist ein Kreis mit Radius ρ; in z-Richtung ändert ein Kurvenpunkt P seine Lage proportional zu t mit Proportionalitätsfaktor h; die Änderung nach einem Kreisumlauf beträgt $H = 2\pi \cdot h$ und heißt *Ganghöhe*.

Krümmung und Torsion einer Schraubenlinie sind überall konstant, nämlich $\dfrac{\rho}{\rho^2 + h^2}$ bzw. $\dfrac{h}{\rho^2 + h^2}$.

7 Reihen

7.1 Grundbegriffe und Konvergenz

Definition:

Gegeben sei eine beliebige Folge reeller Zahlen $\{a_k\}_{k\in\mathbb{N}}$.

(i) Durch Summation erhält man daraus eine zweite Folge $\{S_n\}_{n\in\mathbb{N}}$, die Folge der *Teil-* oder *Partialsummen*, nämlich:

$S_0 = a_0$,
$S_1 = a_0 + a_1$,
$S_2 = a_0 + a_1 + a_2$,

allgemein: $S_n = \sum_{k=0}^{n} a_k$.

Diese heißt *Reihe* oder *unendliche Summe* der a_k und wird mit $\sum_{k=0}^{\infty} a_k$ bezeichnet.

(ii) Ist die Folge der Partialsummen S_n konvergent in $\mathbb{R}$ (gemäß Abschnitt 4.1), so heißt die Reihe *konvergent*, anderenfalls *divergent*. Im Falle der Konvergenz der Reihe wird auch der Grenzwert $S = \lim_{n\to\infty} S_n = \lim_{n\to\infty} \sum_{k=0}^{n} a_k$ der Partialsummenfolge mit

$\sum_{k=0}^{\infty} a_k$ bezeichnet.

Beginnt die Folge der a_k bei $k = 1$ oder $k = 2$ oder ähnlich, so schreibt man für die daraus gebildete Reihe entsprechend $\sum_{k=1}^{\infty} a_k$ oder $\sum_{k=2}^{\infty} a_k$ oder ähnlich. Für Fragen der Konvergenz spielt das keine Rolle[1], lediglich bei der Bestimmung des Grenzwerts S ist dies zu beachten.

---

[1] Deshalb werden hier Reihen in Definitionen und Sätzen stets mit $k = 0$ beginnend notiert.

https://doi.org/10.1515/9783110537161-141

Lässt sich die Folge der Partialsummen S_n in geschlossener Form, das heißt ohne Summenzeichen, angeben, so fällt die Konvergenzuntersuchung und die Grenzwertbestimmung mit den Methoden aus Abschnitt 4.1 meist nicht schwer. Da dies nur selten der Fall ist, kommt der Untersuchung der Frage, ob eine Reihe konvergiert oder divergiert, viel größere Bedeutung zu als bei Zahlenfolgen; der Grenzwert selbst kann bei Reihen oft nur näherungsweise bestimmt werden.

Spezielle Reihen

1. $\sum_{k=0}^{\infty}(a+dk)$ mit festen $a, d \in \mathbb{R}$ heißt *arithmetische Reihe*. Sie ist dadurch gekennzeichnet, dass $a_{k+1} - a_k = d =$ konst. ist; sie ist, außer im Trivialfall $a = d = 0$, divergent.

2. $\sum_{k=0}^{\infty} aq^k$ mit festen $a, q \in \mathbb{R}^*$ heißt *geometrische Reihe* mit *Anfangsglied a* und *Quotient q*.

Sie ist dadurch gekennzeichnet, dass $\dfrac{a_{k+1}}{a_k} = q =$ konst. ist. Für festes $n \in \mathbb{N}$ und $q \neq 1$ ist

$$S_n = \sum_{k=0}^{n} aq^k = a\frac{q^{n+1}-1}{q-1} \qquad \text{(Summenwert der endlichen geometrischen Reihe)}.$$

Daraus folgt:

> Die geometrische Reihe $\sum_{k=0}^{\infty} aq^k$ ist konvergent $\quad\Leftrightarrow\quad |q|<1$
>
> Im Falle der Konvergenz ist der Grenzwert $\sum_{k=0}^{\infty} aq^k = \dfrac{a}{1-q}$.

<u>Bemerkung</u>: Alle Formeln und Aussagen über geometrische Reihen gelten genauso in $\mathbb{C}$.

3. Die Reihe $\sum_{k=1}^{\infty}\dfrac{1}{k} = 1+\frac{1}{2}+\frac{1}{3}+\cdots$, also die Summe aller Stammbrüche, heißt *harmonische Reihe*. Sie ist divergent – im Gegensatz zu $\sum_{k=1}^{\infty}\dfrac{(-1)^{k+1}}{k} = 1-\frac{1}{2}+\frac{1}{3}-\cdots$, der sogenannten *alternierenden harmonischen Reihe*, die nach dem LEIBNIZ-Kriterium (weiter unten) konvergiert; ihr Grenzwert ist $\ln 2$.

4. Allgemeiner gilt für festes $\alpha \in \mathbb{R}$:

> $$\sum_{k=1}^{\infty}\frac{1}{k^{\alpha}} = 1+(\tfrac{1}{2})^{\alpha}+(\tfrac{1}{3})^{\alpha}+\cdots \text{ ist konvergent} \qquad\Leftrightarrow\qquad \alpha > 1$$

5. Bei Reihen der Gestalt $\sum\limits_{k=1}^{\infty} \dfrac{a}{k(k+m)}$ mit festen $a \in \mathbb{R}$ und $m \in \mathbb{N}^+$ lässt sich der Summand mittels Partialbruchzerlegung vereinfachen, sodass sich für $n > m$ die Partialsumme S_n explizit angeben lässt:

$$S_n = \frac{a}{m}\left(\sum_{k=1}^{m} \frac{1}{k} - \sum_{k=n+1}^{n+m} \frac{1}{k} \right) \quad \Rightarrow \quad S = \sum_{k=1}^{\infty} \frac{a}{k(k+m)} = \frac{a}{m} \sum_{k=1}^{m} \frac{1}{k}$$

Auch bei anderen ähnlichen Summanden kann eine elementare Umformung dazu führen, dass man S_n explizit angeben und damit den Grenzwert der Reihe berechnen kann.

Absolute Konvergenz

Definition:

> Eine Reihe $\sum\limits_{k=0}^{\infty} a_k$ heißt *absolut konvergent*, wenn die Reihe $\sum\limits_{k=0}^{\infty} |a_k|$ konvergent ist.

Aus den Vergleichskriterien (siehe unten) folgt unmittelbar, dass jede absolut konvergente Reihe auch konvergent ist – die Umkehrung ist jedoch im Allgemeinen falsch, wie das Beispiel der alternierenden harmonischen Reihe zeigt (siehe **3.** auf der vorigen Seite).

Ist eine Reihe absolut konvergent, so kann man den Grenzwert durch beliebige **Umordnung** (das heißt durch Vertauschen und Zusammenfassen) der Summanden berechnen. So ist zum Beispiel die Reihe $1 - \dfrac{1}{2} + \dfrac{1}{9} + \dfrac{1}{8} + \dfrac{1}{81} - \dfrac{1}{32} + \dots$ absolut konvergent (Majorantenkriterium, siehe unten); ihr Grenzwert lässt sich leicht durch Umordnung der Summanden, womit man zwei geometrische Reihen erhält, berechnen.

Im Gegensatz dazu würde die Umordnung der Summanden der alternierenden harmonischen Reihe, die ja nur konvergent, aber nicht absolut konvergent ist, zu mathematischen Widersprüchen (etwa $1 = 2$) führen, wenn man auch hier davon ausginge, dass Umordnung am Ergebnis nichts ändere.

Notwendiges Konvergenzkriterium

> Damit die Reihe $\sum\limits_{k=0}^{\infty} a_k$ konvergiert, muss die Folge der Summanden eine Nullfolge sein, also $\lim\limits_{k \to \infty} a_k = 0$.

Bei der Konvergenzuntersuchung einer gegebenen Reihe benutzt man dieses Kriterium also als „Einstieg", um festzustellen, ob diese überhaupt konvergieren kann, ob also weiter gehende Untersuchungen angestellt werden müssen. Dass dieses Kriterium nicht hinreichend ist, zeigt zum Beispiel die harmonische Reihe.

Die im Folgenden dargestellten Kriterien sind **hinreichende Kriterien**, und zwar sowohl für die (absolute) Konvergenz als auch für die Divergenz einer zu untersuchenden Reihe $\sum_{k=0}^{\infty} a_k$. Ist also im Einzelfall die jeweilige Voraussetzung nicht erfüllt, so ist keine Aussage über Konvergenz bzw. Divergenz von $\sum_{k=0}^{\infty} a_k$ möglich.

Vergleichskriterien

(i)   **Majorantenkriterium:** Gibt es eine konvergente Reihe $\sum_{k=0}^{\infty} c_k$ mit $|a_k| \leq c_k$ für jedes $k \geq k_0$, so ist die Reihe $\sum_{k=0}^{\infty} a_k$ absolut konvergent.

(ii)   **Minorantenkriterium:** Gibt es eine gegen $+\infty$ divergente Reihe $\sum_{k=0}^{\infty} d_k$ mit $|d_k| \leq a_k$ für jedes $k \geq k_0$, so ist die Reihe $\sum_{k=0}^{\infty} a_k$ divergent.

Als Vergleichsreihe dient häufig eine Reihe der Gestalt $\sum_{k=1}^{\infty} \frac{1}{k^{\alpha}}$ (siehe **4.** weiter oben); ein Vergleich mit der ebenfalls hinsichtlich ihres Konvergenzverhaltens bekannten geometrischen Reihe ergibt das

Quotientenkriterium

(i)   Lässt sich ein $\delta < 1$ finden, sodass für alle k von einem Index k_0 an
$$\left| \frac{a_{k+1}}{a_k} \right| \leq \delta < 1 \quad \forall k \geq k_0$$
gilt, so ist die Reihe $\sum_{k=0}^{\infty} a_k$ absolut konvergent.

(ii)   Lässt sich ein $\delta > 1$ finden, sodass für alle k von einem Index k_0 an
$$\left| \frac{a_{k+1}}{a_k} \right| \geq \delta > 1 \quad \forall k \geq k_0$$
gilt, so ist die Reihe $\sum_{k=0}^{\infty} a_k$ divergent.

<u>Zusatz:</u> Obige Bedingung mit δ ist auf jeden Fall dann erfüllt, wenn $\lim_{k \to \infty} \left| \frac{a_{k+1}}{a_k} \right|$ existiert und < 1 bzw. > 1 ist.

Es sei ausdrücklich darauf hingewiesen, dass obiges $\delta \neq 1$ wichtig ist: Es genügt nicht, wenn $\left|\dfrac{a_{k+1}}{a_k}\right| < 1 \quad \forall k \geq k_0$ bzw. $\left|\dfrac{a_{k+1}}{a_k}\right| > 1 \quad \forall k \geq k_0$ ist – ein Schluss auf Konvergenz bzw. Divergenz von $\displaystyle\sum_{k=0}^{\infty} a_k$ ist daraus nicht möglich; das Gleiche gilt, wenn $\displaystyle\lim_{n\to\infty}\left|\dfrac{a_{k+1}}{a_k}\right| = 1$ ist.

Ersetzt man den „Testausdruck" $\left|\dfrac{a_{k+1}}{a_k}\right|$ durch $\sqrt[k]{|a_k|}$, so erhält man das

Wurzelkriterium:

(i)   Lässt sich ein $\delta < 1$ finden, sodass für alle k von einem Index k_0 an

$$\sqrt[k]{|a_k|} \leq \delta < 1 \quad \forall k \geq k_0$$

gilt, so ist die Reihe $\displaystyle\sum_{k=0}^{\infty} a_k$ absolut konvergent.

(ii)   Lässt sich ein $\delta > 1$ finden, sodass für alle k von einem Index k_0 an

$$\sqrt[k]{|a_k|} \geq \delta > 1 \quad \forall k \geq k_0$$

gilt, so ist die Reihe $\displaystyle\sum_{k=0}^{\infty} a_k$ divergent.

<u>Zusatz:</u> Obige Bedingung mit δ ist auf jeden Fall dann erfüllt, wenn $\displaystyle\lim_{n\to\infty}\sqrt[k]{|a_k|}$ existiert und < 1 bzw. > 1 ist.

Die Hinweise zur Anwendung des Quotientenkriteriums gelten analog für den Ausdruck $\sqrt[k]{|a_k|}$.

Alternierende Reihen

Definition:

Eine Reihe heißt *alternierend*, wenn zwei aufeinander folgende Summanden verschiedene Vorzeichen haben, wenn also $a_k \cdot a_{k+1} < 0$ ist.

Für die Konvergenz alternierender Reihen sowie vor allem für die Abschätzung des sogenannten Abbruchfehlers (das ist der Fehler, der bei Ersetzen des Grenzwerts $S = \displaystyle\sum_{k=0}^{\infty} a_k$ durch die endliche Summe $S_n = \displaystyle\sum_{k=0}^{n} a_k$ entsteht), gilt das sogenannte

LEIBNIZ-Kriterium:

Bilden die Absolutbeträge $|a_k|$ der Summanden einer alternierenden Reihe $\sum\limits_{k=0}^{\infty} a_k$ eine streng monoton fallende Nullfolge, so gilt:

(i)   Die Reihe $\sum\limits_{k=0}^{\infty} a_k$ ist konvergent (aber nicht unbedingt absolut konvergent!),

(ii)   für den Abbruchfehler nach n Summanden gilt: $|S - S_n| < |a_{n+1}|$.

7.2   Potenzreihen

Definition:

Es sei $a \in \mathbb{R}$ fest, $\{b_k\}_{k \in \mathbb{N}}$ eine beliebige – nicht unbedingt konvergente Folge reeller Zahlen. Eine Reihe der Gestalt $\sum\limits_{k=0}^{\infty} b_k (x-a)^k$ (mit der Variablen x) heißt *Potenzreihe mit Koeffizienten b_k* und *Entwicklungspunkt a*.

$\mathcal{K} = \{t \in \mathbb{R} \mid \sum\limits_{k=0}^{\infty} b_k (t-a)^k$ ist konvergent$\}$ heißt *Konvergenzpunktmenge* der Potenzreihe.

Für die **Konvergenzpunktmenge einer Potenzreihe** gilt:

1. $\mathcal{K}$ ist niemals leer, da zumindest $a \in \mathcal{K}$ ist. Sowohl $\mathcal{K} = \{a\}$ als auch $\mathcal{K} = \mathbb{R}$ ist möglich.

2. $\mathcal{K}$ ist stets eine zusammenhängende Teilmenge von $\mathbb{R}$, also ein Intervall; deshalb spricht man auch vom *Konvergenzintervall* der Potenzreihe. Das Konvergenzintervall kann offen, halboffen (auf jeder Seite) oder abgeschlossen sein.

3. Ist das Intervall beschränkt, so ist der Entwicklungspunkt a der Intervallmittelpunkt. In diesem Fall heißt die halbe Intervallbreite der *Konvergenzradius ρ* der Potenzreihe. Das Konvergenzintervall $\mathcal{K}$ hat also die Gestalt $(a - \rho, a + \rho)$ [1].

4. In den degenerierten Fällen $\mathcal{K} = \{a\}$ bzw. $\mathcal{K} = \mathbb{R}$ definiert man den Konvergenzradius als $\rho = 0$ bzw. $\rho = \infty$.

5. Es gilt also stets: Eine Potenzreihe konvergiert, wenn x in $]a - \rho, a + \rho[$ liegt, sie divergiert für alle x außerhalb von $[a - \rho, a + \rho]$; das Konvergenzverhalten in den Intervalleckpunkten bedarf stets einer Einzeluntersuchung.

---

[1]   Die runden Klammern stehen hier für die Klammern [oder] (im Allgemeinen unbestimmt).

6. Existiert $b = \lim\limits_{k \to \infty} \left| \dfrac{b_{k+1}}{b_k} \right|$ oder $b = \lim\limits_{k \to \infty} \sqrt[k]{|b_k|}$, so erhält man den Konvergenzradius ρ einer

Potenzreihe als $\rho = \dfrac{1}{b}$. Dies gilt auch sinngemäß für $b = 0$ oder $b = \infty$, nämlich $\rho = \infty$

bzw. $\rho = 0$. Man muss dabei beachten, dass in der Potenzreihe alle Potenzen von x vor-

kommen; für eine Potenzreihe der Form $\sum\limits_{k=0}^{\infty} b_k x^{2k}$ zum Beispiel ermittelt man ρ_x, indem

man nach der Substitution $t = x^2$ aus der Reihe $\sum\limits_{k=0}^{\infty} b_k t^k$ den Konvergenzradius ρ_t bestimmt,

daraus erhält man ρ_x als $\sqrt{\rho_t}$.

Der Einfachheit halber sollen im Folgenden nur noch Potenzreihen der Form $\sum\limits_{k=0}^{\infty} b_k x^k$, also

mit Entwicklungspunkt $a = 0$, betrachtet werden; durch die lineare Substitution $x_{\text{neu}} = x - a$
ließe sich sonst eine andere Potenzreihe auf diese Form bringen. Die meisten Anwendungen
benutzen außerdem diese Form. Darüber hinaus sollen alle vorkommenden Potenzreihen
einen positiven Konvergenzradius haben; der Trivialfall, dass eine Potenzreihe nur im Entwicklungspunkt konvergiert, spielt im Weiteren keine Rolle.

Durch die Zuordnung $x \mapsto \sum\limits_{k=0}^{\infty} b_k x^k$ (= Grenzwert) ist auf $]-\rho, \rho[$ eine reellwertige Funk-

tion $f(x)$ definiert. Für $f(x) = \sum\limits_{k=0}^{\infty} b_k x^k$ gilt die

Gliedweise Differentiation und Integration:

(i)	$f(x)$ ist auf $]-\rho, \rho[$ differenzierbar mit $f'(x) = \sum\limits_{k=0}^{\infty} \left(b_k x^k \right)' = \sum\limits_{k=1}^{\infty} b_k k\, x^{k-1}$;
	die Potenzreihe von $f'(x)$ hat den gleichen Konvergenzradius wie die von $f(x)$.
(ii)	$\displaystyle \int \left(\sum\limits_{k=0}^{\infty} b_k x^k \right) dx = \sum\limits_{k=0}^{\infty} \left(\int b_k x^k dx \right) = \sum\limits_{k=0}^{\infty} \frac{b_k}{k+1} x^{k+1} + C$
	Die beliebige Konstante C entspricht dem – fehlenden – absoluten Glied in der Potenzreihe.

Wie bei einer endlichen Summe (Polynom!) lassen sich also die Reihenfolge von Summation
und Differentiation/Integration vertauschen.

Da die Ableitung einer Potenzreihe wieder eine Potenzreihe (mit gleichem Konvergenzradius) ist, lässt sich diese Prozedur beliebig fortsetzen, das heißt: Jede durch eine Potenzreihe
darstellbare Funktion ist beliebig oft differenzierbar. Dabei gilt für beliebiges $m \in \mathbb{N}$:

$$f^{(m)}(x) = \sum_{k=m}^{\infty} k(k-1)\cdots(k-m+1)b_k x^{k-m}$$

Außer der gliedweisen Differentiation gibt es noch eine weitere Analogie zwischen Potenzreihen und Polynomen:

Identitätssatz für Potenzreihen:

$$\sum_{k=0}^{\infty} a_k x^k = \sum_{k=0}^{\infty} b_k x^k \text{ auf }]-\delta,\delta[\qquad \Rightarrow \qquad \forall k \in \mathbb{N}: a_k = b_k$$

In Worten: Haben zwei Potenzreihen auf einem offenen 0 enthaltenden Intervall den gleichen Grenzwert, dann müssen sie in allen entsprechenden Koeffizienten übereinstimmen,
müssen also gleich aussehen.

Wie bei Polynomen ist dieser Satz die Grundlage eines Koeffizientenvergleichs, der etwa bei
der Lösung von Differentialgleichungen (vgl. Kapitel 9) angewandt werden kann. Außerdem
beinhaltet dieser Satz auch die Tatsache, dass es für eine gegebene Funktion $f(x)$ höchstens
eine Potenzreihe geben kann, die gegen $f(x)$ konvergiert.

Definition:

Die Funktion f sei in einer Umgebung von a beliebig oft differenzierbar, es sei $n \in \mathbb{N}$.

(i)   Die Potenzreihe $\sum_{k=0}^{\infty} \dfrac{f^{(k)}(a)}{k!} \cdot (x-a)^k$ heißt die TAYLOR-*Reihe* von f bezüglich a.

(ii)   Das Polynom $p_n(x) = \sum_{k=0}^{n} \dfrac{f^{(k)}(a)}{k!} \cdot (x-a)^k$ heißt das n-te TAYLOR-*Polynom* von f

        bezüglich a.

Zusatz: Ist $a = 0$, so sagt man einfach „TAYLOR-*Reihe*" bzw. „n-*tes* TAYLOR-*Polynom*",
        früher: „MCLAURIN-*Reihe*" bzw. „n-*tes* MCLAURIN-*Polynom*".

Das Konvergenzintervall einer TAYLOR-Reihe bestimmt man wie oben beschrieben, es ist im
Allgemeinen kleiner als der Definitionsbereich von f. Die Frage, ob die TAYLOR-Reihe von f
für alle x aus dem Konvergenzbereich tatsächlich gegen $f(x)$ und nicht gegen einen anderen
Wert konvergiert, beantwortet der

Satz von TAYLOR:

Für festes $a \in \mathbb{D}_f$ und $n \in \mathbb{N}$ gilt:

(i) $\quad f(x) = \sum_{k=0}^{n} \frac{f^{(k)}(a)}{k!} \cdot (x-a)^k + \frac{f^{(n+1)}(\xi)}{(n+1)!}(x-a)^{n+1}$ für alle $x \in \mathbb{D}_f$;

dabei ist ξ ein von x und a abhängiger Wert zwischen den beiden.

(ii) $\quad$ Ist die TAYLOR-Reihe $\sum_{k=0}^{\infty} \frac{f^{(k)}(a)}{k!} \cdot (x-a)^k$ von f bezüglich a konvergent in x,

so ist deren Grenzwert genau dann der Funktionswert $f(x)$,

wenn $\lim_{n \to \infty} \frac{f^{(n+1)}(\xi)}{(n+1)!}(x-a)^{n+1} = 0$ ist für jedes beliebige ξ zwischen x und a.

Konvergiert die TAYLOR-Reihe gegen die Funktion ($f(x)$ nennt man dann auch *analytisch*),

so kann gemäß (i) das sogenannte Restglied $\frac{f^{(n+1)}(\xi)}{(n+1)!}(x-a)^{n+1}$ zur Abschätzung des Ab-

bruchfehlers benutzt werden, wenn man die Funktion durch das n-te TAYLOR-Polynom (das ist die n-te Partialsumme der Reihe!) approximiert. Diese sogenannte LAGRANGE-*Darstellung* des Restglieds zeigt darüber hinaus, dass eine umso kleinere Abweichung vom wahren Funktionswert zu erwarten ist, je enger x und a zusammen liegen.

Es sei ausdrücklich darauf hingewiesen, dass selbst im Falle der Konvergenz der TAYLOR-Reihe die Restglieduntersuchung notwendig ist, da es Beispiele beliebig oft differenzierbarer Funktionen gibt, in denen die TAYLOR-Reihe nicht gegen die Funktion konvergiert. Solche Funktionen lassen sich folglich nicht durch eine Potenzreihe darstellen. Im Reellen ist also nicht jede C^{∞}-Funktion auch analytisch, was im Komplexen sehr wohl der Fall ist.

Eine Zusammenstellung wichtiger Potenzreihenentwicklungen findet sich im Anhang.

7.3 FOURIER-Reihen

Definition:

Mit $P > 0$ und $n \in \mathbb{N}^+$ nennt man eine Funktion

$$T_n(x) = \frac{a_0}{2} + \sum_{k=1}^{n} \left(a_k \cos\left(\frac{2\pi}{P}k\,x\right) + b_k \sin\left(\frac{2\pi}{P}k\,x\right) \right) \text{ ein } \textit{trigonometrisches Polynom,}$$

$$T(x) = \frac{a_0}{2} + \sum_{k=1}^{\infty} \left(a_k \cos\left(\frac{2\pi}{P}k\,x\right) + b_k \sin\left(\frac{2\pi}{P}k\,x\right) \right) \text{ eine } \textit{trigonometrische Reihe.}$$

Trigonometrische Polynome sind offenbar P-periodische Funktionen; konvergiert eine trigonometrische Reihe $T(x)$ gegen eine Funktion $f(x)$, so ist diese ebenfalls P-periodisch.

Für eine gegebene P-periodische Funktion $f(x)$ hat man die

Definition:

Die reellen Zahlen $\quad a_m = \dfrac{2}{P} \displaystyle\int_0^P f(x)\cos\left(m\dfrac{2\pi}{P}x \right)dx \qquad$ (mit $m \in \mathbb{N}$)

und $\quad b_m = \dfrac{2}{P} \displaystyle\int_0^P f(x)\sin\left(m\dfrac{2\pi}{P}x \right)dx \qquad$ (mit $m \in \mathbb{N}^+$)

heißen die FOURIER-*Koeffizienten* der Funktion $f(x)$.

Bildet man für eine gegebene P-periodische Funktion $f(x)$ aus den so definierten FOURIER-Koeffizienten ein trigonometrisches Polynom, so hat dieses die sehr interessante

Approximationseigenschaft der FOURIER-Polynome:

Unter allen mit festem $n \in \mathbb{N}^+$ gebildeten trigonometrischen Polynomen $T_n(x)$ hat dasjenige, das mit den FOURIER-Koeffizienten gebildet wird, den geringsten Abstand d von der gegebenen Funktion $f(x)$, approximiert diese also am besten.

Dabei ist der Abstand („im quadratischen Mittel") zwischen $f(x)$ und $T_n(x)$ definiert als

$$d = \left(\int_0^P (f(x) - T_n(x))^2 \, dx \right)^{\frac{1}{2}} .$$

Damit ist natürlich nicht gesagt, dass für wachsende n die Approximation an einer festen Stelle x immer besser wird – anders ausgedrückt – dass die mit den FOURIER-Koeffizienten gebildete sogenannte FOURIER-Reihe $T(x)$ punktweise gegen die Funktion $f(x)$ konvergiert, es gilt jedoch der wichtige

Satz: (DIRICHLETsche Bedingung)

Ist $f(x)$ stückweise stetig auf $[0, P]$ und gibt es darüber hinaus in $[0, P]$ höchstens endlich viele Stellen, wo $f(x)$ nicht stetig differenzierbar ist,

so existiert $T(x) = \lim\limits_{n\to\infty}\left(\dfrac{a_0}{2} + \displaystyle\sum_{k=1}^{n}\left(a_k \cos\left(\dfrac{2\pi}{P}k\,x \right) + b_k \sin\left(\dfrac{2\pi}{P}k\,x \right) \right) \right)$ für jedes x,

und zwar gilt an Stetigkeitsstellen x: $\qquad T(x) = f(x)$,

an Unstetigkeitsstellen $\bar{x}$: $\qquad T(\bar{x}) = \dfrac{1}{2}(\lim\limits_{x\to\bar{x}+} f(x) + \lim\limits_{x\to\bar{x}-} f(x))$.

Die FOURIER-Reihe einer stetigen Funktion $f(x)$ konvergiert also überall gegen die Funktion selbst.

Wie die FOURIER-Entwicklung bei einer nicht stetigen Funktion, die aber die DIRICHLETsche Bedingung erfüllt, aussieht, sieht man am besten an einem konkreten Beispiel; hier wurde die sogenannte *Sägezahnkurve* mit Periode $P = 2$ gewählt (siehe Bild 7.3.1):

Mit festem $C \in \mathbb{R}$ ist
$$f(x) = \begin{cases} Cx & \text{für } x \in [-1,1[\\ 2\text{ - periodisch fortgesetzt sonst} \end{cases}.$$

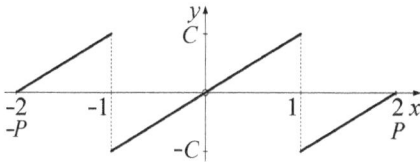

Bild 7.3.1: Sägezahnkurve mit $P = 2$

Die FOURIER-Reihe ergibt sich unter Ausnutzung der Symmetrieeigenschaften von $f(x)$ zu

$$T(x) = \sum_{k=1}^{n} \frac{2C}{\pi} \cdot \frac{(-1)^{k+1}}{k} \sin(k\pi x) = \frac{2C}{\pi} \left[\sin(\pi x) - \tfrac{1}{2}\sin(2\pi x) + \tfrac{1}{3}\sin(3\pi x) - \cdots + \cdots \right].$$

Für feste $n \in \mathbb{N}$ lassen sich nun die trigonometrischen Polynome $T_n(x)$ angeben, die die Sägezahnkurve bestmöglich approximieren. In Bild (7.3.2) sind die Graphen dieser trigonometrischen Polynome für die Werte 2, 5, 10 und 20 für n dargestellt.

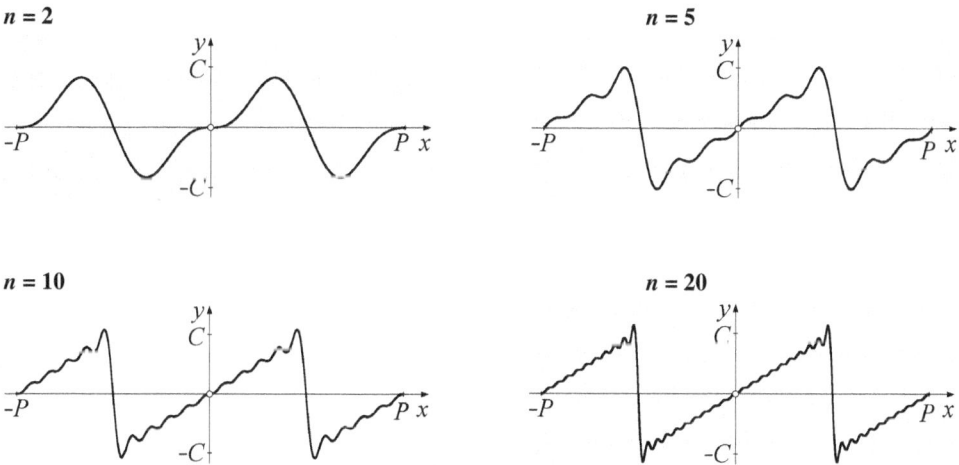

$n = 2$ $n = 5$

$n = 10$ $n = 20$

Bild 7.3.2: Trigonometrische Polynome der Sägezahnkurve aus jeweils n Summanden

Deutlich ist zu sehen, dass sich im Stetigkeitsbereich die Kurve für größer werdende n immer mehr zu einer Geraden streckt, in der Nähe der Unstetigkeitsstellen von $f(x)$ (also für x = ungerade Zahl) gibt es einen deutlichen Ausschlag, der zwar immer näher an die Unstetigkeitsstelle rückt, aber auch bei $n = 20$ nahezu unverändert in seiner Höhe bleibt. Dies ist das sogenannte GIBBSsche *Phänomen*.

Bei der **Berechnung der FOURIER-Koeffizienten** können einige Regeln der Integralrechnung sehr nutzbringend angewandt werden, etwa:

1. Da die Integranden bei den Formeln für a_m und b_m P-periodisch sind und die Integrale sich über eine ganze Periode erstrecken, kann der Integrationsbereich beliebig verschoben werden, es ist also

$$a_m = \frac{2}{P}\int\limits_0^P f(x)\cos\left(m\frac{2\pi}{P}x\right)dx = \frac{2}{P}\int\limits_{-\frac{P}{2}}^{\frac{P}{2}} f(x)\cos\left(m\frac{2\pi}{P}x\right)dx = \frac{2}{P}\int\limits_{\frac{P}{4}}^{\frac{3P}{4}} f(x)\cos\left(m\frac{2\pi}{P}x\right)dx \qquad \text{o.ä.,}$$

für die b_m entsprechend.

2. Ist der Graph von f achsen- oder punktsymmetrisch[1], vereinfacht sich die Berechnung der FOURIER-Koeffizienten wie folgt:

(i)	Ist f gerade, so sind alle $b_m = 0$	und	$a_m = \dfrac{4}{P}\int\limits_0^{\frac{P}{2}} f(x)\cos\left(m\dfrac{2\pi}{P}x\right)dx$.
(ii)	Ist f ungerade, so sind alle $a_m = 0$	und	$b_m = \dfrac{4}{P}\int\limits_0^{\frac{P}{2}} f(x)\sin\left(m\dfrac{2\pi}{P}x\right)dx$.

Eine Zusammenstellung häufig vorkommender FOURIER-Entwicklungen findet sich im Anhang.

Komplexe FOURIER-Entwicklung

Nicht nur für theoretische Zwecke (FOURIER-Transformation, siehe Kapitel 12), sondern häufig auch für praktische Berechnungen ist die Benutzung der komplexen FOURIER-Entwicklung nützlich:

Für eine – im Allgemeinen komplexwertige – P-periodische Funktion $f(x)$ definiert man die komplexen FOURIER-Koeffizienten c_m mit $m \in \mathbb{Z}$ (!) durch

---

[1] Der Satz gilt auch, wenn die entsprechende Symmetriebedingung für f an endlich vielen Stellen des Definitionsbereichs nicht erfüllt ist. Dies tritt gerade an Intervalleckpunkten öfter ein (vgl. das vorher behandelte Beispiel der Sägezahnkurve).

$$c_m = \frac{1}{P} \int\limits_{-\frac{P}{2}}^{\frac{P}{2}} f(x) \cdot e^{-i\frac{2\pi}{P}mx}\, dx .$$

Damit erhält man die komplexe FOURIER-Reihe als

$$\tilde{T}(x) = \sum_{k=-\infty}^{k=\infty} c_k e^{i\frac{2\pi}{P}kx} .$$

Allgemein versteht man unter $\displaystyle\sum_{k=-\infty}^{k=\infty} d_k$ die Zerlegung in $\displaystyle\sum_{k=0}^{k=\infty} d_k + \sum_{k=1}^{k=\infty} d_{-k}$; Konvergenz liegt vor, wenn beide Reihen konvergieren.

Für die komplexe FOURIER-Reihe $\tilde{T}(x)$ gilt hinsichtlich Approximationseigenschaft und Konvergenz das Gleiche wie für die reelle.

Für eine <u>reellwertige</u> P-periodische Funktion $f(x)$ erhält man die komplexen FOURIER-Koeffizienten durch

$$c_m = \begin{cases} \frac{1}{2}(a_m - ib_m) & \text{für} \quad m > 0 \\ \frac{1}{2}a_0 & \text{für} \quad m = 0 \\ \frac{1}{2}(a_{-m} + ib_{-m}) & \text{für} \quad m < 0 \end{cases}$$

Man hat also $c_{-m} = \bar{c}_m$.

Umgekehrt ist $\quad a_m = 2\,\mathrm{Re}\,c_m \quad$ und $\quad b_m = -2\,\mathrm{Im}\,c_m$.

Für eine <u>reellwertige</u> Funktion $f(x)$ gilt:

$\quad f(x)$ ist gerade (bzw. ungerade) $\quad\Leftrightarrow\quad$ alle c_m sind reell (bzw. rein-imaginär)

8   Mehrdimensionale Analysis

8.1   Der metrische Raum $\mathbb{R}^n$

Definition:

> Eine Funktion $\|\cdots\| : V \to \mathbb{R}$, definiert auf dem $\mathbb{R}$-Vektorraum V, heißt *Norm* (oder *Länge* oder *Betrag*), wenn für alle $\mathbf{v}, \mathbf{w} \in V$, $\lambda \in \mathbb{R}$, gilt:
>
> (i) $\|\mathbf{v}\| \geq 0$ und $\|\mathbf{v}\| = 0 \;\Leftrightarrow\; \mathbf{v} = \mathbf{0}$
>
> (ii) $\|\lambda \mathbf{v}\| = |\lambda| \, \|\mathbf{v}\|$
>
> (iii) $\|\mathbf{v} + \mathbf{w}\| \leq \|\mathbf{v}\| + \|\mathbf{w}\|$ (Dreiecksungleichung)
>
> $(V, \|\cdots\|)$ heißt *normierter* Raum.

Für $V = \mathbb{R}$ ist etwa der Absolutbetrag eine Norm; in jedem EUKLIDischen Raum wird durch $\|\mathbf{v}\| := \sqrt{<\mathbf{v}, \mathbf{v}>}$ (vgl. Abschnitt 2.4) auf V eine Norm induziert.

Auf diese Weise wird durch das Standardskalarprodukt auf $\mathbb{R}^n$ die Norm

$$\|\mathbf{v}\| = \|(v_1, \cdots, v_n)\| = \sqrt{\sum_{i=1}^{n} v_i^2} \; ,$$

die sogenannte EUKLIDische Norm, induziert, die – wenn nichts anderes ausdrücklich festgesetzt wird – in diesem Kapitel stets gemeint ist.

Eine weitere wichtige Norm für den $\mathbb{R}^n$, insbesondere im Zusammenhang mit numerischen Anwendungen, ist die sogenannte *Maximumsnorm*, gegeben durch

$$\|\mathbf{v}\|_\infty = \|(v_1, \cdots, v_n)\|_\infty = \max_{i=1,\cdots,n} |v_i| \, .$$

Es ist für den in diesem Abschnitt zu entwickelnden Konvergenzbegriff im $\mathbb{R}^n$ letztlich irrelevant, welche Norm den weiteren Untersuchungen zugrunde liegt, da für endlich dimensionale Vektorräume alle Normen zum gleichen Konvergenzbegriff führen.

https://doi.org/10.1515/9783110537161-155

Definition:

Für eine gegebene Menge M, festes $p_0 \in M$ und $\varepsilon > 0$ heißt

(i)   eine Funktion $d : M \times M \to \mathbb{R}$ eine *Metrik (Abstandsfunktion)* auf M, wenn

a) $d(p,q) \geq 0$ und $d(p,q) = 0 \iff p = q$,

b) $d(p,q) = d(q,p)$,

c) $d(p,q) \leq d(p,r) + d(r,q)$;

(ii) (M, d) ein *metrischer* Raum;

(iii) $U_\varepsilon(p_0) = \{q \in M \mid d(p_0,q) < \varepsilon\}$ eine *ε-Umgebung* von p_0.

In einem normierten Raum V ist durch die Festsetzung

$$d(\mathbf{v},\mathbf{w}) = \|\mathbf{w} - \mathbf{v}\| = \text{Länge des Verbindungsvektors zwischen } \mathbf{v} \text{ und } \mathbf{w}$$

stets eine Metrik gegeben; in $V = \mathbb{R}^n$ lautet diese explizit:

$$d((v_1,\cdots,v_n),(w_1,\cdots,w_n)) = \sqrt{\sum_{i=1}^{n}(w_i - v_i)^2}$$

Für $n = 2$ oder $n = 3$ entspricht dies genau dem üblichen anschaulichen Abstandsbegriff.

In einem metrischen Raum (M, d) hat man für eine Teilmenge S von M die

Definition:

(i) S heißt *offen* $\iff$ $\forall p \in M : \exists \varepsilon \in \mathbb{R}^+ : U_\varepsilon(p) \subseteq S$

(ii) S heißt *abgeschlossen* $\iff$ $M \setminus S$ ist offen

(iii) S heißt *beschränkt* $\iff$ $\exists \varepsilon \in \mathbb{R}^+ \exists p \in M : U_\varepsilon(p) \supseteq S$

Anschaulich bedeutet Offenheit also, dass S keine Randpunkte hat; bei einer abgeschlossenen Menge gehören die Randpunkte dazu.

Mithilfe der Metrik lässt sich in M ein Konvergenzbegriff einführen:

Definition:

Eine Folge $\{p_k\}_{k \in \mathbb{N}}$ von Elementen aus M *konvergiert* gegen $q \in M$ ($\lim\limits_{k \to \infty} p_k = q$)

$\iff$ $\lim\limits_{k \to \infty} d(p_k, q) = 0$

Im $\mathbb{R}^n$ ist es praktischer, stattdessen die dazu äquivalente sogenannte komponentenweise Konvergenz zu benutzen:

$$\lim_{k \to \infty}(p_1^{(k)},\cdots,p_n^{(k)}) = (q_1,\cdots,q_n) \quad \iff \quad \forall i = 1,\cdots,n : \lim_{k \to \infty} p_i^{(k)} = q_i$$

8.2   Funktionen mehrerer Veränderlicher

Unter einer Funktion von n Veränderlichen versteht man eine Funktion $f : \mathbb{D} \to \mathbb{R}$, wobei $\mathbb{D} \subseteq \mathbb{R}^n$ ist.

Der Graph einer solchen Funktion $\mathbb{G}_f$ ist eine Teilmenge des $\mathbb{R}^{n+1}$, nämlich

$$\mathbb{G}_f = \{(x_1, \cdots, x_{n+1}) \in \mathbb{R}^{n+1} \mid (x_1, \cdots, x_n) \in \mathbb{D} \wedge x_{n+1} = f(x_1, \cdots, x_n)\}.$$

Nur für $n = 2$ lässt sich ein Graph, der dann im Allgemeinen eine Fläche im $\mathbb{R}^3$ ist, noch anschaulich vorstellen und als Schrägbild zeichnen. Andererseits werden die Unterschiede zu Funktionen einer Veränderlichen, wie sie in den Kapiteln 3 bis 5 behandelt wurden, bereits für zwei unabhängige Veränderliche deutlich. Deshalb werden die meisten Definitionen und Sätze zunächst für $n = 2$ formuliert, die Übertragung auf größere n fällt dann nicht mehr schwer. Funktionen von zwei Veränderlichen werden meist als $z = f(x, y)$ notiert, um unnötige Indices zu vermeiden.

Um sich einen Überblick über den Funktionsverlauf von $z = f(x, y)$ zu verschaffen, benutzt man sogenannte Schnitte:

1. Waagerechte Schnitte:

Hierbei bestimmt man für festes $c \in \mathbb{R}$ die Menge $H = \{(x, y) \in \mathbb{D} \mid f(x, y) = c\}$. Meist ist dies eine Kurve in $\mathbb{D}$, für die in der Kartographie der Begriff *Höhenlinie* gebräuchlich ist. Eine *Höhenlinienskizze*, das ist eine graphische Darstellung von Höhenlinien zu verschiedenen c-Werten, gibt Auskunft darüber, wie stark eine Funktion zunimmt, wenn man sich in $\mathbb{D}$ in eine bestimmte Richtung bewegt.

Anschaulich erhält man eine Höhenlinienskizze dadurch, dass man im Dreidimensionalen den Graphen von f mit Parallelebenen zur (x, y)-Ebene („waagerechte Ebenen") in verschiedenen Höhen c schneidet und die Schnittkurven in die (x, y)-Ebene projiziert.

Für $n > 2$ geht man analog vor: Für feste c bestimmt man $\{(x_1, \cdots, x_n) \in \mathbb{D} \mid c = f(x_1, \cdots, x_n)\}$; statt von Höhenlinien spricht man dann von *Niveauflächen*.

2. Senkrechte Schnitte:

Hierbei wird der Einfluss von jeweils einer Variablen allein auf die Funktionswerte von f untersucht. Indem etwa $y = y_0$ (fester Wert) gesetzt wird, kann mithilfe der Funktion einer Veränderlichen $g(x) := f(x, y_0)$ die Abhängigkeit nur von x untersucht werden. Anschaulich erhält man den Graphen von g, indem man den Graphen von f mit der zur (x, z)-Ebene parallelen Ebene durch $(0, y_0, 0)$ schneidet („senkrechte Ebene"). Analog erhält man den anderen senkrechten Schnitt durch Festhalten von $x = x_0$.

Bei der Verallgemeinerung auf $n > 2$ Veränderliche hält man alle bis auf eine Variable x_i fest.

Völlig analog zu einer Veränderlichen wird bei einer Funktion $f : \mathbb{D} \to \mathbb{R}$, $\mathbb{D} \subseteq \mathbb{R}^n$, die Stetigkeit definiert:

Definition:

> Eine Funktion f heißt *stetig* in $\mathbf{q} \in \mathbb{D}$, wenn für <u>alle</u> Folgen $\mathbf{p}_k$ in $\mathbb{D}$ mit $\lim\limits_{k\to\infty} \mathbf{p}_k = \mathbf{q}$ stets
>
> $\lim\limits_{k\to\infty} f(\mathbf{p}_k) = f(\mathbf{q})$ ist.

Für die meisten Anwendungen sind die hier betrachteten Funktionen mehrerer Veränderlicher, die als Werte reelle Zahlen haben, ausreichend. Die gesamte Theorie lässt sich jedoch leicht auf solche Funktionen übertragen, deren Werte im $\mathbb{R}^m$ (mit $m > 1$) liegen:

Statt einer Funktion f von n Veränderlichen betrachtet man nun gleichzeitig die m Komponentenfunktionen f_i von n Veränderlichen, die durch $f(\mathbf{p}) = (f_1(\mathbf{p}), \cdots, f_m(\mathbf{p}))$ gegeben sind. Solche Funktionen sind zum Beispiel stetig, wenn alle f_i stetig sind.

8.3   Partielle und vollständige Differenzierbarkeit

Die in Abschnitt 8.2 eingeführten senkrechten Schnitte, mit denen der Einfluss einer bestimmten Variablen auf den Funktionsverlauf dargestellt wird, sollen benutzt werden, um den aus Kapitel 4 bekannten Ableitungsbegriff für Funktionen einer Veränderlichen auf mehrere Veränderliche zu übertragen.

Zunächst wird eine Funktion $f(x, y)$ von zwei Veränderlichen in der Umgebung einer festen Stelle (x_P, y_P) betrachtet. Beim senkrechten Schnitt mit $y = y_P$ ergibt sich die Funktion einer Veränderlichen $x \mapsto f(x, y_P)$. Diese wird gemäß Kapitel 4 auf Differenzierbarkeit überprüft. Entsprechende Überlegungen kann man auch bei festgehaltenem $x = x_P$ für die Funktion $y \mapsto f(x_P, y)$ anstellen. Man erhält die

Definition:

> f heißt *in (x_P, y_P) partiell differenzierbar nach x*
>
> $$\Leftrightarrow \lim_{\Delta x \to 0} \frac{f(x_P + \Delta x, y_P) - f(x_P, y_P)}{\Delta x} \text{ existiert in } \mathbb{R}.$$
>
> Ist dies der Fall, so heißt der Grenzwert *die (erste) partielle Ableitung* von f nach x an der Stelle (x_P, y_P) und wird mit $\frac{\partial f}{\partial x}(x_P, y_P)$ oder mit $f_x(x_P, y_P)$ bezeichnet.
>
> Analog: *Partielle Differenzierbarkeit nach y*;
>
> $$\frac{\partial f}{\partial y}(x_P, y_P) = f_y(x_P, y_P) = \lim_{\Delta y \to 0} \frac{f(x_P, y_P + \Delta y) - f(x_P, y_P)}{\Delta y}$$

$\frac{\partial f}{\partial x}(x_P, y_P) = \tan \alpha_1$ ist die Tangentensteigung gegen die x-Richtung, $\frac{\partial f}{\partial y}(x_P, y_P) = \tan \alpha_2$
ist diejenige gegen die y-Richtung (siehe Bild 8.3.1).

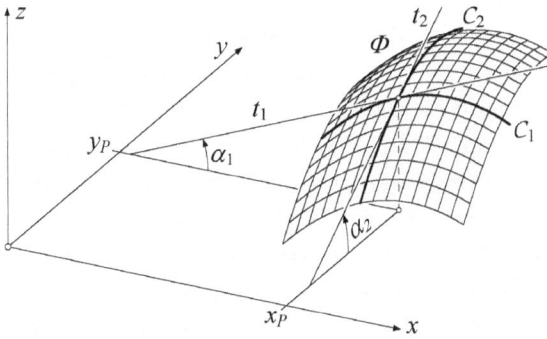

Bild 8.3.1: Partielle Ableitungen als Steigungen entsprechender Schnittkurven

Diese Definition macht unmittelbar klar, wie man die partielle Differenzierbarkeit nach x
prüft bzw. die entsprechende partielle Ableitung berechnet:

Man behandle die Variable y wie eine Konstante und leite mit den Regeln aus Kapitel 4 wie
gewohnt nach x ab. Entsprechendes gilt umgekehrt für die partielle Ableitung nach y.

Höhere partielle Ableitungen

Die partiellen Ableitungen nach x und y sind im Allgemeinen selbst wieder Funktionen von x
und y, man kann sie also wiederum auf partielle Differenzierbarkeit nach x und y untersu-
chen. Man erhält so im Falle der Existenz die *zweiten partiellen Ableitungen*, im Einzelnen

aus $\frac{\partial f}{\partial x}$: $\qquad \frac{\partial}{\partial x}\left(\frac{\partial f}{\partial x}\right) = \frac{\partial^2 f}{\partial x^2} = f_{xx}$ sowie $\qquad \frac{\partial}{\partial y}\left(\frac{\partial f}{\partial x}\right) = \frac{\partial^2 f}{\partial y \partial x} = f_{xy}$

aus $\frac{\partial f}{\partial y}$: $\qquad \frac{\partial}{\partial x}\left(\frac{\partial f}{\partial y}\right) = \frac{\partial^2 f}{\partial x \partial y} = f_{yx}$ sowie $\qquad \frac{\partial}{\partial y}\left(\frac{\partial f}{\partial y}\right) = \frac{\partial^2 f}{\partial y^2} = f_{yy}$

Gemäß der Definition können $\frac{\partial^2 f}{\partial x \partial y}$ und $\frac{\partial^2 f}{\partial y \partial x}$ verschieden sein; für die meisten praktisch
relevanten Beispiele gilt jedoch der

Satz von SCHWARZ über die Differentiationsreihenfolge:

> Sind alle ersten und zweiten partiellen Ableitungen stetig, so stimmen die gemischten partiellen Ableitungen überein, es ist also $\dfrac{\partial^2 f}{\partial x \partial y} = \dfrac{\partial^2 f}{\partial y \partial x}$.

Ganz ähnlich definiert man dritte, vierte usw. partielle Ableitungen, der Satz von SCHWARZ wird dann sinngemäß übertragen.

Partielle Differenzierbarkeit lässt sich analog auf Funktionen von $n > 2$ Veränderlichen übertragen:

Definition:

> Eine Funktion $f : \mathbb{D} \to \mathbb{R}$, $\mathbb{D} \subseteq \mathbb{R}^n$, heißt in $\mathbf{p} \in \mathbb{D}$ *partiell differenzierbar nach* x_k
>
> $\Leftrightarrow \quad \lim\limits_{h \to 0} \dfrac{f(p_1, \cdots, p_k + h, \cdots, p_n) - f(p_1, \cdots, p_k, \cdots, p_n)}{h}$ existiert in $\mathbb{R}$.
>
> Der dann existierende Grenzwert heißt *partielle Ableitung nach* x_k und wird mit $\dfrac{\partial f}{\partial x_k}$ oder
>
> f_{x_k} bezeichnet.

Auch für solche Funktionen lassen sich ganz analog höhere partielle Ableitungen definieren; der Satz von SCHWARZ gilt auch hier.

Vollständige Differenzierbarkeit

Die Funktion $f : \mathbb{R}^2 \to \mathbb{R}$, definiert durch $f(x,y) = \begin{cases} \dfrac{2xy}{x^2 + y^2} & \text{für } (x,y) \neq (0,0) \\ 0 & \text{für } (x,y) = (0,0) \end{cases}$,

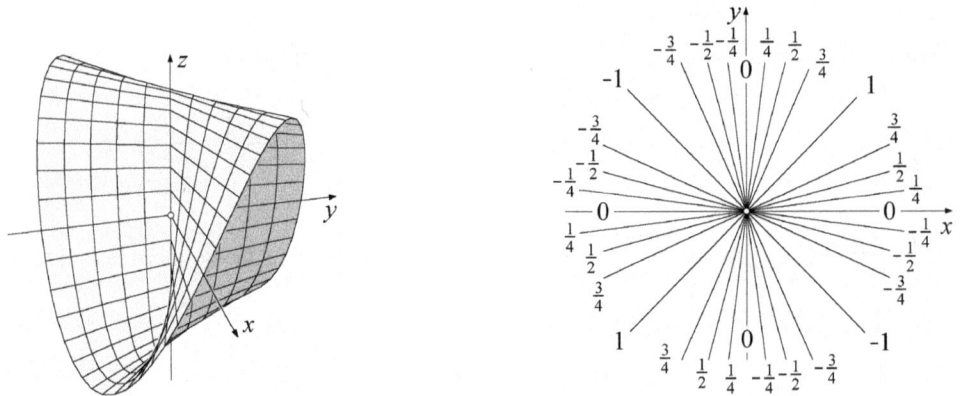

Bild 8.3.2: Graph und Höhenlinien des Zylindroids

deren Graph ein sogenanntes *Zylindroid* ist (siehe Bild 8.3.2), ist überall nach x und y partiell differenzierbar, obwohl sie in $(0,0)$ nicht einmal stetig ist.

Dies zeigt, dass die partielle Differenzierbarkeit bei Funktionen mehrerer Veränderlicher nicht der Differenzierbarkeit bei Funktionen einer Veränderlichen entspricht. Ein Blick auf den Graphen und die Höhenlinien von f zeigt, woran das liegt: es ist unmöglich, in $(0,0)$ eine „Tangentialebene" an den Graphen von f zu konstruieren.

Ein stärkerer Differenzierbarkeitsbegriff, den obiges Beispiel nicht erfüllt, findet sich in der

Definition:

> Eine Funktion $f(x, y)$ heißt (*vollständig*) *differenzierbar* in $(x_P, y_P) \in \mathbb{D}_f$, wenn sich $d, e \in \mathbb{R}$ finden lassen, sodass für jede beliebige Folge $(x^{(k)}, y^{(k)})$ von Punkten, die in $\mathbb{D}_f$ gegen (x_P, y_P) konvergieren,
> $$\lim_{k \to \infty} \frac{\left| f(x^{(k)}, y^{(k)}) - f(x_P, y_P) - d \cdot (x^{(k)} - x_P) - e \cdot (y^{(k)} - y_P) \right|}{\left\| (x^{(k)}, y^{(k)}) - (x_P, y_P) \right\|} = 0 \text{ ist.}$$

Anschaulich bedeutet dies, dass der Graph von f an der Stelle (x_P, y_P) eine Tangentialebene besitzt. Darüber hinaus ist f dort partiell differenzierbar nach x und y, wobei $d = \dfrac{\partial f}{\partial x}(x_P, y_P)$ und $e = \dfrac{\partial f}{\partial y}(x_P, y_P)$ ist. Die **Gleichung der Tangentialebene** lautet demnach:

$$T(x, y) = f(x_P, y_P) + \frac{\partial f}{\partial x}(x_P, y_P) \cdot (x - x_P) + \frac{\partial f}{\partial y}(x_P, y_P) \cdot (y - y_P)$$

Setzt man $dx = x - x_P$ und $dy = y - y_P$, so beschreibt der Ausdruck

$$df = \frac{\partial f}{\partial x}(x_P, y_P) \cdot dx + \frac{\partial f}{\partial y}(x_P, y_P) \cdot dy \, ,$$

das sogenannte *vollständige* (bzw. *totale*) *Differential* von f in (x_P, y_P), die Änderung der Tangentialebene, wenn sich das Argument um (dx, dy) ändert.

Für kleine $|dx|$, $|dy|$ ist das Differential eine gute Approximation für die Änderung der Funktionswerte $\Delta f = f(x_P + dx, y_P + dy) - f(x_P, y_P)$, eine Tatsache, die bei der Fehlerrechnung (siehe Abschnitt 8.5) Anwendung findet.

Die vollständige Differenzierbarkeit hat – wie oben ausgeführt – die partielle zur Folge. Umgekehrt gilt der

Satz:

> Wenn in einer offenen Umgebung von $\mathbf{p} \in \mathbb{D}_f$ die partiellen Ableitungen existieren und in $\mathbf{p}$ stetig sind, so ist f in $\mathbf{p}$ vollständig differenzierbar.

Die Begriffe „vollständige Differenzierbarkeit" und „vollständiges Differential" lassen sich auf Funktionen mit mehr als zwei Veränderlichen wie folgt verallgemeinern:

Definition:

Eine Funktion $f : \mathbb{D} \to \mathbb{R}$ heißt *(vollständig) differenzierbar* in $\mathbf{q} = (q_1,\ldots, q_n) \in \mathbb{D}$, wenn es $d_1,\ldots, d_n \in \mathbb{R}$ gibt, sodass für alle Folgen $\mathbf{p}^{(k)}$ mit Werten aus $\mathbb{D}$ und $\lim\limits_{k\to\infty} \mathbf{p}^{(k)} = \mathbf{q}$ gilt:

$$\lim_{k\to\infty} \frac{\left| f(\mathbf{p}^{(k)}) - f(\mathbf{q}) - \sum\limits_{i=1}^{n} d_i \cdot (p_i^{(k)} - q_i) \right|}{\left\| \mathbf{p}^{(k)} - \mathbf{q} \right\|} = 0$$

Das Differential an der Stelle $\mathbf{q}$ ist definiert als

$$\mathrm{d}f = \frac{\partial f}{\partial x_1}(\mathbf{q}) \cdot \mathrm{d}x_1 + \ldots + \frac{\partial f}{\partial x_n}(\mathbf{q}) \cdot \mathrm{d}x_n .$$

Es lässt sich auch ein Analogon zur Tangentialebene definieren; eine solche Tangential-hyperebene entzieht sich jedoch der anschaulichen Vorstellung.

Der Begriff der vollständigen Differenzierbarkeit lässt sich ohne Mühe auf vektorwertige Funktionen mehrerer Veränderlicher verallgemeinern:

Definition:

Es sei $\mathbf{F} : \mathbb{D} \to \mathbb{R}^m$, $\mathbb{D} \subseteq \mathbb{R}^n$, durch $\mathbf{F}(\mathbf{p}) = (f_1(\mathbf{p}),\cdots, f_m(\mathbf{p}))$ gegeben; es sei $\mathbf{q} \in \mathbb{D}$.

Dann ist $\mathbf{F}$ genau dann *vollständig differenzierbar* in $\mathbf{q}$ (bzw. auf $\mathbb{D}$), wenn alle Koordinatenfunktionen $f_i : \mathbb{D} \to \mathbb{R}$ vollständig differenzierbar in $\mathbf{q}$ (auf $\mathbb{D}$) sind.

8.4   Gradient, Richtungsableitung, Kettenregel

Definition:

(i) Für eine an der Stelle $\mathbf{p} \in \mathbb{D}$ vollständig differenzierbare Funktion $f : \mathbb{D} \to \mathbb{R}$ definiert man den *Gradienten* von f an der Stelle $\mathbf{p}$ durch

$$\mathrm{grad}_\mathbf{p}\, f = \left(\frac{\partial f}{\partial x_1}(\mathbf{p}),\cdots, \frac{\partial f}{\partial x_n}(\mathbf{p}) \right).$$

(ii) Ist $\mathbf{F} : \mathbb{D} \to \mathbb{R}^m$ vollständig differenzierbar in $\mathbf{p}$, so bilden die Gradienten der Koordinatenfunktionen f_i, zeilenweise geschrieben, die sogenannte JACOBI-*Matrix* $\mathbf{J}(\mathbf{p})$ von $\mathbf{F}$.

Der Gradient (= „Vektor der partiellen Ableitungen"), manchmal etwas missverständlich auch mit grad $f(\mathbf{p})$ bezeichnet, hängt von $\mathbf{p}$ ab und liegt in $\mathbb{R}^n$; für alle Stellen $\mathbf{p}$, in denen f vollständig differenzierbar ist, kann durch $\mathbf{p} \mapsto \mathrm{grad}_{\mathbf{p}} f$ eine Abbildung grad mit Werten in $\mathbb{R}^n$ definiert werden.

Definition:

> Für festes $\mathbf{a} \in \mathbb{R}^n$ mit $\|\mathbf{a}\| = 1$ definiert man die *Richtungsableitung* von f in Richtung $\mathbf{a}$ an der Stelle $\mathbf{p}$ durch
>
> $$\frac{\partial f}{\partial \mathbf{a}}(\mathbf{p}) := \lim_{t \to 0} \frac{f(\mathbf{p} + t\mathbf{a}) - f(\mathbf{p})}{t} .$$

Ist f an der Stelle $\mathbf{p}$ vollständig differenzierbar und ist $\mathbf{a} \neq \mathbf{0}$, so ist auch die folgende Formel für praktische Rechnungen hilfreich:

$$\frac{\partial f}{\partial \mathbf{a}}(\mathbf{p}) = \left\langle \mathrm{grad}_{\mathbf{p}} f, \frac{\mathbf{a}}{\|\mathbf{a}\|} \right\rangle$$

Im anschaulichen Fall $n = 2$ ist die Richtungsableitung also der Tangens des Steigungswinkels α gegen die (x, y)-Ebene für die durch $\mathbf{a}$ vorgegeben Richtung (in Bild 8.4.1 mit $\vec{a}$ bezeichnet).

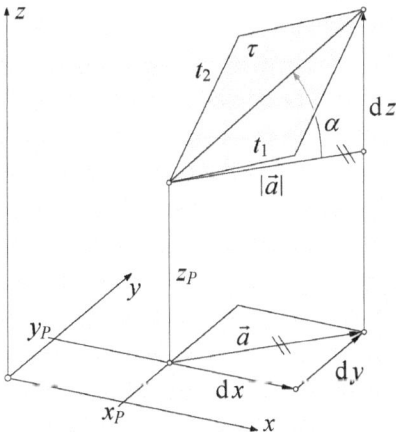

Bild 8.4.1: Steigungsdreieck zur Darstellung der Richtungsableitung

Eine einfache Überlegung zeigt, dass die in Abschnitt 8.3 eingeführte partielle Ableitung lediglich ein Spezialfall der oben definierten Richtungsableitung ist: Setzt man nämlich $\mathbf{a} = \mathbf{e}_k$, wobei $\mathbf{e}_k$ einen kanonischen Basisvektor bezeichnet, so erhält man die partielle Ableitung nach x_k als Spezialfall der Richtungsableitung:

$$\frac{\partial f}{\partial x_k}(\mathbf{p}) = \frac{\partial f}{\partial \mathbf{e}_k}(\mathbf{p})$$

Eine geometrische Bedeutung des Gradienten findet sich in folgendem

Satz:

Ist $\mathrm{grad}_\mathbf{p} f \neq \mathbf{0}$, so zeigt er in die Richtung des größten Anstiegs von f; der Wert der größten Richtungsableitung von $\mathbf{p}$ aus ist $\left\|\mathrm{grad}_\mathbf{p} f\right\|$. Im anschaulichen Fall $n = 2$ ist dies der Tangens des größten Steigungswinkels.

Ist $\mathrm{grad}_\mathbf{p} f = \mathbf{0}$, so heißt $\mathbf{p}$ *kritischer Punkt* von f (siehe auch Abschnitt 8.5).

Als weitere geometrische Eigenschaft des Gradienten sei erwähnt, dass dieser bei $n = 2$ auf jeder Höhenlinie senkrecht steht; für größere n gilt dies entsprechend für die Niveauflächen.

Für die Hintereinanderausführung (Komposition) zweier differenzierbarer Funktionen gilt wie im Eindimensionalen die

Kettenregel:

Die Funktion $f(x_1, \cdots, x_n)$ sei auf der offenen Teilmenge $\mathbb{D}$ des $\mathbb{R}^n$ differenzierbar (äußere Funktion).

a) Die Funktion $g: I \to \mathbb{D}$, gegeben durch $g(t) = (g_1(t), \cdots, g_n(t))$, sei auf einem Intervall I von $\mathbb{R}$ differenzierbar (innere Funktion). Dann ist $f \circ g: I \to \mathbb{R}$ auf I differenzierbar, und für die Ableitung gilt:

$$(f \circ g)'(t) = \sum_{i=1}^{n} \frac{\partial f}{\partial x_i}(g(t)) \cdot g_i'(t)$$

b) Die Funktion $g: M \to \mathbb{D}$, gegeben durch $g(t_1, \cdots, t_k) = (g_1(t_1, \cdots, t_k), \cdots, g_n(t_1, \cdots, t_k))$, sei auf einer offenen Teilmenge M von $\mathbb{R}^k$ differenzierbar (innere Funktion). Dann ist $f \circ g: M \to \mathbb{R}$ auf M differenzierbar, und für die partiellen Ableitungen gilt:

$$\frac{\partial (f \circ g)}{\partial t_j}(t_1, \cdots, t_k) = \sum_{i=1}^{n} \frac{\partial f}{\partial x_i}(g(t_1, \cdots, t_k)) \cdot \frac{\partial g_i}{\partial t_j}(t_1, \cdots, t_k) \quad \text{für alle } j = 1, \ldots, k$$

Teil **b)** wird insbesondere dann angewandt, wenn eine Funktion f in Polar- oder Zylinderkoordinaten gegeben ist, aber die partielle Ableitung nach den kartesischen Koordinaten gesucht ist (oder umgekehrt).

8.5 Anwendungen der Differentialrechnung

Extremwerte

Dabei spielen kritische Punkte (siehe Abschnitt 8.4) eine wichtige Rolle:

Satz:

> Damit die differenzierbare Funktion f in einem inneren Punkt $\mathbf{p}$ [1] einen Extremwert hat, muss dort $\mathrm{grad}_\mathbf{p} f = \mathbf{0}$ sein, das heißt, alle partiellen Ableitungen müssen an der Stelle $\mathbf{p}$ verschwinden.

Wie im Falle einer Veränderlichen ist dies eine notwendige, keinesfalls hinreichende Bedingung für das Vorliegen eines Extremwerts.

Im anschaulichen Fall $n = 2$ bedeutet das Vorliegen eines kritischen Punktes, dass dort die Tangentialebene waagerecht ist.

Für $n = 2$ gibt es ein leicht anwendbares hinreichendes Kriterium zur weiteren Prüfung:

Satz:

> Die zweimal differenzierbare Funktion $f(x, y)$ habe an der Stelle (x_E, y_E) einen kritischen Punkt.
>
> Dann gilt mit $D = \left[\dfrac{\partial^2 f}{\partial x^2} \cdot \dfrac{\partial^2 f}{\partial y^2} - \left(\dfrac{\partial^2 f}{\partial x \partial y} \right)^2 \right](x_E, y_E)$, der Determinanten der sogenannten
>
> HESSE-*Matrix der zweiten partiellen Ableitungen*:
>
> (i)　　Ist $D > 0$, so hat $f(x, y)$ im Punkt (x_E, y_E) ein Extremum.
>
> $\qquad$ Es ist ein Maximum, wenn $\dfrac{\partial^2 f}{\partial x^2}(x_E, y_E) < 0$ oder $\dfrac{\partial^2 f}{\partial y^2}(x_E, y_E) < 0$ ist;
>
> $\qquad$ es ist ein Minimum, wenn $\dfrac{\partial^2 f}{\partial x^2}(x_E, y_E) > 0$ oder $\dfrac{\partial^2 f}{\partial y^2}(x_E, y_E) > 0$ ist.
>
> (ii)　　Ist $D < 0$, so liegt in (x_E, y_E) kein Extremwert, sondern ein Sattelpunkt vor.
>
> (iii)　　Ist $D = 0$, so ist keine allgemeine Aussage möglich, es bedarf weiter gehender Untersuchungen über den Verlauf von $f(x, y)$.

---

[1]　Das ist ein Punkt, der nicht auf dem Rand des Definitionsbereichs liegt.

Extremwerte mit Nebenbedingungen

Dabei sind Extrema für eine Funktion f von n Veränderlichen gesucht, die zusätzlich noch k Nebenbedingungen, gegeben durch k Gleichungen der Gestalt $g_j(x_1, \cdots, x_n) = 0$, erfüllen.

Eine Möglichkeit ist, mittels der k Gleichungen k Variablen in f zu eliminieren und so ein Extremwertproblem mit $n - k$ Veränderlichen zu erhalten.

Ist dies nicht möglich oder zu umständlich, so benutzt man die

Multiplikatorenregel von LAGRANGE:

Mit den sogenannten LAGRANGE*schen Multiplikatoren* $\lambda_1, \cdots, \lambda_k$ betrachte man die durch

$$F(x_1, \cdots, x_n, \lambda_1, \cdots, \lambda_k) = f(x_1, \cdots, x_n) + \sum_{j=1}^{k} \lambda_j g_j(x_1, \cdots, x_n)$$

gegebene Funktion von $n + k$ Veränderlichen und bestimme deren kritische Punkte.

Man erhält aus $\dfrac{\partial F}{\partial x_i} = 0$ und $\dfrac{\partial F}{\partial \lambda_j} = 0$ die Gleichungen

$$\frac{\partial f}{\partial x_i} + \sum_{j=1}^{k} \lambda_j \frac{\partial g_j}{\partial x_i} = 0 \quad \text{für } i = 1, \ldots, n \quad \text{und} \quad g_j(x_1, \cdots, x_n) = 0 \text{ für } j = 1, \ldots, k.$$

Die Lösungen dieses nichtlinearen Gleichungssystems für die λ_j spielen in diesem Zusammenhang keine Rolle, die gefundenen x_i sind mögliche Extrema, da die Gleichungen nur notwendige, aber keine hinreichenden Bedingungen liefern.

Lineare Ausgleichsrechnung

Dies ist eine weitere Anwendung der Extremwertrechnung mehrerer Veränderlicher:

Gegeben seien n Wertepaare (x_i, y_i) (*Stützstellen* genannt); gesucht ist diejenige Funktion

$$f(x) = \sum_{k=1}^{m} a_k f_k(x),$$

die „am besten auf die gegebenen Wertepaare passt". Dabei sind die f_k gegebene möglichst einfache Funktionen, zum Beispiel Potenzfunktionen, trigonometrische Funktionen o.Ä., die linear unabhängig sind. Bei der gesuchten sogenannten *Ausgleichsfunktion* $f(x)$ sind die Koeffizienten a_k so zu bestimmen, dass $\Delta = \sum_{i=1}^{n} (f(x_i) - y_i)^2$ minimal wird. Ein Beispiel hierfür ist die in Bild 8.5.1 dargestellte *Ausgleichs-* oder *Regressionsgerade* $f(x) = a_1 + a_2 x$.

Δ ist eine Funktion der m Veränderlichen $a_1, \ldots, a_m$, sodass man ihr Minimum mittels Differentialrechnung bestimmen kann.

Aus $\dfrac{\partial \Delta}{\partial a_k} = 0$ für $k = 1, \ldots, m$ ergibt sich das sogenannte *Normalengleichungssystem*, ein

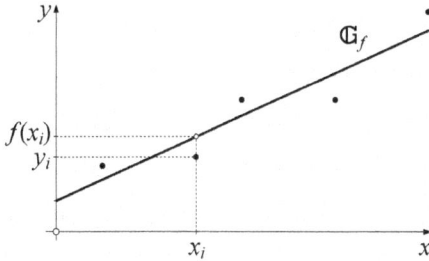

Bild 8.5.1: Ausgleichsgerade zu fünf gegebenen Wertepaaren (x_i, y_i)

(m, m)-LGS der Form $\mathbf{M} \cdot \mathbf{a} = \mathbf{b}$. Dabei ist $\mathbf{a}$ der Vektor der gesuchten Koeffizienten der Ausgleichsfunktion, $\mathbf{M}$ und $\mathbf{b}$ ergeben sich aus den Stützstellen und den f_k wie folgt:

Mit der (n, m)-Matrix
$$\mathbf{A} = \begin{pmatrix} f_1(x_1) & \cdots & f_m(x_1) \\ f_1(x_2) & \cdots & f_m(x_2) \\ \vdots & \vdots & \vdots \\ f_1(x_n) & \cdots & f_m(x_n) \end{pmatrix},$$

in der die Zeilenzahl (= Anzahl der Stützstellen) normalerweise deutlich größer als die Spaltenzahl ist (üblicherweise ist $m \leq 4$),

erhält man $\qquad \mathbf{M} = \mathbf{A}^{\mathrm{T}} \cdot \mathbf{A} \qquad$ und $\qquad \mathbf{b} = \mathbf{A}^{\mathrm{T}} \cdot \begin{pmatrix} y_1 \\ \vdots \\ y_n \end{pmatrix}.$

Man beachte, dass aufgrund der Definition $\mathbf{M}$ stets symmetrisch ist.

Für die Ausgleichsgerade $f(x) = a_1 + a_2 x$ ergibt sich das Normalengleichungssystem

$$a_1 \cdot \sum_{i=1}^{n} x_i + a_2 \cdot \sum_{i=1}^{n} x_i^2 = \sum_{i=1}^{n} x_i y_i$$

$$a_1 \cdot \underbrace{\sum_{i=1}^{n} 1}_{=n} + a_2 \cdot \sum_{i=1}^{n} x_i = \sum_{i=1}^{n} y_i$$

welches die eindeutig bestimmte Lösung

$$a_2 = \frac{n \sum_{i=1}^{n} x_i y_i - \left(\sum_{i=1}^{n} x_i \right) \cdot \left(\sum_{i=1}^{n} y_i \right)}{n \sum_{i=1}^{n} x_i^2 - \left(\sum_{i=1}^{n} x_i \right)^2}, \quad a_1 = \frac{1}{n} \left(\sum_{i=1}^{n} y_i - a_2 \sum_{i=1}^{n} x_i \right) \quad \text{hat.}$$

Für das Ausgleichspolynom $p(x) = \sum\limits_{k=1}^{m} a_k x^{k-1}$ vom Grade $m - 1$ ist

$$
\mathbf{A} = \begin{pmatrix} 1 & x_1 & \cdots & x_1^{m-1} \\ \vdots & \vdots & \vdots & \vdots \\ 1 & x_n & \cdots & x_n^{m-1} \end{pmatrix}, \quad
\mathbf{M} = \begin{pmatrix} n & \sum\limits_{j=1}^{n} x_j & \cdots & \sum\limits_{j=1}^{n} x_j^{m-1} \\ \sum\limits_{j=1}^{n} x_j & \sum\limits_{j=1}^{n} x_j^{2} & \cdots & \sum\limits_{j=1}^{n} x_j^{m} \\ \vdots & \vdots & \vdots & \vdots \\ \sum\limits_{j=1}^{n} x_j^{m-1} & \sum\limits_{j=1}^{n} x_j^{m} & \cdots & \sum\limits_{j=1}^{n} x_j^{2m-2} \end{pmatrix}, \quad
\mathbf{b} = \begin{pmatrix} \sum\limits_{j=1}^{n} y_j \\ \sum\limits_{j=1}^{n} x_j y_j \\ \vdots \\ \sum\limits_{j=1}^{n} x_j^{m-1} y_j \end{pmatrix}.
$$

Analog erhält man bei anderen Ausgleichsfunktionen $\mathbf{M}$ und $\mathbf{b}$ aus der Matrix $\mathbf{A}$.

Fehlerrechnung

Mithilfe des vollständigen Differentials lässt sich der maximale absolute Fehler abschätzen, den man erhält, wenn eine Größe z sich als Funktion von n mit Messfehlern Δx_i behafteten Messgrößen x_i berechnen lässt.

Für $\Delta z = f(x_1 + \Delta x_1, \cdots, x_n + \Delta x_n) - f(x_1, \cdots, x_n)$ erhält man aufgrund der Approximations-eigenschaft des Differentials:

$$
|\Delta z| \approx |df| = \left| \sum_{i=1}^{n} \frac{\partial f}{\partial x_i} \cdot \Delta x_i \right| \leq \left| \frac{\partial f}{\partial x_1} \right| \cdot |\Delta x_1| + \cdots + \left| \frac{\partial f}{\partial x_n} \right| \cdot |\Delta x_n| =: \Delta z_{\text{pess}}
$$

Setzt man in die partiellen Ableitungen die ermittelten Messwerte x_i und für Δx_i den jeweiligen maximalen Messfehler ein, so gibt der letzte Ausdruck, mit Δz_{pess} bezeichnet, den schlimmstmöglichen Fehler von z an; dieser tritt ein, wenn sich alle Fehler „in eine Richtung" überlagern, wenn also keine Fehlerauslöschung vorliegt.

Aus dieser Formel erhält man leicht die bekannten Merkregeln:

> Bei einer **Summe** fehlerbehafteter Größen addieren sich die absoluten Fehler zum maximalen absoluten Fehler; bei einem **Produkt** addieren sich die relativen Fehler zum maximalen relativen Fehler.

Implizit definierte Funktionen

Betrachtet man etwa die Gleichung $x^2 + y \cdot e^{x+y} = 0$, so lässt sich diese weder nach x noch nach y explizit auflösen. Für $x = 0$ ergibt sich offensichtlich $y = 0$ als einzige mögliche Lösung. Man kann nun fragen, ob dies auch in einer Umgebung U von 0 der Fall ist. Anders formuliert: Gibt es eine Funktion $f: U \rightarrow \mathbb{R}$ derart, dass für alle $x \in U$ und $y = f(x)$ obige Gleichung erfüllt ist? Man sagt dann, dass die Funktion f durch obige Gleichung implizit definiert wird. Man beachte, dass man dieses f nicht explizit – durch Auflösen – angeben kann.

Die allgemeine Antwort für Gleichungen mit n Veränderlichen gibt der

Satz über implizit definierte Funktionen:

Die Funktion $F(x_1, \cdots, x_n)$ sei auf einer offenen Teilmenge G des $\mathbb{R}^n$ stetig partiell differenzierbar.

Ferner gelte für ein festes $(a_1, \cdots, a_n) \in G$: $F(a_1, \cdots, a_n) = 0$ und $\dfrac{\partial F}{\partial x_n}(a_1, \cdots, a_n) \neq 0$.

Dann gibt es in $\mathbb{R}^{n-1}$ eine Umgebung U von $(a_1, \cdots, a_{n-1})$ und eine auf U definierte partiell differenzierbare Funktion f derart, dass $f(a_1, \cdots, a_{n-1}) = a_n$ ist und dass auf U gilt:

$$F(x_1, \cdots, x_{n-1}, f(x_1, \cdots, x_{n-1})) = 0 \quad \text{und} \quad \frac{\partial f}{\partial x_1} = -\frac{F_{x_1}}{F_{x_n}}, \cdots, \frac{\partial f}{\partial x_{n-1}} = -\frac{F_{x_{n-1}}}{F_{x_n}}$$

Umformuliert für **zwei Veränderliche** x und y (siehe einführendes Beispiel) lautet der Satz:

Gegeben sei die Funktion $F(x, y)$ mit $F(a,b) = 0$ und $\dfrac{\partial F}{\partial y}(a,b) \neq 0$.

Dann gibt es ein Intervall I mit $a \in I$ und eine auf I differenzierbare Funktion $y = f(x)$ derart, dass für alle $x \in I$ $\quad F(x, f(x)) = 0$ ist;

für die Ableitung der implizit definierten Funktion f gilt: $\quad f'(x) = -\dfrac{F_x(x, f(x))}{F_y(x, f(x))}$

Differentiation unter dem Integralzeichen

Auf $D = [a,b] \times [c,d]$ sei eine stetig differenzierbare Funktion $g(x, y)$ gegeben, ferner seien $u(x)$ und $v(x)$ auf $[a,b]$ stetig differenzierbar mit Werten in $[c,d]$. Für die durch

$$f(x) = \int_{u(x)}^{v(x)} g(x, y)\,\mathrm{d}y$$

auf $[a,b]$ definierte Funktion gilt die

LEIBNIZ-Regel für die Differentiation nach einem Parameter x:

$f(x)$ ist auf $[a,b]$ differenzierbar; für die Ableitung gilt:

$$f'(x) = \int_{u(x)}^{v(r)} g_x(x, y)\,\mathrm{d}y + g(x, (v(x)) \cdot v'(x) - g(x, (u(x)) \cdot u'(x)$$

Wichtige Sonderfälle ergeben sich, wenn $u(x)$ oder $v(x)$ oder beide konstant sind, insbesondere ist

$$\frac{\mathrm{d}}{\mathrm{d}x} \int_{C_1}^{C_2} g(x, y)\mathrm{d}y = \int_{C_1}^{C_2} g_x(x, y)\mathrm{d}y \,.$$

8.6   Doppel- und Dreifachintegrale

Das Konzept der RIEMANNschen Unter- und Obersumme wird hierzu auf höhere Dimensionen übertragen.

Bei der Einführung der sogenannten **Doppelintegrale**, also bei $n = 2$, versucht man das Volumen bestimmter Körper – analog zu Inhalten bestimmter Flächen bei Funktionen einer Veränderlichen – durch einfachere Teilvolumina „auszuschöpfen".

Dazu sei $f(x, y)$ eine Funktion von zwei Veränderlichen, die auf einer beschränkten und abgeschlossenen Teilmenge $\mathbb{B}$ des $\mathbb{R}^2$ stetig und positiv sei. Man betrachte den Körper K, der durch den Graphen von f nach oben, die (x, y)-Ebene nach unten und Senkrechte dazu längs des Randes von $\mathbb{B}$ als Mantelfläche begrenzt wird.

Um das Volumen V eines solchen Körpers näherungsweise zu bestimmen, wird $\mathbb{B}$, wie in Bild 8.6.1 dargestellt, in beliebige disjunkte Teilflächen $b_1,\ldots, b_m$ mit Flächeninhalten Δb_i zerlegt; in jeder Teilfläche b_i sei ein Punkt $P_i = (x_i, y_i)$ beliebig gewählt.

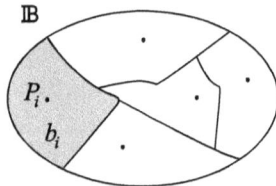

Bild 8.6.1: Zerlegung des Integrationsbereichs $\mathbb{B}$

Das Teilvolumen über b_i ist – für hinreichend kleine Δb_i – ungefähr $\Delta b_i \cdot f(x_i, y_i)$, also

$$V \approx \sum_{i=1}^{m} \Delta b_i \cdot f(x_i, y_i) \,.$$

Diese Näherung wird umso besser, je *feiner* die *Zerlegung* von $\mathbb{B}$ wird, das heißt:

1. m wird immer größer;

2.   mit $d_i = \sup_{\mathbf{p},\mathbf{q} \in b_i} \|\mathbf{p} - \mathbf{q}\|$ wird $\max_{i=1,\cdots m} d_i$ für wachsende m immer kleiner.

Falls der Grenzwert dieses Prozesses existiert, stellt er das Volumen V des Körpers dar. Man hat damit – analog zu Kapitel 5 – die

Definition:

Es sei $\mathbb{B} \subseteq \mathbb{R}^2$ beschränkt und abgeschlossen, $f(x, y)$ sei auf $\mathbb{B}$ beschränkt.

Dann heißt f über b *integrierbar*, wenn es ein $I \in \mathbb{R}$ gibt, sodass für jede immer feiner werdende Zerlegung $b_1, \dots, b_m$ von $\mathbb{B}$ die Summe $\displaystyle\sum_{i=1}^{m} \Delta b_i \cdot f(x_i, y_i)$ gegen I konvergiert.

Die Zahl I heißt dann das *Doppelintegral* (oder *Bereichsintegral* oder *Gebietsintegral*) von f über dem *Integrationsbereich* $\mathbb{B}$.

Bezeichnungsweisen: $\quad I = \displaystyle\int_{\mathbb{B}} f \, db = \iint_{\mathbb{B}} f(x, y) dx dy$

Hat f nur positive Werte, so stellt I das oben definierte Volumen dar.

Dass diese Definition für das praktische Rechnen äußerst ungeeignet ist, liegt auf der Hand. Im Vergleich zu einer Veränderlichen, bei der der Integrationsbereich nur ein Intervall sein kann, hat man dafür in höheren Dimensionen wesentlich mehr Möglichkeiten. Viele Beispiele für $\mathbb{B}$ lassen sich wie folgt beschreiben:

Definition:

Lässt sich $\mathbb{B}$ schreiben als $\mathbb{B} = \{(x, y) \in \mathbb{R}^2 \mid a \le x \le b \text{ und } g(x) \le y \le h(x)\}$ oder

$$\mathbb{B} = \{(x, y) \in \mathbb{R}^2 \mid a \le y \le b \text{ und } g(y) \le x \le h(y)\} \text{ mit auf}$$

$[a,b]$ stetigen Funktionen g und h, so heißt $\mathbb{B}$ *Normalbereich*.

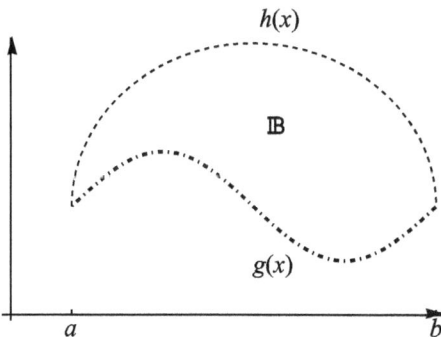

Bild 8.6.2: Normalbereich $\mathbb{B}$ bezüglich kartesischer Koordinaten

Viele in der Praxis vorkommende Integrationsbereiche lassen sich auf diese Art beschreiben. Damit lässt sich das Doppelintegral nun einfacher berechnen:

Satz:

Ist $\mathbb{B}$ ein Normalbereich und $f(x,y)$ stetig auf $\mathbb{B}$, so ist

$$\int_{\mathbb{B}} f \, db = \int_a^b \int_{g(x)}^{h(x)} f(x,y)\,dy\,dx \quad \text{bzw.} \quad \int_{\mathbb{B}} f \, db = \int_a^b \int_{g(y)}^{h(y)} f(x,y)\,dx\,dy$$

je nachdem, wie $\mathbb{B}$ als Normalbereich beschrieben ist.

Auf diese Weise wird die Berechnung eines Doppelintegrals auf die Auswertung zweier eindimensionaler Integrale zurückgeführt.

Die Berechnung muss dabei stets „von innen nach außen", also im ersten Fall beginnend mit der Integration bezüglich y in von x abhängigen Grenzen (bei festgehaltenem x) durchgeführt werden; danach erfolgt die Integration des nun nur noch von x abhängigen Ausdrucks bezüglich x in festen Grenzen. Bei der Wahl der Integrationsreihenfolge ist stets darauf zu achten, dass die in der Beschreibung von $\mathbb{B}$ gegebenen festen Grenzen beim äußeren Integral stehen.

Nur im Spezialfall, dass $\mathbb{B}$ ein *achsenparalleles Rechteck* darstellt, also dass

$$\mathbb{B} = \{(x,y) \in \mathbb{R}^2 \mid a \leq x \leq b \text{ und } c \leq y \leq d\}$$

mit festen Werten $a < b$ und $c < d$ aus $\mathbb{R}$ ist, ist die Integrationsreihenfolge beim Doppelintegral beliebig.

Für manche Integrationsbereiche, insbesondere für ring- oder kreisförmige Gebilde, ist eine Beschreibung als Normalbereich mit kartesischen Koordinaten schwierig oder unmöglich. Unter Benutzung von (r, φ) bezeichnet man eine Teilmenge $\mathbb{B} \subseteq \mathbb{R}^2$ als *Normalbereich bezüglich Polarkoordinaten*, wenn

$$\mathbb{B} = \left\{ (r\cos\varphi, r\sin\varphi) \in \mathbb{R}^2 \mid \varphi_1 \leq \varphi \leq \varphi_2 \text{ und } g(\varphi) \leq r \leq h(\varphi) \right\} \text{ oder}$$

$$\mathbb{B} = \left\{ (r\cos\varphi, r\sin\varphi) \in \mathbb{R}^2 \mid r_1 \leq r \leq r_2 \text{ und } g(r) \leq \varphi \leq h(r) \right\}$$

mit stetigen Funktionen g und h ist.

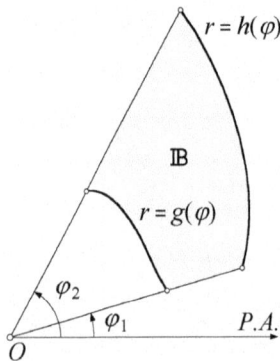

Bild 8.6.3: Normalbereich $\mathbb{B}$ bezüglich Polarkoordinaten

Für die Integration wird der sogenannte Transformationssatz, auf den im Zusammenhang mit Dreifachintegralen noch genauer eingegangen wird, benutzt; es gilt der

Satz:

> Ist $\mathbb{B}$ ein Normalbereich bezüglich Polarkoordinaten und $f(x, y)$ stetig auf $\mathbb{B}$, so ist
>
> $$\int_{\mathbb{B}} f \, db = \int_{\varphi_1}^{\varphi_2} \int_{g(\varphi)}^{h(\varphi)} f(r\cos\varphi, r\sin\varphi) \cdot r \, dr \, d\varphi$$
>
> bzw. $\qquad \int_{\mathbb{B}} f \, db = \int_{r_1}^{r_2} \int_{g(r)}^{h(r)} f(r\cos\varphi, r\sin\varphi) \cdot r \, d\varphi \, dr \,,$
>
> je nachdem, wie $\mathbb{B}$ als Normalbereich beschrieben ist.

Ein besonders wichtiges Anwendungsbeispiel für dieses Vorgehen ist das folgende:

Mittels Polarkoordinaten erhält man $\int_{\mathbb{R}^2} e^{-(x^2+y^2)} \, db = \pi$, andererseits mittels kartesischen Ko-

ordinaten $\int_{\mathbb{R}^2} e^{-(x^2+y^2)} \, db = \int_{-\infty}^{\infty} \int_{-\infty}^{\infty} e^{-x^2} e^{-y^2} \, dx \, dy = I^2$, wobei $I = \int_{-\infty}^{\infty} e^{-x^2} \, dx$ gesetzt wurde.

Insgesamt ist also $\int_{-\infty}^{\infty} e^{-x^2} \, dx = \sqrt{\pi}$, ein Wert, der bei der Normierung des GAUSSschen Fehler-

integrals in der Wahrscheinlichkeitstheorie (siehe dazu Abschnitt 15.6) benutzt wird.

Dreifachintegrale

Die Definition mittels RIEMANNscher Summe ist völlig analog zum Fall $n = 2$; bei der Übertragung ist lediglich „Flächeninhalt" durch „Rauminhalt" zu ersetzen. Im Gegensatz zum Doppelintegral, das man sich für positive Funktionen f als Volumen vorstellen kann, lässt sich das Dreifachintegral nicht mehr anschaulich interpretieren. Die Anwendungen – insbesondere in der Physik (Schwerpunkte oder Trägheitsmomente) – sind jedoch vielfältig. Wie im zweidimensionalen Fall erfolgt die praktische Rechnung mittels Normalbereichen.

Definition:

> Lässt sich $\mathbb{B}$ schreiben als
>
> $$\mathbb{B} = \{(x, y, z) \in \mathbb{R}^3 \mid a \leq x \leq b \text{ und } g_1(x) \leq y \leq g_2(x) \text{ und } h_1(x,y) \leq z \leq h_2(x,y)\}$$
>
> mit stetigen Funktionen g_i und h_i, so heißt $\mathbb{B}$ *Normalbereich* des $\mathbb{R}^3$.

Wie im Falle $n = 2$ können auch hier die Variablen die Rollen tauschen, dafür gibt es jetzt insgesamt sechs Möglichkeiten.

Die Berechnung des Dreifachintegrals erfolgt mit dem

Satz:

Ist $\mathbb{B}$ ein Normalbereich und $f(x, y, z)$ stetig auf $\mathbb{B}$, so ist

$$\int_{\mathbb{B}} f \, db = \int_a^b \int_{g_1(x)}^{g_2(x)} \int_{h_1(x,y)}^{h_2(x,y)} f(x, y, z) dz \, dy dx$$

je nachdem, wie $\mathbb{B}$ als Normalbereich beschrieben ist.

Auch hier erfolgt wieder die Auswertung der Integrale von innen nach außen. In den fünf anderen Fällen der Normalbereichsbeschreibung ändert sich die Reihenfolge der Integrationen entsprechend.

Manchmal ist es günstiger, zur Beschreibung des Integrationsbereiches oder zur Berechnung des Integrals eine Koordinatentransformation vorzunehmen, etwa auf Zylinder- oder Kugelkoordinaten.

Lassen sich die kartesischen Koordinaten (x, y, z) etwa durch (u, v, w) über

$$x = T_1(u,v,w) , \quad y = T_2(u,v,w) , \quad z = T_3(u,v,w)$$

ausdrücken und ist $\mathbf{J}(u,v,w)$ die JACOBI-Matrix von $\mathbf{T} = (T_1, T_2, T_3)$, so gilt – als Verallgemeinerung der Substitutionsregel – der

Transformationssatz:

$$\iiint_{\mathbb{B}} f(x, y, z) dx dy dz = \iiint_{\mathbb{S}} f(\mathbf{T}(u,v,w)) | \det(\mathbf{J}(u,v,w)) | du dv dw \text{, wobei } \mathbf{T} \text{ den Bereich}$$

$\mathbb{S}$ bijektiv auf $\mathbb{B}$ abbildet.

Verwendet man etwa Zylinderkoordinaten (r, φ, z), so heißt $\mathbb{B}$ ein Normalbereich bezüglich Zylinderkoordinaten, wenn er sich schreiben lässt als

$$\mathbb{B} = \{ (r \cos \varphi, r \sin \varphi, z) \in \mathbb{R}^3 \mid a \le r \le b \text{ und } g_1(r) \le \varphi \le g_2(r) \text{ und } h_1(r, \varphi) \le z \le h_2(r, \varphi) \}$$

mit stetigen Funktionen g_i und h_i. Ein Rollentausch der Variablen (r, φ, z) ist wie oben möglich. Damit gilt für jede auf $\mathbb{B}$ stetige Funktion $f(x, y, z)$:

$$\int_{\mathbb{B}} f \, db = \int_a^b \int_{g_1(r)}^{g_2(r)} \int_{h_1(r,\varphi)}^{h_2(r,\varphi)} f(r \cos \varphi, r \sin \varphi, z) \cdot r dz \, d\varphi dr$$

Auch wenn man – etwa bei einem anders beschriebenen $\mathbb{B}$ – eine andere Integrationsreihenfolge als obige hat, erhält der Integrand aufgrund des Transformationssatzes bei Benutzung von Zylinderkoordinaten stets den gleichen Faktor r.

Bei Benutzung der Kugelkoordinaten

$$x = r \cos \varphi \cos \psi \, , \, y = r \sin \varphi \cos \psi \, , \, z = r \sin \psi$$

ergibt sich aufgrund des Transformationssatzes der zusätzliche Faktor $r^2 \cos \psi$ im Integranden.

9 Gewöhnliche Differentialgleichungen

9.1 Grundlagen

Definition:

Eine Gleichung, in der eine oder mehrere Ableitungen von y nach x stehen und in der außerdem x oder y (oder beide) vorkommen können, heißt eine (*gewöhnliche*) *Differentialgleichung* [1] (abgekürzt Dgl) für die gesuchte Funktion $y(x)$.

Die höchste darin vorkommende Ableitungsordnung heißt *Ordnung* der Dgl.

Indem man alle Terme auf eine Seite bringt, lässt sich jede Dgl n-ter Ordnung schreiben als
$$\Phi(x, y, y', \ldots, y^{(n)}) = 0; \qquad \textbf{(I)}$$

dies ist die *implizite Form* der Dgl.

Häufig gelingt es, diese nach der höchsten vorkommenden Ableitung aufzulösen. Die dann entstehende Form $y^{(n)} = \varphi(x, y, y', \ldots, y^{(n-1)})$ $\qquad \textbf{(E)}$

nennt man die *explizite Form* der Dgl.

Sind für eine Dgl n-ter Ordnung an einer Stelle x_0 des Definitionsbereichs der gesuchten Funktion der Funktionswert und die Werte aller Ableitungen bis einschließlich der $(n-1)$-ten vorgeschrieben, so heißen diese n Gleichungen *Anfangsbedingungen* für y.

Eine Dgl mit Anfangsbedingungen heißt *Anfangswertaufgabe* oder *Anfangswertproblem* (abgekürzt AWP).

---

[1] Hängt y nicht nur von einer Variablen x, sondern von mehreren unabhängigen Veränderlichen ab, so ergeben sich gemäß 8.3 statt der üblichen die partiellen Ableitungen für y. Auf solche Weise entstehen *partielle Differentialgleichungen*; eine kurze Einführung in deren Behandlung erfolgt im nächsten Kapitel.

https://doi.org/10.1515/9783110537161-177

Definition:

Eine Lösung einer gegebenen Dgl, die so viele frei wählbare Parameter enthält wie die Ordnung angibt, heißt *allgemeine Lösung* der Dgl.

Eine Lösung einer Dgl, die die Anfangsbedingung(en) erfüllt, heißt *spezielle* oder *besondere Lösung* der Anfangswertaufgabe.

Besonders wichtig für viele Anwendungen sind **lineare Differentialgleichungen**:

Definition:

(i)   Eine Differentialgleichung der Gestalt

$$a_n(x)y^{(n)} + a_{n-1}(x)y^{(n-1)} + \cdots + a_1(x)y' + a_0(x)y = r(x) \quad (\text{mit } a_n(x) \neq \text{Nullfunktion})$$

heißt *lineare Differentialgleichung n-ter Ordnung* (LDn).

Die $a_i(x)$ heißen *Koeffizienten(funktionen)*, die Funktion $r(x)$ *Störfunktion* oder *Störglied* oder *rechte Seite* der (LDn).

(ii)   Sind die $a_i(x)$ konstant, so spricht man von einer *linearen Differentialgleichung mit konstanten Koeffizienten* (LDKn).

(iii) Ist $r(x) \equiv 0$, so heißt die (LDn) *homogen*, ansonsten *inhomogen*.

Für die Lösungen linearer Differentialgleichungen gelten die gleichen Aussagen – sinngemäß übertragen – wie für lineare Gleichungssysteme (vgl. Abschnitt 2.3):

Satz zur Lösbarkeit linearer Differentialgleichungen:

(i)   Sind y_1 und y_2 Lösungen einer <u>homogenen</u> (LDn), so ist für beliebige $\alpha, \beta \in \mathbb{R}$ auch $y = \alpha y_1 + \beta y_2$ eine Lösung der Dgl.

(ii)   Ist y_p eine spezielle Lösung einer inhomogenen (LDn) und ist y_h eine beliebige Lösung der zugehörigen homogenen Dgl, so ist auch $y = y_p + y_h$ eine Lösung der inhomogenen (LDn).

(iii) Sind y_p und y_q Lösungen der gleichen inhomogenen (LDn), so ist $y = y_p - y_q$ eine Lösung der zugehörigen homogenen Dgl.

Um die allgemeine Lösung einer inhomogenen (LDn) zu erhalten, bestimmt man zunächst die Lösungsgesamtheit $\mathbb{H}$ der zugehörigen homogenen Dgl (einen n-dimensionalen Unterraum des Vektorraums aller n-mal differenzierbaren Funktionen); dann beschafft man sich (z.B. durch einen passenden Ansatz) eine spezielle Lösung y_p der inhomogenen (LDn); durch

$$y_p + \mathbb{H} = \{y_p + y_h \mid y_h \in \mathbb{H}\}$$

ist die Lösungsgesamtheit der inhomogenen (LDn) – mit n frei wählbaren Parametern – gegeben.

Die Frage nach der **Existenz einer Lösung einer Anfangswertaufgabe** beantwortet der

Satz von PICARD-LINDELÖF:

Gegeben sei ein Anfangswertproblem n-ter Ordnung

durch die Differentialgleichung $\quad y^{(n)} = f(x, y, y', \cdots, y^{(n-1)})$

und die Anfangsbedingungen $\quad y(x_0) = y_0, \; y'(x_0) = y_1, \cdots, y^{(n-1)}(x_0) = y_{n-1}$.

Ferner sei die Funktion $f(u_1, u_2, \cdots, u_{n+1})$ der $n+1$ Veränderlichen, die die rechte Seite der Dgl beschreibt, stetig in $(x_0, y_0, \cdots, y_{n-1})$.

Falls $f(u_1, u_2, \cdots, u_{n+1})$ an der Stelle $(x_0, y_0, \cdots, y_{n-1})$ stetig partiell differenzierbar nach $u_2, u_3, \cdots, u_{n+1}$ ist, existiert eine in einer Umgebung von x_0 definierte eindeutig bestimmte Lösung des Anfangswertproblems.

Die Voraussetzung über die Stetigkeit der partiellen Ableitungen kann durch die etwas schwächere **LIPSCHITZ-Bedingung** ersetzt werden:

Gibt es eine Konstante L (die sogenannte LIPSCHITZ-*Konstante*) derart, dass

$$| f(x, \mathbf{y}) - f(x, \overline{\mathbf{y}}) | \le L \|\mathbf{y} - \overline{\mathbf{y}}\| \quad \forall (x, \mathbf{y}), (x, \overline{\mathbf{y}}) \in R$$

gilt, so ist die gegebene Anfangswertaufgabe eindeutig lösbar. Dabei bezeichnet R ein $(x_0, y_0, \cdots, y_{n-1})$ enthaltendes Rechteck im $\mathbb{R}^{n+1}$ (das ist ein kartesisches Produkt von Intervallen).

Üblicherweise bestimmt man bei der Lösung einer Anfangswertaufgabe n-ter Ordnung zunächst die allgemeine Lösung der Dgl, um dann durch Einsetzen der n Anfangsbedingungen die n frei wählbaren Parameter zu bestimmen. Nur bei numerischen Lösungen (siehe Kapitel 14) oder bei Benutzung der LAPLACE-Transformation (siehe Kapitel 12) ermittelt man sofort die Lösung des Anfangswertproblems.

Genauso geht man bei der Behandlung sogenannter **Randwertaufgaben** vor, auf die in 9.6 noch näher eingegangen wird. Allerdings ist hier nicht immer die eindeutige Lösbarkeit gegeben; Randwertprobleme können unlösbar oder mehrdeutig lösbar sein, selbst wenn die allgemeine Lösung der Differentialgleichung bekannt ist.

In den folgenden beiden Abschnitten werden zunächst die wichtigsten Lösungsmethoden zur Bestimmung der allgemeinen Lösung einer Differentialgleichung vorgestellt.

9.2   Differentialgleichungen erster Ordnung

1. Separierbare Dgl: $y' = g(x) \cdot h(y)$

Man ersetze $y' = \dfrac{dy}{dx}$ und führe eine *Trennung der Variablen* (TdV) durch, indem man x-

und y-Terme auf verschiedene Seiten sortiert ($\dfrac{dy}{dx}$ wird wie ein Bruch behandelt):

$$\frac{dy}{h(y)} = g(x) \cdot dx$$

Durch formales unbestimmtes Integrieren dieser Gleichung erhält man

$$\tilde{H}(y) = G(x) + C ,$$

wobei $\tilde{H}(y)$ eine Stammfunktion von $\dfrac{1}{h(y)}$, $G(x)$ eine von $g(x)$ und C eine beliebige

reelle Konstante ist.

Gegebenenfalls lässt sich die letzte Gleichung nach y auflösen, wodurch man die allgemeine Lösung der separierbaren Dgl mit C als frei wählbarem Parameter erhält.

Bemerkung: Das Verfahren lässt sich auch anwenden, wenn die rechte Seite der Dgl (in expliziter Form) nur von x oder nur von y abhängt, also $h(y) \equiv 1$ bzw. $g(x) \equiv 1$ ist.

2. Homogene Dgl: $y' = h\left(\dfrac{y}{x}\right)$

Durch die Substitution $u = \dfrac{y}{x}$ bzw. $y = u \cdot x$ erhält man aus der gegebenen Dgl für $y(x)$

eine Dgl für $u(x)$, nämlich $u' \cdot x + u = h(u) ,$

oder durch Auflösen nach u': $u' = \dfrac{h(u) - u}{x} .$

Auf diese ist das in **1.** beschriebene Verfahren (TdV) anwendbar; aus der gefundenen Lösung $u(x)$ erhält man durch die Resubstitution $y = x \cdot u(x)$ die allgemeine Lösung der Dgl.

3. Durch lineare Substitution lösbar: $y' = h(ax + by + c)$ $(a, b, c \in \mathbb{R}, b \neq 0)$

Durch die lineare Substitution $u = ax + by + c$ erhält man aus der gegebenen Dgl für

$y(x)$ eine Dgl für $u(x)$, nämlich $\dfrac{u' - a}{b} = h(u) ,$

oder durch Auflösen nach u': $u' = b \cdot h(u) + a$.

Auf diese ist das in **1.** beschriebene Verfahren (TdV) anwendbar; aus der gefundenen Lösung

$u(x)$ erhält man durch die Resubstitution $y = \dfrac{1}{b}(u(x) - ax - c)$ die allgemeine Lösung der

gegebenen Dgl.

4. Durch mehrere Substitutionen: $y' = h\left(\dfrac{ax + by + c}{px + qy + r} \right)$

a) Bei $\begin{pmatrix} c \\ r \end{pmatrix} = \begin{pmatrix} 0 \\ 0 \end{pmatrix}$ kürzt man den Bruch im Argument von h durch x; es ergibt sich eine Dgl

der Form $y' = \tilde{h}\left(\dfrac{y}{x} \right)$, was mittels **2.** gelöst werden kann.

b) Ist $\det\begin{pmatrix} a & b \\ p & q \end{pmatrix} = 0$, so gibt es ein $\lambda \in \mathbb{R}$ mit $(p,q) = \lambda \cdot (a,b)$.

Die Umformung

$$y' = h\left(\frac{ax + by + c}{px + qy + r} \right) = h\left(\frac{ax + by + c}{\lambda(ax + by + c) + r - \lambda c} \right) = \tilde{h}(ax + by + c)$$

führt zu einer Dgl, die mittels **3.** lösbar ist.

c) Ist $\begin{pmatrix} c \\ r \end{pmatrix} \neq \begin{pmatrix} 0 \\ 0 \end{pmatrix}$ und $\det\begin{pmatrix} a & b \\ p & q \end{pmatrix} \neq 0$, so besitzt das LGS $\begin{pmatrix} a & b \\ p & q \end{pmatrix} \cdot \begin{pmatrix} \alpha \\ \beta \end{pmatrix} = -\begin{pmatrix} c \\ r \end{pmatrix}$ eine eindeu-

tig bestimmte vom Nullvektor verschiedene Lösung $\begin{pmatrix} \alpha \\ \beta \end{pmatrix}$. Damit führe man die Substitution

$$x = u + \alpha, \, y = v + \beta$$

und erhält wegen $\dfrac{\mathrm{d}y}{\mathrm{d}x} = \dfrac{\mathrm{d}v}{\mathrm{d}u}$ eine Dgl für $v(u)$:

$$\frac{\mathrm{d}v}{\mathrm{d}u} - h\left(\frac{au + bv}{pu + qv} \right) = \tilde{h}\left(\frac{v}{u} \right)$$

Diese wird gemäß **2.** gelöst. Durch mehrere Resubstitutionen erhält man schließlich die gesuchte allgemeine Lösung $y(x)$.

5. Lineare Dgl erster Ordnung: $\qquad a_1(x)y' + a_0(x)y = r(x)$

<u>1. Schritt</u>: **Lösung der homogenen Dgl**

Auf $a_1(x)y' + a_0(x)y = 0$, also $y' = -\dfrac{a_0(x)}{a_1(x)} \cdot y$, lässt sich (TdV) aus **1.** anwenden:

Ist $A(x)$ eine Stammfunktion von $\dfrac{a_0(x)}{a_1(x)}$ und C eine beliebige reelle Konstante, so ist

$$y_h = C \cdot e^{-A(x)}$$

die allgemeine Lösung der homogenen linearen Dgl.

<u>2. Schritt</u>: **Bestimmung einer speziellen Lösung der inhomogenen Dgl**

Mit der allgemeinen Lösung y_h der homogenen Dgl führt man eine *Variation der Konstanten* durch: Man macht dazu den Ansatz $y_p = C(x) \cdot e^{-A(x)}$ und setzt diesen zur Bestimmung der unbekannten Funktion $C(x)$ in die inhomogene Dgl ein und erhält:

$$C'(x) = \frac{r(x) \cdot e^{A(x)}}{a_1(x)}$$

Durch direkte Integration erhält man hieraus $C(x)$ und damit eine spezielle Lösung y_p der inhomogenen Dgl.

<u>3. Schritt</u>: **Allgemeine Lösung der inhomogenen Dgl**

Diese ergibt sich als $y = y_h + y_p$ aus den Ergebnissen der vorherigen Schritte.

<u>Bemerkung</u>: Hängen a_0 und a_1 nicht von x ab, sondern sind konstant, so ist es einfacher, das im nächsten Abschnitt beschriebene Verfahren für lineare Differentialgleichungen mit konstanten Koeffizienten anzuwenden.

6. BERNOULLIsche Dgl: $\qquad y' + f(x)y - y^m g(x) = 0$

Für $m = 1$ ist dies eine homogene lineare Dgl, ihre allgemeine Lösung erhält man mittels (TdV); für $m \neq 1$ führe man die Substitution $z = y^{1-m}$ durch.

Wegen $y = z^{\frac{1}{1-m}}$, also $y' = \dfrac{1}{1-m} \cdot z^{\frac{m}{1-m}} \cdot z'$, erhält man für $z(x)$ die Dgl

$$z' + (1-m)f(x)z - (1-m)g(x) = 0,$$

eine im Allgemeinen inhomogene lineare Dgl, die mittels **5.** gelöst wird.

7. RICCATISche Dgl :
$$y' = g_0(x) + g_1(x)y + g_2(x)y^2$$

Diese lässt sich im Allgemeinen nicht in geschlossener Form lösen. Hat man jedoch – zum Beispiel durch Raten – eine spezielle Lösung y_p der Dgl, so erhält man die allgemeine Lösung y durch Einführen einer Funktion $u(x) := y(x) - y_p(x)$ wie folgt:

$u(x)$ ist allgemeine Lösung der Dgl
$$u' = (g_1(x) + 2g_2(x)y_p(x)) \cdot u + g_2(x) \cdot u^2,$$

einer BERNOULLIschen Dgl mit $m = 2$, die sich mit der Substitution $z = \dfrac{1}{u}$ (vgl. **6.**) lösen lässt.

8. Exakte Dgl:
$$y' = -\frac{P(x, y)}{Q(x, y)}$$

Durch Einführung der Differentialschreibweise lässt sich dies umformen zu:
$$P(x, y) \cdot dx + Q(x, y) \cdot dy = 0$$

Ist nun $P(x, y) = \dfrac{\partial F}{\partial x}$ und $Q(x, y) = \dfrac{\partial F}{\partial y}$ einer Funktion $F(x, y)$, so bedeutet die letzte Gleichung, dass das vollständige Differential von F überall gleich 0 ist, $F(x, y)$ also konstant sein muss.

Durch $F(x, y) = C$ ist mit beliebigem $C \in \mathbb{R}$ die allgemeine Lösung $y(x)$ implizit gegeben (vgl. hierzu Abschnitt 8.5). Ist zusätzlich eine Anfangsbedingung $y(x_0) = y_0$ gegeben, so erhält man mit $C_0 = F(x_0, y_0)$ durch Auflösen nach y von $F(x, y) = C_0$ die Lösung der Anfangswertaufgabe.

<u>Zur Existenz der Funktion $F(x, y)$</u>: Im Kapitel 11 wird gezeigt, dass bei differenzierbaren Funktionen P und Q dazu $\dfrac{\partial P}{\partial y} = \dfrac{\partial Q}{\partial x}$ sein muss. Gilt obige *Integrabilitätsbedingung* etwa auf einem Rechteck, so muss $F(x, y)$ existieren. Wie man dieses $F(x, y)$, eine sogenannte *Stammfunktion* eines Vektorfelds, bestimmt, wird ebenfalls in Kapitel 11 behandelt.

9.3 Lineare Differentialgleichungen mit konstanten Koeffizienten

Wie im ersten Abschnitt dieses Kapitels bereits ausgeführt, erfolgt die Lösung der gegebenen linearen Dgl mit konstanten Koeffizienten in drei Schritten.

$$a_n y^{(n)} + a_{n-1} y^{(n-1)} + \cdots + a_1 y' + a_0 y = r(x) \text{ mit } a_k \in \mathbb{R},\ a_n \neq 0$$

Zunächst wird y_h, die allgemeine Lösung der zugehörigen homogenen Dgl, bestimmt; dann beschafft man sich eine spezielle Lösung der inhomogenen Dgl; im letzten Schritt addiert man diese beiden zur allgemeinen Lösung der inhomogenen Dgl.

1. Schritt: **Allgemeine Lösung der homogenen Dgl**

Mit unbekanntem $\lambda \in \mathbb{C}$ setzt man den Ansatz $y = e^{\lambda x}$ in die homogene Dgl ein und erhält

$$a_n \lambda^n + a_{n-1}\lambda^{n-1} + \cdots + a_1\lambda + a_0 = 0 . \quad \text{(C)}$$

(C) heißt die *charakteristische Gleichung* der (LDKn); sie ist eine algebraische Gleichung n-ten Grades und entsteht dadurch, dass $y^{(k)}$ durch λ^k ersetzt wird. Offensichtlich gilt:

λ_0 ist Lösung von (C) $\Leftrightarrow$ $e^{\lambda_0 x}$ ist Lösung der homogenen (LDKn)

Als Gleichung n-ten Grades hat (C) in $\mathbb{C}$ genau n (nicht unbedingt verschiedene) Lösungen.

Ist λ_0 eine Lösung von (C), so können folgende vier Fälle eintreten:

1. λ_0 ist einfache reelle Lösung: Diese korrespondiert mit der einen Lösung $e^{\lambda_0 x}$ der (LDKn).

2. λ_0 ist r-fache reelle Lösung: Dies führt zu den r linear unabhängigen Lösungen $e^{\lambda_0 x}, x e^{\lambda_0 x}, \cdots, x^{r-1} e^{\lambda_0 x}$ der (LDKn).

3. λ_0 ist einfache komplexe Lösung: Da (C) nur reelle Koeffizienten besitzt, ist dann auch $\overline{\lambda}_0 = \alpha - i\beta$ Lösung von (C). Die beiden komplexen Lösungen führen zusammen zu den zwei linear unabhängigen reellen Lösungen $e^{\alpha x} \cos \beta x$ und $e^{\alpha x} \sin \beta x$.

4. λ_0 ist r-fache komplexe Lösung: Dann gilt dies auch für $\overline{\lambda}_0 = \alpha - i\beta$. Damit führen die insgesamt $2r$ komplexen Lösungen von (C) gemeinsam zu $2r$ reellen Lösungen, nämlich:
$$e^{\alpha x} \cos \beta x, x e^{\alpha x} \cos \beta x, \cdots, x^{r-1} e^{\alpha x} \cos \beta x, e^{\alpha x} \sin \beta x, x e^{\alpha x} \sin \beta x, \cdots, x^{r-1} e^{\alpha x} \sin \beta x$$

Da außerdem für verschiedene λ_0, λ_1 die Lösungen $e^{\lambda_0 x}$ und $e^{\lambda_1 x}$ linear unabhängig sind, erhält man also auf diese Weise stets n linear unabhängige Lösungen $y_1, \ldots, y_n$ der Dgl;

$$y_h = \sum_{i=1}^{n} C_i y_i \qquad \text{ist also die allgemeine Lösung der homogenen (LDKn).}$$

2. Schritt: **Bestimmung einer speziellen Lösung der inhomogenen Dgl**

Wie bei einer linearen Differentialgleichung erster Ordnung könnte man auch hier bei der im 1. Schritt gefundenen allgemeinen Lösung der homogenen Gleichung eine Variation der n Konstanten durchführen (sehr rechenintensiv!).

Wegen der konstanten Koeffizienten führt jedoch ein **direkter Ansatz** schneller zum Ziel. Je nach Aussehen des Störglieds $r(x)$ wird dabei eine spezielle Lösung y_p mit unbekannten Parametern in die inhomogene Dgl eingesetzt mit dem Ziel, diese Parameter zu bestimmen.

Gegebenes Störglied: $r(x) = e^{\alpha x} \cdot \sum\limits_{i=0}^{k} \beta_i x^i$ (mit $\alpha \in \mathbb{C}\,(\mathbb{R})$, $\beta_i \in \mathbb{R}$, $k \in \mathbb{N}$ gegeben)

Ansatz für Lösung: $y_p(x) = x^q e^{\alpha x} \cdot \sum\limits_{i=0}^{k} B_i x^i$ (mit α und k wie in $r(x)$)

q gibt an, eine wievielfache Lösung α von (C) ist (häufig $q = 0$); die B_i werden nach Einsetzen in die Dgl mittels Koeffizientenvergleich bestimmt.

Obiger allgemeiner Ansatz enthält insbesondere folgende häufig vorkommende **Spezialfälle**:

1. Ist $r(x)$ ein Polynom vom Grade k, so ist $y_p(x)$ ein Polynom vom gleichen Grade.

Ausnahme: Fehlen in der Dgl die Ableitungsordnungen $0, \ldots, q-1$, so muss der Polynomansatz für $y_p(x)$ mit x^q multipliziert werden.

2. Ist $r(x) = \beta \cdot e^{\alpha x}$, so führt der Ansatz $y_p(x) = B \cdot e^{\alpha x}$ zum Ziel.

Ausnahme: Ist $y_p(x) = B \cdot e^{\alpha x}$ selbst Lösung der homogenen Dgl (also α Lösung von (C)), so muss der Ansatz zu $y_p(x) = Bx e^{\alpha x}$ modifiziert werden; löst auch dieser Ausdruck die homogene (LDKn), so nimmt man $y_p(x) = Bx^2 e^{\alpha x}$ usw., allgemein:

Ist α q-fache Lösung von (C), so liefert der Ansatz $y_p(x) = Bx^q e^{\alpha x}$ eine spezielle Lösung der inhomogenen Dgl.

3. Ist $r(x) = \beta_1 \cos \omega x + \beta_2 \sin \omega x$, so führt der Ansatz $y_p(x) = B_1 \cos \omega x + B_2 \sin \omega x$ zum Ziel. Dieser Ansatz (mit cos- und sin-Funktion!) muss auch dann genommen werden, wenn $r(x)$ nur einen der beiden Terme enthält.

Ist $r(x) = \beta \cos(\omega x + \gamma)$ oder $r(x) = \beta \sin(\omega x + \gamma)$, so muss für die Durchführung des Koeffizientenvergleichs $r(x)$ zunächst in die Form $\beta_1 \cos \omega x + \beta_2 \sin \omega x$ (mittels Additionstheorem) umgerechnet werden.

Ausnahme: Ist $y_p(x) = B_1 \cos \omega x + B_2 \sin \omega x$ selbst Lösung der homogenen (LDKn) (also wenn $\pm i\omega$ Lösung von (C) ist), so muss wie bei **2.** der Ansatz mit entsprechenden Potenzen von x multipliziert werden, er lautet dann:

$$y_p(x) = B_1 x^q \cos \omega x + B_2 x^q \sin \omega x \text{, wenn } \pm i\omega \text{ } q\text{-fache Lösung von (C) ist.}$$

Manchmal ist es praktischer, ein gegebenes Störglied $r(x)$ additiv zu zerlegen und getrennt spezielle inhomogene Teillösungen zu bestimmen. Ist nämlich $r(x) = r_1(x) + r_2(x)$ und $y_{pi}(x)$ eine spezielle Lösung der inhomogenen Dgl mit der rechten Seite $r_i(x)$, so ist $y_p(x) = y_{p1}(x) + y_{p2}(x)$ eine spezielle Lösung der gegebenen (LDKn) mit dem Störglied $r(x)$.

3. Schritt: Allgemeine Lösung der inhomogenen Dgl

Die allgemeine Lösung der inhomogenen (LDKn) ist nun $y = y_h + y_p$.

Sind zusätzlich Anfangsbedingungen $y(x_0) = y_0$, $y'(x_0) = y_1, \cdots, y^{(n-1)}(x_0) = y_{n-1}$ gegeben, so werden diese nun (nicht früher!) in die allgemeine Lösung y eingesetzt.

Es folgt unmittelbar aus dem Satz von PICARD-LINDELÖF, dass für eine lineare Dgl mit konstanten Koeffizienten **jedes Anfangswertproblem eindeutig lösbar** ist – egal, welche Anfangswerte man an welcher Stelle vorschreibt.

9.4 Lineare Differentialgleichungen mit variablen Koeffizienten

Sind die Koeffizienten in der gegebenen (LDn)

$$a_n(x)y^{(n)} + a_{n-1}(x)y^{(n-1)} + \ldots + a_1(x)y' + a_0(x)y = r(x)$$

nicht konstant, so kann weder das Verfahren mit der charakteristischen Gleichung (C) zur Bestimmung der allgemeinen Lösung der homogenen Dgl noch das Ansatzverfahren zur Gewinnung einer speziellen Lösung der inhomogenen Dgl (beide aus Abschnitt 9.3) angewandt werden.

Aus dem Satz von PICARD-LINDELÖF folgt unmittelbar, dass ein Anfangswertproblem mit obiger (LDn) und Anfangswerten an der Stelle x_0 bereits dann in einer Umgebung von x_0 eindeutig lösbar ist, wenn $r(x)$ und alle $a_i(x)$ stetig sind und $a_n(x_0) \neq 0$ ist. x_0 heißt dann *regulärer Punkt*.

Sind darüber hinaus alle Funktionen in einer Umgebung von x_0 analytisch (häufig sind die $a_i(x)$ Polynome), so ist auch die Lösung y analytisch, lässt sich also in eine Potenzreihe um x_0 entwickeln.

Zur Gewinnung der Lösung setzt man also den **Potenzreihenansatz** $y = \sum_{k=0}^{\infty} c_k(x - x_0)^k$ in die (LDn) ein. Durch Koeffizientenvergleich erhält man so eine Rekursionsgleichung für die unbekannten Konstanten c_k (für $k \geq n$). Mit beliebigen $c_0, \cdots, c_{n-1} \in \mathbb{R}$ ist dies die allgemeine Lösung der (LDn).

Durch Einsetzen der Anfangsbedingungen $y^{(i)}(x_0) = y_i$ in den Potenzreihenansatz erhält man für die ersten n Koeffizienten $c_i = \dfrac{y_i}{i!}$ als Startwerte der Rekursion, insgesamt also die Lösung des Anfangswertproblems.

Der Konvergenzradius der so ermittelten Potenzreihe ist mindestens so groß wie der kleinste der in der Dgl (nach Normierung des führenden Koeffizienten auf 1) vorkommenden Funktionen.

Durch einen Potenzreihenansatz werden einige für die Anwendung wichtige Differentialgleichungen gelöst, etwa:

1. Die AIRYsche Differentialgleichung : $\qquad y'' - xy = 0$

Diese tritt bei Problemen der Lichtintensität oder in der Theorie der Beugung von Radiowellen an der Erdoberfläche auf.

Ihre allgemeine Lösung lässt sich durch eine Potenzreihe um 0 (Konvergenzradius $\rho = \infty$) in der Form $y = \sum_{k=0}^{\infty} c_k x^k$ darstellen, wobei für die Koeffizienten

$$c_2 = 0 \text{ und } c_{k+2} = \frac{c_{k-1}}{(k+1)(k+2)} \text{ für } k \in \mathbb{N}^+$$

gilt. Bei frei wählbaren c_0 und c_1 ergibt sich daraus mit $l \in \mathbb{N}^+$:

$$c_{3l} = \frac{c_0}{2 \cdot 5 \cdot 8 \cdots (3l-1) \cdot 3^l \cdot l!}$$

$$c_{3l+1} = \frac{c_1}{4 \cdot 7 \cdot 10 \cdots (3l+1) \cdot 3^l \cdot l!}$$

$$c_{3l-1} = 0$$

2. Die HERMITEsche Differentialgleichung: $\qquad y'' - 2xy' + \lambda y = 0$

Diese tritt u.a. in der Quantentheorie bei der Beschreibung von Molekülschwingungen auf.

Auch hier lässt sich ihre allgemeine Lösung durch eine Potenzreihe um 0 (Konvergenzradius $\rho = \infty$) in der Form $y = \sum_{k=0}^{\infty} c_k x^k$ darstellen, wobei für die Koeffizienten

$$c_{k+2} = \frac{2k - \lambda}{(k+1)(k+2)} c_k \text{ für } k \in \mathbb{N}$$

gilt. Mit frei wählbaren c_0 und c_1 ergibt sich daraus die allgemeine Lösung:

$$y = c_0 \left(1 - \frac{\lambda}{2!} x^2 - \frac{(4-\lambda)\lambda}{4!} x^4 - \frac{(8-\lambda)(4-\lambda)\lambda}{6!} x^6 - \ldots \right)$$

$$+ c_1 \left(x + \frac{2-\lambda}{3!} x^3 + \frac{(6-\lambda)(2-\lambda)}{5!} x^5 + \frac{(10-\lambda)(6-\lambda)(2-\lambda)}{7!} x^7 + \ldots \right)$$

Für $c_0 = 0$ ist dies eine ungerade, für $c_1 = 0$ eine gerade Funktion.

Ist λ eine gerade natürliche Zahl, etwa $\lambda = 2n$, so sind wegen der Rekursionsgleichung alle Koeffizienten $c_{n+2} = c_{n+4} = c_{n+6} = \cdots = 0$. Dies bedeutet, dass sich für gerade n die erste Teilreihe, für ungerade n die zweite auf ein Polynom n-ten Grades reduziert.

Multipliziert man diese Polynome

$\qquad$ für gerade n mit $\qquad\qquad (-1)^{\frac{n}{2}} \cdot 2^{\frac{n}{2}} \cdot 3 \cdot 5 \cdots (n-1)$,

$\qquad$ für ungerade n mit $\qquad (-1)^{\frac{n-1}{2}} \cdot 2^{\frac{n+1}{2}} \cdot 3 \cdot 5 \cdots n$,

so erhält man die sogenannten HERMITE-*Polynome* $H_n(x)$, also

$$H_0(x) = 1,\; H_1(x) = 2x,\; H_2(x) = -2 + 4x^2,\; H_3(x) = -12x + 8x^3, \cdots.$$

$H_n(x)$ ist somit die Lösung der HERMITEschen Dgl für $\lambda = 2n$, die zusätzlich die Anfangsbedingungen

$$H_n(0) = (-1)^{\frac{n}{2}} \cdot 2^{\frac{n}{2}} \cdot 3 \cdot 5 \cdots (n-1),\; H_n'(0) = 0 \qquad\qquad \text{bei geradem } n,$$

$$H_n(0) = 0,\; H_n'(0) = (-1)^{\frac{n-1}{2}} \cdot 2^{\frac{n+1}{2}} \cdot 3 \cdot 5 \cdots n \qquad\qquad \text{bei ungeradem } n$$

erfüllt.

3. Die LEGENDREsche Differentialgleichung : $\qquad (1-x^2)y'' - 2xy' + \lambda(\lambda+1)y = 0$

Diese spielt zum Beispiel bei der Bestimmung von Potentialfunktionen (das sind Lösungen der Potentialgleichung), die zusätzlich rotationssymmetrisch sind, eine Rolle.

Auch hier lässt sich ihre allgemeine Lösung durch eine Potenzreihe um 0 (Konvergenzradius $\rho = 1$) in der Form $y = \sum\limits_{k=0}^{\infty} c_k x^k$ darstellen, wobei für die Koeffizienten

$$c_{k+2} = \frac{k(k+1) - \lambda(\lambda+1)}{(k+1)(k+2)} c_k \;\text{ für } k \in \mathbb{N}$$

gilt. Mit frei wählbaren c_0 und c_1 ergibt sich daraus die allgemeine Lösung, die sich ähnlich wie die der HERMITEschen Dgl darstellen lässt als

$$y = c_0 \cdot (\text{gerade Funktion}) + c_1 \cdot (\text{ungerade Funktion})$$

Ist $\lambda = n$ eine gerade natürliche Zahl, so wird der gerade Lösungsanteil ein Polynom vom Grade n; ist $\lambda = n$ ungerade, so wird der ungerade Lösungsanteil ein Polynom vom Grade n.

Multipliziert man diese Polynome derart, dass der höchste Koeffizient zu $\dfrac{(2n)!}{2^n (n!)^2}$ wird, so

erhält man die sogenannten LEGENDRE-Polynome $L_n(x)$ (mit $L_n(1) = 1$), also

$$L_0(x) = 1, \ L_1(x) = x, \ L_2(x) = -\frac{1}{2} + \frac{3}{2}x^2, \ L_3(x) = -\frac{3}{2}x + \frac{5}{2}x^3, \cdots.$$

4. Die TSCHEBYSCHEFFsche Differentialgleichung : $\qquad (1-x^2)y'' - xy' + \lambda^2 y = 0$

Wie bei der sehr ähnlich aussehenden LEGENDREschen Dgl liefert der Potenzreihenansatz

$y = \sum\limits_{k=0}^{\infty} c_k x^k$ eine auf $]-1,1[$ konvergente Potenzreihe als Lösung, deren Koeffizienten für

$k \in \mathbb{N}$ die Rekursionsformel

$$c_{k+2} = \frac{k^2 - \lambda^2}{(k+1)(k+2)} c_k$$

erfüllen. Mit frei wählbaren c_0 und c_1 ergibt sich daraus die allgemeine Lösung, die sich wie oben darstellen lässt als

$$y = c_0 \cdot (\text{gerade Funktion}) + c_1 \cdot (\text{ungerade Funktion}).$$

Ist λ eine gerade natürliche Zahl, so wird der erste Lösungsanteil zu einem geraden Polynom vom Grade n; ist λ ungerade, reduziert sich der zweite auf ein ungerades Polynom vom Grade n.

Bis auf konstante Normierungsfaktoren sind dies die im Zusammenhang mit der Approximation von Funktionen (siehe Kapitel 14) genauer behandelten TSCHEBYSCHEFF-*Polynome*

$$T_0(x) = 1, \ T_1(x) = x, \ T_2(x) = -\frac{1}{2} + x^2, \ T_3(x) = -\frac{3}{4}x + x^3, \cdots.$$

Bisher wurde vorausgesetzt, dass der Entwicklungspunkt x_0 der Potenzreihe regulär ist, das heißt, dass $a_n(x_0) \neq 0$ ist. Fällt diese Voraussetzung weg, so führt der Potenzreihenansatz

$y = \sum\limits_{k=0}^{\infty} c_k (x - x_0)^k$ im Allgemeinen nicht mehr zum Ziel.

In der ingenieurmäßigen Anwendung kommt dies nur für lineare Differentialgleichungen zweiter Ordnung vor.

Definition:

Für die lineare Dgl 2. Ordnung

$$a_2(x)y'' + a_1(x)y' + a_0(x)y = r(x)$$

heißt x_0 *schwach singulär*, wenn $a_2(x_0) = 0$ ist und $\dfrac{a_1(x)}{a_2(x)}(x - x_0)$ und $\dfrac{a_0(x)}{a_2(x)}(x - x_0)^2$

analytisch bezüglich x_0 sind.

Liegt ein singulärer Punkt vor, so führt eine Modifikation des Potenzreihenansatzes zum Ziel, die hier für den anwendungsrelevanten Fall einer homogenen Dgl mit $x_0 = 0$ beschrieben werden soll:

Mit dem sogenannten *Index s*, der im Allgemeinen komplex sein kann, setzt man den Ansatz

$$y = x^s \cdot \sum_{k=0}^{\infty} c_k x^k$$ in die homogene Dgl ein. Dabei fordert man, dass $c_0 \neq 0$ ist, da sonst s

nicht eindeutig bestimmbar wäre. Darüber hinaus kann sogar $c_0 = 1$ verlangt werden, da die Dgl homogen ist.

Der Koeffizientenvergleich liefert dann neben einer Rekursionsgleichung für die c_k eine quadratische Gleichung zur Bestimmung von s. Für die Lösungen s_1 und s_2 können verschiedene Fälle eintreten:

<u>1. Fall</u>: $s_1 = s_2$

Da die quadratische Gleichung reell ist, kann dies nur dann der Fall sein, wenn s_1 reell ist.

Einsetzen in die Rekursionsgleichung ergibt mit $c_0 = 1$ eine Lösung $y_1 = x^{s_1} \cdot \sum_{k=0}^{\infty} c_k x^k$ der

Dgl. Eine zweite Lösung erhält man durch den Ansatz $y_2 = y_1 \cdot \ln x + x^{s_1} \cdot \sum_{k=1}^{\infty} d_k x^k$;

da beide Lösungen linear unabhängig sind, erhält man die allgemeine Lösung als Linearkombination daraus.

<u>2. Fall</u>: $s_1 \neq s_2$ und $s_1 - s_2 \notin \mathbb{Z}$

Sind beide reell, so erhält man durch Einsetzen der beiden Indices in die Rekursionsgleichung mit $c_0 = 1$ bzw. $d_0 = 1$ die zwei linear unabhängigen Lösungen $y_1 = x^{s_1} \cdot \sum_{k=0}^{\infty} c_k x^k$

und $y_2 = x^{s_2} \cdot \sum_{k=0}^{\infty} d_k x^k$, die zur allgemeinen Lösung linear kombiniert werden.

Sind s_1 und s_2 konjugiert komplex zueinander, so sind Re y_1 und Im y_1 linear unabhängige reelle Lösungen der Dgl.

<u>3. Fall</u>: $s_1 \neq s_2$ und $s_1 - s_2 \in \mathbb{Z}$

Dazu müssen s_1 und s_2 reell sein, s_1 sei die größere der beiden. Dann ist $y_1 = x^{s_1} \cdot \sum_{k=0}^{\infty} c_k x^k$

wie oben eine Lösung der Dgl, die zweite erhält man als $y_2 = A \cdot y_1 \cdot \ln x + x^{s_2} \cdot \sum_{k=0}^{\infty} d_k x^k$, die

Konstante A kann ggf. 0 sein. Beide sind linear unabhängig und können zur allgemeinen Lösung linear kombiniert werden.

Als wichtigste Anwendung für dieses Verfahren gilt die **BESSEL**sche **Differentialgleichung**

$$x^2 y'' + xy' + (x^2 - v^2)y = 0 \, ;$$

die Konstante v heißt *Ordnung der BESSELschen Dgl* (nicht zu verwechseln mit der Differentiationsordnung, die 2 ist!).

Nicht mit einem Potenzreihenansatz, sondern durch eine geschickte **Substitution** löst man die **EULER**sche **Differentialgleichung**

$$a_n x^n y^{(n)} + a_{n-1} x^{n-1} y^{(n-1)} + \cdots + a_1 xy' + a_0 y = r(x) \text{ mit } a_k \in \mathbb{R}, \; a_n \neq 0 \, .$$

Für positive x erhält man durch die Substitution $x = e^t$ bzw. $t = \ln x$ auf ganz $\mathbb{R}$ eine Dgl für $u(t) := y(e^t)$. Bei der praktischen Berechnung ist die Schreibweise mit dem *Differentialoperator D* sehr hilfreich, die folgendermaßen für eine differenzierbare Funktion $u(t)$ definiert ist:

$$D \, u := \frac{\mathrm{d} u}{\mathrm{d} t}$$

Wegen der Kettenregel ist

$$\frac{\mathrm{d} y}{\mathrm{d} x} = \frac{\mathrm{d} u}{\mathrm{d} t} \cdot \underbrace{\frac{\mathrm{d} t}{\mathrm{d} x}}_{\frac{1}{x}} = e^{-t} D \, u \, ,$$

allgemein

$$x^k \frac{\mathrm{d}^k y}{\mathrm{d} x^k} = k! \binom{D}{k} u \qquad \text{für } k = 0, 1, \ldots, n.$$

Damit erhält man als neue Dgl für $u(t)$ die lineare Dgl $\sum_{k=0}^{n} a_k k! \binom{D}{k} u = r(e^t)$, die konstante Koeffizienten hat. Darauf wendet man das in Abschnitt 9.3 beschriebene Lösungsverfahren an und erhält die allgemeine Lösung für $u(t)$. $y(x) := u(\ln x)$ ist dann die gesuchte allgemeine Lösung der gegebenen EULERschen Dgl.

9.5   Differentialgleichungen zweiter Ordnung

Die in vielen physikalischen und technischen Anwendungen vorkommenden Differentialgleichungen zweiter Ordnung sind entweder linear oder lassen sich durch eine lineare Differentialgleichung annähern (zum Beispiel die Gleichung des mathematischen Pendels).

Die hier dargestellten weiteren Lösungsverfahren beruhen meist auf der Idee, durch Substitution eine Dgl 1. Ordnung zu gewinnen, die sich mit den vorher beschriebenen Verfahren lösen lässt. Oft müssen jedoch die in Kapitel 14 beschriebenen numerischen Verfahren benutzt werden, da eine in geschlossener Form darstellbare Lösung nicht existiert.

1. Direkt integrierbare Dgl: $\qquad\qquad\qquad$ $y'' = \varphi(x)$

Zweimalige Integration nach x liefert $\qquad$ $y = \varphi_2(x) + C_1 x + C_2 \qquad$ mit $\varphi_2''(x) = \varphi(x)$.

2. Dgl ohne y: $\qquad\qquad\qquad\qquad$ $F(x, y', y'') = 0$

Die Substitution $u := y'$ ergibt die Dgl 1. Ordnung $F(x, u, u') = 0$ für u. Aus deren allgemeiner Lösung $u(x)$ (mit einer frei wählbaren Konstanten C_1) erhält man durch Integration die allgemeine Lösung der gegebenen Dgl $\qquad$ $y(x) = u_1(x) + C_2 \qquad$ mit $u_1'(x) = u(x)$.

3. Auf Dgl-en 1. Ordnung reduzierbar: $\quad$ $y'' = \varphi(y)$

Die Substitution $y' = p$, also $y'' = \dfrac{\mathrm{d}p}{\mathrm{d}x}$, ergibt über die Kettenregel eine Dgl für $p(y)$:

$$y'' = \frac{\mathrm{d}p}{\mathrm{d}x} = \frac{\mathrm{d}p}{\mathrm{d}y} \cdot \frac{\mathrm{d}y}{\mathrm{d}x} = p \frac{\mathrm{d}p}{\mathrm{d}y} \ .$$

Aus der gegebenen Dgl ergibt sich somit eine erste Dgl 1. Ordnung:

$$p \frac{\mathrm{d}p}{\mathrm{d}y} = \varphi(y)$$

Trennung der Variablen (siehe Abschnitt 9.2) ergibt über $\qquad$ $\int p\,\mathrm{d}p = \int \varphi(y)\,\mathrm{d}y$

$$\tfrac{1}{2} p^2 = \Phi(y) + C_1 \qquad\qquad \text{(mit } \Phi' = \varphi).$$

Daraus ergibt sich wegen $p = y'$ eine zweite Dgl 1. Ordnung, nämlich

$$\frac{\mathrm{d}y}{\mathrm{d}x} = \pm\sqrt{2[\Phi(y) + C_1]}\,,$$

die ebenfalls separierbar ist.

Deren Lösung lässt sich unter Umständen nicht nach y auflösen, in jedem Falle aber nach x.

4. Dgl ohne x: $\qquad\qquad\qquad\qquad$ $y'' = \varphi(y, y')$

Man geht wie bei **3.** vor: Durch die Substitution: $y' = p$, $y'' = p \dfrac{\mathrm{d}p}{\mathrm{d}y}$ erhält man aus der gegebenen Dgl eine Dgl 1. Ordnung für p: $\qquad$ $p \dfrac{\mathrm{d}p}{\mathrm{d}y} = \varphi(p, y)$

Über deren Typ lässt sich im Gegensatz zu **3.** im Allgemeinen nichts aussagen. Aus $p(y)$ erhält man wie bei **3.** die gesuchte Lösung der Dgl – ggf. in impliziter Form.

9.6   Lineare Rand- und Eigenwertaufgaben

Definition:

Eine *lineare Randwertaufgabe* ist eine lineare Differentialgleichung n-ter Ordnung

$$a_n(x)y^{(n)} + a_{n-1}(x)y^{(n-1)} + ... + a_1(x)y' + a_0(x)y = r(x)$$

zusammen mit n sogenannten *Randbedingungen*. Das sind Gleichungen der Form

$$\sum_{k=0}^{n-1}(\alpha_{ik}\,y^{(k)}(x_0) + \beta_{ik}\,y^{(k)}(x_1)) = \gamma_i \qquad \text{(für } i = 1, ..., n),$$

die für zwei gegebene feste Stellen x_0 und x_1 erfüllt sein müssen. Dabei sind die α_{ik}, β_{ik} und γ_i gegebene reelle Zahlen.

Häufig werden die lineare Dgl in der Form $L\{y\} = r(x)$ und die linearen Randbedingungen als $R_i\{y\} = \gamma_i$ (für $i = 1, ..., n$) notiert.

Die Randwertaufgabe heißt *homogen*, falls die Dgl und die Randbedingungen homogen sind, d.h., wenn $r(x) \equiv 0$ und $\gamma_1 = \gamma_2 = ... = \gamma_n = 0$ gilt; ansonsten heißt sie *inhomogen*.

Bei der **Lösung einer linearen Randwertaufgabe** geht man ähnlich vor wie bei der Lösung von Anfangswertaufgaben:

1. Schritt: Man bestimmt mit den in den Abschnitten 9.3 und 9.4 beschriebenen Verfahren die allgemeine Lösung der (LDn). Diese hat (vgl. Abschnitt 9.1) die Gestalt $y = y_h + y_p = C_1 y_1 + \cdots + C_n y_n + y_p$.

Dabei sind die y_i n linear unabhängige Lösungen (*Basislösungen*) der homogenen Dgl und y_p eine spezielle Lösung der inhomogenen Dgl, die C_i sind frei wählbare Parameter.

2. Schritt: Durch Einsetzen obiger allgemeiner Lösung in die n linearen Randbedingungen ergibt sich ein (n,n)-LGS zur Bestimmung der C_i:

$$C_1 R_i\{y_1\} + C_2 R_i\{y_2\} + ... + C_n R_i\{y_n\} = \gamma_i - R_i\{y_p\} \qquad \text{(für } i = 1, ..., n)$$

3. Schritt: Über die Lösbarkeit dieses LGS gibt folgende Determinante D Auskunft:

$$D = \det(R_i\{y_k\}) = \begin{vmatrix} R_1\{y_1\} & R_1\{y_2\} & . & R_1\{y_n\} \\ R_2\{y_1\} & R_2\{y_2\} & . & R_2\{y_n\} \\ . & . & . & . \\ R_n\{y_1\} & R_n\{y_2\} & . & R_n\{y_n\} \end{vmatrix}$$

Ist $D \neq 0$, so ist das inhomogene lineare Randwertproblem eindeutig lösbar; ist $D = 0$, so ist die Randwertaufgabe unlösbar oder mehrdeutig, aber nie eindeutig lösbar.

Definition:

> Eine *lineare Eigenwertaufgabe* ist eine lineare homogene Randwertaufgabe, bei der ein Parameter λ in der Dgl und/oder in den Randbedingungen vorkommt und die Lösbarkeit der Randwertaufgabe von den Werten dieses Parameters abhängt.
>
> Alle λ-Werte des Parameters, für die die homogene Randwertaufgabe nichttriviale Lösungen besitzt, heißen *Eigenwerte* der Dgl und die zugehörigen nichttrivialen Lösungen der Dgl *Eigenlösungen* oder *Eigenfunktionen*.

Man beachte bei der **Lösung einer linearen Eigenwertaufgabe**, dass die Dgl und die Randbedingungen homogen sind, die triviale Lösung also stets die lineare Randwertaufgabe löst, man ist also nur an weiteren (von λ abhängigen) Lösungen interessiert:

> 1. Schritt: Man bestimmt mit den in den Abschnitten 9.3 und 9.4 beschriebenen Verfahren die allgemeine Lösung $y = C_1 y_1 + \cdots + C_n y_n$ der homogenen (LDn) $L\{y\} + \lambda y = 0$. Dabei sind y_i die n linear unabhängigen Lösungen (*Basislösungen*) der homogenen Dgl und die C_i sind frei wählbare Parameter.
>
> 2. Schritt: Durch Einsetzen obiger homogener Lösung in die n linearen Randbedingungen $R_i\{y\} = 0$ ergibt sich ein homogenes (n, n)-LGS zur Bestimmung der C_i, welches noch den Parameter λ enthält.
>
> $$C_1 R_i\{y_1\} + C_2 R_i\{y_2\} + \ldots + C_n R_i\{y_n\} = 0 \quad \text{(für } i = 1, \ldots, n)$$
>
> 3. Schritt: Man bestimme alle λ, für die die Determinante der Koeffizientenmatrix, also
>
> $$\det(R_i\{y_k\}) = \begin{vmatrix} R_1\{y_1\} & R_1\{y_2\} & . & R_1\{y_n\} \\ R_2\{y_1\} & R_2\{y_2\} & . & R_2\{y_n\} \\ . & . & . & . \\ R_n\{y_1\} & R_n\{y_2\} & . & R_n\{y_n\} \end{vmatrix} = 0$$
>
> ist. Dies sind die gesuchten Eigenwerte. Gibt es keine Eigenwerte, so hat die Randwertaufgabe nur die triviale Lösung.
>
> 4. Schritt: Einsetzen der Eigenwerte, Berechnen der zugehörigen C_i sowie daraus der Lösungen ergibt die gesuchten Eigenlösungen.

9.7   Differentialgleichungssysteme erster Ordnung

Definition:

Ein System von n Dgl-en 1. Ordnung der Gestalt $y_i' = f_i(x, y_1, y_2, ..., y_n)$ (für $i = 1, ···, n$)
für n gesuchte Funktionen $y_1, y_2, ···, y_n$ heißt ein *Differentialgleichungssystem erster Ordnung*. Dabei sind die f_i Funktionen von $n + 1$ Veränderlichen.
In Vektorschreibweise: $\mathbf{y}' = \mathbf{F}(x, \mathbf{y})$

mit $\mathbf{y} = \begin{pmatrix} y_1 \\ \vdots \\ y_n \end{pmatrix}$ und $\mathbf{F} : \mathbb{R}^{n+1} \to \mathbb{R}^n$ egeben durch $\mathbf{F}(x, \mathbf{y}) = \begin{pmatrix} f_1(x, y_1, ···, y_n) \\ \vdots \\ f_n(x, y_1, ···, y_n) \end{pmatrix}$.

Sind die Funktionen f_i lineare Funktionen in den y_i ($i = 1, ..., n$), so liegt ein System
linearer Dgl-en vor:

$$
\begin{aligned}
y_1' &= a_{11}(x)y_1 &+& a_{12}(x)y_2 &+& ··· &+& a_{1n}(x)y_n &+& r_1(x) \\
&\vdots & & \vdots & & \vdots & & \vdots & & \vdots \\
y_n' &= a_{n1}(x)y_1 &+& a_{n2}(x)y_2 &+& & & a_{nn}(x)y_n &+& r_n(x)
\end{aligned}
$$

Sind alle $r_i(x) \equiv 0$ ($i = 1, ..., n$), so heißt das Dgl-System *homogen*, sonst *inhomogen*.

In Matrizenschreibweise: $\mathbf{y}' = \mathbf{A}(x)\mathbf{y} + \mathbf{r}(x)$

$$
\text{mit } \mathbf{A}(x) = \begin{pmatrix} a_{11}(x) & . & . & . & a_{1n}(x) \\ . & & . & . & . \\ . & & . & . & . \\ . & & . & . & . \\ a_{n1}(x) & . & . & . & a_{nn}(x) \end{pmatrix} \quad \text{und} \quad \mathbf{r}(x) = \begin{pmatrix} r_1(x) \\ . \\ . \\ . \\ r_n(x) \end{pmatrix}.
$$

Ist $\mathbf{A}(x) = \mathbf{A}$ konstant, so liegt ein Dgl-System mit *konstanten Koeffizienten* vor.

Analog zum Satz von PICARD-LINDELÖF gilt auch für Dgl-Systeme ein

Existenz- und Eindeutigkeitssatz:

Gegeben sei das Dgl-System $\mathbf{y}' = \mathbf{F}(x, \mathbf{y})$ mit den Anfangsbedingungen $y_1(x_0) = y_{10}$,
$y_2(x_0) = y_{20}, ..., y_n(x_0) = y_{n0}$. Weiter seien die $f_k(u_1, u_2, ..., u_{n+1})$ für $k = 1, ..., n$, also die
Komponenten von **F**, in einer Umgebung der Stelle $(x_0, y_{10}, y_{20}, ..., y_{n0}) \in \mathbb{R}^{n+1}$ stetig und
besitzen dort stetige partielle Ableitungen nach u_k ($k = 2, ..., n + 1$).

Dann existiert in einer geeigneten Umgebung des Anfangspunktes x_0 genau eine Lösung
des Anfangswertproblems.

Jede Dgl n-ter Ordnung der Gestalt $y^{(n)} = f(x, y, y', \cdots, y^{(n-1)})$ für eine gesuchte Funktion y lässt sich in nahe liegender Weise in ein Dgl-System erster Ordnung für n gesuchte Funktionen $y_1, y_2, \ldots, y_n$ umschreiben:

Mit der Substitution $y_k := y^{(k-1)}$ für $k = 1, \ldots, n$ erhält man die Gleichungen

$$y_1' = y_2$$
$$y_2' = y_3$$
$$\vdots$$
$$y_n' = f(x, y_1, y_2, \cdots, y_n)$$

in Vektorschreibweise $\mathbf{y}' = \mathbf{F}(x, \mathbf{y})$ mit $\mathbf{F}(x, \mathbf{y}) = \begin{pmatrix} y_2 \\ y_3 \\ \vdots \\ f(x, y_1, y_2, \cdots, y_n) \end{pmatrix}$.

Damit ergibt sich die Fassung des Satzes von PICARD-LINDELÖF, wie in Abschnitt 9.1 dargestellt, als Spezialfall obigen Existenz- und Eindeutigkeitssatzes.

Darüber hinaus ist diese Substitution jedoch vor allem wichtig für numerische Anwendungen (siehe Kapitel 14), da alle numerischen Verfahren für die Lösung von Dgl-en erster Ordnung sich ohne weiteres auf Systeme erster Ordnung – und damit auf Dgl-en n-ter Ordnung – übertragen lassen.

Auf die Lösung **linearer Dgl-Systeme** mit **konstanten Koeffizienten**, also $\mathbf{y}' = \mathbf{A} \cdot \mathbf{y} + \mathbf{r}(x)$, soll im Folgenden näher eingegangen werden:

Wie bei linearen Dgl-en addieren sich auch hier die allgemeine Lösung des homogenen Systems und eine spezielle Lösung des inhomgenen Systems zur allgemeinen Lösung des inhomogenen Systems, deshalb:

Allgemeine Lösung eines homogenen Dgl-Systems $\mathbf{y}' = \mathbf{A} \cdot \mathbf{y}$:

1. Schritt: Man berechne das charakteristische Polynom $p_\mathbf{A}(\lambda) = \det(\mathbf{A} - \lambda\mathbf{E})$ und bestimme damit die Eigenwerte λ_i als dessen Nullstellen (siehe auch Abschnitt 2.5).

2. Schritt: Für einen Eigenwert λ_0 gibt es vier verschiedene Möglichkeiten:

a) λ_0 ist einfache reelle Nullstelle von $p_A(\lambda)$:

Dann ist $\mathbf{y} = \mathbf{c} \cdot e^{\lambda x}$ Lösung des Dgl-Systems, wobei $\mathbf{c}$ Eigenvektor zum Eigenwert λ_0 ist.

b) $\lambda_0 = \alpha + \mathrm{i}\beta$ ist einfache komplexe Nullstelle von $p_A(\lambda)$, also auch $\overline{\lambda}_0$:

Ist $\mathbf{c} = \mathbf{c}_r + \mathrm{i}\mathbf{c}_i$ Eigenvektor zu λ_0, so sind $\mathbf{y}_1 = (\mathbf{c}_r \cos(\beta x) - \mathbf{c}_i \sin(\beta x)) \cdot \mathrm{e}^{\alpha x}$ und

$\mathbf{y}_2 = (\mathbf{c}_i \cos(\beta x) + \mathbf{c}_r \sin(\beta x)) \cdot \mathrm{e}^{\alpha x}$ linear unabhängige Lösungen des Dgl-Systems.

c) λ_0 ist m-fache reelle Nullstelle von $p_A(\lambda)$:

Hat $\mathbf{A} - \lambda_0 \mathbf{E}$ den Rang $n - m$, dann gehören zu λ_0 m linear unabhängige Eigenvektoren $\mathbf{c}_1, \mathbf{c}_2, \cdots, \mathbf{c}_m$; die $\mathbf{c}_k e^{\lambda_0 x}$ $(k = 1, \ldots, m)$ stellen dann m linear unabhängige Lösungen des Dgl-Systems zum Eigenwert λ_0 dar.

Ist rg $(\mathbf{A} - \lambda_0 \mathbf{E}) > n - m$, dann existieren weniger linear unabhängige Eigenvektoren als die Vielfachheit m des Eigenwerts λ_0. In diesem Fall ergibt sich mit

$$\mathbf{p}_r(x) = \sum_{k=0}^{r} \mathbf{b}_k x^k \text{ eine Lösung } \mathbf{y} = \mathbf{p}_r(x) e^{\lambda_0 x}. \text{ Dabei erhält man die Vektoren } \mathbf{b}_k$$

$(k = 1, \ldots, r)$ aus

$$(\mathbf{A} - \lambda_0 \mathbf{E})\, \mathbf{b}_r = \mathbf{0}$$
$$(\mathbf{A} - \lambda_0 \mathbf{E})\, \mathbf{b}_{r-1} = r\mathbf{b}_r$$
$$(\mathbf{A} - \lambda_0 \mathbf{E})\, \mathbf{b}_{r-2} = (r-1)\mathbf{b}_{r-1}$$
$$\vdots$$
$$(\mathbf{A} - \lambda_0 \mathbf{E})\, \mathbf{b}_0 = \mathbf{b}_1.$$

d) λ_0 ist mehrfache komplexe Nullstelle von $p_A(\lambda)$:

Die zugehörigen Eigenvektoren $\mathbf{c}$ und die Koeffizientenvektoren der Polynome $\mathbf{p}_r(x)$, wie in c) ermittelt, sind nun komplex. Realteile und Imaginärteile von $\mathbf{c} e^{\lambda_0 x}$ und $\mathbf{p}_r(x) e^{\lambda_0 x}$ sind linear unabhängige Lösungen des Dgl-Systems.

Zur Lösung inhomogener linearer Dgl-Systeme mit konstanten Koeffizienten – auch höherer als erster Ordnung – ist es hilfreich, den in Abschnitt 9.4 eingeführten Differentialoperator $Du := \dfrac{\mathrm{d}u}{\mathrm{d}x}$ zu benutzen. Ein System aus n Gleichungen für n gesuchte Funktionen lässt sich dann schreiben als

$$P_{11}(D)y_1 + P_{12}(D)y_2 + \ldots + P_{1n}(D)y_n = r_1(x)$$

$$P_{21}(D)y_1 + P_{22}(D)y_2 + \ldots + P_{2n}(D)y_n = r_2(x)$$

$$\vdots$$

$$P_{n1}(D)y_1 + P_{n2}(D)y_2 + \ldots + P_{nn}(D)y_n = r_n(x).$$

Dabei sind die P_{ik} Polynome – im Allgemeinen – unterschiedlicher Grade, deren Koeffizienten sich aus denjenigen des Dgl-Systems ergeben. Durch algebraische Umformungen, die ähnlich durchzuführen sind wie bei der Lösung linearer Gleichungssysteme (siehe Abschnitt 2.3), und durch Differentiationen entsteht eine „Dreiecksmatrix"

$$Q_{11}(D)y_1 = f_1(x)$$
$$Q_{21}(D)y_1 + Q_{22}(D)y_2 = f_2(x)$$
$$\vdots$$
$$Q_{n1}(D)y_1 + Q_{n2}(D)y_2 + \dots + Q_{nn}(D)y_n = f_n(x)$$

mit Polynomen Q_{ik}. Die erste Gleichung ist eine lineare Dgl mit konstanten Koeffizienten für eine gesuchte Funktion y_1, die gemäß Abschnitt 9.3 gelöst wird. Die gewonnene Lösung wird in die zweite Gleichung eingesetzt; aus dieser wird sodann y_2 bestimmt usw.

Ist die Anzahl der gesuchten Funktionen y_i relativ klein, so erhält man aus dem quadratischen System

$$\begin{pmatrix} P_{11}(D) & \cdots & P_{1n}(D) \\ \vdots & & \vdots \\ P_{n1}(D) & \cdots & P_{nn}(D) \end{pmatrix} \cdot \begin{pmatrix} y_1 \\ \vdots \\ y_n \end{pmatrix} = \begin{pmatrix} r_1(x) \\ \vdots \\ r_n(x) \end{pmatrix}$$

mittels der CRAMERschen Regel (siehe Abschnitt 2.3) mit vernünftigem Aufwand die Lösung des Dgl-Systems, etwa für $n = 2$:

Aus $\qquad \begin{pmatrix} P_{11}(D) & P_{12}(D) \\ P_{21}(D) & P_{22}(D) \end{pmatrix} \cdot \begin{pmatrix} y_1 \\ y_2 \end{pmatrix} = \begin{pmatrix} r_1(x) \\ r_2(x) \end{pmatrix}$ ergeben sich die Einzelgleichungen

$$(P_{11}(D)P_{22}(D) - P_{12}(D)P_{21}(D))y_1 = P_{22}(D)r_1(x) - P_{12}(D)r_2(x)$$

und $\qquad (P_{11}(D)P_{22}(D) - P_{12}(D)P_{21}(D))y_2 = P_{11}(D)r_2(x) - P_{21}(D)r_1(x)$,

die beide mit den Methoden aus Abschnitt 9.3 gelöst werden können.

10 Partielle Differentialgleichungen

Im Gegensatz zu gewöhnlichen Differentialgleichungen spielt für partielle Differential-gleichungen eine „allgemeinen Lösung", die durch Einsetzen von Rand- oder Anfangs-bedingungen zu einer „partikulären Lösung" des gegebenen Problems wird, keine Rolle. Dies liegt vor allem daran, dass man eine solche „allgemeine Lösung" nur in einigen weni-gen meist nicht relevanten Fällen überhaupt ermitteln kann (siehe Abschnitt 10.2). Und selbst dann lässt sich diese nicht wie bei gewöhnlichen Differentialgleichungen („mit belie-bigen Konstanten $C_i \in \mathbb{R}$") klar beschreiben, sondern enthält Ausdrücke wie „mit beliebigen n-mal differenzierbaren Funktionen", was zeigt, dass eine solche Lösungsmannigfaltigkeit letztlich nicht überschaubar ist.

Meist lassen sich durch „gezieltes Raten" Lösungen der oft recht einfachen „reinen" Diffe-rentialgleichungen ermitteln, das Problem besteht darin, dass gleichzeitig Anfangs- und/oder Randbedingungen erfüllt sein müssen. Ist die Eindeutigkeit der Lösung eines vorgelegten Problems – meist mit Mitteln der Funktionalanalysis – bewiesen, so kann die Lösung oft nur numerisch ermittelt werden.

Deshalb soll in diesem Kapitel nur in die Problematik der partiellen Differentialgleichungen eingeführt werden. Es sollen hier Lösungsansätze und Klassifizierungen vorgestellt werden, mit deren Hilfe man einige Lösungen der Differentialgleichung erhalten kann, ohne dabei auf die Erfüllung etwaiger Nebenbedingungen zu achten.

10.1 Grundlegende Begriffe

Definiton:

> Eine *partielle Differentialgleichung* (PDgl) ist eine Gleichung, die eine unbekannte Funk-tion u von mehreren Veränderlichen und gewisse partielle Ableitungen dieser Funktion mit den Veränderlichen zu einer Beziehung verknüpft. Unter der *Ordnung* der PDgl ver-steht man die Ordnung der höchsten partiellen Ableitung, die in dieser Beziehung vor-kommt.

Die meisten in Physik und Technik vorkommenden partiellen Differentialgleichungen sind erster oder zweiter Ordnung; deshalb wird hier nur auf solche eingegangen. Darüber hinaus hängen die gesuchten Funktionen meist von den Ortskoordinaten und/oder der Zeit ab; durch die entsprechenden Bezeichnungen x, y, z und t wird dem Rechnung getragen, auch wenn bei der Behandlung zwischen Orts- und Zeitkoordinaten kein prinzipieller Unterschied besteht.

https://doi.org/10.1515/9783110537161-199

Die gesuchte Funktion wird – unabhängig von ihrer technischen Bedeutung – stets mit u bezeichnet.

In Analogie zu gewöhnlichen Differentialgleichungen, wo die Ordnung die Anzahl der frei wählbaren Konstanten in der allgemeinen Lösung angibt, müsste eine *allgemeine Lösung* einer PDgl eine entsprechende Anzahl beliebig wählbarer differenzierbarer Funktionen enthalten. Das dies praktisch keine Rolle spielt, liegt auf der Hand.

In der Praxis wird aus einer die PDgl erfüllenden allgemeineren Lösungsmannigfaltigkeit eine solche Lösung ausgewählt, die zusätzlich gewisse *Nebenbedingungen* erfüllt. Wie bei gewöhnlichen Differentialgleichungen können dies Anfangs- oder Randbedingungen sein; es gibt somit bei partiellen Differentialgleichungen reine Anfangs- oder Randwertaufgaben, aber auch gemischte *Anfangs-Randwertaufgaben*.

Definition:

> Eine PDgl heißt *linear*, wenn die gesuchte Funktion u und alle ihre Ableitungen in einem linearen Zusammenhang auftreten, bei dem die Koeffizienten der Linearitätsbeziehung Funktionen der unabhängigen Veränderlichen sein können.
>
> Eine PDgl heißt *quasilinear*, wenn sie in den höchsten Ableitungen von u linear ist.

Einige Beispiele partieller Differentialgleichungen in Physik und Technik sind:

Wellengleichung: $u_{tt} = a^2 (u_{xx} + u_{yy} + u_{zz})$ für $u(t, x, y, z)$

Telegraphengleichung: $u_{tt} + au_t + bu = c^2 u_{xx}$ für $u(t, x)$

Wärmeleitungsgleichung: $u_t = k(u_{xx} + u_{yy} + u_{zz})$ für $u(t, x, y, z)$ mit $k > 0$

Potentialgleichung: $u_{xx} + u_{yy} + u_{zz} = 0$ für $u(x, y, z)$

Alle genannten Differentialgleichungen sind von zweiter Ordnung und linear.

10.2   Partielle Differentialgleichungen erster Ordnung

Eine PDgl erster Ordnung für eine Funktion u von zwei Veränderlichen x, y hat die Gestalt

$$F(x, y, u, u_x, u_y) = 0.$$

Bestimmte einfache Typen lassen sich auf die Lösung gewöhnlicher Differentialgleichungen (siehe Kapitel 9) zurückführen:

1. Kommt in der Differentialgleichung nur die Ableitung nach einer der beiden Veränderlichen vor, zum Beispiel nur u_x, so kann die PDgl als gewöhnliche Differentialgleichung aufgefasst und mit den in Kapitel 9 behandelten Methoden gelöst werden. Die in der allgemeinen Lösung enthaltene frei wählbare Konstante wird durch eine beliebige Funktion $\varphi(y)$ ersetzt, man erhält so die allgemeine Lösung der PDgl.

Diese Vorgehensweise lässt sich verallgemeinern: Hängt die gesuchte Funktion u von mehr als zwei Veränderlichen ab und kommen in der Differentialgleichung nur die Ableitungen nach einer davon vor, so bestimmt man die allgemeine Lösung der entstehenden gewöhnlichen Differentialgleichung; die darin vorkommenden Konstanten werden durch beliebige Funktionen, die nur von den anderen Veränderlichen abhängen, ersetzt, um die allgemeine Lösung zu erhalten.

2. Mit der *Separationsmethode (Trennung der Veränderlichen)* lassen sich ggf. Lösungen der Gestalt $u(x, y) = v(x) \cdot w(y)$ ermitteln (die PDgl kann aber darüber hinaus weitere Lösungen haben, die sich nicht mit getrennten Veränderlichen darstellen lassen). Ist es nach Einsetzen dieses Ansatzes in die PDgl möglich, die Ausdrücke mit x auf der einen und die mit y auf der anderen Seite der Gleichung zusammenzufassen, so müssen beide Seiten der Gleichung konstant von einem Wert K sein. Es entstehen dadurch zwei gewöhnliche Differentialgleichungen für $v(x)$ und $w(y)$, die gemäß Kapitel 9 gelöst werden. Die Separationsmethode soll am Beispiel $x u_x - y u_y = 0$ demonstriert werden:

Der Ansatz $u(x, y) = v(x) \cdot w(y)$ liefert wegen $u_x = v'(x) \cdot w(y)$ und $u_y = v(x) \cdot w'(y)$ die beiden gewöhnlichen Differentialgleichungen

$$\frac{x \cdot v'(x)}{v(x)} = K \qquad \text{und} \qquad \frac{y \cdot w'(y)}{w(y)} = K,$$

deren Lösungen

$$v(x) = C_1 x^K \qquad \text{und} \qquad w(y) = C_2 y^K$$

die partikuläre Lösung $u(x, y) = C \cdot (xy)^K$ ergeben.

Besonders häufig kommen lineare Differentialgleichungen vor. Für eine von n Veränderlichen $x_1, \cdots, x_n$ abhängige gesuchte Funktion $u(x_1, \cdots, x_n) = u(\mathbf{x})$ hat eine lineare PDgl erster Ordnung die Gestalt

$$a_1(\mathbf{x}) u_{x_1} + a_2(\mathbf{x}) u_{x_2} + \ldots + a_n(\mathbf{x}) u_{x_n} + c(\mathbf{x}) u + d(\mathbf{x}) = 0.$$

Ist $d(\mathbf{x}) \equiv 0$, so heißt die PDgl *homogen*, ansonsten *inhomogen*.

Wie bei gewöhnlichen linearen Differentialgleichungen erhält man auch bei partiellen aus einer Lösung einer inhomogenen Dgl und beliebigen Linearkombinationen von Lösungen der homogenen Dgl durch Summenbildung weitere Lösungen der inhomogenen Gleichung.

Ist in einer homogenen PDgl 1. Ordnung zusätzlich $c(\mathbf{x}) = 0$, so gilt darüber hinaus:

1. Für eine beliebige differenzierbare Funktion $\Phi(\tau)$ ist mit einer Lösung u auch $\tilde{u} = \Phi(u)$ Lösung der PDgl.

2. Sind u_1, ..., u_n Lösungen der PDgl, so ist für eine beliebige differenzierbare Funktion $\Psi(\tau_1, \cdots, \tau_n)$ auch $\tilde{u} = \Psi(u_1, \cdots, u_n)$ eine Lösung der PDgl.

Auch mit dem **Superpositionsprinzip,** das genauso für lineare PDgl beliebiger Ordnung gilt, lassen sich aus bekannten Lösungen weitere konstruieren:

Sind u_1 und u_2 Lösungen der gleichen linearen PDgl mit den Inhomogenitäten d_1 bzw. d_2, so ist für beliebige α_1, $\alpha_2 \in \mathbb{R}$ durch $u = \alpha_1 u_1 + \alpha_2 u_2$ eine Lösung der PDgl für die Inhomogenität $d = \alpha_1 d_1 + \alpha_2 d_2$ gegeben.

Mit der sogenannten **Charakteristiken-Methode** lassen sich Lösungen einer quasilinearen (und damit auch einer linearen) PDgl erster Ordnung ermitteln.

Eine quasilineare PDgl 1. Ordnung für eine gesuchte Funktion u von drei Veränderlichen $(x, y, z) = \mathbf{x}$ lässt sich in der Gestalt

$$a(\mathbf{x}, u)u_x + b(\mathbf{x}, u)u_y + c(\mathbf{x}, u)u_z = d(\mathbf{x}, u)$$

schreiben (für eine andere Variablenzahl analog). Die angesprochene Lösung gewinnt man in folgenden Schritten:

1. Aus den Proportionen

$$\mathrm{d}x : \mathrm{d}y : \mathrm{d}z : \mathrm{d}u = a(\mathbf{x}, u) : b(\mathbf{x}, u) : c(\mathbf{x}, u) : d(\mathbf{x}, u)$$

gewinne man ein möglichst einfaches System gewöhnlicher Differentialgleichungen, das *charakteristische Dgl-System,* etwa

$$\frac{\mathrm{d}y}{\mathrm{d}x} = \frac{b(\mathbf{x}, u)}{a(\mathbf{x}, u)}, \quad \frac{\mathrm{d}z}{\mathrm{d}x} = \frac{c(\mathbf{x}, u)}{a(\mathbf{x}, u)}, \quad \frac{\mathrm{d}u}{\mathrm{d}x} = \frac{d(\mathbf{x}, u)}{a(\mathbf{x}, u)} \quad \text{für } a \neq 0$$

Man kann auch entsprechend Dgl-Systeme mit $\dfrac{\mathrm{d}}{\mathrm{d}y}$, $\dfrac{\mathrm{d}}{\mathrm{d}z}$ oder $\dfrac{\mathrm{d}}{\mathrm{d}u}$ bilden, wenn $b \neq 0$ bzw. $c \neq 0$ bzw. $d \neq 0$ ist.

2. Mit den Methoden aus Abschnitt 9.7 ermittle man die allgemeine Lösung des sogenannten *charakteristischen Systems* in Abhängigkeit von x (oder analog von den anderen Veränderlichen):

$$y = \psi_1(x, c_1, c_2, c_3), \quad z = \psi_2(x, c_1, c_2, c_3) \text{ und } u = \psi_3(x, c_1, c_2, c_3);$$

die c_i bezeichnen dabei die Integrationskonstanten.
Durch Auflösen nach diesen erhält man die *Charakteristiken:*

$$c_1 = \varphi_1(x, y, z, u), \quad c_2 = \varphi_2(x, y, z, u), \quad c_3 = \varphi_3(x, y, z, u)$$

3. Sind $\Phi_1(\tau_1, \tau_2)$, $\Phi_2(\tau_1, \tau_2)$, $\Phi_3(\tau_1, \tau_2)$ und $\Phi_4(\tau_1, \tau_2, \tau_3)$ beliebig wählbare stetig differenzierbare Funktionen in den τ_i ($i = 1, 2, 3$), so erhält man Lösungen der quasilinearen Dgl in impliziter Form durch

$$\varphi_1(x,y,z,u) = \Phi_1(\varphi_2(x,y,z,u), \varphi_3(x,y,z,u)) \quad \text{oder}$$

$$\varphi_2(x,y,z,u) = \Phi_2(\varphi_1(x,y,z,u), \varphi_3(x,y,z,u)) \quad \text{oder}$$

$$\varphi_3(x,y,z,u) = \Phi_3(\varphi_1(x,y,z,u), \varphi_2(x,y,z,u)) \quad \text{oder}$$

$$\Phi_4(\varphi_1(x,y,z,u), \varphi_2(x,y,z,u), \varphi_3(x,y,z,u)) = 0 \,.$$

Das Vorgehen soll an der inhomogenen linearen PDgl 1. Ordnung für zwei Veränderliche

$$xu_x + u_y = \underbrace{x+y-u}_{d(\mathbf{x},u)}$$

demonstriert werden:

1. Aus den Proportionen $dx:dy:du = x:1:(x+y-u)$ erhält man die gewöhnlichen Dgl-en

$$\frac{dy}{dx} = \frac{1}{x} \qquad \text{und} \qquad \frac{du}{dx} = \frac{x+y-u}{x} \,.$$

2. Aus deren sukzessive ermittelten Lösungen

$$y = \frac{1}{2}\ln x^2 + c_1 \qquad \text{und} \qquad u = \frac{c_2}{x} + \frac{x}{2} + \frac{1}{2}\ln x^2 - 1 + c_1$$

erhält man durch Auflösen die Charakteristiken

$$c_1 = y - \frac{1}{2}\ln x^2 =: \varphi_1(x,y,u) \quad \text{und} \quad c_2 = ux - \frac{x^2}{2} + x - xy =: \varphi_2(x,y,u) \,.$$

3. Mit einer beliebigen Funktion $\Phi(\tau)$ erhält man daraus über $\varphi_2 = \Phi(\varphi_1)$ eine implizite Lösung für $u(x,y)$, die sich nach u zu einer Lösung der PDgl auflösen lässt:

$$u = \frac{1}{x}\Phi(y - \tfrac{1}{2}\ln x^2) + \frac{x}{2} - 1 + y$$

Aus einer solchen Lösungsschar einer PDgl lässt sich ggf. durch Einsetzen einer Neben-bedingung die beliebige Funktion Φ bestimmen, ähnlich wie es beim Einsetzen von An-fangs- oder Randbedingungen bei gewöhnlichen Differentialgleichungen der Fall ist. Dies soll hier am Beispiel der CAUCHYschen Anfangswertaufgabe vorgeführt werden:

Für die quasilineare PDgl 1. Ordnung für die gesuchte Funktion $u(x,y)$

$$a(x,y,u)u_x + b(x,y,u)u_y = d(x,y,u)$$

bedeutet dies, dass eine solche Lösungsfläche $u = u(x,y)$ zu ermitteln ist, die eine gegebene Raumkurve

$$\mathbf{d}(\tau) = (x(\tau), y(\tau), u(\tau)), \tau \in I$$

enthält.

Dabei setzt man in die Charakteristiken $\varphi_1(x, y, u) = c_1$ und $\varphi_2(x, y, u) = c_2$ aus der allgemeinen Lösung $\mathbf{d}(\tau)$ ein und erhält so

$$c_1(\tau) = \varphi_1(x(\tau), y(\tau), u(\tau)) \quad \text{und} \quad c_2(\tau) = \varphi_2(x(\tau), y(\tau), u(\tau)).$$

Aus $\varphi_1(x, y, u) = c_1(\tau)$ und $\varphi_2(x, y, u) = c_2(\tau)$ eliminiert man τ und erhält so die Lösung der PDgl, die die Raumkurve $\mathbf{d}(\tau)$ enthält, in impliziter Form.

10.3   Lineare und quasilineare partielle Differentialgleichungen zweiter Ordnung

Für Funktionen $u(x, y)$ von zwei Veränderlichen ist

$$Au_{xx} + B_1 u_{xy} + B_2 u_{yx} + Cu_{yy} + Du_x + Eu_y + Fu = G$$

die allgemeine Form einer linearen PDgl 2. Ordnung; dabei sind $A, B_1, \ldots, G$ Funktionen von x und y.

Ist $u_{xy} = u_{yx}$ (Satz von SCHWARZ), ergibt sich daraus mit $2B = B_1 + B_2$

$$Au_{xx} + 2Bu_{xy} + Cu_{yy} + Du_x + Eu_y + Fu = G$$

als allgemeine Form.

Quasilineare PDgl 2. Ordnung lassen sich am einfachsten schreiben als

$$Au_{xx} + 2Bu_{xy} + Cu_{yy} = G,$$

wobei nun A, B, C und G von x, y, u_x, u_y und u abhängen können.

Ein häufig in der Technik vorkommender Spezialfall hiervon sind *fastlineare* PDgl, bei denen die Funktionen A, B und C nur von x und y abhängen dürfen.

Definition:

> Die Funktion $d(x, y) = (AC - B^2)(x, y)$ heißt *Diskriminante* der fastlinearen PDgl
>
> $$A(x, y)u_{xx} + 2B(x, y)u_{xy} + C(x, y)u_{yy} = G(x, y, u_x, u_y, u).$$

Man kann zeigen, dass das Vorzeichen von d invariant gegenüber Variablentransformationen $(x, y) \mapsto (\xi, \eta)$ des $\mathbb{R}^2$ ist, es dient also zur

Klassifikation fastlinearer partieller Differentialgleichungen zweiter Ordnung

In Anlehnung an entsprechende Bezeichnungen bei Kegelschnitten erhält man die

Definition:

Es sei $d(x, y)$ die Diskriminante einer fastlinearen PDgl. Diese heißt

$$\begin{aligned} &\textit{hyperbolisch,} && \text{wenn} && d < 0, \\ &\textit{parabolisch,} && \text{wenn} && d = 0, \\ &\textit{elliptisch,} && \text{wenn} && d > 0 \end{aligned}$$

auf einem Gebiet des $\mathbb{R}^2$ ist.

Demnach ist für $u(t, x)$ die Wellengleichung eine hyperbolische, die Wärmeleitungsgleichung eine parabolische und für $u(x, y)$ die Potentialgleichung eine elliptische Differentialgleichung.

Die einzelnen Typen lassen sich durch Variablentransformationen $(x, y) \mapsto (\xi, \eta)$ des $\mathbb{R}^2$ auf einfach zu lösende Formen, sogenannte *kanonische Formen*, transformieren, und zwar

im hyperbolischen Fall: $\quad v_{\xi\eta} + F(\xi, \eta, v, v_\xi, v_\eta) = 0$ bzw. $v_{\xi\xi} - v_{\eta\eta} + F(\xi, \eta, v, v_\xi, v_\eta) = 0$,

im parabolischen Fall: $\quad v_{\eta\eta} + F(\xi, \eta, v, v_\xi, v_\eta) = 0$,

im elliptischen Fall: $\quad v_{\xi\xi} + v_{\eta\eta} + F(\xi, \eta, v, v_\xi, v_\eta) = 0$.

Wegen der Vielfalt der möglichen Formen partieller Differentialgleichungen zweiter Ordnung gibt es keine durchgängige Theorie zur Lösung; es können deshalb hier nur einige nützliche **Lösungshinweise** gegeben werden.

1. Analog zu Gleichungen erster Ordnung kann in den Fällen, wo in der PDgl nur Ableitungen nach einer Variablen vorkommen, die entsprechende gewöhnliche Dgl gelöst werden; die in der Lösung vorkommenden Integrationskonstanten werden als beliebige Funktionen von der/den anderen Variablen aufgefasst.

2. Für homogene PDgl 2. Ordnung lässt sich wie bei denen erster Ordnung die **Separationsmethode** anwenden, wenn darin keine gemischte Ableitung vorkommt und zusätzlich die jeweiligen Koeffizientenfunktionen bei den reinen partiellen Ableitungen nur von der entsprechenden Variablen abhängen, der Koeffizient von u darf eine Linearkombination von Funktionen jeweils einer Veränderlichen sein. Der Ansatz

$$u(x, y) = v(x)\, w(y)$$

führt auf zwei gewöhnliche Differentialgleichungen. Entsprechendes gilt für drei Veränderliche.

Offensichtlich sind obige Voraussetzungen im Falle konstanter Koeffizienten erfüllt. Der Separationsansatz kann manchmal jedoch auch dann die Ermittlung einer Lösung ermöglichen, wenn die Voraussetzungen zum Einsatz der Separationsmethode nicht alle erfüllt sind. Die Separationsmethode ist dann nur als Probierverfahren zu verstehen.

3. Hängt die rechte Seite G einer inhomogenen PDgl nur von einer Veränderlichen, zum Beispiel von x, ab, so ergibt sich aus dem Ansatz

$$u_p(x, y) = v(x)$$

eine gewöhnliche Dgl, die eine partikuläre Lösung der inhomogenen PDgl liefert.

Bei homogenen linearen PDgl gibt es neben dem Superpositionsprinzip (vgl. Abschnitt 10.2) noch andere Möglichkeiten, aus bekannten Lösungen einer PDgl weitere zu konstruieren:

Satz:

(i) Für Lösungen u_k einer linearen homogenen PDgl ist jede endliche Linearkombination

$$u = \sum_{k=1}^{n} c_k u_k \quad \text{auch eine Lösung dieser Gleichung.}$$

(ii) Ist die durch gliedweise Differentiation aus $\sum_{k=1}^{\infty} c_k u_k$ gewonnene Reihe gleichmäßig

konvergent, so ist auch $u = \sum_{k=1}^{\infty} c_k u_k$ eine Lösung der PDgl.

(iii) Ist $u_\alpha(x,y)$ Lösung einer linearen homogenen PDgl, die neben den unabhängigen Variablen x und y noch von einem kontinuierlichen Parameter α abhängt und ist $c(\alpha)$ eine Funktion, so ist auch

$$u = \int_{\alpha_1}^{\alpha_2} c(\alpha) u_\alpha(x, y) \mathrm{d}\alpha$$

eine Lösung, falls das Integral existiert.

In der Praxis arbeitet man beim Aufbau einer Lösung durch eine Reihe $u = \sum_{k=1}^{\infty} c_k u_k$ mit

unbestimmten Koeffizienten c_k, die mithilfe der Nebenbedingungen bestimmt werden.

Für lineare homogene PDgl mit <u>konstanten</u> Koeffizienten gilt darüber hinaus: Für jede Lösung $u(x,y)$ und beliebige $a, b \in \mathbb{R}$ ist

$$\tilde{u}(x, y) = u(x - a, y - b)$$

auch Lösung der PDgl.

Eine lineare PDgl mit konstanten Koeffizienten für eine gesuchte Funktion $u(x, y)$ lässt sich manchmal auch mittels LAPLACE-Transformation (siehe Abschnitt 12.2) lösen:

Wird die gegebene PDgl LAPLACE-transformiert bezüglich x, so entsteht für die LAPLACE-Transformierte $U(s, y)$ eine gewöhnliche Dgl in y. Deren Lösung ergibt durch Rücktransformation die gesuchte Lösung der PDgl.

11   Vektoranalysis

11.1   Kurven und Flächen im Raum

In diesem Abschnitt soll die Beschreibung von Kurven und Flächen im Raum behandelt werden. Dabei werden die in den Abschnitten 6.3 und 6.4 mit anderer Zielsetzung bereits besprochenen Parameterdarstellungen wieder aufgegriffen. Die hier dargestellten Begriffe und Zusammenhänge gelten meist für beliebige $n \in \mathbb{N}^+$, sind aber in der Anwendung meist nur für $n = 3$ (bei Kurven auch für $n = 2$) sinnvoll. Dementsprechend soll n hier verstanden werden.

Definition:

(i)   Eine Funktion $\mathbf{c}: I \to \mathbb{R}^n$ (mit $I \subseteq \mathbb{R}$ Intervall) heißt *Weg* oder *Kurve* im $\mathbb{R}^n$. Es ist also $\mathbf{c}(t) = (c_1(t), \cdots, c_n(t))$. Die $c_i(t)$ heißen *Koordinatenfunktionen* von $\mathbf{c}(t)$.

(ii)   Ein Weg $\mathbf{c}$ heißt *differenzierbar* (bzw. *stetig*), wenn alle c_i differenzierbar (bzw. stetig) sind.

(iii)   Ein stetiger Weg $\mathbf{c}: [\,a, b\,] \to \mathbb{R}^n$ heißt *geschlossen*, wenn $\mathbf{c}(a) = \mathbf{c}(b)$ ist.

(iv)   Der Wertebereich bzw. das Bild $\mathbf{c}(I)$ heißt *Träger(menge)* oder *Spur* des Weges und wird mit $[\mathbf{c}]$ oder manchmal auch nur mit $\mathbf{c}$ bezeichnet.

Im Folgenden seien Wege stets als genügend oft differenzierbar vorausgesetzt.

Durch komponentenweises Differenzieren erhält man den *Tangenten-* oder *Geschwindigkeitsvektor* eines Weges: $$\frac{d\mathbf{c}}{dt} := \dot{\mathbf{c}}(t) := (\dot{c}_1(t), \cdots, \dot{c}_n(t)) \,.$$

Die Ableitung nach dem Parameter t, der in vielen Anwendungen tatsächlich die Zeit darstellt, wird meist mit dem Differentiationspunkt statt des Differentiationsstrichs notiert.

Ableitungsregeln:

$\dfrac{d}{dt}(\mathbf{a} + \mathbf{b}) = \dfrac{d\mathbf{a}}{dt} + \dfrac{d\mathbf{b}}{dt}$	$\dfrac{d}{dt}(\mathbf{a} \cdot \mathbf{b}) = \dfrac{d\mathbf{a}}{dt} \cdot \mathbf{b} + \mathbf{a} \cdot \dfrac{d\mathbf{b}}{dt}$
$\dfrac{d}{dt}(\mathbf{a} \times \mathbf{b}) = \dfrac{d\mathbf{a}}{dt} \times \mathbf{b} + \mathbf{a} \times \dfrac{d\mathbf{b}}{dt}$	$\dfrac{d}{dt}(\varphi\mathbf{b}) = \dfrac{d\varphi}{dt}\mathbf{b} + \varphi\dfrac{d\mathbf{b}}{dt}$

https://doi.org/10.1515/9783110537161-207

Aus dem Geschwindigkeitsvektor $\dot{\mathbf{c}}(t)$ erhält man:

Definition:

(i)	*(Bahn-)Geschwindigkeit:*	$v(t) = \|\dot{\mathbf{c}}(t)\| = \sqrt{\dot{c}_1^2(t) + \ldots + \dot{c}_n^2(t)}$
(ii)	*Bogenlänge:*	$s = \int_a^b \|\dot{\mathbf{c}}(t)\|\, \mathrm{d}t = \int_a^b \sqrt{\dot{c}_1^2(t) + \ldots + \dot{c}_n^2(t)}\, \mathrm{d}t$
(iii)	*Tangenteneinheitsvektor:*	$\mathbf{T}(t) = \dfrac{1}{\|\dot{\mathbf{c}}(t)\|}\dot{\mathbf{c}}(t)$
(iv)	*Hauptnormaleneinheitsvektor:*	$\mathbf{N}(t) = \dfrac{1}{\|\dot{\mathbf{T}}(t)\|}\dot{\mathbf{T}}(t)$

Flächen im $\mathbb{R}^3$ können als Graph einer reellwertigen Funktion von zwei reellen Veränderlichen entstehen (vgl. dazu Abschnitt 8.2). Aber genauso, wie es ebene Kurven gibt, die sich nicht als Graph einer Funktion einer reellen Veränderlichen darstellen lassen, lassen sich leicht Flächen $\mathcal{F}$ angeben, die nicht gemäß Abschnitt 8.2 beschrieben werden können (zum Beispiel Kugeloberfläche).

Bei diesen benutzt man wie bei ebenen Kurven eine sogenannte *Parameterdarstellung*:

Das ist eine stetig differenzierbare Funktion $\boldsymbol{\Phi}: K \to \mathbb{R}^3$, wobei der Parameterbereich K ein Gebiet[1] des $\mathbb{R}^2$ ist. $\mathcal{F}$ ist dann $\boldsymbol{\Phi}(K)$.

In $\boldsymbol{\Phi}(u,v) = \begin{pmatrix} \Phi_1(u,v) \\ \Phi_2(u,v) \\ \Phi_3(u,v) \end{pmatrix}$ muss die JACOBI-Matrix $J = \left(\dfrac{\partial \Phi_i}{\partial u_k}\right)$ der ersten partiellen Ableitungen maximalen Rang, hier also 2, haben, damit degenerierte Fälle ausgeschlossen sind.

Hält man den Parameter $v = v_0$ fest, so ist $u \mapsto \boldsymbol{\Phi}(u,v_0)$ die Parameterdarstellung einer auf $\mathcal{F}$ verlaufenden Kurve, der sogenannten u-Koordinatenlinie (kurz: u-Linie). Ihr Tangentenvektor werde mit $\boldsymbol{\Phi}_u$ bezeichnet. Analog erhält man $\boldsymbol{\Phi}_v$ als Tangentenvektor an die v-Koordinatenlinie.

Wegen des maximalen Rangs der JACOBI-Matrix sind $\boldsymbol{\Phi}_u$ und $\boldsymbol{\Phi}_v$ linear unabhängig, sie spannen also die Tangentialebene an $\mathcal{F}$ in $P = \boldsymbol{\Phi}(u_0,v_0)$ auf, die also durch

$$\boldsymbol{\Phi}(u_0,v_0) + \lambda \cdot \boldsymbol{\Phi}_u(u_0,v_0) + \mu \cdot \boldsymbol{\Phi}_v(u_0,v_0) \text{ mit } \lambda, \mu \in \mathbb{R}$$

gegeben ist.

---

[1] Das ist eine offene und zusammenhängende Teilmenge des $\mathbb{R}^2$.

Aufgrund der linearen Unabhängigkeit von $\mathbf{\Phi}_u$ und $\mathbf{\Phi}_v$ ergibt sich die

Definition:

$$n(u_0, v_0) = \left(\frac{\mathbf{\Phi}_u \times \mathbf{\Phi}_v}{\|\mathbf{\Phi}_u \times \mathbf{\Phi}_v\|} \right)(u_0, v_0) \quad \text{heißt } \textit{Normaleneinheitsvektor} \text{ oder } \textit{Flächennormale} \text{ in}$$

$$P = \mathbf{\Phi}(u_0, v_0).$$

Ist $\mathcal{F}$ der Graph einer Funktion $f : K \to \mathbb{R}$, so ist durch $\mathbf{\Phi}(u, v) = \begin{pmatrix} u \\ v \\ f(u, v) \end{pmatrix}$ eine Parameter-

darstellung der Fläche gegeben.

Die Tangentenvektoren $\mathbf{\Phi}_u$ und $\mathbf{\Phi}_v$ ergeben sich dann zu

$$\mathbf{\Phi}_u(u_0, v_0) = \begin{pmatrix} 1 \\ 0 \\ f_u(u_0, v_0) \end{pmatrix} \text{ und } \mathbf{\Phi}_v(u_0, v_0) = \begin{pmatrix} 0 \\ 1 \\ f_v(u_0, v_0) \end{pmatrix},$$

der Normaleneinheitsvektor ist $\dfrac{1}{\sqrt{1 + f_u^2(u_0, v_0) + f_v^2(u_0, v_0)}} \begin{pmatrix} -f_u(u_0, v_0) \\ -f_v(u_0, v_0) \\ 1 \end{pmatrix}.$

11.2 Vektorfelder

Definition:

Es sei $D \subseteq \mathbb{R}^n$.

(i) Eine Funktion $\mathbf{v} : D \to \mathbb{R}^n$ heißt *Vektorfeld* auf D. Es ist also

$$\mathbf{v}(x_1, \cdots, x_n) = \left(v_1(x_1, \cdots, x_n), \cdots, v_n(x_1, \cdots, x_n) \right)^{[1]}.$$

Die v_i heißen *Koordinatenfunktionen* des Vektorfelds.

(ii) Ein Vektorfeld $\mathbf{v}$ heißt *stetig* (bzw. *differenzierbar*), wenn alle $v_i : D \to \mathbb{R}$ *stetig* (bzw. *differenzierbar*) sind.

(iii) In diesem Zusammenhang wird eine Funktion $\varphi : D \to \mathbb{R}$ oft *Skalarfeld* genannt.

---

[1] Aus rein schreibtechnischen Gründen werden Vektoren hier zeilenweise notiert.

In der Physik behandelte Kraftfelder (zum Beispiel elektrisches und magnetisches Feld, Gravitationsfeld) oder Geschwindigkeitsfelder (zum Beispiel Strömung) sind Vektorfelder in oben beschriebenem Sinne.

Besonders häufig vorkommende Vektorfelder sind:

1. $\mathbf{v}(x, y) = \dfrac{c}{\left(\sqrt{x^2 + y^2}\right)^3} \cdot (x, y)$ mit $D = \mathbb{R}^2 \backslash \{(0,0)\}$ bzw.

$\mathbf{v}(x, y, z) = \dfrac{c}{\left(\sqrt{x^2 + y^2 + z^2}\right)^3} \cdot (x, y, z)$ mit $D = \mathbb{R}^3 \backslash \{(0,0,0)\}$:

Bei geeigneter Wahl von c beschreibt $\mathbf{v}$ das elektrische Feld einer im Nullpunkt platzierten Punktladung (*ebenes* bzw. *räumliches* COULOMB-*Feld*) oder ein Gravitationsfeld, dessen Zentrum im Ursprung liegt.

2. $\mathbf{v}(x, y) = \dfrac{c}{x^2 + y^2} (-y, x)$ mit $D = \mathbb{R}^2 \backslash \{(0,0)\}$

Bei geeigneter Wahl von c beschreibt $\mathbf{v}$ das Magnetfeld eines stromdurchflossenen Leiters, der im Nullpunkt senkrecht auf der (x, y)-Ebene steht.

3. $\mathbf{v}(x, y) = c \cdot \left(0, -\dfrac{x^2}{l^2} + 1\right)$ mit $D = \{(x, y) \in \mathbb{R}^2 \mid x \in [-l, l]\}$

Bei geeigneter Wahl von c beschreibt $\mathbf{v}$ das ebene Strömungsfeld einer laminaren Strömung in einem zur y-Achse parallelen Kanal der Breite $2l$.

Definition:

Es sei $\varphi : D \rightarrow \mathbb{R}$ ein differenzierbares Skalarfeld.

Dann ist durch $\mathbf{v} := \text{grad } \varphi$, also $\mathbf{v}(\mathbf{p}) := \left(\dfrac{\partial \varphi}{\partial x_1}(\mathbf{p}), \cdots, \dfrac{\partial \varphi}{\partial x_n}(\mathbf{p})\right)$ auf $D \subseteq \mathbb{R}^n$ ein Vektor-

feld definiert. Ein solches Vektorfeld heißt *Gradienten-* oder *Potentialfeld*; umgekehrt heißt φ *Potential* oder *Stammfunktion* des Vektorfelds $\mathbf{v}$.

Nicht jedes Vektorfeld ist ein Potentialfeld – andererseits ist diese Eigenschaft besonders interessant im Zusammenhang mit der Berechnung von Kurvenintegralen (siehe Abschnitt 12.4). Zur Beantwortung der Frage, ob ein gegebenes Vektorfeld $\mathbf{v}$ ein Potentialfeld ist, dient als

Notwendiges Kriterium:

Soll ein gegebenes Vektorfeld $\mathbf{v}$ ein Potentialfeld sein, so müssen die sogenannten *Integrabilitätsbedingungen* gelten, das heißt, es muss

$$\frac{\partial v_i}{\partial x_j} = \frac{\partial v_j}{\partial x_i}$$

für alle $i, j \in \{1, \ldots, n\}$ sein.

Dieses Kriterium ist im Allgemeinen keinesfalls hinreichend – so erfüllt das unter 2. genannte Magnetfeld zwar die Integrabilitätsbedingung, besitzt aber trotzdem kein Potential.

Ist allerdings der Definitionsbereich des Vektorfelds offen und einfach zusammenhängend (siehe folgende Definition), so ist obiges Kriterium auch **hinreichend**.

Definition:

> Eine wegzusammenhängende Teilmenge D des $\mathbb{R}^n$ heißt *einfach zusammenhängend*, wenn sich jeder in D verlaufende geschlossene Weg stetig auf einen Punkt zusammenziehen lässt.

In diesem Sinne ist etwa der ganze $\mathbb{R}^n$, jeder Halbraum, jede Kugel und jede sternförmige Teilmenge des $\mathbb{R}^n$ einfach zusammenhängend; das Gleiche gilt auch für $\mathbb{R}^n\backslash\{\mathbf{p}\}$, wenn $n \geq 3$ ist. Man beachte jedoch, dass etwa $\mathbb{R}^2\backslash\{(0,0)\}$ nicht einfach zusammenhängend ist!

Die im Folgenden skizzierte Methode zur Bestimmung eines Potentials φ eines gegebenen Vektorfelds $\mathbf{v}$ kann auch dazu benutzt werden, die Existenz eines Potentials zu prüfen, denn wenn D nicht einfach zusammenhängend ist, andererseits $\mathbf{v}$ aber die Integrabilitätsbedingungen erfüllt, wie es etwa beim ebenen COULOMB-Feld der Fall ist, <u>kann</u> ein Potential existieren, <u>muss</u> aber nicht.

Bestimmung eines Potentials φ eines gegebenen Vektorfelds v:

> **1.** Da $\dfrac{\partial \varphi}{\partial x_1} = v_1$ sein soll, bestimme man eine Stammfunktion $\tilde{\varphi}(x_1, \cdots, x_n)$ von v_1 bezüglich x_1 bei festgehaltenen $x_2, \cdots, x_n$. Damit gilt für das gesuchte φ:
>
> $$\varphi(x_1, \cdots, x_n) = \tilde{\varphi}(x_1, \cdots, x_n) + g_1(x_2, \cdots, x_n), \tag{1}$$
>
> wobei g_1 eine beliebige Funktion von $x_2, \cdots, x_n$ ist.
>
> **2.** Da $\dfrac{\partial \varphi}{\partial x_2} = v_2$ sein soll, muss also $\dfrac{\partial \tilde{\varphi}}{\partial x_2} + \dfrac{\partial g_1}{\partial x_2} = v_2$ $\qquad$ (2)
>
> gelten. Aus Gleichung (2) muss x_1 eliminiert werden können – ist dies nicht der Fall, so besitzt φ kein Potential; das Verfahren wird an dieser Stelle abgebrochen.
>
> **3.** Aus (2) bestimmt man durch Integration bezüglich x_2 nun $g_1(x_2, \cdots, x_n)$; diese enthält (analog zu φ in **1.**) eine beliebige Funktion $g_2(x_3, \cdots, x_n)$.
>
> **4.** Das so erhaltene $g_1(x_2, \cdots, x_n)$ wird in (1) eingesetzt. Aus $\dfrac{\partial \varphi}{\partial x_3} = v_3$ wird nun analog zu **2.** $g_2(x_3, \cdots, x_n)$ ausgenutzt.
>
> **5.** Man fahre so fort, bis alle beliebigen Funktionen g_i in φ bestimmt sind und nur noch eine beliebige Konstante übrig ist.

<u>Bemerkung</u>: Die Reihenfolge der Veränderlichen kann natürlich beliebig gewählt werden, man muss nur darauf achten, dass jede Bestimmungsgleichung $\dfrac{\partial \varphi}{\partial x_i} = v_i$ genau einmal benutzt wird.

11.3   Divergenz und Rotation

In diesem Abschnitt sei $D \subseteq \mathbb{R}^3$, $\varphi : D \to \mathbb{R}$ ein Skalarfeld, $\mathbf{v}, \mathbf{w} : D \to \mathbb{R}^3$ seien Vektorfelder; es sei $c \in \mathbb{R}$ und $\mathbf{a} \in \mathbb{R}^3$.

Definition:

(i)   Das durch $\operatorname{div} \mathbf{v} := \dfrac{\partial v_1}{\partial x} + \dfrac{\partial v_2}{\partial y} + \dfrac{\partial v_3}{\partial z}$ auf D definierte Skalarfeld heißt *Divergenz* von $\mathbf{v}$.

(ii)   Das durch $\operatorname{rot} \mathbf{v} := \left(\dfrac{\partial v_3}{\partial y} - \dfrac{\partial v_2}{\partial z}, \dfrac{\partial v_1}{\partial z} - \dfrac{\partial v_3}{\partial x}, \dfrac{\partial v_2}{\partial x} - \dfrac{\partial v_1}{\partial y} \right)$ auf D definierte Vektorfeld heißt *Rotation* von $\mathbf{v}$.

(iii)   Ist $\operatorname{div} \mathbf{v} = 0$, so heißt $\mathbf{v}$ *quellenfrei*; ist $\operatorname{rot} \mathbf{v} = 0$, so heißt $\mathbf{v}$ *wirbelfrei*.

In der Physik werden Divergenz und Rotation häufig im sogenannten *Nabla-Kalkül* notiert:

Dabei bezeichnet ∇ den Differentialoperator $\left(\dfrac{\partial}{\partial x}, \dfrac{\partial}{\partial y}, \dfrac{\partial}{\partial z} \right)$ („Pseudovektor"), mit dem gemäß den üblichen Vektoroperationen aus Kapitel 2 geschrieben werden kann:

Divergenz (Skalarprodukt): $\operatorname{div} \mathbf{v} = \nabla \cdot \mathbf{v}$

Rotation (Vektorprodukt): $\operatorname{rot} \mathbf{v} = \nabla \times \mathbf{v}$

Gradient (skalare Multiplikation): $\operatorname{grad} \varphi = \nabla \varphi$

Rechenregeln:

(i)	$\operatorname{div} \mathbf{a} = 0$	(ii)	$\operatorname{div}(\varphi \mathbf{v}) = (\operatorname{grad} \varphi) \cdot \mathbf{v} + \varphi(\operatorname{div} \mathbf{v})$
(iii)	$\operatorname{div}(c\,\mathbf{v}) = c\,(\operatorname{div} \mathbf{v})$	(iv)	$\operatorname{div}(\mathbf{v} + \mathbf{w}) = \operatorname{div} \mathbf{v} + \operatorname{div} \mathbf{w}$
(v)	$\operatorname{rot} \mathbf{a} = \mathbf{0}$	(vi)	$\operatorname{rot}(\varphi \mathbf{v}) = (\operatorname{grad} \varphi) \times \mathbf{v} + \varphi(\operatorname{rot} \mathbf{v})$
(vii)	$\operatorname{rot}(c\,\mathbf{v}) = c\,(\operatorname{rot} \mathbf{v})$	(viii)	$\operatorname{rot}(\mathbf{v} + \mathbf{w}) = \operatorname{rot} \mathbf{v} + \operatorname{rot} \mathbf{w}$
(ix)	$\operatorname{rot}(\operatorname{grad} \varphi) = \mathbf{0}$	(x)	$\operatorname{div}(\operatorname{rot} \mathbf{w}) = 0$

Analog zum Potential φ eines Vektorfelds $\mathbf{v}$, für das grad $\varphi = \mathbf{v}$ ist, erhält man:

Definition:

> Ein Vektorfeld $\mathbf{w}$, dessen Rotation ein gegebenes Vektorfeld $\mathbf{v}$ ist, für das also rot $\mathbf{w} = \mathbf{v}$ ist, heißt *Vektorpotential* von $\mathbf{v}$; $\mathbf{v}$ heißt dann *Wirbelfeld*.

Gemäß obiger Rechenregel (x) ist, falls $\mathbf{v}$ ein Vektorpotential besitzt, div $\mathbf{v} = 0$; besitzt $\mathbf{v}$ ein Potential φ, so ist rot $\mathbf{v} = \mathbf{0}$.[1] Das heißt – anders formuliert:

Satz:

> (i) Ist $\mathbf{v}$ ein Wirbelfeld, also $\mathbf{v} = $ rot $\mathbf{w}$, so ist $\mathbf{v}$ quellenfrei, das heißt div $\mathbf{v} = 0$.
>
> (ii) Ist $\mathbf{v}$ ein Potentialfeld, also $\mathbf{v} = $ grad φ, so ist $\mathbf{v}$ wirbelfrei, das heißt rot $\mathbf{v} = \mathbf{0}$.
>
> Ist D zusätzlich offen und einfach zusammenhängend, so gilt auch die **Umkehrung**:
>
> Jedes quellenfreie Vektorfeld ist ein Wirbelfeld; jedes wirbelfreie Vektorfeld ist ein Potentialfeld.

Ist $\mathbf{v}$ ein auf einfach zusammenhängendem D definiertes wirbel- und quellenfreies Vektorfeld, so gilt für das dann existierende Potential φ von $\mathbf{v}$:

$$\Delta \varphi = \frac{\partial^2 \varphi}{\partial x^2} + \frac{\partial^2 \varphi}{\partial y^2} + \frac{\partial^2 \varphi}{\partial z^2} = 0$$

Dabei bezeichnet Δ den sogenannten *LAPLACE-Operator*, im Nabla-Kalkül folgendermaßen dargestellt:

$$\Delta := \nabla \cdot \nabla = \mathrm{div}(\mathrm{grad}) = \frac{\partial^2}{\partial x^2} + \frac{\partial^2}{\partial y^2} + \frac{\partial^2}{\partial z^2}$$

11.4 Kurvenintegrale

Definition:

> Es sei $D \subseteq \mathbb{R}^n$, $\varphi : D \to \mathbb{R}$ ein stetiges Skalarfeld, $\mathbf{v} : D \to \mathbb{R}^n$ ein stetiges Vektorfeld, es sei $\mathbf{c} : [a,b] \to D$ ein stetig differenzierbarer Weg. Dann definiert man das *Kurvenintegral* (*Wegintegral, Linienintegral*) durch
>
> $$\int_c \varphi \, d\mathbf{r} := \int_a^b \varphi(\mathbf{c}(t)) \|\dot{\mathbf{c}}(t)\| \, dt \quad (1.\ \text{Art}) \qquad \text{bzw.} \qquad \int_c \mathbf{v} \, d\mathbf{r} := \int_a^b \mathbf{v}(\mathbf{c}(t)) \cdot \dot{\mathbf{c}}(t) \, dt \quad (2.\ \text{Art})$$
>
> Ist $\mathbf{c}$ geschlossen, so schreibt man $\oint_c \mathbf{v} \, d\mathbf{r}$ für $\int_c \mathbf{v} \, d\mathbf{r}$ und spricht von einem *Ringintegral*.

---

[1] vgl. auch Abschnitt 8.4

Das Kurvenintegral 1. Art kann etwa zur Berechnung der Gesamtmasse längs eines Weges (zum Beispiel eines Drahtes) genommen werden, wenn φ die ortsabhängige Massedichte beschreibt; für $\varphi \equiv 1$ ergibt sich die Bogenlänge von **c**.

Wichtiger noch sind die Anwendungen des Kurvenintegrals 2. Art: Beschreibt nämlich das Vektorfeld **v** ein ebenes oder räumliches Kraftfeld, so liefert das Kurvenintegral den Wert der benötigten Arbeit, um längs des Weges von **c**(a) nach **c**(b) zu gelangen, bzw. die dabei gewonnene Energie.

Gemäß obiger Definition benötigt man zur Berechnung des Kurvenintegrals eine Parameter-darstellung des Weges **c**. Nun lässt sich ein gegebener „geometrischer" Weg (genauer gesagt: der Träger [**c**] des Weges) auf verschiedenste Weise unter Beibehaltung der Durchlaufungs-richtung parametrisieren. Ist nämlich ein Weg **c**:[a, b]→D gegeben und ist h:[e, f]→ [a, b] eine differenzierbare Funktion mit $h(e) = a$ und $h(f) = b$, so stellt **d**:[e, f]→D, gegeben durch **d**(t) := **c**($h(t)$), den „gleichen" Weg dar, genauer gesagt: [**c**] = [**d**] und Anfangs- und End-punkt sind jeweils gleich. **d** ist eine sogenannte *Umparametrisierung* von **c**.

Mit der Substitutionsregel (siehe Abschnitt 5.3) ergibt sich jedoch unmittelbar, dass

$$\int_c \mathbf{v}\, d\mathbf{r} = \int_d \mathbf{v}\, d\mathbf{r}$$

ist. Das Kurvenintegral ist also nur vom Träger des Weges und seiner Durchlaufungs-richtung, **nicht** jedoch von der gewählten **Parametrisierung** abhängig. Deshalb findet man manchmal auch die Notation $\int_{[\mathbf{c}]} \mathbf{v}\, d\mathbf{r}$ statt $\int_\mathbf{c} \mathbf{v}\, d\mathbf{r}$.

Bezeichnet $\breve{\mathbf{c}}$ den sich durch Umkehrung der Durchlaufungsrichtung ergebenden Weg, also $\breve{\mathbf{c}}(t) = \mathbf{c}(a + b - t)$, so gilt für das Kurvenintegral:

$$\int_{\breve{\mathbf{c}}} \mathbf{v}\, d\mathbf{r} = -\int_c \mathbf{v}\, d\mathbf{r}$$

Die **Änderung der Durchlaufungsrichtung** von [**c**] kehrt also das **Vorzeichen** um.

Ist **c** ein Weg von $\mathbf{p}_1$ nach $\mathbf{p}_2$ und **d** ein Weg von $\mathbf{p}_2$ nach $\mathbf{p}_3$, so bezeichnet man den **zusam-mengesetzten Weg** von $\mathbf{p}_1$ nach $\mathbf{p}_3$ mit **c** $\oplus$ **d** . Dafür definiert man das Kurvenintegral durch

$$\int_{\mathbf{c} \oplus \mathbf{d}} \mathbf{v}\, d\mathbf{r} := \int_c \mathbf{v}\, d\mathbf{r} + \int_d \mathbf{v}\, d\mathbf{r}.$$

Besonders einfach lassen sich Kurvenintegrale für Potentialfelder berechnen. Es gilt nämlich:

Satz:

> Ist **v** ein Potentialfeld und **c** ein Weg in D von **p** nach **q**, so ist
>
> $$\int_c \mathbf{v}\, d\mathbf{r} = \varphi(\mathbf{q}) - \varphi(\mathbf{p})\,.$$
>
> Dabei ist $\varphi{:}D{\to}\mathbb{R}$ ein Potential von **v**, das heißt, es gilt **v** = grad φ.
>
> Der Wert des Kurvenintegrals hängt bei einem Potentialfeld also nicht vom Verlauf des Weges, sondern **nur** von seinem **Anfangs- und Endpunkt** ab. Insbesondere hat es den Wert 0, wenn der Weg geschlossen ist.

Im Zusammenhang mit der **Wegunabhängigkeit** eines Kurvenintegrals erfolgt die

Defintion:

> Ein Vektorfeld **v** heißt *konservativ*, wenn für beliebige **p**, **q** $\in D$ und alle Wege **c** von **p** nach **q** das Kurvenintegral $\int_c \mathbf{v}\, d\mathbf{r}$ den gleichen Wert hat.

Die Tatsache, dass $\int_c \mathbf{v}\, d\mathbf{r}$ vom Wege unabhängig ist, ist offensichtlich äquivalent dazu, dass

$\oint_c \mathbf{v}\, d\mathbf{r} = 0$ für jeden geschlossenen in D verlaufenden Weg ist.

Jedes Potentialfeld ist demgemäß konservativ. Ist zusätzlich D offen und einfach zusammenhängend, so gilt auch die **Umkehrung**, also zusammen mit Ergebnissen aus Abschnitt 11.2 folgender

Satz:

> Es sei **v** ein Vektorfeld, das auf einer offenen und einfach zusammenhängenden Teilmenge des $\mathbb{R}^n$ definiert ist. Dann sind folgende vier Aussagen **äquivalent**:
>
> (i)   **v** ist konservativ.
>
> (ii)   Für jeden geschlossenen Weg **c** ist $\oint_c \mathbf{v}\, d\mathbf{r} = 0$.
>
> (iii)   **v** erfüllt die Integrabilitätsbedingungen $\dfrac{\partial v_i}{\partial x_j} = \dfrac{\partial v_j}{\partial x_i}$ für alle $i, j \in \{1,\dots, n\}$.
>
> (iv)   **v** ist ein Potentialfeld, also **v** = grad φ.

11.5   Oberflächenintegrale

Definition:

Mit $D \subseteq \mathbb{R}^3$ sei $f: D \to \mathbb{R}$ ein stetiges Skalar- und $\mathbf{v}: D \to \mathbb{R}^3$ ein stetiges Vektorfeld. Ferner sei $\mathcal{F}$ eine in D enthaltene Fläche im $\mathbb{R}^3$, die durch eine auf $G \subseteq \mathbb{R}^2$ definierte Parameterdarstellung $\Phi(u, v)$ gegeben ist, also $\mathcal{F} = \Phi(G)$.

Dann definiert man die *Oberflächenintegrale* über $\mathcal{F}$ durch

$$\int_{\mathcal{F}} f \, d\sigma = \int_G (f \circ \Phi) \left\| \Phi_u \times \Phi_v \right\| db = \iint_G f(\Phi(u,v)) \left\| \Phi_u \times \Phi_v \right\| du \, dv \quad \text{(1. Art)}$$

bzw. $\displaystyle \int_{\mathcal{F}} \mathbf{v} \, d\sigma = \int_G (\mathbf{v} \circ \Phi) \cdot (\Phi_u \times \Phi_v) \, db = \iint_G \mathbf{v}(\Phi(u,v)) \cdot (\Phi_u \times \Phi_v) \, du \, dv \quad \text{(2. Art)}.$

Wie die Kurvenintegrale eine Verallgemeinerung der in Kapitel 5 behandelten eindimensionalen darstellen, sind die Oberflächenintegrale eine solche der in Abschnitt 8.6 behandelten Doppelintegrale. Man kann ähnlich wie bei Kurvenintegralen zeigen, dass auch Oberflächenintegrale nicht von der gewählten Parametrisierung der Fläche $\mathcal{F}$ abhängen.

Mit Oberflächenintegralen 1. Art kann man zum Beispiel die Gesamtmasse der Fläche $\mathcal{F}$ berechnen, wenn f die Dichte, bezogen auf eine Flächeneinheit, darstellt; für $f \equiv 1$ liefert $\int_{\mathcal{F}} f \, d\sigma$ den Flächeninhalt von $\mathcal{F}$.

Auch Oberflächenintegrale 2. Art lassen sich physikalisch deuten: Ist $\mathbf{v}$ das Geschwindigkeitsfeld einer stationären Strömung, so gibt $\int_{\mathcal{F}} \mathbf{v} \, d\sigma$ das Volumen der in einer Zeiteinheit durch die Fläche $\mathcal{F}$ hindurch fließenden Flüssigkeitsmenge an.

Kurvenintegrale 2. Art sind – wie im vorigen Abschnitt behandelt – orientierte Integrale, das heißt, ihr Vorzeichen hängt von der Wahl der Durchlaufungsrichtung ab. Ähnlich ist es mit Oberflächenintegralen: Vertauscht man nämlich in der Parametrisierung von $\mathcal{F}$ lediglich die Rollen von u und v, so bekommt wegen $\Phi_v \times \Phi_u = -(\Phi_u \times \Phi_v)$ das Oberflächenintegral $\int_{\mathcal{F}} \mathbf{v} \, d\sigma$ das umgekehrte Vorzeichen. Deshalb wird die Parametrisierung $\Phi(u, v)$ üblicherweise so gewählt, dass die Flächennormale $\Phi_u \times \Phi_v$ nach außen zeigt.

Es sei darauf hingewiesen, dass nicht jede Fläche im $\mathbb{R}^3$ orientierbar ist; das *Möbiusband* ist ein bekanntes Beispiel einer nicht-orientierbaren Fläche.

11.6   Integralsätze von GAUSS, GREEN und STOKES

Im Integralsatz von GAUSS wird ein Zusammenhang zwischen Oberflächenintegralen (siehe Abschnitt 11.5) und den in Abschnitt 8.6 behandelten Dreifachintegralen hergestellt. Er lässt sich am Beispiel einer strömenden Flüssigkeit leicht veranschaulichen: Es ist plausibel, dass die durch die Oberfläche eines räumlichen Gebiets herausströmende Flüssigkeitsmenge gleich derjenigen ist, die die Quellen im Innern hervorbringen – exakt formuliert:

Integralsatz von GAUSS:

Es sei D ein Gebiet im $\mathbb{R}^3$, V ein in D enthaltener räumlicher Bereich, der durch eine nach außen orientierte Fläche $\mathcal{F}$ begrenzt wird, die ebenfalls in D liegt. Ferner sei $\mathbf{v}: D \to \mathbb{R}^3$ ein stetig differenzierbares Vektorfeld. Dann gilt:

$$\int_{\mathcal{F}} \mathbf{v}\, d\sigma = \int_V \operatorname{div} \mathbf{v}\, db = \iiint_V \left(\frac{\partial v_1}{\partial x} + \frac{\partial v_2}{\partial y} + \frac{\partial v_3}{\partial z} \right) dx\, dy\, dz$$

Aus dem Integralsatz von GAUSS lässt sich durch Reduktion auf die Dimension 2 der Satz von GREEN folgern: Darin wird eine Beziehung zwischen einem Ringintegral und einem Doppelintegral hergestellt.

Integralsatz von GREEN:

Es sei D ein einfach zusammenhängendes Gebiet im $\mathbb{R}^2$, dessen Rand ∂D ein geschlossener Weg $\mathbf{c}$ ist, der so parametrisiert sei, dass sich beim Durchlaufen D stets links befindet. Ist $\mathbf{v}$ ein auf einem $\overline{D} = D \cup \partial D$ umfassenden Bereich differenzierbares ebenes Vektorfeld, so gilt:

$$\oint_{\mathbf{c}} \mathbf{v}\, d\mathbf{r} = \iint_D \left(\frac{\partial v_2}{\partial x} - \frac{\partial v_1}{\partial y} \right) dx\, dy$$

Im Satz von STOKES wird eine Verbindung zwischen einem räumlichen Ringintegral und dem Oberflächenintegral der eingeschlossenen Fläche hergestellt, im Einzelnen:

Integralsatz von STOKES:

Es sei D ein Gebiet im $\mathbb{R}^3$, das die orientierte Fläche $\mathcal{F}$ enthält. Deren Rand $\partial \mathcal{F}$ sei ein geschlossener Weg $\mathbf{c}$, der derart parametrisiert sei, dass für einen in Richtung der Flächennormalen gerichteten Beobachter beim Durchlaufen des Weges die Fläche stets links liegt. Ferner sei $\mathbf{v}: D \to \mathbb{R}^3$ ein stetig differenzierbares Vektorfeld. Dann gilt:

$$\int_{\mathcal{F}} \operatorname{rot} \mathbf{v}\, d\sigma = \oint_{\mathbf{c}} \mathbf{v}\, d\mathbf{r}$$

Reduziert man **v** auf ein ebenes Vektorfeld, indem die Abhängigkeit von z sowie die dritte Komponente in **v** weggelassen werden, so wird $\mathcal{F}$ zu einem einfach zusammenhängenden Gebiet im $\mathbb{R}^2$. Der Satz von STOKES ergibt dann wieder die Aussage des Satzes von GREEN, sodass in der Ebene alle drei Integralsätze identisch sind.

12 Integraltransformationen

12.1 FOURIER-Transformation

Dieser Abschnitt knüpft inhaltlich an die komplexe FOURIER-Entwicklung (siehe Abschnitt 7.3) an. Eine P-periodische Funktion $f(t)$, die den DIRICHLET-Bedingungen genügt, lässt sich demnach schreiben als

$$f(t) = \sum_{k=-\infty}^{k=\infty} c_k e^{i\frac{2\pi}{P}kt} \, ,$$

wobei die komplexen FOURIER-Koeffizienten $(c_m)_{m\in\mathbb{Z}}$ sich berechnen lassen als

$$c_m = \frac{1}{P} \int_{-\frac{P}{2}}^{\frac{P}{2}} f(t) \cdot e^{-i\frac{2\pi}{P}mt} \, \mathrm{d}t \, .$$

Der P-periodischen Funktion $f(t)$ ist also durch die FOURIER-Entwicklung eindeutig eine Folge $(c_m)_{m\in\mathbb{Z}}$ komplexer Zahlen, also eine Funktion $c\colon \mathbb{Z}\to\mathbb{C}$, das sogenannte *Spektrum* von $f(t)$, zugeordnet. Da c auf $\mathbb{Z}$ definiert ist, heißt das Spektrum *diskret*.

Durch die FOURIER-Analyse wird also einer P-periodischen Originalfunktion $f(t)$, definiert auf $\mathbb{R}$, eine auf $\mathbb{Z}$ definierte komplexwertige Spektralfunktion c zugeordnet; durch die FOURIER-Synthese gilt dies auch umgekehrt.

Setzt man zur Abkürzung $\omega_k = \frac{2\pi}{P}k$, also $\Delta\omega = \omega_{k+1} - \omega_k = \frac{2\pi}{P}$, so ergibt sich aus den beiden ersten Formeln durch Einsetzen:

$$f(t) = \frac{1}{2\pi} \sum_{k=-\infty}^{k=\infty} \Delta\omega \cdot \left(\int_{-\frac{\pi}{\Delta\omega}}^{\frac{\pi}{\Delta\omega}} f(s) \cdot e^{-i\omega_k s} \mathrm{d}s \right) \cdot e^{i\omega_k t}$$

Dieser Zusammenhang soll nun auf nichtperiodische Funktionen verallgemeinert werden:

Dazu lässt man in der letzten Formel P gegen $+\infty$, also $\Delta\omega$ gegen 0 gehen. Dadurch wird die unendliche Summe zu einem Integral bezüglich ω über ganz $\mathbb{R}$, insgesamt ergibt sich also die FOURIER*sche Integraldarstellung* der Zeitfunktion $f(t)$:

https://doi.org/10.1515/9783110537161-219

$$f(t) = \frac{1}{2\pi} \int\limits_{-\infty}^{\infty} \left(\int\limits_{-\infty}^{\infty} f(s) \cdot e^{-i\omega s} \, ds \right) \cdot e^{i\omega t} \, d\omega \tag{FI}$$

Das innere Integral in (FI) ist eine komplexwertige Funktion $F(\omega)$ mit $\omega \in \mathbb{R}$:

$$F(\omega) = \int\limits_{-\infty}^{\infty} f(t) \cdot e^{-i\omega t} \, dt \ ^{1)}$$

Die sogenannte *Spektralfunktion* $F(\omega)$ heißt FOURIER-*Transformierte* der Zeitfunktion $f(t)$, geschrieben $F(\omega) = \mathcal{F}(f(t))$. Da F auf $\mathbb{R}$ definiert ist, spricht man hier von einem *kontinuierlichen Spektrum*.

Die FOURIER-Transformierte kann gemäß obiger Formel für alle Zeitfunktionen $f(t)$ definiert werden, für die $\int\limits_{-\infty}^{\infty} |f(t)| \, dt$ existiert.

Definiert man

$$a(\omega) = \int\limits_{-\infty}^{\infty} f(t) \cdot \cos(\omega t) \, dt \qquad \text{und} \qquad b(\omega) = \int\limits_{-\infty}^{\infty} f(t) \cdot \sin(\omega t) \, dt \,,$$

für reellwertige $f(t)$ also

$$a(\omega) = \operatorname{Re} F(\omega) \qquad \text{und} \qquad b(\omega) = -\operatorname{Im} F(\omega) \,,$$

so erhält man aus (FI) die *reelle* FOURIER*sche Integraldarstellung* der Zeitfunktion $f(t)$ als

$$f(t) = \frac{1}{\pi} \int\limits_{0}^{\infty} (a(\omega)\cos(\omega t) + b(\omega)\sin(\omega t)) \, d\omega \,.$$

Man beachte die formale Analogie zu

$$f(t) = \frac{a_0}{2} + \sum_{k=1}^{\infty} (a_k \cos(kt) + b_k \sin(kt)) \,,$$

der FOURIER-Reihen-Entwicklung einer 2π-periodischen Funktion $f(t)$.

Über die Polarkoordinaten-Darstellung von $F(\omega)$ erhält man somit das *Amplitudenspektrum* $A(\omega)$ sowie das *Phasenspektrum* $\varphi(\omega)$ als

---

[1] Manchmal wird bei der Definition der FOURIER-Transformierten auch der Faktor $\frac{1}{2\pi}$ hinzugefügt; die weiteren aus $F(\omega)$ abgeleiteten Formeln ändern sich entsprechend.

$$A(\omega) := |\, F(\omega)\, | = \sqrt{a^2(\omega) + b^2(\omega)} \quad \text{bzw.} \quad \varphi(\omega) := \arg(F(\omega)) = -\arctan\frac{b(\omega)}{a(\omega)}\,{}^{[1]}.$$

Für Zeitfunktionen $f(t)$ und $g(t)$, die absolut integrierbar über $\mathbb{R}$ sind, deren FOURIER-Transformierte $F(\omega)$ bzw. $G(\omega)$ sind und für die die entsprechenden Integrale existieren, gelten folgende

Rechenregeln:

(i)	Linearität:	$\mathcal{F}(\alpha f + \beta g)(t)) = \alpha F(\omega) + \beta G(\omega)$
(ii)	Konjugation:	$\mathcal{F}(\bar{f}(t)) = \bar{F}(-\omega)$
(iii)	Ähnlichkeit:	$\mathcal{F}(f(\alpha t)) = \dfrac{1}{|\alpha|} F\left(\dfrac{\omega}{\alpha}\right)$ für $\alpha \neq 0$
(iv)	Zeitverschiebung:	$\mathcal{F}(f(t-t_0)) = e^{-i\omega t_0} F(\omega)$
(v)	Frequenzverschiebung:	$\mathcal{F}(e^{-i\omega_0 t} f(t)) = F(\omega - \omega_0)$
(vi)	Selbstdualität:	$\displaystyle\int_{-\infty}^{\infty} f(t) G(t)\, dt = \int_{-\infty}^{\infty} F(t) g(t)\, dt$
(vii)	PARSEVAL-Gleichung:	$\displaystyle\int_{-\infty}^{\infty} f(t)\overline{g}(t)\, dt = \frac{1}{2\pi} \int_{-\infty}^{\infty} F(\omega)\overline{G}(\omega)\, d\omega$

Für auf $\mathbb{R}$ stetige Funktionen $f(t)$ und $g(t)$, von denen eine beschränkt und die andere absolut integrierbar ist, hat man – nicht nur in diesem Zusammenhang – folgende

Definition:

> Die *Faltung* $f * g$ der beiden Funktionen f und g ist gegeben durch
>
> $$(f * g)(t) = \int_{-\infty}^{\infty} f(t-\tau) g(\tau)\, d\tau.$$
>
> Unter obigen Voraussetzungen ist $f * g$ stetig und absolut integrierbar auf $\mathbb{R}$.

Offenbar gilt $f * g = g * f$; ferner liefert eine einfache Rechnung den

Faltungssatz:

> $$(\mathcal{F}(f * g))(\omega) = F(\omega) \cdot G(\omega)$$
>
> in Worten: Die Faltung im Originalbereich entspricht einer Multiplikation im Bildbereich.

---

[1]   ggf. + Korrekturterm

Die „Umkehrung" des Faltungssatzes ist der

Multiplikationssatz::

$$(\mathcal{F}(f \cdot g))(\omega) = \frac{1}{2\pi}(F * G)(\omega)$$

in Worten: Die Multiplikation im Originalbereich entspricht einer Faltung im Bildbereich dividiert durch 2π.

Differentiation und FOURIER-Transformation

1. Ist f zusätzlich differenzierbar und ist f' absolut integrierbar über $\mathbb{R}$, so existiert auch die FOURIER-Transformierte von f', und es gilt:

$$\mathcal{F}(f'(t))\big|_\omega = \mathrm{i}\omega F(\omega)$$

2. Ist zusätzlich $t \cdot f(t)$ absolut integrierbar, so ist die FOURIER-Transformierte $F(\omega)$ nach ω differenzierbar, und es gilt:

$$F'(\omega) = -\mathcal{F}(\mathrm{i}t f(t))\big|_\omega$$

Umkehrung der FOURIER-Transformation

Streng mathematisch gesehen ist die FOURIER-Transformation nicht umkehrbar, denn dazu müsste die Zuordnung $f(t) \mapsto \mathcal{F}(f(t))$ injektiv sein, verschiedene Zeitfunktionen müssten also auch verschiedene FOURIER-Transformierte haben. Da die FOURIER-Transformation jedoch über ein Integral definiert ist und dessen Wert sich ja nicht ändert, wenn die Integrandenfunktion an abzählbar vielen Stellen geändert wird, können durchaus zwei verschiedene Zeitfunktionen $f_1(t)$ und $f_2(t)$ die gleiche FOURIER-Transformierte $F(\omega)$ haben.

Darüber hinaus kommt sicher nicht jede auf $\mathbb{R}$ definierte komplexwertige Funktion als FOURIER-Transformierte $F(\omega)$ infrage. Betrachtet man jedoch hinreichend glatte Zeitfunktionen $f(t)$, etwa aus dem sogenannten SCHWARZ*schen Funktionenraum*

$$S(\mathbb{R}) = \{ f \in C^\infty \mid \sup_{t \in \mathbb{R}} \mid t^p f^{(q)}(t) \mid < \infty \, \forall p, q \in \mathbb{N} \} \, ,$$

so erhält man aus (FI) die

Umkehrformel:

Ist $f \in S(\mathbb{R})$ und $F(\omega) = \mathcal{F}(f(t))$, so ist $f(t) = \dfrac{1}{2\pi} \displaystyle\int\limits_{-\infty}^{\infty} F(\omega) \mathrm{e}^{\mathrm{i}t\omega} \, d\omega$, man schreibt also:

$$\mathcal{F}^{-1}(F(\omega)) = \frac{1}{2\pi} \int\limits_{-\infty}^{\infty} F(\omega) \mathrm{e}^{\mathrm{i}t\omega} \, d\omega$$

Für viele Anwendungszwecke ist $S(\mathbb{R})$ zu klein; die Umkehrformel liefert also nun für gegebenes $F(\omega)$ nicht unbedingt die gesuchte Zeitfunktion $f(t)$; weiß man jedoch, dass f in t stetig ist, so ist durch obige Formel der Funktionswert eindeutig bestimmt.

In der Praxis benutzt man meist Tabellen (siehe Anhang), um unter Benutzung der oben dargestellten Rechenregeln zu einer gegebenen Funktion $F(\omega)$ eine Zeitfunktion $f(t)$ zu bestimmen, deren FOURIER-Transformierte $F(\omega)$ ist.

12.2   LAPLACE-Transformation

Viele elementare Funktionen $f(t)$ sind nicht FOURIER-transformierbar, da die für die Existenz des definierenden Integrals wichtige Bedingung der absoluten Integrierbarkeit über $\mathbb{R}$ nicht erfüllt ist. So besitzt nicht einmal die sehr einfache *Einheitssprungfunktion* $\sigma(t)$, die auch *Heaviside-Funktion* genannt wird und durch

$$\sigma(t) = \begin{cases} 1 & \text{für} \quad t \geq 0 \\ 0 & \text{für} \quad t < 0 \end{cases} {}_{1)}$$

gegeben ist, eine FOURIER-Transformierte. Die Anwendungsmöglichkeiten der FOURIER-Transformation sind dadurch ziemlich eingeschränkt.

Deshalb benutzt man für viele Anwendungen die verwandte LAPLACE-*Transformation*, die auf eine erheblich größere Funktionenklasse anwendbar ist.

Dabei wird für Zeitfunktionen $f(t)$ nun vorausgesetzt, dass

$$\boxed{f(t) = 0 \quad \text{für alle } t < 0}$$

gilt. Darüber hinaus wird die zu transformierende Zeitfunktion mit einem „Abklingterm" $e^{-\delta t}$ multipliziert und dann die FOURIER-Transformation aus Abschnitt 11.1 angewandt.

Man erhält so die

Definition:

Für $s = \delta + i\omega \in \mathbb{C}$ heißt

$$F(s) = \int_0^\infty (f(t)e^{-\delta t}) \cdot e^{-i\omega t} \mathrm{d}t = \int_0^\infty f(t) \cdot e^{-st} \mathrm{d}t$$

die LAPLACE-*Transformierte* der Zeitfunktion $f(t)$ und wird mit $\mathcal{L}(f(t))$ bezeichnet.

---

[1]   Welcher Funktionswert an der Sprungstelle $t = 0$ vorgeschrieben wird, ist im Zusammenhang mit Integraltransformationen unerheblich.

FOURIER- und LAPLACE-Transformierte sind gemäß Definition komplexwertige Funktionen, wobei erstere von reellen, die zweite von komplexen Argumenten abhängt. Für Zeitfunktionen $f(t)$, die für negative t verschwinden, gilt gemäß Definition:

$$\mathcal{L}(f(t))\big|_{s} = \mathcal{F}(e^{-\delta t} f(t))\big|_{\omega} \quad \text{für } s = \delta + i\omega \in \mathbb{C}$$

Existenz der LAPLACE-Transformierten:

Für die Zeitfunktion $f(t)$ gelte:

1. Auf jedem beschränkten Intervall ist $f(t)$ stückweise stetig.

2. Es gibt $M, \alpha \in \mathbb{R}$ mit $|f(t)| \le M e^{\alpha t}$ für alle $t \ge 0$.

Dann existiert auf $\{s \in \mathbb{C} \,|\, \mathrm{Re}\, s > \alpha\}$ die LAPLACE-Transformierte $F(s) = \mathcal{L}(f(t))$.

Die Klasse der LAPLACE-transformierbaren Funktionen ist also erheblich größer als die der FOURIER-transformierbaren, sie umfasst insbesondere elementare Funktionen wie trigonometrische Funktionen, Polynome, Exponentialfunktionen und andere (siehe Tabelle im Anhang).

Rechenregeln:

(i)	Linearität:	$\mathcal{L}(\alpha f + \beta g)(t)) = \alpha \mathcal{L}(f(t)) + \beta \mathcal{L}(g(t))$	
(ii)	Konjugation:	$\mathcal{L}(\bar{f}(t))\big|_{s} = \overline{\mathcal{L}(f(t))}\big|_{\bar{s}}$	
(iii)	Ähnlichkeitssatz:	$\mathcal{L}(f(\alpha t))\big|_{s} = \dfrac{1}{\alpha} \mathcal{L}(f(t))\big|_{\frac{s}{\alpha}}$	für $\alpha \ne 0$
(iv)	Verschiebungssatz:	$\mathcal{L}(f(t - t_0)) = e^{-s t_0} \mathcal{L}(f(t))$	für $t_0 > 0$
(v)	Dämpfungssatz:	$\mathcal{L}(e^{-at} f(t))\big|_{s} = \mathcal{L}(f(t))\big|_{s+a}$	

(vi)   Ist $f(t)$ T-periodisch auf $\mathbb{R}^{+}$ und $f(t) = 0$ für negative t, so gilt:

$$\mathcal{L}(f(t)) = \frac{1}{1 - e^{-sT}} \int\limits_{0}^{T} f(t) \cdot e^{-st} \, dt$$

Für Zeitfunktionen, die auf $\mathbb{R}^{-}$ verschwinden – und nur diese werden LAPLACE-transformiert – vereinfacht sich das Faltungsintegral aus Abschnitt 12.1 zu

$$(f * g)(t) = \int\limits_{0}^{t} f(t - \tau) g(\tau) \, d\tau.$$

Auch hier gilt, wie bei der FOURIER-Transformation, der **Faltungssatz**

$$\mathcal{L}((f * g)(t)) = \mathcal{L}(f(t)) \cdot \mathcal{L}(g(t)) \,.$$

Umkehrung der LAPLACE-Transformation

Hier gelten die bei der FOURIER-Transformation gemachten Ausführungen völlig analog. Die ebenfalls aus (FI) zu gewinnende Umkehrformel lautet nun:

$$\mathcal{L}^{-1}(F(s)) = \frac{1}{2\pi} \int_{-\infty}^{\infty} F(s) e^{st} \, d\omega = \frac{1}{2\pi} \int_{-\infty}^{\infty} F(\delta + i\omega) e^{(\delta + i\omega)t} \, d\omega$$

In der Praxis ermittelt man zu einer gegebenen Funktion $F(s)$ eine Zeitfunktion $f(t)$ mit $F(s) = L(f(t))$ meist dadurch, dass man unter Benutzung obiger Rechenregeln $F(s)$ so umformt, dass man die einzelnen Terme in einer entsprechenden Tabelle (siehe Anhang) findet.

Wenn auch die **Ableitung einer Zeitfunktion** LAPLACE-transformierbar ist, so gilt für diese:

$$\mathcal{L}(f'(t)) = s \cdot \mathcal{L}(f(t)) - f(0)$$

Durch vollständige Induktion erhält man daraus – unter der Voraussetzung der Existenz:

$$\mathcal{L}(f^{(n)}(t)) = s^n \cdot \mathcal{L}(f(t)) - \sum_{k=0}^{n-1} s^{n-1-k} f^{(k)}(0)$$

Durch Benutzung dieser Formel erhält man eine sehr wichtige Anwendung der LAPLACE-Transformation, die Lösung **linearer Differentialgleichungen mit Anfangsbedingungen** an der Stelle $t = 0$:

Bildet man die LAPLACE-Transformierte beider Seiten der Differentialgleichung, so ergibt sich durch Einsetzen der Anfangswerte eine algebraische Gleichung für die LAPLACE-Transformierte $F(s)$ der Lösungsfunktion. Deren Rücktransformierte $\mathcal{L}^{-1}(F(s))$ ist die gesuchte Lösung des Anfangswertproblems.

Häufig ist die Rücktransformierte einer gebrochen rationalen Funktion gesucht. Dazu bestimmt man zunächst deren – reelle oder komplexe – Partialbruchzerlegung gemäß Abschnitt 3.2. Die sich dann ergebenden Partialbrüche lassen sich leicht mithilfe der Tabelle im Anhang rücktransformieren.

13 Funktionentheorie

In diesem Kapitel soll ein kurzer Abriss der Theorie der Funktionen einer komplexen Veränderlichen gegeben werden. Komplexe Funktionen sind nicht nur zum Verständnis vieler Bereiche aus Physik und Technik unverzichtbar, sondern sie dienen auch dazu, Zusammenhänge der reellen Analysis besser zu verstehen – manche Resultate im Reellen wären, wenn überhaupt, ohne den „Umweg" über das Komplexe höchstens mit erheblichem Mehraufwand zu erzielen. Auf die Darstellung topologischer Zusammenhänge wird nur im unbedingt notwendigen Umfang eingegangen.

Beispiele komplexer Funktionen, die oft die Fortsetzung entsprechender reeller Funktionen sind (etwa Polynome, trigonometrische Funktionen, Exponentialfunktionen), wurden bereits in Abschnitt 3.6 behandelt. Wie bereits dort praktiziert, soll eine komplexe Variable mit $z = x + iy$ bezeichnet werden.

13.1 Komplexe Differentiation

Definition:

Es sei D eine offene Teilmenge von $\mathbb{C}$, $f : D \to \mathbb{C}$ und $z_0 \in D$ gegeben.

(i) f heißt *komplex differenzierbar* in z_0, wenn $\lim\limits_{z \to z_0} \dfrac{f(z) - f(z_0)}{z - z_0}$ in $\mathbb{C}$ existiert.[1]

      Der Grenzwert heißt Ableitung von f und wird mit $f'(z_0)$ bezeichnet.

(ii) f heißt *holomorph* (auf D), wenn f für alle $z_0 \in D$ komplex differenzierbar ist.

(iii)   Ist f holomorph auf ganz $\mathbb{C}$, so heißt f *ganz*.

Die völlig analoge Definition zum reellen Fall hat zur Folge, dass alle elementaren Ableitungsregeln (Summen-, Produkt-, Quotienten- und Kettenregel), die sich unmittelbar aus einer Grenzwertbetrachtung ergeben, für holomorphe Funktionen genauso gelten.

Beim Vergleich von komplexer und reeller Differenzierbarkeit, wie sie in den Abschnitten 4.3 bzw. 8.3 definiert wurde, erweist sich, dass die komplexe erheblich „stärker" ist, es gilt:

---

[1]   Der Grenzwertbegriff ist gemäß Abschnitt 8.1 (mit $\mathbb{C} = \mathbb{R}^2$) zu definieren.

https://doi.org/10.1515/9783110537161-227

Satz:

$f(z)$ ist komplex differenzierbar in $z_0 = x_0 + iy_0$ genau dann, wenn die reellen Funktionen $u(x, y) = \operatorname{Re} f(z)$ und $v(x, y) = \operatorname{Im} f(z)$ in (x_0, y_0) gemäß Abschnitt 8.3 vollständig differenzierbar sind und in (x_0, y_0) die CAUCHY-RIEMANN*schen Differentialgleichungen*

$$\frac{\partial u}{\partial x} = \frac{\partial v}{\partial y} \qquad \text{und} \qquad \frac{\partial u}{\partial y} = -\frac{\partial v}{\partial x}$$

gelten.

Aus dem Beweis dieses Satzes folgt unmittelbar:

$$f'(z_0) = \frac{\partial u}{\partial x}(x_0, y_0) + i\frac{\partial v}{\partial x}(x_0, y_0) =: \frac{\partial f}{\partial x}(z_0)$$

bzw. $$f'(z_0) = \frac{\partial v}{\partial y}(x_0, y_0) - i\frac{\partial u}{\partial y}(x_0, y_0) =: -i\frac{\partial f}{\partial y}(z_0)$$

Daraus und aus der Definition der komplexen Differenzierbarkeit ergeben sich für die Ableitungen der in Abschnitt 3.6 aufgeführten elementaren Funktionen die gleichen Ausdrücke wie im Reellen, die in Abschnitt 4.4 zusammengestellten Formeln gelten also auch überall da, wo sie sich sinnvoll auf komplexe Funktionen übertragen lassen.

Wegen des Satzes von SCHWARZ erfüllen Real- und Imaginärteil einer holomorphen Funktion jeweils die Potentialgleichung $\frac{\partial^2 w}{\partial x^2} + \frac{\partial^2 w}{\partial y^2} = 0$ (siehe Abschnitt 10.1); Real- und Imaginärteil einer holomorphen Funktion heißen deshalb *zueinander konjugierte Potentiale*.

Ist f auf D holomorph, so gilt dies auch für f'; es gilt damit – im Unterschied zu $\mathbb{R}$ – der

Satz von GOURSAT:

Jede holomorphe Funktion ist beliebig oft differenzierbar.

13.2   Komplexe Integration

In Analogie zur in Abschnitt 4.6 definierten Differentiation komplexwertiger Funktionen einer reellen Veränderlichen definiert man das Integral einer Funktion $h: I \to \mathbb{C}$, $I \subseteq \mathbb{R}$, durch

$$\int_a^b h(t)\,dt = \int_a^b (\operatorname{Re} h(t))\,dt + i \int_a^b (\operatorname{Im} h(t))\,dt .$$

Die imaginäre Einheit i wird also wie eine reelle Konstante behandelt.

Zur Integration komplexer Funktionen $f(z)$ erhält man daraus durch Verallgemeinerung des reellen Kurvenintegrals (siehe Kapitel 11) die

Definition:

Ist $f : D \to \mathbb{C},\, D \subseteq \mathbb{C}$, stetig und $c : [a,b] \to D$ ein stetig differenzierbarer Weg in D, so heißt

$$\int_c f(z)\, \mathrm{d}z := \int_a^b f(c(t)) \cdot c'(t)\, \mathrm{d}t$$

das (komplexe) *Kurven-* oder *Wegintegral* über f längs c.

Ist c ein geschlossener Weg, so schreibt man $\oint_c f(z)\, \mathrm{d}z$ statt $\int_c f(z)\, \mathrm{d}z$.

Wie im Reellen ist auch hier das Kurvenintegral nicht von der Parametrisierung, sondern nur vom Träger des Weges und der Durchlaufungsrichtung abhängig.

Die Frage, wann das komplexe Kurvenintegral wegunabängig ist, das heißt, wann sein Wert nur von Anfangs- und Endpunkt abhängt, beantwortet der folgende

Satz:

Ist die komplexe Funktion $f(z)$ auf einem offenen einfach zusammenhängenden Gebiet D definiert, so sind die folgenden vier Aussagen äquivalent:

(i) $f(z)$ ist holomorph.

(ii) $\int_c f(z)\, \mathrm{d}z$ ist vom Wege unabhängig, das heißt für $p, q \in D$ und beliebige in D

verlaufende Wege von p nach q ergibt sich für das Kurvenintegral derselbe Wert.

(iii)   Das Kurvenintegral über jeden geschlossenen in D verlaufenden Weg ist 0.

(iv) $f(z)$ besitzt in D eine Stammfunktion (bezüglich der komplexen Differentiation).

Ist eine der Aussagen (i) – (iv) erfüllt, so ist für festes z_0 und beliebiges q aus D sowie für einen beliebigen Weg c von z_0 nach q durch

$$\tilde{F}(q) = \int_c f(z)\, \mathrm{d}z$$

eine Stammfunktion von $f(z)$ definiert; das Kurvenintegral längs eines beliebigen Weges von p nach q hat den Wert $F(q) - F(p)$, wobei $F(z)$ eine beliebige Stammfunktion von $f(z)$ ist.

Die Implikation „(i) $\Rightarrow$ (iii)" stellt den Inhalt des CAUCHYschen Integralsatzes dar; die Äquivalenz „(i) $\Leftrightarrow$ (ii)" heißt Satz von MORERA.

13.3   Die klassischen Sätze der Funktionentheorie

In diesem Abschnitt wird deutlich, dass sich viele wichtige Resultate über holomorphe Funktionen nicht unbedingt auf beliebig oft differenzierbare reelle Funktionen übertragen lassen.

Im Folgenden sei $f(z)$ stets eine auf einer offenen Teilmenge D von $\mathbb{C}$ definierte holomorphe Funktion, $z_0 \in D$.

Maximumsprinzip:

Es sei $f(z)$ nicht konstant auf der offenen Menge U. Dann nimmt $|f(z)|$ in U kein Maximum an; besitzt $|f(z)|$ in einem inneren Punkt z_0 ein globales Minimum, so ist $f(z_0) = 0$.

CAUCHYsche Integralformel:

Es sei D zusätzlich einfach zusammenhängend, c ein im positiven Sinne (gegen den Uhrzeigersinn) durchlaufener Weg in D, z_0 liege im Innern dieser geschlossenen Kurve. Dann gilt:

$$\oint_c \frac{f(z)}{z - z_0}\,\mathrm{d}z = 2\pi\mathrm{i} \cdot f(z_0)$$

Das heißt, dass die Punkte auf der Kurve c alle Funktionswerte von f im Innern festlegen.

CAUCHYsche Integralformel für Ableitungen:

Unter den gleichen Voraussetzungen lässt sich die CAUCHYsche Integralformel verallgemeinern:

$$n!\oint_c \frac{f(z)}{(z - z_0)^{n+1}}\,\mathrm{d}z = 2\pi\mathrm{i} \cdot f^{(n)}(z_0)$$

Potenzreihenentwicklung:

$f(z)$ lässt sich um jeden beliebigen Entwicklungspunkt $z_0 \in D$ in einer Potenzreihe

$$f(z) = \sum_{k=0}^{\infty} c_k (z - z_0)^k$$

entwickeln. Dabei ist der Konvergenzradius ρ mindestens so groß wie der Radius des größten Kreises um z_0, der noch ganz in D enthalten ist.

Es gilt auch die Umkehrung, das heißt insgesamt, dass die Menge aller in Potenzreihen entwickelbarer Funktionen gleich der Menge aller holomorpher Funktionen ist. Das ist der Inhalt des **Satzes von WEIERSTRASS.**

Nach dem Satz von TAYLOR bzw. der CAUCHYschen Integralformel für Ableitungen gilt für die Koeffizienten der Potenzreihe:

$$c_k = \frac{f^{(k)}(z_0)}{k!} = \frac{1}{2\pi\mathrm{i}} \oint_c \frac{f(z)}{(z - z_0)^{k+1}}\,\mathrm{d}z$$

Für die Koeffizienten c_k gelten die **CAUCHYschen Abschätzungsformeln**:

Ist M das Maximum von $|f(z)|$ auf einem in D enthaltenen Kreis um z_0 mit Radius r, so ist

$$|c_k| = \frac{M}{r^k} \,.$$

Daraus ergibt sich der bemerkenswerte

Satz von LIOUVILLE:

Ist $f(z)$ auf ganz $\mathbb{C}$ definiert und beschränkt, so ist $f(z)$ konstant.

Aus diesem Satz, der kein Analogon in $\mathbb{R}$ hat, folgt nun leicht der bereits in Abschnitt 3.6 erwähnte

Fundamentalsatz der Algebra:

Jedes nicht-konstante komplexe Polynom besitzt eine Nullstelle.

13.4   Isolierte Singularitäten und LAURENT-Reihen

Definition:

> Es seien $f : D \to \mathbb{C}$ und $z_0 \in \mathbb{C}$ gegeben.
>
> (i) z_0 heißt *isolierte Singularität* von f, wenn $z_0 \notin D$ ist und es eine Umgebung von U von z_0 gibt, die ganz in $D \cup \{z_0\}$ enthalten ist.
>
> (ii)   Die *Ordnung* von f in z_0 ist definiert als
>
> $$\operatorname{ord}(f, z_0) = \sup\{n \in \mathbb{Z} \mid \lim_{z \to z_0} \frac{f(z)}{(z - z_0)^n} \text{ exisitiert in } \mathbb{C}\}$$
>
> (iii) z_0 heißt *hebbare Singularität* $\Leftrightarrow$ $\operatorname{ord}(f, z_0) \geq 0$
>
> z_0 heißt *Pol(stelle)* $\Leftrightarrow$ $\operatorname{ord}(f, z_0) < 0$
>
> z_0 heißt *wesentliche Singularität* $\Leftrightarrow$ $\operatorname{ord}(f, z_0) = -\infty$

Da das Supremum einer Teilmenge von $\mathbb{R}$ nur dann $-\infty$ ist, wenn die Menge leer ist, existiert also bei einer wesentlichen Singularität z_0 der Grenzwert von $\dfrac{f(z)}{(z - z_0)^n}$ und damit auch von $f(z)(z - z_0)^n$ für kein $n \in \mathbb{Z}$. Für holomorphe Funktionen gilt darüber hinaus der

Satz von CASORATI-WEIERSTRASS:

> Hat die holomorphe Funktion $f(z)$ in z_0 eine wesentliche Singularität, so gibt es zu jedem $w \in \mathbb{C}$ in einer beliebigen Umgebung U von z_0 eine Folge z_k mit Werten aus $U \setminus \{z_0\}$ und $\lim_{k \to \infty} z_k = z_0$ derart, dass $\lim_{k \to \infty} f(z_k) = w$ ist.

Der Satz besagt also, dass in jeder noch so kleinen Umgebung einer wesentlichen Singularität die Funktionswerte über die ganze Zahlenebene „verstreut" liegen. Eine Verschärfung dieses Satzes stammt von PICARD:

Höchstens ein $w \in \mathbb{C}$ wird in jeder noch so kleinen Umgebung von z_0 nicht als Wert angenommen.

Isolierte Singularitäten holomorpher Funktionen lassen sich mittels Grenzbetrachtung auch folgendermaßen klassifizieren:

1. In z_0 liegt eine **hebbare Singularität** vor:

Dann existiert $\lim\limits_{z \to z_0} f(z) = a$ in $\mathbb{C}$; durch die Festsetzung

$$\tilde{f}(z) = \begin{cases} f(z) & z \in D \\ a & z = z_0 \end{cases}$$

lässt sich $f(z)$ zu einer holomorphen Funktion $\tilde{f} : D \cup \{z_0\} \to \mathbb{C}$ fortsetzen (RIEMANNscher Hebbarkeitssatz).

2. In z_0 liegt eine **Polstelle** vor:

Dann ist $\lim\limits_{z \to z_0} f(z) = \infty$; außerdem gibt es ein $n \in \mathbb{N}^+$ derart, dass $\lim\limits_{z \to z_0} f(z)(z - z_0)^n$ in $\mathbb{C}$ existiert. Das kleinste n mit dieser Eigenschaft heißt *Polstellenordnung* $\mathrm{Pol}(f, z_0)$. Offensichtlich ist $\mathrm{Pol}(f, z_0) = -\mathrm{ord}(f, z_0)$; für hebbare Singularitäten wird die Polstellenordnung als 0 definiert.

3. In z_0 liegt eine **wesentliche Singularität** vor:

Dann existiert $\lim\limits_{z \to z_0} f(z)$ nicht in $\mathbb{C} \cup \{\infty\}$, das heißt für verschiedene Annäherungen von z an z_0 bekommt man ggf. verschiedene Grenzwerte.

Definition:

> Besitzt die holomorphe Funktion f nur hebbare Singularitäten und Polstellen, so heißt sie *meromorph.*

Besitzt die holomorphe Funktion in z_0 eine isolierte Singularität, so lässt sich die Potenzreihenentwicklung durch Hinzunahme von Termen $(z - z_0)^k$ mit negativen Exponenten zur sogenannten LAURENT-*Entwicklung* $\sum\limits_{k \in \mathbb{Z}} c_k (z - z_0)^k$ verallgemeinern.

Es gilt der

Satz von LAURENT:

> Die Funktion $f(z)$ sei auf einem Ringgebiet $D = \{z \in \mathbb{C} \mid r < |z - z_0| < R\}$ holomorph ($r = 0$ und $R = \infty$ sind möglich). Dann lässt sich $f(z)$ auf D eindeutig durch eine LAURENT-Reihe $\sum_{k \in \mathbb{Z}} c_k (z - z_0)^k$ darstellen. Die Koeffizienten c_k erhält man genauso wie die der TAYLOR-Reihe durch
>
> $$c_k = \frac{1}{2\pi i} \oint_c \frac{f(z)}{(z - z_0)^{k+1}} \, dz \, ,$$
>
> wobei c ein gegen den Uhrzeigersinn einmal durchlaufener geschlossener Kreisweg um z_0 mit Radius $\rho \in]r, R[$ ist.

Dabei heißt $\sum_{k=1}^{\infty} \frac{c_{-k}}{(z - z_0)^k}$ *Hauptteil* und $\sum_{k=0}^{\infty} c_k (z - z_0)^k$ *Nebenteil* der LAURENT-Reihe.

Analog zur TAYLOR-Entwicklung gilt für die LAURENT-Koeffizienten die CAUCHY*sche Abschätzung*:

Ist c der oben beschriebene Kreisweg und $M \in \mathbb{R}$ derart gewählt, dass $|f(z)| \leq M$ auf dem Kreis gilt, so ist

$$|c_k| \leq \frac{M}{\rho^k} \, .$$

An den LAURENT-Koeffizienten mit negativem Index lässt sich leicht der **Typ der isolierten Singularität in z_0** ablesen:

1. Verschwinden alle c_k mit negativen Indizes, so liegt eine hebbare Singularität vor; der Hauptteil der LAURENT-Reihe ist 0.

2. Gibt es nur endlich viele nicht verschwindende c_k mit negativem Index, so liegt ein Pol vor; das Maximum $n \in \mathbb{N}^+$ aller Indizes k, für die $c_{-k} \neq 0$ ist, gibt die Polstellenordnung an; der Hauptteil der LAURENT-Reihe hat nur endlich viele Summanden.

3. Gibt es unendlich viele nicht verschwindende c_k mit negativem Index, so liegt eine wesentliche Singularität vor; der Hauptteil der LAURENT-Reihe hat unendlich viele Summanden.

13.5   Der Residuenkalkül

Der Residuensatz ist einer der wichtigsten Sätze der Funktionentheorie. Mit diesem Satz werden Integrale über geschlossene Wege berechnet, in deren Inneren endlich viele isolierte Singularitäten der zu integrierenden Funktion liegen, die im Wesentlichen den Integralwert bestimmen. Der Residuenkalkül findet auch Anwendung bei der reellen Integralrechnung.

Definition:

Ist z_0 eine isolierte Singularität der holomorphen Funktion f, so heißt der Ausdruck

$$\operatorname{Res}(f, z_0) := \frac{1}{2\pi i} \oint_{K_r(z_0)} f(z)\,dz$$

das *Residuum* von f in z_0. Dabei ist $K_r(z_0)$ der einmal in mathematisch positiver Richtung durchlaufene Kreisweg um z_0 mit einem solchen Radius r, dass im Innern dieses Kreises z_0 die einzige isolierte Singularität von f ist.

Durch Zurückführen auf die Berechnung solcher Residuen lassen sich kompliziertere Kurvenintegrale einfach berechnen. Es gilt der

Residuensatz:

Es sei G eine einfach zusammenhängende Teilmenge von $\mathbb{C}$, f besitze in G endlich viele isolierte Singularitäten $z_0, z_1, \cdots, z_n$ und sei ansonsten holomorph auf G. Dann gilt für jeden einmal in positiver Richtung durchlaufenen geschlossenen Weg in G, der alle Singularitäten von f einschließt:

$$\oint_c f(z)\,dz = 2\pi i \sum_{k=0}^{n} \operatorname{Res}(f, z_k)$$

Zur **praktischen Berechnung** von **Residuen:**

1. Unmittelbar mit der Definition lässt sich $\operatorname{Res}(f, z_0)$ in einfachen Fällen berechnen. So erhält man etwa für $f(z) = \dfrac{1}{(z - z_0)^n}$, $n \in \mathbb{N}^+$, mit der CAUCHYschen Integralformel für Ableitungen:

$$\operatorname{Res}(f, z_0) = \begin{cases} 1 & n = 1 \\ 0 & n \neq 1 \end{cases}$$

2. Ist $\sum_{k \in \mathbb{Z}} c_k (z - z_0)^k$ die LAURENT-Reihe von f, so ist $\operatorname{Res}(f, z_0) = c_{-1}$.

3. Hat f in z_0 einen einfachen Pol, so ist $\operatorname{Res}(f, z_0) = \lim_{z \to z_0} [(z - z_0) f(z)]$.

4. Hat f in z_0 einen Pol der Ordnung n, so ist $\operatorname{Res}(f, z_0) = \dfrac{1}{(n-1)!} \lim_{z \to z_0} [(z - z_0)^n f(z)]^{(n-1)}$.

5. Hat f in z_0 einen einfachen Pol und ist g in einer Umgebung von z_0 holomorph, so ist

$$\operatorname{Res}(f \cdot g, z_0) = g(z_0) \operatorname{Res}(f, z_0).$$

6. Sind g und h holomorph in einer Umgebung von z_0 und hat h in z_0 eine einfache Nullstelle

und ist $g(z_0) \neq 0$, so ist $\qquad\qquad \mathrm{Res}(\dfrac{g}{h}, z_0) = \dfrac{g(z_0)}{h'(z_0)}$.

Anwendung auf reelle Integrale

1. Integrale vom Typ $\displaystyle\int\limits_0^{2\pi} R(\cos t, \sin t)\,\mathrm{d}t$ mit einer stetigen Funktion $R(x, y)$:

Die Idee ist, das gegebene reelle Integral als Ergebnis der Auswertung eines komplexen Kurvenintegrals über den geschlossenen Kreisweg $c(t) = \mathrm{e}^{\mathrm{i}t}$ aufzufassen.

Aus $z = \mathrm{e}^{\mathrm{i}t}$ erhält man $\cos t = \dfrac{1}{2}\left(z + \dfrac{1}{z}\right)$ und $\sin t = \dfrac{1}{2\mathrm{i}}\left(z - \dfrac{1}{z}\right)$, womit sich das gegebene

reelle Integral als komplexes Kurvenintegral schreiben lässt:

$$\int\limits_0^{2\pi} R(\cos t, \sin t)\,\mathrm{d}t = \int\limits_c R\left(\frac{1}{2}\left(z + \frac{1}{z}\right), \frac{1}{2\mathrm{i}}\left(z - \frac{1}{z}\right)\right)\frac{1}{\mathrm{i}z}\,\mathrm{d}z$$

Dabei dient der Faktor $\dfrac{1}{\mathrm{i}z}$ zur Kompensation von $c'(t)$.

Besitzt R keine isolierte Singularität auf dem Einheitskreis, so lässt sich das komplexe Integral mithilfe des Residuensatzes leicht berechnen.

Anwendung dieser Technik liefert zum Beispiel $\displaystyle\int\limits_0^{2\pi} \frac{\mathrm{d}t}{1 + \varepsilon\cos t} = \frac{2\pi}{\sqrt{1 - \varepsilon^2}}$ für $\varepsilon \in \,]0, 1[$.

2. Integrale vom Typ $\displaystyle\int\limits_{-\infty}^{\infty} f(t)\,\mathrm{d}t$ *(Konturintegration)*:

Die Idee ist, die reelle Funktion f in die komplexe Ebene fortzusetzen und über den geschlossenen Weg $c(t)$ (siehe Bild 13.5.1) zu integrieren.

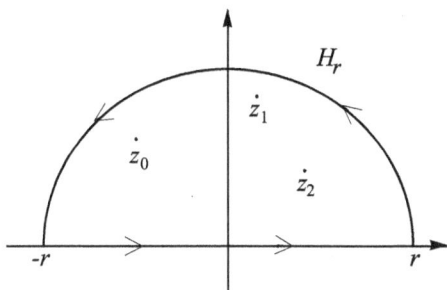

Bild 13.5.1: Geschlossener Weg $c(t)$ bei der Konturintegration

$c(t)$ ist zusammengesetzt aus dem Geradenstück von $-r$ bis r auf der x-Achse und dem oberen Halbkreisbogen mit Radius r. Der Radius ist dabei so groß zu wählen, dass alle Singularitäten von f, die in der oberen Halbebene liegen, von $c(t)$ umschlossen werden. Wenn keine Singularität auf der reellen Achse liegt, lässt sich das Kurvenintegral mit dem Residuensatz berechnen:

$$\oint_c f(z)\mathrm{d}z = 2\pi\mathrm{i} \sum_{\mathrm{Im}\, z_k > 0} \mathrm{Res}(f, z_k)$$

Andererseits ist
$$\oint_c f(z)\mathrm{d}z = \int_{-r}^{r} f(t)\,\mathrm{d}t + \oint_{H_r} f(z)\mathrm{d}z\;.$$

Für $r \to \infty$ ändert sich die linke Seite nicht, $\int_{-r}^{r} f(t)\,\mathrm{d}t$ geht gegen das gesuchte reelle Integral

und $\oint_{H_r} f(z)\mathrm{d}z$ gegen 0, wenn $\lim_{z \to \infty} z \cdot f(z) = 0$ ist. Es gilt also der

Satz:

> Hat die komplexe Fortsetzung von f nur endlich viele isolierte Singularitäten in der oberen Halbebene und ist ansonsten holomorph auf einem die reelle Achse umfassenden Gebiet und gilt außerdem $\lim_{z \to \infty} z \cdot f(z) = 0$, so ist
>
> $$\int_{-\infty}^{\infty} f(t)\mathrm{d}t = 2\pi\mathrm{i} \sum_{\mathrm{Im}\, z_k > 0} \mathrm{Res}(f, z_k)\;.$$

Die Voraussetzung $\lim_{z \to \infty} z \cdot f(z) = 0$ ist insbesondere dann erfüllt, wenn f eine gebrochen rationale Funktion ist, bei der der Nennergrad um mindestens 2 größer ist als der Zählergrad und die in gekürzter Darstellung keine reellen Singularitäten besitzt.

3. FOURIER-Integrale:

Das FOURIER-Integral $\int_{-\infty}^{\infty} \mathrm{e}^{\mathrm{i}\omega t} f(t)\,\mathrm{d}t$ (vgl. Abschnitt 12.1) ist aus den beiden reellen Integra-

len $\int_{-\infty}^{\infty} \cos \omega t\, f(t)\,\mathrm{d}t$ und $\int_{-\infty}^{\infty} \sin \omega t\, f(t)\,\mathrm{d}t$ zusammengesetzt; deshalb wendet man die gleiche

Technik wie in 2. auf $\mathrm{e}^{\mathrm{i}\omega z} f(z)$ an. Die Voraussetzung $\lim_{z \to \infty} z \cdot f(z) = 0$ kann nun zu

„$z \cdot f(z)$ ist beschränkt" abgeschwächt werden; es ist also

$$\int_{-\infty}^{\infty} \mathrm{e}^{\mathrm{i}\omega t} f(t)\,\mathrm{d}t = 2\pi\mathrm{i} \sum_{\mathrm{Im}\, z_k > 0} \mathrm{Res}(\mathrm{e}^{\mathrm{i}\omega z} f(z), z_k)\;.$$

13.6 Konforme Abbildungen und MÖBIUS-Transformationen

Eine Funktion einer komplexen Veränderlichen soll hier als Abbildung der reellen Ebene in sich selbst betrachtet werden. Die geometrischen Eigenschaften holomorpher Funktionen sollen dabei untersucht werden.

Dazu muss zunächst der Begriff „Unendlich" präzisiert werden:

Während man in $\mathbb{R}$ durch Hinzunahme eines größten und eines kleinsten Elements ∞ bzw. $-\infty$ den kompakten Abschluss von $\mathbb{R}$ erreichen kann, ist dies wegen der fehlenden Ordnung in $\mathbb{C}$ nicht möglich.

Zur Konstruktion von ∞ in $\mathbb{C}$ bildet man die GAUSSsche Zahlenebene bijektiv auf die Einheitskugeloberfläche $S^2 = \{(x, y, u) \in \mathbb{R}^3 \mid x^2 + y^2 + u^2 = 1\}$ ohne einen Punkt N („Nordpol") durch die *stereographische Projektion* φ ab. Dabei wird einem Punkt $P \in S^2 \backslash \{N\}$ derjenige eindeutig bestimmte Punkt (x, y) in der die „Äquatorebene" bildenden GAUSSschen Zahlenebene zugeordnet, der sich als Schnittpunkt mit der Geraden durch P und N ergibt. Auf diese Weise wird jedes $z \in \mathbb{C}$ „getroffen"; $N = \{0,0,1\}$ selbst wird mit ∞ identifiziert.

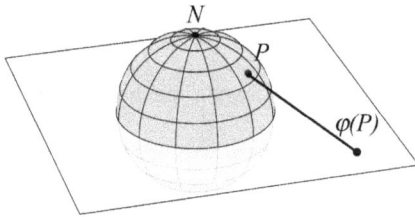

Bild 13.6.1: Stereographische Projektion

Für $(x, y, u) \in S^2 \backslash \{N\}$ ist also

$$\varphi(x, y, u) = \frac{1}{1 - u}(x + \mathrm{i}y),$$

die Umkehrabbildung φ^{-1} ergibt sich zu

$$\varphi^{-1}(x + \mathrm{i}y) = \frac{1}{x^2 + y^2 + 1}(2x, 2y, x^2 + y^2 - 1).$$

Zusätzlich ist $\varphi(0,0,1) = \infty$ zu setzen. Auf diese Weise kann man $\hat{\mathbb{C}} := \mathbb{C} \cup \{\infty\}$ mit S^2, der sogenannten RIEMANN*schen Zahlenkugel*, identifizieren.

Eine (*Kreis-)Umgebung* U von ∞ kann man sich nun folgendermaßen vorstellen: Man bilde auf der Kugeloberfläche einen (kleinen) Kreis um den Nordpol und projiziere dessen Inhalt in die GAUSSsche Zahlenebene – das Bild ist der Bereich außerhalb eines Kreises um den Nullpunkt.

Definition:

> Ist $U \subseteq \hat{\mathbb{C}}$ und ist $f : U \to \hat{\mathbb{C}}$, so heißt f genau dann holomorph auf U, wenn $f(z)$ für alle $z \in U$, $z \neq \infty$, holomorph und $f\left(\dfrac{1}{z}\right)$ komplex differenzierbar in 0 ist.

Durch die Zusatzdefinitionen $f(0) = \infty$ und $f(\infty) = 0$ wird damit $f(z) = \dfrac{1}{z}$ zu einer auf $\hat{\mathbb{C}}$ holomorphen Funktion.

Konforme und biholomorphe Abbildungen

Definition:

> (i) Eine lineare Abbildung $L : \mathbb{R}^2 \to \mathbb{R}^2$ heißt *winkeltreu*, wenn für alle $v, w \in \mathbb{R}^2$
>
> $$|v| \cdot |w| \cdot < L(v), L(w) > = |L(v)| \cdot |L(w)| \cdot < v, w >$$
>
> ist; sie heißt *orientierungstreu*, wenn die Determinante der Abbildungsmatrix positiv ist.
>
> (ii) Eine (reell) differenzierbare Funktion $f : U \to V$ ($U, V \subseteq \mathbb{R}^2$) heißt *konform*, wenn sie bijektiv ist und für jede Stelle $p \in U$ die JACOBI-Matrix eine winkel- und orientierungstreue lineare Abbildung darstellt.
>
> (iii) Eine holomorphe Funktion $f : U \to V$ heißt *biholomorph*, wenn sie bijektiv und auch die Umkehrfunktion holomorph ist.

Man kann zeigen, dass die Begriffe „konform" und „biholomorph" äquivalent sind.

Offensichtlich sind die linearen Transformationen $f(z) = az + b$ (mit $a \neq 0$) und die Exponentialfunktion, beschränkt auf $\{z \in \mathbb{C} \mid -\pi < \operatorname{Im} z < \pi\}$, konforme Abbildungen. Ein weiteres wichtiges Beispiel sind

Gebrochen lineare Transformationen

Diese Funktionen, die auch MÖBIUS-*Transformationen* genannt werden, haben die Gestalt

$$f(z) = \frac{az + b}{cz + d} \quad \text{(mit } a, b, c, d \in \mathbb{C}\text{)}.$$

Damit f injektiv ist, muss $ad - bc \neq 0$ sein. Für $c = 0$ ergeben sich die linearen Transformationen, für $c \neq 0$ hat f in $-\dfrac{d}{c}$ eine isolierte Singularität.

Die Umkehrfunktion von f ergibt sich zu

$$f^{-1}(z) = \frac{dz - b}{-cz + a},$$

ist also ebenfalls eine MÖBIUS-Transformation, die in $\dfrac{a}{c}$ eine isolierte Singularität besetzt.

f lässt sich durch die Zusatzdefinitionen $f\left(-\dfrac{d}{c}\right)=\infty$ und $f(\infty)=\dfrac{a}{c}$ zu einer konformen Abbildung von $\hat{\mathbb{C}}$ nach $\hat{\mathbb{C}}$ fortsetzen.

Die MÖBIUS-Transformationen bilden bezüglich der Komposition von Abbildungen eine Gruppe, die **isomorph** zu der **Gruppe aller komplexen (2,2)-Matrizen** mit nicht verschwindender Determinante ist, im Einzelnen:

Sind $f_1(z)=\dfrac{a_1z+b_1}{c_1z+d_1}$ und $f_2(z)=\dfrac{a_2z+b_2}{c_2z+d_2}$, so ist $(f_1\circ f_2)(z)=\dfrac{rz+s}{tz+u}$ mit

$$\begin{pmatrix} r & s \\ t & u \end{pmatrix} = \begin{pmatrix} a_1 & b_1 \\ c_1 & d_1 \end{pmatrix}\cdot\begin{pmatrix} a_2 & b_2 \\ c_2 & d_2 \end{pmatrix}.$$

Jede MÖBIUS-Transformation lässt sich als **Komposition** aus drei besonders einfachen gebrochen linearen Transformationen als „**Grundbausteinen**" darstellen, nämlich aus einer **Translation** $z\mapsto z+b$, einer **Drehstreckung** $z\mapsto az$ und der **Inversion** $z\mapsto\dfrac{1}{z}$, genauer:

a) Für $c=0$ liegt wegen

$$\frac{az+b}{d}=\frac{a}{d}z+\frac{b}{d}$$

eine Drehstreckung mit anschließender Translation vor.

b) Für $c\neq 0$ lässt sich über

$$\frac{bc-ad}{c^2}\cdot\frac{1}{z+\dfrac{d}{c}}+\frac{a}{c}=\frac{az+b}{cz+d}$$

$f(z)$ zerlegen in die Translation $z\mapsto z+\dfrac{d}{c}$, gefolgt von der Inversion $z\mapsto\dfrac{1}{z}$, dann der Drehstreckung $z\mapsto\dfrac{bc-ad}{c^2}z$ und schließlich der Translation $z\mapsto z+\dfrac{a}{c}$.

Eine von der Identität $f(z)=z$ verschiedene MÖBIUS-Transformation hat – als Funktion von $\hat{\mathbb{C}}$ nach $\hat{\mathbb{C}}$ – höchstens zwei **Fixpunkte**, nämlich:

a) Für $c=0$ und $a=d$ ist ∞ der einzige Fixpunkt; ist $a\neq d$, so gilt außerdem für $z_0=\dfrac{b}{d-a}$ die Fixpunktgleichung $f(z_0)=z_0$.

b) Für $c\neq 0$ lässt sich die Fixpunktgleichung in die quadratische Gleichung

$$cz_0^2+(d-a)z_0-b=0$$

umformen, die höchstens zwei verschiedene Lösungen hat.

Deshalb ist jede gebrochen lineare Transformation durch die Angabe der **Funktionswerte an drei Stellen**, also durch $w_i = f(z_i)$ (mit $i = 1, 2, 3$), eindeutig bestimmt, denn:

Nimmt man an, dass zwei gebrochen lineare Transformationen f und g an den drei Stellen z_i die gleichen Funktionswerte w_i haben, so hat die MÖBIUS-Transformation $g^{-1} \circ f$ die drei Fixpunkte z_1, z_2 und z_3, sie ist also die Identität, es ist also $f = g$.

Eine wichtige geometrische Eigenschaft einer MÖBIUS-Transformation ist, dass sie **Geraden und Kreise invariant** lässt, das heißt:

Geraden und Kreise der GAUSSschen Zahlenebene können als Bilder unter der stereographischen Projektion von Kreisen auf der RIEMANNschen Zahlenkugel aufgefasst werden, wenn man zu einer Geraden den Wert ∞ hinzunimmt; man nennt sie deshalb auch MÖBIUS-*Kreise*.

Ist nun $f : \hat{\mathbb{C}} \to \hat{\mathbb{C}}$ eine gebrochen lineare Transformation, so ist das Bild eines MÖBIUS-Kreises wieder ein solcher.

Für die gerade in elektrotechnischen Anwendungen besonders wichtige Funktion $f(z) = \dfrac{1}{z}$

ergibt sich die sogenannte **Kreisverwandtschaft**, im Einzelnen gilt für das Bild unter $f(z)$:

a) das Bild einer Ursprungsgeraden ist eine Ursprungsgerade;

b) das Bild einer Geraden, die nicht durch den Nullpunkt geht, ist ein Kreis, der durch den Nullpunkt geht (wobei dieser nicht als Wert angenommen wird) und umgekehrt;

c) ein Kreis, der nicht durch den Nullpunkt geht, wird in einen ebensolchen abgebildet.

Definition:

> Für eine offene Teilmenge U von $\mathbb{C}$ oder $\hat{\mathbb{C}}$ bildet die Menge aller konformen Abbildungen von U nach U bezüglich der Komposition von Abbildungen eine Gruppe, die sogenannte *Automorphismengruppe* Aut U.

Spezielle MÖBIUS-Transformationen bilden die Automorphismengruppen wichtiger Teilmengen U von $\hat{\mathbb{C}}$:

a) Die Automorphismengruppe von $\hat{\mathbb{C}}$ umfasst die Menge aller MÖBIUS-Transformationen.

b) Die Automorphismengruppe von $\mathbb{C}$ ist die Menge aller komplexen Polynome ersten Grades $f(z) = az + b$, das sind die MÖBIUS-Transformationen mit $c = 0$.

c) Bezeichnet $\mathbb{H} = \{z \in \mathbb{C} \mid \operatorname{Im} z > 0\}$ die obere Halbebene der GAUSSschen Zahlenebene, so ist deren Automorphismengruppe gegeben durch

$$\operatorname{Aut} \mathbb{H} = \left\{ \frac{az+b}{cz+d} \,\middle|\, a, b, c, d \in \mathbb{R} \text{ mit } ad - bc = 1 \right\}.$$

d) Ist $\mathbb{E}$ das Innere des Einheitskreises, also $\mathbb{E} = \{z \in \mathbb{C} \mid |z| < 1\}$, so ist

$$\text{Aut } \mathbb{E} = \left\{ a \frac{z-w}{\overline{w}z-1} \,\middle|\, a, w \in \mathbb{C} \text{ mit } |a| = 1 \text{ und } |w| < 1 \right\}.$$

e) $\text{Aut } \mathbb{C}^* = \{a \cdot z \mid a \in \mathbb{C}^*\} \cup \{a \cdot z^{-1} \mid a \in \mathbb{C}^*\}$

f) $\text{Aut } \mathbb{E}^* = \{a \cdot z \mid a \in \mathbb{C} \text{ und } |a| = 1\}$

Im Mittelpunkt vieler geometrischer Untersuchungen steht die Frage, wie bestimmte Teilmengen von $\mathbb{C}$ konform in einfachere abgebildet werden können, da aufgrund der Winkeltreue zum Beispiel orthogonale Gitter dabei erhalten bleiben. Das Hauptergebnis heißt

RIEMANNscher Abbildungssatz:

> Ist $G \subseteq \mathbb{C}$, $G \neq \mathbb{C}$ (!), ein einfach zusammenhängendes Gebiet, so gibt es eine konforme Abbildung $f : G \to \mathbb{E}$ ($\mathbb{E}$ ist das Innere des Einheitskreises).
>
> Ist zusätzlich $z_0 \in G$ gegeben, so ist diese Abbildung durch die Forderungen $f(z_0) = 0$ und $f'(z_0) \in \mathbb{R}^+$ eindeutig bestimmt.

Die Voraussetzung $G \neq \mathbb{C}$ ist dabei unverzichtbar, denn wäre $G = \mathbb{C}$, so wäre jede holomorphe Funktion nach $\mathbb{E}$ zwangsläufig konstant, also nicht konform.

So kann zum Beispiel die obere Halbebene $\mathbb{H}$ durch die gebrochen lineare Transformation $f(z) = \dfrac{i-z}{i+z}$ konform auf $\mathbb{E}$ abgebildet werden, Analoges gilt für die untere Halbebene.

Will man den ersten Quadranten $\mathbb{Q} = \{z \in \mathbb{C} \mid \text{Re } z > 0 \text{ und } \text{Im } z > 0\}$ konform auf $\mathbb{E}$ abbilden, so kann dies nicht mit einer MÖBIUS-Transformation geschehen, denn deren Umkehrfunktion ließe sich auf den Rand von $\mathbb{E}$, den Einheitskreis fortsetzen. Dessen Bild, ein Kreis oder eine Gerade, müsste dann der Rand von $\mathbb{Q}$ sein.

Die durch $f(z) = \dfrac{i-z^2}{i+z^2}$ gegebene konforme Abbildung leistet das Gewünschte.

Für weitere Beispiele sei auf die Spezialliteratur verwiesen.

14 Grundzüge der Numerik

14.1 Grundlagen

Problem und Algorithmus

Aufgabe der Numerik ist die Bereitstellung **konstruktiver Methoden**, meist aus Analysis und Linearer Algebra, mit denen sich gesuchte Ausgangsdaten durch Ausführung endlich vieler arithmetischer und logischer Rechenoperationen aus gegebenen Eingangsdaten ermitteln lassen. Die Gesamtheit solcher Operationen heißt *Algorithmus*, genauer:

Definition:

(i) Ein *Algorithmus* besteht aus einer endlichen Menge genau beschriebener Anweisungen, die unter Benutzung von vorgegebenen *Anfangsdaten* in exakt festgelegter Schrittfolge auszuführen sind, um die Lösung des gegebenen Problems zu erhalten.

(ii) Eine Lösung heißt *stabil*, wenn sie sich bei kleiner Änderung der Eingangsdaten nur geringfügig ändert.

(iii) Ein Algorithmus heißt *stark* (bzw. *schwach*) *stabil*, wenn ein im n-ten Rechenschritt eintretender Rechenfehler in den Folgeschritten abnimmt (bzw. in der gleichen Größenordnung bleibt).
Verstärkt sich der Rechenfehler in den Folgeschritten, so heißt der Algorithmus *instabil*.

Zahldarstellung und Fehleranalyse

Jede reelle Zahl lässt sich als – ggf. unendliche – Summe von ganzzahligen Vielfachen geeigneter Potenzen einer festen Basiszahl $d \in \mathbb{N}$, $d \geq 2$, darstellen. Im täglichen Leben benutzt man das *Dezimalsystem*, also $d = 10$, in elektronischen Rechenanlagen wird üblicherweise mit $d = 2$, 8 oder 16 gearbeitet.

In dieser sogenannten d-adischen *Darstellung* ist $a \in \mathbb{R}$ über

$$a = \pm(\sum_{k=0}^{n} a_k d^k + \sum_{k=1}^{\infty} a_{-k} d^{-k}) \text{ mit } a_k \in \{0,\ldots,d-1\}$$

https://doi.org/10.1515/9783110537161-243

eindeutig durch die Koeffizientenfolge $a_n a_{n-1} \cdots a_0 a_{-1} a_{-2} \cdots$, die sogenannten *Ziffern*, gegeben, wenn man fordert, dass der höchstindizierte Koeffizient $a_n \neq 0$ ist; man spricht dann
von *wesentlichen* oder *tragenden* Ziffern. Üblicherweise setzt man zwischen a_0 und a_{-1} ein
Komma oder einen Punkt (für $d = 10$ *Dezimalkomma* bzw. *Dezimalpunkt* genannt).

Verschwinden alle negativ indizierten a_k, so ist $a \in \mathbb{Z}$, anderenfalls nicht. Gibt es nur endlich
viele negativ indizierte $a_k \neq 0$ oder wiederholen sich endliche Abschnitte davon immer wieder (man spricht dann von einer *periodischen* Darstellung), so ist a rational, anderenfalls
irrational.

Definition:

> Jede Zahl $a \neq 0$ kann in eindeutiger Weise so dargestellt werden, dass die tragenden Zif-
> fern unmittelbar hinter dem Komma beginnen. Diese Darstellung
>
> $$a = \pm(a_n d^n + a_{n-1} d^{n-1} + \ldots) = \pm(a_n d^{-1} + a_{n-1} d^{-2} + \ldots) d^{n+1} = \pm(0, a_n a_{n-1} \ldots) \cdot d^{n+1} = m \cdot d^q$$
>
> heißt *normalisierte Gleitkommadarstellung*. Dabei heißt m die *Mantisse* und q der *Expo-
> nent* von a.

In Rechenanlagen werden Zahlen in Gleitkommadarstellung mithilfe gleich langer Worte
beschrieben, die sich aus n Ziffern zusammensetzen, von denen s zur Mantisse und e zum
Exponenten gehören, also $n = s + e$. Besitzt die Zahl a mehr als s tragende Ziffern, so passt
diese Zahl nicht in das Zahlwort und muss daher verkürzt werden. Diese Verkürzung bedeutet eine Verfälschung der Zahl, und mit dieser fehlerhaften Zahl muss gerechnet werden. Die
Verkürzung erfolgt nach den üblichen Rundungsregeln.

Definition:

> Bezeichnet x den wahren Wert einer reellen Zahl und $\tilde{x}$ einen Näherungswert, so heißt
>
> (i) $\quad \Delta x = x - \tilde{x}$ $\qquad$ *wahrer* Fehler von $\tilde{x}$,
>
> (ii) $\quad |\Delta x| = |x - \tilde{x}|$ $\qquad$ *absoluter* Fehler von $\tilde{x}$,
>
> (iii) $\quad \left|\dfrac{\Delta x}{\tilde{x}}\right| = \left|\dfrac{x - \tilde{x}}{\tilde{x}}\right|$ $\qquad$ *relativer* Fehler von $\tilde{x}$ (näherungsweise gleich: $\left|\dfrac{\Delta x}{x}\right|$).

Normalerweise sind x und damit auch Δx nicht bekannt. Deshalb wird bei konkreten Rech-
nungen $|\Delta x|$ durch das Supremum aller möglichen $|\Delta x|$, den *maximalen absoluten Fehler*
α_x , ersetzt. Entsprechend bezeichnet ρ_x das Supremum aller relativen Fehler, den *maximalen relativen Fehler*. Offensichtlich ist

$$\tilde{x} - \alpha_x \leq x \leq \tilde{x} + \alpha_x \quad \text{und} \quad \frac{\alpha_x}{|\tilde{x}|} = \rho_x \, .$$

Als **Fehlerquellen** beim numerischen Rechnen treten neben den erwähnten Rundungsfehlern, die auf die endliche Maschinendarstellung der Zahlen zurückzuführen sind, im Wesentlichen drei verschiedene Fehlerarten auf:

a) Verfahrensfehler

Viele numerische Verfahren sind Näherungsverfahren in dem Sinne, dass der exakte Wert – theoretisch – erst nach unendlich vielen Rechenschritten erreicht wird, zum Beispiel dann, wenn die Grenzfunktion einer Potenzreihe durch die n-te Partialsumme näherungsweise dargestellt wird. Diese durch das gewählte Verfahren bedingten Fehler, die von der Rechengenauigkeit des benutzten Rechners unabhängig sind und genauso bei exakter „Handrechnung" auftreten, stehen im Vordergrund der Fehleranalyse der meisten hier behandelten numerischen Verfahren.

b) Eingangsfehler

Eine zu berechnende Ausgangsgröße z hänge von n Eingangsdaten x_i ab, die jeweils mit Fehlern Δx_i behaftet sind: $x_i = \tilde{x}_i + \Delta x_i$

Für den absoluten Fehler Δz der Ausgangsgröße $z = f(x_1, \cdots, x_n)$ gilt nach dem in Abschnitt 8.5 behandelten Fehlerfortpflanzungsgesetz:

$$|\Delta z| \leq \sum_{i=1}^{n} \left| \frac{\partial f(\tilde{x}_1, \cdots, \tilde{x}_n)}{\partial x_i} \right| |\Delta x_i|$$

Die Größe $\sigma_i = \dfrac{\partial f(\tilde{x}_1, \cdots, \tilde{x}_n)}{\partial x_i}$ nennt man *absolute Konditionszahl* in Bezug auf die i-te

Komponente, $\tau_i = \dfrac{\tilde{x}_i}{f(\tilde{x}_1, \cdots, \tilde{x}_n)} \dfrac{\partial f(\tilde{x}_1, \cdots, \tilde{x}_n)}{\partial x_i}$ ist die *relative Konditionszahl*.

Die Konditionszahl gibt an, um welchen Faktor die i-te Komponente der Eingangsdaten verstärkt oder gedämpft in den absoluten bzw. relativen Fehler der Ausgangsgröße eingeht.

Ein Problem mit relativ großen Konditionszahlen bezeichnet man als *schlecht konditioniert*.

c) Rechnungsfehler

Rechnungsfehler entstehen durch fortgesetzte Akkumulation von Rundungsfehlern, da die Rechenergebnisse, die mit (verfälschten) Maschinenzahlen erzielt wurden, wieder durch solche (angenähert) dargestellt werden müssen; für den Einfluss der Rechnungsfehler spielt die Stabilität des verwendeten Algorithmus eine entscheidende Rolle.

14.2   Nichtlineare Gleichungen

Nichtlineare Gleichung einer Unbekannten

Jede Gleichung mit einer Unbekannten x lässt sich stets als Nullstellenproblem $f(x) = 0$ ausdrücken. Ist Auflösen nach x nicht möglich, so kann die Bestimmung einer Näherungslösung von $f(x) = 0$ **iterativ** erfolgen:

Dazu wählt man einen „groben" Näherungswert x_0 der gesuchten Lösung ξ als Startwert des Iterationsverfahrens und berechnet mit einer gegebenen Rechenvorschrift φ einen neuen Wert $x_1 = \varphi(x_0)$. Mit diesem verfährt man analog, das heißt man berechnet $x_2 = \varphi(x_1)$, allgemein:

$$x_{k+1} = \varphi(x_k) \text{ für alle } k \in \mathbb{N}$$

Wenn eine so konstruierte Folge $\{x_k\}_{k \in \mathbb{N}}$ (mit stetiger Funktion φ) überhaupt einen Grenzwert a in $\mathbb{R}$ hat, dann muss $a = \varphi(a)$ gelten, a muss also ein sogenannter *Fixpunkt* der Funktion φ sein. Deshalb heißt ein solches Näherungsverfahren auch **Fixpunkt-Iteration**.

Um dieses Iterationsverfahren hier anzuwenden, muss also das Nullstellenproblem $f(x) = 0$ in ein äquivalentes Fixpunktproblem $\varphi(x) = x$ umgeformt werden.

Konvergenz des allgemeinen Iterationsverfahrens:

Es sei $\varphi(x)$ differenzierbar auf $[a,b]$ und $\varphi([a,b]) \subseteq [a,b]$.

Gibt es ein $M \in \,]0,1[$, für das $|\varphi'(x)| \leq M$ für alle $x \in [a,b]$ ist, so gilt:

(i) $\varphi(x) = x$ besitzt in $[a,b]$ genau eine Lösung ξ und

(ii)   die durch $x_{k+1} = \varphi(x_k)$ gegebene Folge konvergiert für jeden beliebigen Startwert x_0 gegen ξ.

Für den Abbruch nach n Iterationen gelten folgende

Fehlerabschätzungen:

$$|x_n - \xi| \leq \frac{M^n}{1-M}|x_1 - x_0| \qquad \text{\textit{a priori-Abschätzung}}$$

$$|x_n - \xi| \leq \frac{M}{1-M}|x_n - x_{n-1}| \qquad \text{\textit{a posteriori-Abschätzung}}$$

Ein besonders häufig benutztes Beispiel einer Fixpunkt-Iteration ist das **NEWTONsche Iterationsverfahren**:

Dabei ist $\varphi(x) = x - \dfrac{f(x)}{f'(x)}$, also ist die Iterationsvorschrift durch

$$x_{k+1} = x_k - \frac{f(x_k)}{f'(x_k)}$$

gegeben. Es ist bei der Wahl von $[a,b]$ darauf zu achten, dass $f(x)$ keine waagerechte Tangente besitzt.

Die obige hinreichende Konvergenzbedingung auf $[a,b]$ lautet nun $\left| \dfrac{f(x)f''(x)}{(f'(x))^2} \right| \le M < 1$.

Der Startwert x_0 sollte demnach so gewählt werden, dass hier Funktions- und Krümmungswert betraglich möglichst klein sind, der Steigungswert aber betraglich möglichst groß ist. Die NEWTON-Iteration liefert dann nach wenigen Iterationsschritten im Allgemeinen schon einen sehr guten Näherungswert.

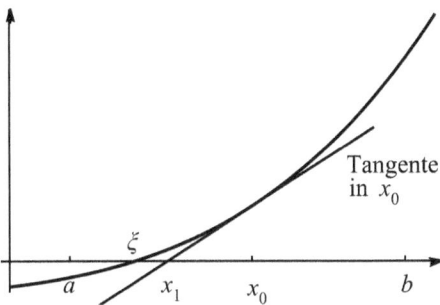

Bild 14.2.1: Erster Schritt der NEWTON-Iteration

Um zu vermeiden, in jedem Iterationsschritt die Ableitung neu zu berechnen, benutzt man

$$x_{k+1} = x_k - \frac{f(x_k)}{f'(x_0)}$$

als Iterationsvorschrift. Die so erhaltene **vereinfachte NEWTON-Iteration** konvergiert allerdings langsamer als das klassische Verfahren.

Bei den folgenden ableitungsfreien Verfahren muss f lediglich stetig sein.

Regula falsi:

1. Schritt: Man bestimme das Intervall $[a,b]$ so, dass es genau eine Nullstelle ξ enthält und dass $f(a)$ und $f(b)$ verschiedene Vorzeichen haben, also dass $f(a) \cdot f(b) < 0$ ist.

2. Schritt: Nun berechne man den Schnittpunkt x_1 der Sekante durch $(a, f(a))$ und $(b, f(b))$ (siehe Bild 14.2.2). Es ist

$$x_1 = a - \frac{f(a)(b-a)}{f(b)-f(a)}$$

> 3. Schritt: Man berechne nun $T := f(a) \cdot f(x_1)$ und setze,
>
>   a) falls $T < 0$ ist, $a := a$ und $b := x_1$ und beginne damit wieder beim 2. Schritt oder,
>
>   b) falls $T > 0$ ist, $a := x_1$ und $b := b$ und beginne damit wieder beim 2. Schritt.
>
>   Ist T (annähernd) 0, so ist $\xi := x_1$ und das Verfahren beendet.

Das Verfahren läuft so lange, bis es im 3. Schritt einmal abgebrochen wird oder bis die Intervallbreite von $[a,b]$ kleiner als eine vorgegebene Genauigkeitsschranke ist.

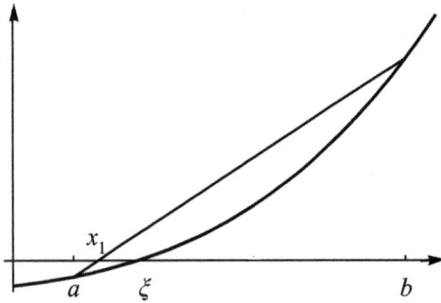

Bild 14.2.2: Erster Schritt der Regula falsi

Der logische Aufbau des **Bisektionsverfahrens** ist genau derselbe – nur der Wert x_1 ist nicht die Nullstelle der jeweiligen Sekanten, sondern einfach der Intervallmittelpunkt

$$x_1 = \frac{a+b}{2} \; .$$

Es ist offensichtlich, dass das Bisektionsverfahren im Allgemeinen mehr Schritte benötigt als die Regula falsi.

Nichtlineare Gleichungssysteme

Betrachtet werden n Gleichungen für n Unbekannte $x_1, x_2, ..., x_n$ der Gestalt

$$f_i(x_1, x_2, ..., x_n) = 0 \quad \text{mit } i = 1, ..., n \, ,$$

wobei die Funktionen $f_i : D \to \mathbb{R}$, $D \subseteq \mathbb{R}^n$, differenzierbar sein sollen.

Mit $\mathbf{F}(x_1, \cdots, x_n) = \begin{pmatrix} f_1(x_1, \cdots, x_n) \\ \vdots \\ f_n(x_1, \cdots, x_n) \end{pmatrix}$ lässt sich obiges Gleichungssystem als vektorwertiges

Nullstellenproblem $\mathbf{F}(\mathbf{x}) = \mathbf{0}$ schreiben.

Für jedes $i = 1, \ldots, n$ forme man die i-te Gleichung in eine Fixpunktgleichung der Gestalt

$\varphi_i(x_1, x_2, \ldots, x_n) = x_i$, wodurch man mittels $\boldsymbol{\Phi}(x_1, \cdots, x_n) = \begin{pmatrix} \varphi_1(x_1, \cdots, x_n) \\ \vdots \\ \varphi_n(x_1, \cdots, x_n) \end{pmatrix}$ das gegebene

Nullstellenproblem in ein vektorwertiges Fixpunktproblem $\boldsymbol{\Phi}(\mathbf{x}) = \mathbf{x}$ umformuliert hat.

Ausgehend von einem passend gewählten Startvektor $\mathbf{x}_0$ berechnet man wie im eindimensionalen Fall die Lösung $\mathbf{x}^*$ als Grenzwert der durch $\mathbf{x}_{k+1} = \boldsymbol{\Phi}(\mathbf{x}_k)$ definierten Vektorfolge.

Konvergenz der mehrdimensionalen Fixpunkt-Iteration:

Es sei D ein n-dimensionaler Quader, also $D = [a_1, b_1] \times \ldots \times [a_n, b_n]$, es sei $\boldsymbol{\Phi} : D \to \mathbb{R}^n$ stetig partiell differenzierbar auf D nach jedem x_i, und es gelte $\boldsymbol{\Phi}(D) \subseteq D$.

Gibt es darüber hinaus ein $M \in \ ]0, 1[$ derart, dass

$$\left| \frac{\partial \varphi_i(\mathbf{x})}{\partial x_j} \right| \leq \frac{M}{n} \quad \text{für jedes } i, j \in \{1, \ldots, n\} \text{ und alle } \mathbf{x} \in D$$

ist, so gilt:

$\boldsymbol{\Phi}(\mathbf{x}) = \mathbf{x}$ hat in D genau eine Lösung $\mathbf{x}^*$; die durch $\mathbf{x}_{k+1} = \boldsymbol{\Phi}(\mathbf{x}_k)$ gegebene Folge konvergiert für jeden beliebigen Startvektor $\mathbf{x}_0$ gegen $\mathbf{x}^*$.

Mit den Voraussetzungen wie oben gelten für die mehrdimensionale Fixpunkt-Iteration folgende

Fehlerabschätzungen:

Es gibt eine Norm $\| \cdots \|$ des $\mathbb{R}^n$ und ein $\alpha \in \ ]0, 1[$, sodass für alle $\mathbf{x}, \mathbf{y} \in D$

$$\| \boldsymbol{\Phi}(\mathbf{x}) - \boldsymbol{\Phi}(\mathbf{y}) \| \leq \alpha \| \mathbf{x} - \mathbf{y} \|$$

ist. Damit gilt für alle $n \in \mathbb{N}$:

$$\| \mathbf{x}_n - \mathbf{x}^* \| \leq \frac{\alpha^n}{1 - \alpha} \| \mathbf{x}_1 - \mathbf{x}_0 \| \qquad \textit{a priori-Abschätzung}$$

$$\| \mathbf{x}_n - \mathbf{x}^* \| \leq \frac{\alpha}{1 - \alpha} \| \mathbf{x}_n - \mathbf{x}_{n-1} \| \qquad \textit{a posteriori-Abschätzung}$$

Verwendet man zur Iteration speziell die Funktion $\boldsymbol{\Phi}(\mathbf{x}) = \mathbf{x} - \mathbf{J}^{-1}(\mathbf{x}) \cdot \mathbf{F}(\mathbf{x})$, wobei $\mathbf{J}(\mathbf{x})$ die

JACOBI-Matrix $\left(\dfrac{\partial f_i(\mathbf{x})}{\partial x_j} \right)$ (mit $i, j \in \{1, \ldots, n\}$) von $\mathbf{F}(\mathbf{x})$ bezeichnet, so erhält man analog

zum eindimensionalen Fall als Verallgemeinerung der NEWTON-Iteration das

NEWTON-RAPHSON-Verfahren:

---

1. Schritt: Man berechne die JACOBI-Matrix $\mathbf{J}(\mathbf{x}) = \left(\dfrac{\partial f_i(\mathbf{x})}{\partial x_j} \right)$ von $\mathbf{F}(\mathbf{x})$.

2. Schritt: Man bestimme eine Näherungslösung $\mathbf{x}_0$ von $\mathbf{F}(\mathbf{x}) = \mathbf{0}$ und berechne $\Delta\mathbf{x}$ aus dem linearen Gleichungssystem $\mathbf{J}(\mathbf{x}_0) \cdot \Delta\mathbf{x} = -\mathbf{F}(\mathbf{x}_0)$.

3. Schritt: Mit $\mathbf{x}_1 = \mathbf{x}_0 + \Delta\mathbf{x}$ statt $\mathbf{x}_0$ beginne man im 2. Schritt mit der nächsten Iteration.

Es sei darauf hingewiesen, dass in jedem Schritt die JACOBI-Matrix $\mathbf{J}(\mathbf{x}_k)$ neu zu berechnen ist. Wie beim vereinfachten NEWTON-Verfahren kann man jedoch auch hier – auf Kosten der Konvergenzgeschwindigkeit – in jedem Schritt mit $\mathbf{J}(\mathbf{x}_0)$ rechnen.

Aus Stabilitätsgründen ist es sinnvoll, das LGS $\mathbf{J}(\mathbf{x}_0) \cdot \Delta\mathbf{x} = -\mathbf{F}(\mathbf{x}_0)$ zu lösen und nicht – wie bei der Übertragung aus der Fixpunktgleichung formuliert – die Inverse der JACOBI-Matrix zu benutzen (siehe dazu auch den nächsten Abschnitt zu linearen Gleichungssystemen).

14.3   Numerische Lösung linearer Gleichungssysteme

Im Folgenden werden quadratische lineare Gleichungssysteme mit n Gleichungen für n Unbekannte betrachtet, die sich also gemäß Abschnitt 2.3 als Matrizengleichung $\mathbf{A} \cdot \mathbf{x} = \mathbf{b}$ schreiben lassen. Das LGS soll eindeutig lösbar sein, das heißt, $\mathbf{A}$ ist eine reguläre Matrix.

Es soll hier zwischen expliziten und iterativen Lösungsverfahren (wie in Abschnitt 14.2 behandelt) unterschieden werden.

Das GAUSSsche Eliminationsverfahren

Dieses wurde bereits in Abschnitt 2.3 behandelt. Es ist ein explizites Verfahren, es liefert (theoretisch) die exakte Lösung. Allerdings ist der Algorithmus instabil, das heißt, es kann durch die Akkumulation von Rechnungsfehlern insbesondere bei größeren Systemen zu einem derart großen Gesamtfehler kommen, dass das erzielte Ergebnis absolut unbrauchbar ist. Näheres dazu wird weiter unten ausgeführt.

Ziel des Eliminationsverfahrens ist, durch elementare Zeilenumformungen die Koeffizientenmatrix $\mathbf{A}$ auf eine obere Dreiecksmatrix $\mathbf{R} = (r_{ij})$ zu bringen. In dieser sind alle Hauptdiagonalelemente $r_{ii} \neq 0$, da $\mathbf{A}$ maximalen Rang hat. Ein LGS der Form $\mathbf{R} \cdot \mathbf{x} = \mathbf{b}$ (mit $r_{ij} = 0$ für $i > j$) lässt sich leicht mit der sogenannten *Rückwärtselimination*

$$x_{n-j} = \frac{1}{r_{n-j,n-j}} (b_{n-j} - \sum_{k=1}^{j} r_{n-j,n-j+k} \cdot x_{n-j+k}) \quad \text{für } j = 0, \cdots, n-1$$

lösen; die Komponenten der Lösung werden dabei in der Reihenfolge von n bis 1 bestimmt.

Genauso einfach ist die Auflösung eines LGS $\mathbf{L} \cdot \mathbf{x} = \mathbf{b}$ mit einer unteren Dreiecksmatrix ($l_{ij} = 0$ für $j > i$); sie wird mit der *Vorwärtselimination*

$$x_j = \frac{1}{l_{jj}}(b_j - \sum_{k=1}^{j-1} l_{jk} \cdot x_k) \quad \text{für} \quad j = 1, \cdots, n$$

vorgenommen.

LR-Zerlegung

Ist es möglich, durch elementare Zeilenoperationen $\mathbf{A}$ in eine obere Dreiecksmatrix $\mathbf{R}$ umzuformen, ohne dabei Zeilenvertauschungen vorzunehmen, so lassen sich diese Operationen als eine untere Dreiecksmatrix $\mathbf{L}^{-1}$ mit lauter Einsen auf der Hauptdiagonale zusammenfassen – es ist also $\mathbf{A} = \mathbf{L} \cdot \mathbf{R}$.

Das so entstandene LGS $\mathbf{A} \cdot \mathbf{x} = \mathbf{L}\underbrace{\mathbf{R} \cdot \mathbf{x}}_{=\mathbf{y}} = \mathbf{b}$ lässt sich leicht in zwei Schritten lösen:

Zunächst löst man $\mathbf{L} \cdot \mathbf{y} = \mathbf{b}$ durch Vorwärtselimination und anschließend $\mathbf{R} \cdot \mathbf{x} = \mathbf{y}$ durch Rückwärtselimination.

Ist bei der Umformung von $\mathbf{A}$ auf $\mathbf{R}$ im r-ten Umformungsschritt das Element $\tilde{a}_{rr}$, mit dem die Spalte abwärts zu Null gemacht werden soll, selbst Null, so ist eine Zeilenvertauschung unerlässlich. Zeilenvertauschungen können als Multiplikation mit einer sogenannten *Permutationsmatrix*, die man durch Permutation der Zeilen der Einheitsmatrix erhält, ausgedrückt werden. In diesem Fall ist also $\mathbf{P} \cdot \mathbf{A} = \mathbf{L} \cdot \mathbf{R}$.

Da Permutationsmatrizen stets zu sich selbst invers sind, lässt sich auch hier die Lösung von $\mathbf{A} \cdot \mathbf{x} = \mathbf{b}$ unter Benutzung der LR-Zerlegung in zwei Schritten lösen:

Zunächst löst man $\mathbf{L} \cdot \mathbf{y} = \mathbf{P}\mathbf{b}$ durch Vorwärtselimination und anschließend $\mathbf{R} \cdot \mathbf{x} = \mathbf{y}$ durch Rückwärtselimination.

Spaltenpivotisierung und Zeilenäquilibrierung

Bei der Durchführung der LR-Zerlegung muss im r-ten Umformungsschritt das Element $\tilde{a}_{rr} \neq 0$ sein, da zu den darunter stehenden Zeilen jeweils das $\left(-\dfrac{\tilde{a}_{r+k,r}}{\tilde{a}_{rr}} \right)$-Fache addiert wird.

Die durch Rundung entstehenden Rechnungsfehler sind kleinstmöglich, wenn der obige Faktor betraglich höchstens 1 ist. Dies lässt sich stets dadurch erreichen, dass durch Zeilenvertauschung das betraglich größte Element der entsprechenden Spalte an die Stelle (r, r) tritt. Dieses Vorgehen heißt *Spaltenpivotisierung*.

Multipliziert man die Zeilen (Gleichungen) mit Konstanten, so ändert sich die Lösung nicht. Wegen der üblicherweise verwendeten Gleitpunktarithmetik ist es sinnvoll, wenn alle bei der Umformung benutzten Zahlen möglichst die gleiche Größenordnung haben. Dies erreicht man, indem man jede Zeile „auf 1 normiert", das heißt mit einem Faktor $\lambda_i =$ (Norm der i-ten Zeile)$^{-1}$ multipliziert. Dies nennt man *Zeilenäquilibrierung*.

Nachiteration

Trotz Pivotstrategie und Zeilenäquilibrierung kann die ermittelte Lösung $\tilde{\mathbf{x}}$ durch Rundungsfehler sehr ungenau sein. Im Allgemeinen kann $\tilde{\mathbf{x}}$ durch *Nachiteration* verbessert werden:

Ist $\mathbf{x}$ die exakte (unbekannte) Lösung des LGS, so gilt für $\Delta\mathbf{x} = \mathbf{x} - \tilde{\mathbf{x}}$:

$$\mathbf{A} \cdot \Delta\mathbf{x} = \mathbf{A} \cdot (\mathbf{x} - \tilde{\mathbf{x}}) = \underbrace{\mathbf{A} \cdot \mathbf{x}}_{=\mathbf{b}} - \mathbf{A} \cdot \tilde{\mathbf{x}} = \mathbf{r}$$

Die Lösung $\Delta\mathbf{x}$ des LGS mit der Koeffizientenmatrix $\mathbf{A}$ und dem *Residuum* $\mathbf{r} = \mathbf{b} - \mathbf{A} \cdot \tilde{\mathbf{x}}$ als rechter Seite wird zur ermittelten Lösung $\tilde{\mathbf{x}}$ addiert, $\tilde{\tilde{\mathbf{x}}} = \tilde{\mathbf{x}} + \Delta\mathbf{x}$ ist im Allgemeinen eine gegenüber $\tilde{\mathbf{x}}$ verbesserte Lösung des gegebenen LGS.

Das Verfahren kann bei Bedarf wiederholt werden, meist reicht jedoch eine einmalige Nachiteration.

Fehlerrechnung bei der expliziten Lösung linearer Gleichungssysteme

Bei der expliziten Lösung eines LGS entsteht definitionsgemäß kein Verfahrensfehler (wie zum Beispiel bei Iterationsverfahren), da man das Ergebnis ja nach endlich vielen Schritten erhält. Der Gesamtfehler setzt sich hier aus Eingangs- und Rechnungsfehlern zusammen. Da sich der Fehler stets auf eine vektorielle Größe bezieht, wird zum Maß der Abweichung der in Abschnitt 8.1 eingeführte Normbegriff benutzt.

Für Vektoren des $\mathbb{R}^n$ spielt dabei weniger die in Kapitel 8 benutzte EUKLIDische Norm eine Rolle, sondern in der Numerik werden meist

$$\text{Summennorm} \qquad \|\mathbf{v}\|_1 := \sum_{i=1}^{n} |v_i| \qquad \text{oder}$$

$$\text{Maximumsnorm} \qquad \|\mathbf{v}\|_\infty := \max_{i=1,\cdots,n} |v_i|$$

benutzt.

Die daraus für (n, n)-Matrizen induzierten Normen sind

$$\text{Spaltensummennorm} \qquad \|\mathbf{A}\|_1 := \max_{j=1,\cdots,n} \sum_{i=1}^{n} |a_{ij}| \qquad \text{bzw.}$$

$$\text{Zeilensummennorm} \qquad \|\mathbf{A}\|_\infty := \max_{i=1,\cdots,n} \sum_{j=1}^{n} |a_{ij}|.$$

Damit gilt für in diesem Sinne verbundene Vektor- bzw. Matrizennormen der

Satz:

> Es sei $\mathbf{A} \cdot \mathbf{x} = \mathbf{b}$ bzw. $\mathbf{A} \cdot \tilde{\mathbf{x}} = \tilde{\mathbf{b}}$ (mit regulärer Matrix $\mathbf{A}$). Dann gilt:
>
> (i) $\qquad \left\| \mathbf{x} - \tilde{\mathbf{x}} \right\| \leq \left\| \mathbf{A}^{-1} \right\| \cdot \left\| \mathbf{b} - \tilde{\mathbf{b}} \right\|$
>
> (ii) $\qquad \dfrac{\left\| \mathbf{x} - \tilde{\mathbf{x}} \right\|}{\left\| \mathbf{x} \right\|} \leq \left\| \mathbf{A} \right\| \cdot \left\| \mathbf{A}^{-1} \right\| \cdot \dfrac{\left\| \mathbf{b} - \tilde{\mathbf{b}} \right\|}{\left\| \mathbf{b} \right\|}$ für $\mathbf{b} \neq \mathbf{0}$
>
> Das bedeutet, dass die Norm von $\mathbf{A}^{-1}$ der maximale Verstärkungsfaktor des absoluten Fehlers der rechten Seite, die durch $\operatorname{cond} \mathbf{A} = \left\| \mathbf{A} \right\| \cdot \left\| \mathbf{A}^{-1} \right\|$ definierte *Konditionszahl* der maximale Verstärkungsfaktor des relativen Fehlers der rechten Seite ist.

Iterative Verfahren

Die mehrdimensionale Fixpunkt-Iteration, wie im vorigen Abschnitt für nichtlineare Gleichungssysteme beschrieben, kann auch zur Lösung linearer Gleichungssysteme benutzt werden.

Obwohl Iterationsverfahren im Gegensatz zu expliziten Verfahren prinzipiell einen Verfahrensfehler aufweisen, ist der resultierende Gesamtfehler oft wesentlich kleiner als bei einem expliziten Verfahren mit einer Matrix mit hoher Konditionszahl, da der Rechnungsfehler hier wegen der größeren Stabilität der verwendeten Algorithmen eine untergeordnete Rolle spielt.

Beim JACOBI-*Verfahren* wird das gegebene LGS, also das Nullstellenproblem $\mathbf{A} \cdot \mathbf{x} - \mathbf{b} = \mathbf{0}$ auf folgende Weise in ein Fixpunktproblem $\mathbf{\Phi}(\mathbf{x}) = \mathbf{x}$ umgewandelt:

Man löse die i-te Zeile des LGS (für jedes $i = 1, \cdots, n$) nach x_i auf – dies geschieht unter der Voraussetzung, dass jedes $a_{ii} \neq 0$ ist. Definiert man die (n, n)-Matrix $\mathbf{C}$ und $\mathbf{b} \in \mathbb{R}^n$ durch

$$c_{ik} = \begin{cases} -\dfrac{a_{ik}}{a_{ii}} & \text{für } i \neq k \\ 0 & \text{für } i = k \end{cases}, \qquad d_i = \frac{b_i}{a_{ii}},$$

so stellt das so aufgelöste LGS das Fixpunktproblem $\mathbf{C} \cdot \mathbf{x} + \mathbf{d} = \mathbf{x}$ dar, welches mit der in Abschnitt 14.2 beschriebenen Fixpunkt-Iteration gelöst wird.

Die dazu nötigen Rechenschritte ergeben – komponentenweise dargestellt – das

Gesamtschrittverfahren von JACOBI:

> Mit gegebenem Startvektor $\mathbf{x}^{(0)} = (x_1^{(0)}, \cdots, x_i^{(0)}, \cdots, x_n^{(0)})$ berechnet man für $i = 1, \cdots, n$ die i-te Komponente von $\mathbf{x}^{(\nu+1)} = \mathbf{\Phi}(\mathbf{x}^{(\nu)})$ durch
>
> $$x_i^{(\nu+1)} = \frac{1}{a_{ii}} \left(b_i - \sum_{\substack{k=1 \\ k \neq i}}^{n} a_{ik} x_k^{(\nu)} \right).$$

Aus obiger Formel wird klar, dass zur Berechnung jeder der n Komponenten von $\mathbf{x}^{(\nu+1)}$ nur die Komponenten von $\mathbf{x}^{(\nu)}$ benutzt werden. Das bedeutet, dass diese in beliebiger Reihenfolge oder auch parallel bestimmt werden können – neue Komponenten werden erst dann verwendet, wenn alle berechnet sind.

Berechnet man die Komponenten von $\mathbf{x}^{(\nu+1)}$ jedoch nacheinander in aufsteigender Indexreihenfolge, so hat man zum Zeitpunkt der Berechnung der i-ten Komponente bereits die Komponenten $1, \ldots, i-1$ von $\mathbf{x}^{(\nu+1)}$ berechnet, man kann also diese, zusammen mit den Komponenten $i+1, \ldots, n$ von $\mathbf{x}^{(\nu)}$, zur Berechnung der i-ten Komponente von $\mathbf{x}^{(\nu+1)}$ verwenden. Programmiertechnisch führt man dies am einfachsten durch, indem man „neue" und noch zu verwendende „alte" Komponenten auf einem Vektor $\mathbf{x}$ speichert. Dies ist das

Einzelschrittverfahren von GAUSS-SEIDEL:

Beginnend mit $\mathbf{x} = \mathbf{x}^{(\nu)}$ berechnet man sukzessive für $i = 1, \cdots, n$ die Werte

$$x_i = \frac{1}{a_{ii}} \left(b_i - \sum_{\substack{k=1 \\ k \neq i}}^{n} a_{ik} x_k \right).$$

Nach der letzten Berechnung setzt man $\mathbf{x}^{(\nu+1)} = \mathbf{x}$.

Es stellt sich heraus, dass im Falle der Konvergenz beider Verfahren das GAUSS-SEIDEL-Verfahren im Allgemeinen schneller konvergiert. Bei beiden Verfahren spielt die Reihenfolge der Gleichungen des Systems eine wichtige Rolle: Allein durch Zeilenvertauschung im LGS kann Konvergenz herbeigeführt werden oder verloren gehen.

Hinreichende Kriterien für die Konvergenz des JACOBI-Verfahrens:

1. *Zeilensummenkriterium:* $\qquad \displaystyle\sum_{\substack{k=1 \\ k \neq i}}^{n} |a_{ik}| < |a_{ii}|$

2. *Spaltensummenkriterium:* $\qquad \displaystyle\sum_{\substack{k=1 \\ k \neq j}}^{n} |a_{kj}| < |a_{jj}|$

3. *Kriterium von SCHMIDT-V.MISES:* $\qquad \displaystyle\sum_{i=1}^{n} \sum_{\substack{k=1 \\ k \neq 1}}^{n} \left| \frac{a_{ik}}{a_{ii}} \right|^2 < 1$

Ist eines der drei Kriterien erfüllt, so konvergiert das JACOBI-Verfahren für jeden beliebigen Startvektor $\mathbf{x}^{(0)} \in \mathbb{R}^n$ gegen die Lösung von $\mathbf{A} \cdot \mathbf{x} = \mathbf{b}$.

Ist eines der beiden ersten Kriterien erfüllt, so heißt $\mathbf{A}$ *diagonaldominant*.

Zeilensummen- und Spaltensummenkriterium sind ebenfalls **hinreichend** für die Konvergenz des GAUSS-SEIDEL-**Verfahrens**. Darüber hinaus konvergiert es, wenn A symmetrisch und positiv definit ist.

Dabei heißt eine (n, n)-Matrix B *positiv definit*, wenn für jeden vom Nullvektor verschiedenen Spaltenvektor $y \in \mathbb{R}^n$ die Zahl(!) $y^T \cdot B \cdot y > 0$ ist.

Im Hinblick auf dieses Kriterium kann man jedes LGS $A \cdot x = b$ stets so umformen, dass daraus ein konvergentes GAUSS-SEIDEL-Verfahren entsteht:

Durch Multiplikation mit der regulären Matrix A^T von links erhält man das äquivalente LGS

$$A^T A \cdot x = A^T b \, ,$$

dessen Koeffizientenmatrix $A^T A$ symmetrisch und positiv definit ist.

14.4   Interpolation

Eine Funktion f sei an $n+1$ diskreten *Stützstellen* $x_0 < x_1 < \cdots < x_n$ durch ihre Funktions- oder *Stützwerte* $y_k = f(x_k)$ ($k = 0, 1, \ldots, n$) gegeben.

Unter **Interpolation** versteht man die Aufgabe, zu einem beliebigen Argument $x \in [x_0, x_n]$ mit $x \notin \{x_0, \cdots, x_n\}$ einen angenäherten Funktionswert $f(x)$ zu berechnen.

Diese Aufgabe tritt insbesondere dann auf, wenn man von einer unbekannten Funktion nur Messwerte y_k an den Stützstellen x_k hat, den Funktionsverlauf dazwischen aber für weitere Berechnungen benötigt. Außerdem kann man auf diese Weise auch relativ komplizierte Funktionen durch einfachere (etwa durch Polynome) näherungsweise darstellen.

Direkter Polynomansatz

Es gibt genau ein Polynom $P_n(x) = \sum_{i=0}^{n} a_i x^i$, also grad $P_n \leq n$, das die $n + 1$ Stützstellen (x_k, y_k) „trifft". Die Begründung gibt gleichzeitig die Berechnungsmethode an:

Aus der Forderung $P_n(x_k) = y_k$ ergibt sich für die unbekannten Koeffizienten a_i ein LGS der Größe $(n+1, n+1)$ der Form

$$a_0 + a_1 x_0 + a_2 x_0^2 + \ldots + a_n x_0^n = y_0$$

$$a_0 + a_1 x_1 + a_2 x_1^2 + \ldots + a_n x_1^n = y_1$$

$$\ldots$$

$$a_0 + a_1 x_n + a_2 x_n^2 + \ldots + a_n x_n^n = y_n$$

In Matrizenschreibweise:

$$\underbrace{\begin{pmatrix} 1 & x_0 & x_0^2 & \cdots & x_0^n \\ 1 & x_1 & x_1^2 & \cdots & x_1^n \\ \vdots & \vdots & \vdots & & \vdots \\ 1 & x_n & x_n^2 & & x_n^n \end{pmatrix}}_{=\mathbf{M}} \cdot \begin{pmatrix} a_0 \\ a_1 \\ \vdots \\ a_n \end{pmatrix} = \begin{pmatrix} y_0 \\ y_1 \\ \vdots \\ y_n \end{pmatrix}$$

Eine Matrix der Gestalt $\mathbf{M}$ – manchmal auch ihre Transponierte – heißt VANDERMONDE-*Matrix*; ihre Determinante ist $\prod_{i>k}(x_i - x_k)$. Da alle Stützstellen verschieden sind, ist $\mathbf{M}$ regulär, die Koeffizienten von $P_n(x)$ sind also eindeutig bestimmt. Die numerische Berechnung des Interpolationspolynoms durch Lösung des obigen LGS erweist sich im Allgemeinen als sehr unpraktisch, da die VANDERMONDE-Matrix schlecht konditioniert ist. Deshalb benutzt man zur praktischen Berechnung von $P_n(x)$ andere Ansätze.

LAGRANGEscher Polynomansatz

Dabei wird das Interpolationspolynom $P_n(x)$ direkt durch folgenden Ansatz bestimmt:

$$P_n(x) = y_0 L_0(x) + y_1 L_1(x) + \ldots + y_n L_n(x),$$

wobei die $L_k(x)$, die sogenannten LAGRANGE*schen Polynome*, alle den Grad n haben und für $k \in \{0, 1, \ldots, n\}$ durch

$$L_k(x) = \prod_{\substack{i=0 \\ i \neq k}}^{n} \frac{x-x_i}{x_k-x_i} = \frac{(x-x_0)\ldots(x-x_{k-1})(x-x_{k+1})\ldots(x-x_n)}{(x_k-x_0)\ldots(x_k-x_{k-1})(x_k-x_{k+1})\ldots(x_k-x_n)}$$

gegeben sind. Damit gilt $P_n(x_i) = y_i$ für jedes i, denn es ist $L_k(x_i) = \begin{cases} 0 & \text{für } k \neq i \\ 1 & \text{für } k = i \end{cases}$.

Mit dieser Methode lässt sich das Interpolationspolynom $P_n(x)$ direkt – also ohne Lösung eines LGS – angeben.

Diese Form ist weniger für praktische Berechnungen als für theoretische Herleitungen geeignet, man erhält daraus den

Fehlerterm des Interpolationspolynoms:

Die zu interpolierende Funktion f sei $(n + 1)$-mal stetig differenzierbar. Dann existiert zu jedem $x \in [x_0, x_n]$ ein $\xi \in]x_0, x_n[$ derart, dass

$$f(x) = P_n(x) + \frac{f^{(n+1)}(\xi)}{(n+1)!}(x-x_0)(x-x_1)\ldots(x-x_n)$$

ist. In der Praxis benutzt man den betraglichen Maximalwert von $f^{(n+1)}(x)$ dazu, um den maximalen Interpolationsfehler auf dem Intervall $[x_0, x_n]$ abzuschätzen.

Für Interpolationspolynome höheren Grades ist die Bestimmung der LAGRANGE-Polynome rechenaufwendig, daher benutzt man in diesen Fällen den

NEWTONschen Polynomansatz

In den Ansatz

$$P_n(x) = \gamma_0 + \gamma_1(x - x_0) + \gamma_2(x - x_0)(x - x_1) + \ldots + \gamma_n(x - x_0)(x - x_1)\ldots(x - x_{n-1})$$

setzt man zur Bestimmung der Koeffizienten γ_k nacheinander $x = x_0$, $x = x_1$ bis $x = x_n$ ein und erhält so das gestaffelte lineare Gleichungssystem

$$y_0 = \gamma_0$$
$$y_1 = \gamma_0 + \gamma_1(x_1 - x_0)$$
$$y_2 = \gamma_0 + \gamma_1(x_2 - x_0) + \gamma_2(x_2 - x_0)(x_2 - x_1)$$
$$\vdots$$
$$y_n = \gamma_0 + \gamma_1(x_n - x_0) + \gamma_2(x_n - x_0)(x_n - x_1) + \ldots + \gamma_n(x_n - x_0)\ldots(x_n - x_{n-1})$$

welches sich durch Vorwärtselimination leicht lösen lässt. Die Lösung des obigen LGS lässt sich schematisch erhalten mit folgender

Definition:

Für (x_i, y_i) mit $i = 0, \cdots, n$ erhält man die *dividierten Differenzen* rekursiv durch:

$$f[x_i] := y_i \quad \text{für} \quad i = 0, \cdots, n$$

Für $k = 1, \cdots, n$ und für $i = 0, \cdots, n-k$:

$$f[x_i, x_{i+1}, \cdots, x_{i+k}] := \frac{f[x_{i+1}, \cdots, x_{i+k}] - f[x_i, \cdots, x_{i+k-1}]}{x_{i+k} - x_i}$$

Übersichtlich wird die Berechnung in einem Dreiecksschema, das für $n = 2$ folgende Gestalt hat:

$\boxed{f[x_0]}$

   ↘

     $\boxed{f[x_0, x_1] = \dfrac{f[x_1] - f[x_0]}{x_1 - x_0}}$

  ↗   ↘

$f[x_1]$ $\boxed{f[x_0, x_1, x_2] = \dfrac{f[x_1, x_2] - f[x_0, x_1]}{x_2 - x_0}}$

  ↘   ↗

    $f[x_1, x_2] = \dfrac{f[x_2] - f[x_1]}{x_2 - x_1}$

  ↗

$f[x_2]$

Durch Hinzunahme weiterer Wertepaare kann das Dreiecksschema beliebig nach unten bzw. rechts fortgesetzt werden; es ist dabei von Vorteil, dass die Stützstellen nur voneinander verschieden, nicht jedoch der Größe nach geordnet sein müssen.

Die eingekästelten Werte sind gerade die gesuchten Koeffizienten $\gamma_k = f[x_0, \cdots, x_k]$; der

NEWTON-Ansatz führt also zu $\qquad P_n(x) = \sum_{k=0}^{n} f[x_0, \cdots, x_k] \prod_{j=0}^{k-1} (x - x_j)$.

Hat man eine größere Zahl von Stützstellen, so erweist sich die Interpolation durch ein Polynom entsprechend hohen Grades als recht unvorteilhaft. Man kann dann an den Rändern des Interpolationsbereiches beobachten, dass $P_n(x)$ zum „Überschwingen" neigt und keinesfalls dem (vermuteten) Verlauf von $f(x)$ folgt, zum Beispiel dann, wenn die Funktion

$f(x) = e^{-\frac{x^2}{2}}$ (GAUSSsche Glockenkurve) auf einem Bereich $[-a, a]$ interpoliert werden soll.

Das liegt daran, dass die Funktion für $x \to \pm\infty$ gegen 0 geht, also ein Verhalten hat, das keinem Polynom entspricht; diese gehen ja für jeden beliebigen Grad > 0 an den Rändern gegen $\pm\infty$. Deshalb benutzt man, wenn die Anzahl der Stützstellen größer ist, die

Stückweise Interpolation

Man fasst wenige benachbarte Stützstellen (üblicherweise maximal 4) zusammen und bestimmt auf diesem Bereich jeweils das Interpolationspolynom entsprechenden Grades. Die Gesamtinterpolation erfolgt somit durch eine aus mehreren Polynomen niedrigeren Grades zusammengesetzte Funktion. Sind die Stützstellen *äquidistant*, das heißt haben alle Stützstellen den gleichen Abstand h, so lässt sich der maximale Interpolationsfehler auf dem Intervall $I = [x_0, x_n]$ gemäß folgender Tabelle angeben:

Polynomgrad	Interpolationsart	Maximaler Fehler
0	Treppenfunktion	$\dfrac{1}{2} h \max_{x \in I} \lvert f'(x) \rvert$
1	Lineare Interpolation (Polygonzug)	$\dfrac{1}{8} h^2 \max_{x \in I} \lvert f''(x) \rvert$
2	Quadratische Interpolation durch 3 Punkte	$\dfrac{1}{9\sqrt{3}} h^3 \max_{x \in I} \lvert f'''(x) \rvert$
3	Kubische Interpolation durch 4 Punkte, wobei x zwischen den beiden mittleren liegt[1]	$\dfrac{3}{128} h^4 \max_{x \in I} \lvert f^{(4)}(x) \rvert$

---

[1] Für beliebige x aus dem Interpolationsintervall muss der Faktor 1/24 statt 3/128 lauten.

Der Nachteil der stückweisen Interpolation ist, dass die Interpolationsfunktion an den Stützstellen üblicherweise nicht differenzierbar ist; für $n = 0$ ist sie noch nicht einmal stetig. Deshalb benutzt man meist die sogenannte

Spline-Interpolation

Um eine möglichst glatte Interpolationsfunktion $S(x)$ zu erhalten, verlangt man, dass diese
auf dem Interpolationsintervall $[x_0, x_n]$ hinreichend oft stetig differenzierbar ist. Im Inneren
jedes Teilintervalls $[x_k, x_{k+1}]$ ist dies klar, da hier die Näherung durch ein Polynom stattfin-
det. Damit jedoch auch an der Stützstelle x_k Differenzierbarkeit vorliegt, muss hier das Teil-
polynom auf $[x_{k-1}, x_k]$ an das auf $[x_k, x_{k+1}]$ „angepasst" werden, man benötigt also mehr
„Freiheitsgrade" (= Koeffizienten der Teilpolynome) als bei der stückweisen Interpolation.

Die Interpolationsfunktion sei aus n Polynomen $S_k(x)$ mit gleichem Maximalgrad folgendermaßen zusammengesetzt:

$$S(x) = \begin{cases} S_0(x) & \text{für} \quad x \in [x_0, x_1] \\ S_1(x) & \text{für} \quad x \in [x_1, x_2] \\ \vdots & \vdots \\ S_{n-1}(x) & \text{für} \quad x \in [x_{n-1}, x_n] \end{cases} .$$

Die Interpolationsbedingungen führen zu den Gleichungen

$$S_k(x_k) = y_k \qquad \text{mit } k = 0, \cdots, n-1 \text{ (an den linken Intervallgrenzen)}$$

und $\qquad S_k(x_{k+1}) = y_{k+1} \qquad$ mit $k = 0, \cdots, n-1$ (an den rechten Intervallgrenzen),

also insgesamt $2n$ Gleichungen.

Fordert man zusätzlich die stetige Differenzierbarkeit an allen inneren Stützstellen, also

$$S_k'(x_{k+1}) = S_{k+1}'(x_{k+1}) \text{ für } k = 0, \cdots, n-2 ,$$

so ergeben sich weitere $n - 1$ Gleichungen, insgesamt sind also $3n - 1$ Bedingungen von den
n Teilpolynomen zu erfüllen. Haben diese alle den Grad 2, so gibt es insgesamt $3n$ zu bestimmende Koeffizienten, das resultierende lineare Gleichungssystem ist also unterbestimmt.
Man kann noch eine weitere Bedingung (zum Beispiel Wert der Ableitung an einer der beiden Grenzen des Interpolationsbereichs) vorschreiben. Auf diese Weise erhält man die *quadratische Spline-Interpolation*.

Üblich ist es, auch noch die Stetigkeit der zweiten Ableitung, also die stetige Krümmung zu
fordern; man erhält somit zu den oben genannten $3n - 1$ Bedingungen durch

$$S_k''(x_{k+1}) = S_{k+1}''(x_{k+1}) \text{ für } k = 0, \cdots, n-2$$

weitere $n - 1$ Gleichungen. Um diese insgesamt $4n - 2$ Bedingungen erfüllen zu können,
müssen die Teilpolynome $S_k(x)$ den Grad 3 haben. Damit das daraus resultierende LGS zur
Bestimmung der $4n$ Koeffizienten eindeutig lösbar wird, können zwei weitere Bedingungen,

sogenannte *Randpunktrestriktionen* (das sind Bedingungen über Ableitungswerte in den Randpunkten) vorgegeben werden. Beispiele üblicher Randpunktrestriktionen finden sich weiter unten. Auf diese Weise erhält man den häufig benutzten *kubischen Spline*.

Das zu lösende $(4n, 4n)$-LGS lässt sich im Allgemeinen etwas bequemer durch Einführung der *Momente* $m_k = S''(x_k)$ lösen.

Sind für $k = 0, \cdots, n-1$ die Teilpolynome $S_k(x)$ durch

$$S_k(x) = a_{k,0} + a_{k,1}(x - x_k) + a_{k,2}(x - x_k)^2 + a_{k,3}(x - x_k)^3$$

gegeben, so liefern obige Bedingungen für einen kubischen Spline $n - 1$ Gleichungen für die Momente:

$$h_{k-1}m_{k-1} + 2(h_{k-1} + h_k)m_k + h_k m_{k+1} = 6(d_k - d_{k-1}) \text{ für } k = 1, \cdots, n-1$$

Dabei wurden die Abkürzungen $h_k = x_{k+1} - x_k$ und $d_k = \dfrac{y_{k+1} - y_k}{h_k}$ benutzt, die sich für den

Fall von äquidistanten Stützstellen noch entsprechend vereinfachen.

Die Randpunktrestriktionen liefern zwei weitere Gleichungen für m_0 und m_n, sodass sich insgesamt ein tridiagonales LGS für die m_k ergibt.

Aus den Momenten erhält man die Koeffizienten der Splinepolynome:

$$a_{k,0} = y_k, \quad a_{k,1} = d_k - \frac{h_k(2m_k + m_{k+1})}{6}, \quad a_{k,2} = \frac{m_k}{2}, \quad a_{k,3} = \frac{m_{k+1} - m_k}{6h_k}.$$

Häufig benutzte Randpunktrestriktionen finden sich in der folgenden Tabelle:

Art der Spline-Funktion	Resultierende Gleichung für m_0 und m_n
natürlicher Spline: $S''(x_0) = S''(x_n) = 0$	$m_0 = 0$ und $m_n = 0$
eingespannter Spline: $S'(x_0)$ und $S'(x_n)$ gegeben	$m_0 = \dfrac{3}{h_0}(d_0 - S'(x_0)) - \dfrac{m_1}{2}$ $m_n = \dfrac{3}{h_{n-1}}(S'(x_n) - d_{n-1}) - \dfrac{m_{n-1}}{2}$
Konstante Krümmung in Randnähe	$m_0 = m_1$ und $m_n = m_{n-1}$
Gegebene Krümmung am Rand	$m_0 = S''(x_0)$ und $m_n = S''(x_n)$

14.5   Ausgleichsrechnung

Dieses Thema wurde schon teilweise in Abschnitt 8.5 behandelt; da die Ausgleichsrechnung jedoch ein wichtiges Instrument bei der näherungsweisen Funktionsdarstellung ist, soll sie hier unter diesem Aspekt nochmals angesprochen werden.

Gegeben seien $n + 1$ Stützstellen (x_i, y_i) einer Funktion $y = f(x)$, deren Typ (Gerade, Parabel, o.Ä.) bekannt ist, deren spezielle Parameter aber unbekannt sind. Aufgabe der Ausgleichsrechnung ist es, die Parameter so zu bestimmen, dass das damit berechnete $f(x)$ von allen Funktionen dieses Typs „am besten" auf die Messpunkte „passt".

Dazu wird das GAUSS-*Prinzip der kleinsten Fehlerquadrate* ausgenutzt, das heißt, die beste

Anpassung liegt vor, wenn $\Delta = \sum\limits_{i=0}^{n} \left(f(x_i) - y_i \right)^2$ kleinstmöglich ist (L$_2$-*Approximation*).

Lineare Ausgleichsrechnung

Dabei geht man davon aus, dass die Ausgleichsfunktion $f(x)$ als Linearkombination von r Basisfunktionen $f_k(x)$ vorliegt. Üblicherweise ist r nicht größer als 4, während die Anzahl $n + 1$ der Stützstellen deutlich größer ist; die Interpolationsaufgabe würde also zu einem überbestimmten LGS für die Koeffizienten führen.

Der Ansatz $f(x) = \alpha_1 f_1(x) + \ldots + \alpha_r f_r(x)$ wird in $\Delta = \sum\limits_{i=0}^{n} \left(f(x_i) - y_i \right)^2$ eingesetzt – die

Forderung, dass die so entstehende Funktion $\Delta(\alpha_1, \cdots, \alpha_r)$ den kleinstmöglichen Wert annehmen soll, beinhaltet eine Extremwertaufgabe für eine Funktion mit r Veränderlichen.

Deren Lösung erhält man aus dem linearen (r, r)-Gleichungssystem

$$\mathbf{M} \cdot \mathbf{\alpha} = \mathbf{b},$$

wobei sich die einzelnen Größen mit folgender $(n + 1, r)$-Matrix

$$\mathbf{A} = \begin{pmatrix} f_1(x_0) & \cdots & f_r(x_0) \\ f_1(x_1) & \cdots & f_r(x_1) \\ \vdots & & \vdots \\ f_1(x_n) & \cdots & f_r(x_n) \end{pmatrix}$$

berechnen lassen zu

$$\mathbf{M} = \mathbf{A}^{\mathrm{T}} \mathbf{A}, \quad \mathbf{\alpha} = \begin{pmatrix} \alpha_1 \\ \vdots \\ \alpha_r \end{pmatrix} \text{ und } \mathbf{b} = \mathbf{A}^{\mathrm{T}} \cdot \begin{pmatrix} x_0 \\ \vdots \\ x_n \end{pmatrix}.$$

Die Matrix $\mathbf{M}$ ist symmetrisch; da die Basisfunktionen $f_k(x)$ linear unabhängig sind, besitzt $\mathbf{A}$ maximalen Rang und ist $\mathbf{M}$ regulär, das LGS ist also eindeutig lösbar.

Besonders häufig wird ein sogenannter **Polynomausgleich** durchgeführt. Dabei ist die Ausgleichsfunktion ein Polynom vom Grade $r-1$, mit den Basisfunktionen $f_k(x) = x^{k-1}$ (für $k = 1, \cdots, r$) ergeben sich $\mathbf{A}$ und $\mathbf{M}$ zu

$$\mathbf{A} = \begin{pmatrix} 1 & x_0 & \cdots & x_0^{r-1} \\ \vdots & \vdots & & \vdots \\ 1 & x_n & \cdots & x_n^{r-1} \end{pmatrix} \quad \text{und} \quad \mathbf{M} = \begin{pmatrix} n+1 & \sum\limits_{j=0}^{n} x_j & \cdots & \sum\limits_{j=0}^{n} x_j^{r-1} \\ \vdots & \vdots & & \vdots \\ \sum\limits_{j=0}^{n} x_j^{r-1} & \sum\limits_{j=0}^{n} x_j^{r} & \cdots & \sum\limits_{j=0}^{n} x_j^{2r-2} \end{pmatrix}.$$

Für die Ausgleichsgerade $f(x) = \alpha_0 + \alpha_1 x$ erhält man (vgl. Abschnitt 8.5) die Lösung

$$a_1 = \frac{(n+1)\sum\limits_{i=0}^{n} x_i y_i - \left(\sum\limits_{i=0}^{n} x_i\right) \cdot \left(\sum\limits_{i=0}^{n} y_i\right)}{(n+1)\sum\limits_{i=0}^{n} x_i^2 - \left(\sum\limits_{i=0}^{n} x_i\right)^2}, \quad a_0 = \frac{1}{n+1}\left(\sum\limits_{i=0}^{n} y_i - a_1 \sum\limits_{i=0}^{n} x_i\right).$$

Daraus abgeleitete **Anwendungsbeispiele:**

1. Funktionstyp $f(x) = c e^{dx}$ mit $c > 0$:

Die Hilfsfunktion $h(x) = \ln f(x) = \ln c + dx$ ist eine Gerade. Für die Stützstellen $(x_i, \ln y_i)$ bestimme man die Ausgleichsgerade $h(x) = \alpha_0 + \alpha_1 x$ wie oben und setze dann $c = e^{\alpha_0}$ und $d = a_1$.

2. Funktionstyp $f(x) = c e^{\frac{d}{x}}$ mit $c > 0$:

Mit der neuen Variablen $z = \dfrac{1}{x}$ betrachte man die Hilfsfunktion $h(z) = \ln f(\frac{1}{z}) = \ln c + dz$.

Für die Stützstellen $\left(\dfrac{1}{x_i}, \ln y_i\right)$ bestimme man die Ausgleichsgerade $h(z) = \alpha_0 + \alpha_1 z$ und setze $c = e^{\alpha_0}$ und $d = a_1$.

Nichtlineare Ausgleichsrechnung

Hängt die Ausgleichsfunktion $f(x)$ nicht linear von ihren Parametern $\alpha_1, \cdots, \alpha_r$ ab, so ergeben sich beim Einsetzen der Stützstellen x_i Ausdrücke der Gestalt $f_i(\alpha_1, \cdots, \alpha_r)$, die nicht linear in $\alpha_1, \cdots, \alpha_r$ sind. Für eine geschätzte Näherungslösung $\boldsymbol{\beta} = (\beta_1, \cdots, \beta_r)$ lassen sich die Funktionen $f_i(\alpha_1, \cdots, \alpha_r)$ mit dem Satz von TAYLOR linearisieren:

$$f_i(\alpha_1, \cdots, \alpha_r) \approx f_i(\beta_1, \cdots, \beta_r) + \sum_{k=1}^{r} \frac{\partial f_i}{\partial \alpha_k}(\boldsymbol{\beta}) \Delta \alpha_k \quad \text{mit} \quad \Delta \boldsymbol{\alpha} = \boldsymbol{\alpha} - \boldsymbol{\beta}$$

Mit $\mathbf{A} = \begin{pmatrix} \dfrac{\partial f_0}{\partial \alpha_1}(\boldsymbol{\beta}) & \cdots & \dfrac{\partial f_0}{\partial \alpha_r}(\boldsymbol{\beta}) \\ \vdots & & \vdots \\ \dfrac{\partial f_n}{\partial \alpha_1}(\boldsymbol{\beta}) & \cdots & \dfrac{\partial f_n}{\partial \alpha_r}(\boldsymbol{\beta}) \end{pmatrix}$ und $\mathbf{z} = \begin{pmatrix} y_0 - f_0(\boldsymbol{\beta}) \\ \vdots \\ y_n - f_n(\boldsymbol{\beta}) \end{pmatrix}$ ergibt sich analog zur linearen Aus-

gleichsrechnung $\Delta \boldsymbol{\alpha}$ als Lösung des LGS $(\mathbf{A}^{\mathrm{T}} \mathbf{A}) \cdot \Delta \boldsymbol{\alpha} = \mathbf{A}^{\mathrm{T}} \mathbf{z}$, woraus man mit $\boldsymbol{\alpha} = \boldsymbol{\beta} + \Delta \boldsymbol{\alpha}$ die gesuchten Parameter erhält.

14.6 Approximation durch orthogonale Funktionen

Die auf dem Intervall $[a, b]$ näherungsweise darzustellende Funktion $f(x)$ soll quadrat-integrabel sein (geschrieben: $f \in L_2[a, b]$), das heißt, $\int_a^b (f(x))^2 \mathrm{d}x$ soll in $\mathbb{R}$ existieren (was zum Beispiel für stückweise stetige Funktionen der Fall ist).

Ist $< \cdot, \cdot >$ ein Skalarprodukt in $L_2[a, b]$ – meist wird das durch $< f, g > = \int_a^b f(x)g(x)\mathrm{d}x$ gegebene verwendet – so wird gemäß Abschnitt 8.1 durch $\|f\| = \sqrt{< f, f >}$ eine Norm auf $L_2[a, b]$ definiert.

Bezeichnet $\{\varphi_i \mid i = 0, \cdots, m\}$ ein *Orthogonalsystem* in $L_2[a, b]$, das heißt, ist $< \varphi_i, \varphi_k > = 0$ für $i \neq k$, so kann unter allen Linearkombinationen aus $\{\varphi_i \mid i = 0, \cdots, m\}$ diejenige bestimmt werden, die im quadratischen Mittel am wenigsten von einem gegebenen $f \in L_2[a, b]$ abweicht, für deren Koeffizienten c_k also

$$\Lambda(c_0, c_1, \ldots, c_m) = \left\| f - \sum_{k=0}^{m} c_k \varphi_k(x) \right\|^2$$

minimal wird. Wegen der Orthogonalität der φ_i erhält man diese Koeffizienten leicht als

$$c_k = \frac{< f, \varphi_k >}{< \varphi_k, \varphi_k >},$$

die gesuchte Näherungsfunktion $P_m(x)$ besitzt dann die Gestalt

$$P_m(x) = \sum_{k=0}^{m} \frac{<f,\varphi_k>}{<\varphi_k,\varphi_k>} \varphi_k(x) \, .$$

Als Orthogonalsystem werden sehr häufig spezielle Systeme von Polynomen benutzt. Als Skalarprodukt kommt dabei neben dem oben bereits erwähnten $<f,g> = \int_a^b f(x)g(x)\,\mathrm{d}x$ noch das sogenannte *Skalarprodukt mit Gewichtsfunktion* $w(x)$ infrage:

$$<f,g>_w = \int_a^b f(x)g(x)w(x)\,\mathrm{d}x$$

Dabei muss die sogenannte *Gewichtsfunktion* $w(x)$ eine auf $[a, b]$ integrierbare und nicht-negative Funktion mit nur endlich vielen Nullstellen sein, für die außerdem für alle $k \in \mathbb{N}$

$$\mu_k = \int_a^b x^k w(x)\,\mathrm{d}x \text{ existiert.}$$

Offensichtlich ergibt sich das übliche Skalarprodukt mit der Gewichtsfunktion $w(x) = 1$.

Um die Funktion f im quadratischen Mittel mit einem Orthogonalsystem bezüglich eines Skalarprodukts mit Gewichtsfunktion zu approximieren, ist die Funktion

$$\Delta(c_0,c_1,...,c_m) = \left\| f - \sum_{k=0}^{m} c_k\varphi_k(x) \right\|^2 = \int_a^b \left(f(x) - \sum_{k=0}^{m} c_k\varphi_k(x)\right)^2 w(x)\,\mathrm{d}x$$

zu minimieren.

Besonders häufig wird die Approximation mit **orthogonalen Polynomen** durchgeführt. Dazu wird die Basis $\{1, x, \cdots, x^m\}$ des Unterraums aller Polynome mit Grad $\leq m$ bezüglich des Skalarprodukts $<\cdot,\cdot>_w$ gemäß dem Verfahren von GRAM-SCHMIDT orthogonalisiert. Man erhält auf diese Weise eine Rekursionsformel für die orthogonalen Polynome $q_k(x)$:

Aus den Startwerten $q_0(x) = 1$ und $q_1(x) = x - \dfrac{<x,1>_w}{<1,1>_w}$ berechnet man die übrigen Polynome für $2 \leq k \leq m$ durch

$$q_k(x) = (x - B_k)q_{k-1}(x) - C_k q_{k-2}(x) \, ,$$

wobei $B_k = \dfrac{<xq_{k-1},q_{k-1}>_w}{<q_{k-1},q_{k-1}>_w}$ und $C_k = \dfrac{<xq_{k-1},q_{k-2}>_w}{<q_{k-2},q_{k-2}>_w}$ ist.

Ist speziell das Approximationsintervall $[a,b] = [-1,1]$ und die Gewichtsfunktion $w(x) = 1$, so erhält man auf diese Weise die LEGENDRE-Polynome $L_k(x)$:

$$L_0(x) = 1, \ L_1(x) = x, \ L_2(x) = \frac{3}{2}x^2 - \frac{1}{2}, \ L_3(x) = \frac{5}{2}x^3 - \frac{3}{2}x, \ \dots$$

Außer mit obiger allgemeiner Rekursionsformel lassen sich die LEGENDRE-Polynome auch durch folgende spezielle berechnen:

$$L_k(x) = \frac{2k-1}{k}xL_{k-1}(x) - \frac{k-1}{k}L_{k-2}(x)$$

Das Näherungspolynom $P_m(x)$ lässt sich bei Verwendung von LEGENDRE-Polynomen darstellen als $P_m(x) = \sum_{k=0}^{m} \frac{<f, L_k>}{<L_k, L_k>} L_k(x)$, wobei für die den Koeffizienten c_k bildenden Größen gilt:

$$<L_k, L_k> = \frac{2}{k+1} \qquad \text{und} \qquad <f, L_k> = \int_{-1}^{1} f(x)L_k(x)\,dx$$

Das Integral wird mit den im nächsten Abschnitt behandelten numerischen Integrationsmethoden berechnet.

Für das Approximationsintervall $[a,b] = [-1,1]$ und die Gewichtsfunktion $w(x) = \frac{1}{\sqrt{1-x^2}}$

ergeben sich die TSCHEBYSCHEFF-Polynome $T_k(x)$:

$$T_0(x) = 1, \ T_1(x) = x, \ T_2(x) = 2x^2 - 1, \ T_3(x) = 4x^3 - 3x, \ \dots$$

Außer mit obiger allgemeiner Rekursionsformel lassen sich die TSCHEBYSCHEFF-Polynome auch durch folgende spezielle berechnen:

$$T_k(x) = 2xT_{k-1}(x) - T_{k-2}(x)$$

Das Näherungspolynom $P_m(x)$ lässt sich bei Verwendung von TSCHEBYSCHEFF-Polynomen

darstellen als $P_m(x) = \sum_{k=0}^{m} \frac{<f, T_k>_w}{<T_k, T_k>_w} T_k(x)$, wobei nun gilt:

$$<T_k, T_k>_w = \begin{cases} \pi & \text{für} \quad k = 0 \\ \frac{\pi}{2} & \text{für} \quad k \geq 1 \end{cases} \qquad \text{und} \qquad <f, T_k> = \int_{-1}^{1} \frac{f(x)T_k(x)}{\sqrt{1-x^2}}\,dx$$

Das letzte Integral wird wieder numerisch berechnet.

Ist die zu approximierende Funktion f **P-periodisch**, so ist gemäß Abschnitt 7.3 das trigonometrische Polynom

$$p_m(x) = \frac{a_0}{2} + \sum_{k=1}^{m} \left(a_k \cos\left(\frac{2\pi}{P}kx\right) + b_k \sin\left(\frac{2\pi}{P}kx\right) \right)$$

die beste Näherung für f im quadratischen Mittel, wenn die a_k und b_k die FOURIER-Koeffizienten sind, also für

$$a_k = \frac{2}{P} \int_0^P f(x) \cos\left(k \frac{2\pi}{P} x \right) dx \qquad \text{und} \qquad b_k = \frac{2}{P} \int_0^P f(x) \sin\left(k \frac{2\pi}{P} x \right) dx \,.$$

Das gleiche Ergebnis erhält man, wenn man mit der Gewichtsfunktion $w(x) = 1$ das Orthogonalsystem $\{1, \cos\frac{2\pi}{P} x, \cdots, \cos m\frac{2\pi}{P} x, \sin\frac{2\pi}{P} x, \cdots, \sin m\frac{2\pi}{P} x\}$ zur Approximation gemäß obigem allgemeinen Verfahren benutzt.

Zur numerischen Berechnung der FOURIER-Koeffizienten wählt man $n + 1$ äquidistante Stützstellen $x_i = i \cdot \frac{P}{n}$, $i = 0, \cdots, n$ derart, dass im kleinsten Periodenintervall der vorkommenden sin- und cos-Terme zwei Stützstellen liegen, also $n = 2m$. Die Integrale, die a_k und b_k darstellen, werden mit der summierten Sehnentrapezregel (siehe folgender Abschnitt) berechnet, womit sich die Näherungswerte der FOURIER-Koeffizienten ergeben zu

$$\tilde{a}_k = \frac{1}{n}\left[f(0) + 2\sum_{i=1}^{n-1} f\left(i \cdot \frac{P}{n} \right)\cos\left(i \cdot \frac{k \cdot 2\pi}{n} \right) + f(P) \right] \quad \text{und} \quad \tilde{b}_k = \frac{2}{n}\sum_{i=1}^{n-1} f\left(i \cdot \frac{P}{n} \right)\cos\left(i \cdot \frac{k \cdot 2\pi}{n} \right).$$

Besonders geschickt ist es, n als Zweierpotenz, etwa als $n = 2^p$, zu wählen, da dann durch die besonderen Eigenschaften der trigonometrischen Funktionen der Rechenaufwand deutlich verringert werden kann. Dadurch nimmt die Zahl der benötigten Additionen und Multiplikationen von etwa n^2 auf $n \cdot \mathrm{ld}\, n$ ab, man erhält so die *schnelle* FOURIER-*Transformation* (FFT = fast Fourier transform).

14.7   Numerische Integration

Ziel der numerischen Integration ist die näherungsweise Berechnung bestimmter Integrale $I = \int_a^b f(x)\,dx$. Angewandt wird die numerische Integration immer dann, wenn die Werte von f nur an bestimmten Stützstellen x_k, $k = 0, 1, \cdots, n$, vorliegen (zum Beispiel durch Messung ermittelt) oder wenn man eine Stammfunktion von f nicht in geschlossener Form angeben kann (wie etwa bei $f(x) = e^{-x^2}$).

Definition:

(i) Eine Näherungsformel für das Integral $I = \int_a^b f(x)\,dx$ der Gestalt $Q = \sum_{k=0}^{n} \alpha_k f(x_k)$ mit

$\alpha_k \in \mathbb{R}$ heißt *Quadraturformel*. Die α_k heißen *Gewichte*.

(ii) Eine Quadraturformel hat den *Genauigkeitsgrad m*, wenn sie für alle Polynome bis zum Grade m den exakten Wert des Integrals liefert.

Teilt man das Integrationsintervall durch $n + 1$ Stützstellen $x_k = a + k \cdot h$ in n gleichgroße

Teilintervalle der Länge $h = \dfrac{b-a}{n}$ und fordert, dass die entstehende Quadraturformel den

Genauigkeitsgrad n hat, so lassen sich die dazu notwendigen Gewichte α_k aus einem LGS bestimmen, dessen Koeffizienten die Transponierte der VANDERMONDE-Matrix, gebildet aus den Stützstellen x_k, ist; die α_k sind also eindeutig bestimmt.

Auf diese Weise entstehen die sogenannten NEWTON-COTES-*Formeln*, die man *geschlossen* nennt, wenn die beiden Intervallgrenzen in die Berechnung einbezogen werden.

Mit $\alpha_k = c_n \beta_k$, also $Q = c_n \sum_{k=0}^{n} \beta_k f(x_k)$, sind die Gewichte für $n = 0, \cdots, 4$ in nachfolgender

Tabelle aufgeführt. Dabei ist $h = \dfrac{b-a}{n}$ und $N = n + 1$ die Anzahl der verwendeten Stütz-

stellen, mit $\max |f^{(n)}|$ ist das betragliche Maximum der n-ten Ableitung auf dem Integrationsintervall gemeint.

Geschlossene NEWTON-COTES-Formeln

N	c_n	β_0	β_1	β_2	β_3	β_4	maximaler Fehler	Name
1	$b-a$	1					$\dfrac{(b-a)^2}{2}\max|f'|$	**Rechteckregel**
2	$\dfrac{h}{2}$	1	1				$\dfrac{h^3}{12}\max|f''|$	**Sehnentrapezregel**
3	$\dfrac{h}{3}$	1	4	1			$\dfrac{h^5}{90}\max|f^{(4)}|$	**SIMPSON-Regel**
4	$\dfrac{3h}{8}$	1	3	3	1		$\dfrac{3h^5}{80}\max|f^{(4)}|$	**3/8-Regel**
5	$\dfrac{2h}{45}$	7	32	12	32	7	$\dfrac{8h^7}{945}\max|f^{(6)}|$	

Bezieht man die Integrationsgrenzen nicht in die Quadraturformel mit ein, verwendet man also die $N = n - 1$ Stützstellen $x_k = a + k \cdot h$, $k = 1, \cdots, n - 1$, so erhält man auf die gleiche Weise die *offenen* NEWTON-COTES-Formeln. Diese werden zum Beispiel verwendet, wenn die Integrandenfunktion an den Grenzen nicht definiert ist.

Offene NEWTON-COTES-Formeln

N	c_n	β_1	β_2	β_3	maximaler Fehler	Name
1	$b - a$	1			$\dfrac{h^3}{3} \max \lvert f'' \rvert$	**Tangententrapezregel**
2	$\dfrac{b - a}{2}$	1	1		$\dfrac{3h^3}{4} \max \lvert f'' \rvert$	
3	$\dfrac{b - a}{3}$	2	−1	2	$\dfrac{14h^5}{45} \max \lvert f^{(4)} \rvert$	

Einige Namen der Quadraturformeln enthalten geometrische Begriffe; hier lassen sich die Näherungswerte anschaulich deuten (siehe Bild 14.7.1 und 14.7.2).

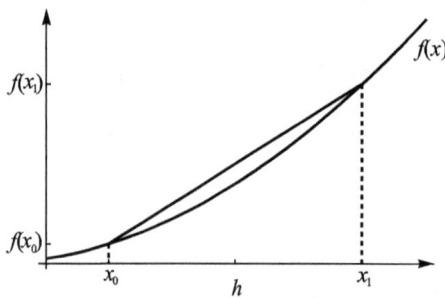

Bild 14.7.1: zur Sehnentrapezregel

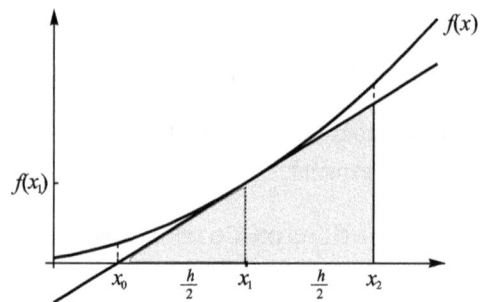

Bild 14.7.2: zur Tangententrapezregel

Untersucht man in obiger Tabelle die Abhängigkeiten der maximalen Fehler von der jeweiligen Ableitungsordnung, dann ist bei der Sehnentrapezregel, für die $n = 1$ ist, unmittelbar klar, dass alle Polynome bis zum Grade 1 exakt integriert werden, da deren zweite Ableitung ja verschwindet. Der Fehlerterm der SIMPSON-Formel, mit der wegen $n = 2$ ja alle Polynome bis zum Grade 2 exakt integriert werden sollten, hängt jedoch von der vierten Ableitung ab. Dies bedeutet, dass auch für Polynome vom Grad 3 sich aus Q noch der exakte Integralwert ergibt.

Dies ist kein Zufall; Entsprechendes gilt auch für die offenen NEWTON-COTES-Formeln.

Restglieder der NEWTON-COTES-Formeln:

Zur näherungsweisen Bestimmung von $I = \int\limits_a^b f(x)\,\mathrm{d}x$ werde die NEWTON-COTES-Formel

Q (geschlossen bzw. offen) verwendet. Mit $h = \dfrac{b-a}{n}$ ergibt sich bei Verwendung der

Stützstellen $x_k = a + k \cdot h$, $k = 0, \cdots, n$ bzw. $k = 1, \cdots, n-1$, für das Restglied $R_n = I - Q$,

wenn f hinreichend oft stetig differenzierbar und $\xi \in\,]a, b[$ ist, die Formel

(i) geschlossen: n gerade $\quad\Rightarrow\quad R_n = \dfrac{h^{n+3} f^{(n+2)}(\xi)}{(n+2)!} \int\limits_0^n t(t-1) \cdot \ldots \cdot (t-n)\,\mathrm{d}t$

$\qquad\qquad$ n ungerade $\quad\Rightarrow\quad R_n = \dfrac{h^{n+2} f^{(n+1)}(\xi)}{(n+1)!} \int\limits_0^n t(t-1) \cdot \ldots \cdot (t-n)\,\mathrm{d}t$

(ii) offen: $\qquad$ n gerade $\quad\Rightarrow\quad R_n = \dfrac{h^{n+1} f^{(n)}(\xi)}{n!} \int\limits_0^n t(t-1) \cdot \ldots \cdot (t-n+1)\,\mathrm{d}t$

$\qquad\qquad$ n ungerade $\quad\Rightarrow\quad R_n = \dfrac{h^{n} f^{(n-1)}(\xi)}{(n-1)!} \int\limits_0^n t(t-1) \cdot \ldots \cdot (t-n+1)\,\mathrm{d}t$

Ist n ungerade, so ist also sowohl für die geschlossene als auch die offene Formel der Genauigkeitsgrad genau so hoch wie vom Ansatz gefordert, nämlich n bzw. $n-2$; für gerade n ist er um 1 höher als gefordert.

Ist n groß, zum Beispiel wenn das Integrationsintervall $[a, b]$ groß ist, so benutzt man nicht eine Fortführung obiger Tabellen für größere n, sondern wendet für zwei bzw. drei benachbarte Stützstellen die Sehnentrapezregel bzw. die SIMPSON-Regel an und addiert die Teilintegrale zum Gesamtintegral. Man erhält so

Summierte Integrationsformeln:

(i) Teilt man unter Verwendung der $n + 1$ Stützstellen $x_k = a + k \cdot h$ mit $h = \dfrac{b-a}{n}$ den

Integrationsbereich in n gleichgroße Teilintervalle $[x_k, x_{k+1}]$ und wendet auf jedes die

Sehnentrapezregel an, so erhält man die **summierte Sehnentrapezregel**:

$$Q_{ST}^{\Sigma} = \frac{h}{2}\left(f(a) + 2\sum_{k=1}^{n-1} f(x_k) + f(b) \right)$$

Für den Fehler gilt die Abschätzung $\qquad |I - Q_{ST}^{\Sigma}| \le \dfrac{b-a}{12} h^2 \max_{a \le x \le b} |f''(x)|$.

(ii) Teilt man unter Verwendung der $2n + 1$ Stützstellen $x_k = a + k \cdot h$ mit $h = \dfrac{b-a}{2n}$ den

Integrationsbereich in n gleichgroße Teilintervalle $[x_{2k}, x_{2k+2}]$ der Breite $2h$ und wendet auf jedes die SIMPSON-Regel an, so erhält man die **summierte SIMPSON-Regel**:

$$Q_S^\Sigma = \frac{h}{3}\left(f(a) + 2\sum_{k=1}^{n-1} f(x_{2k}) + 4\sum_{k=1}^{n} f(x_{2k-1}) + f(b) \right)$$

Für den Fehler gilt die Abschätzung $|I - Q_S^\Sigma| \leq \dfrac{b-a}{180} h^4 \max_{a \leq x \leq b} |f^{(4)}(x)|.$

Mithilfe der Fehlerformeln kann man die Anzahl der mindestens benötigten Stützstellen berechnen, um mit einer der summierten Regeln das Integral mit einer vorgegebenen Genauigkeit zu bestimmen. Dabei kann man sich zunutze machen, dass der Fehler von h^2 bzw. h^4 abhängt, denn bei Halbierung von h, das heißt, bei Verdoppelung der Anzahl der Teilintervalle, verringert sich der maximale Fehler um den Faktor 4 bzw. 16.

Darüber hinaus kann man hier wie bei jedem Verfahren, bei dem eine Größe näherungsweise durch ein Diskretisierungsverfahren mit konstanter Schrittweite h berechnet wird und der Fehler sich in Potenzen von h^p darstellen lässt, zur weiteren Verbesserung der Näherung ein allgemeines Verfahren anwenden, die sogenannte

RICHARDSON-Extrapolation

Ein unbekannter Wert M (hier das Integral I) werde durch einen von einer Schrittweite h abhängigen Näherungswert $N(h)$ dargestellt (zum Beispiel durch eine Quadraturformel); der von h abhängige Fehler lasse sich durch ein Polynom in h darstellen, dessen Exponenten k_i aufsteigend geordnet seien und deren kleinster mindestens 1 ist:

$$M = N(h) + K_1 h^{k_1} + K_2 h^{k_2} + \ldots + K_r h^{k_r} = N(h) + O(h^{k_1})$$

Ziel ist, eine Formel mit höherer Fehlerordnung zu finden.

Wird in obiger Formel h durch $\dfrac{h}{t}$ (mit $t \geq 2$) ersetzt, die entstehende Gleichung mit t^{k_1} multipliziert und davon die ursprüngliche subtrahiert, entsteht eine Formel für M, in der h mindestens den – größeren – Exponenten k_2 hat, die Fehlerordnung wurde also erhöht:

$$M = \frac{t^{k_1} N\left(\frac{h}{t}\right) - N(h)}{t^{k_1} - 1} + O(h^{k_2}) = N\left(\tfrac{h}{t}\right) + \frac{N\left(\frac{h}{t}\right) - N(h)}{t^{k_1} - 1} + O(h^{k_2})$$

Der nach dem RICHARDSON-Verfahren verbesserte Näherungswert $R = \dfrac{t^{k_1} N\left(\frac{h}{t}\right) - N(h)}{t^{k_1} - 1}$ für

M, der unter Benutzung der Schrittweiten h und $\dfrac{h}{t}$ berechnet wurde, approximiert M mit

$O(h^{k_2})$, die Verbesserung gegenüber $N\left(\frac{h}{t}\right)$ ist $\dfrac{N\left(\frac{h}{t}\right) - N(h)}{t^{k_1} - 1}$.

Durch mehrfache Anwendung dieses Verfahrens lassen sich weitere Fehlerterme eliminieren.

Besonders häufig wird dieses Verfahren mit $t = 2$, also durch Halbierung der Schrittweite, angewandt. Für die ersten vier Werte von k_1 findet man die entsprechenden Formeln in der folgenden Tabelle.

RICHARDSON-Extrapolation bei Halbierung der Schrittweite

Fehlerordnung	Extrapolationsformel	Verbesserung
1	$2N(\frac{h}{2}) - N(h)$	$N(\frac{h}{2}) - N(h)$
2	$\dfrac{4N(\frac{h}{2}) - N(h)}{3}$	$\dfrac{N(\frac{h}{2}) - N(h)}{3}$
3	$\dfrac{8N(\frac{h}{2}) - N(h)}{7}$	$\dfrac{N(\frac{h}{2}) - N(h)}{7}$
4	$\dfrac{16N(\frac{h}{2}) - N(h)}{15}$	$\dfrac{N(\frac{h}{2}) - N(h)}{15}$

Wendet man die RICHARDSON-Extrapolation mit Schrittweitenhalbierung auf die Sehnentrapezregel mit $h = \dfrac{b - a}{n}$ an, so ergibt sich gerade die SIMPSON-Formel mit $2n$ Teilintervallen.

Die RICHARDSON-Extrapolation mit fortgesetzter Schrittweitenhalbierung zusammen mit der Sehnentrapezregel liefern die Grundlage der ROMBERG-Integration, für die auf die weiterführende Literatur verwiesen sei.

GAUSSsche Integrationsformeln

Bei den bisher behandelten Integrationsverfahren wurden die Stützstellen in der Quadraturformel $Q = \displaystyle\sum_{k=0}^{n} \alpha_k f(x_k)$ äquidistant gewählt. Werden diese zusätzlich zu den Gewichten als freie Parameter angesehen, so kann man mit diesen insgesamt $2n + 2$ Parametern Quadraturformeln herleiten, deren Genauigkeitsgrad $2n + 2$ ist. Man benutzt dazu die Nullstellen z_k des LEGENDRE-Polynoms $L_{n+1}(x)$ sowie die LAGRANGE-Interpolation (siehe frühere Abschnitte in diesem Kapitel). Da die LEGENDRE-Polynome auf $[-1,1]$ definiert sind, muss das zu berechnende Integral mithilfe der Substitutionsregel in ein Integral von -1 bis 1 umgerechnet werden. Bei der Berechnung von $I = \int_a^b f(x)\,dx$ geht man folgendermaßen vor:

In $Q = \sum_{k=0}^{n} \alpha_k f(x_k)$ setze man $\alpha_k = \dfrac{b-a}{2}\beta_k$ und $x_k = \dfrac{z_k(b-a)+b+a}{2}$, wobei man die Parameter β_k und z_k unten stehender Tabelle entnimmt.

$n+1$	Stützstellen z_k $(k = 0,\ldots,n)$	Gewichte β_k $(k = 0,\ldots,n)$
2	$z_1 = -z_0 = 0{,}577350269190$	$\beta_0 = \beta_1 = 1$
3	$z_2 = -z_0 = 0{,}774596669241$ $z_1 = 0$	$\beta_2 = \beta_0 = 0{,}555555555556$ $\beta_1 = 0{,}888888888889$
4	$z_3 = -z_0 = 0{,}861136311594$ $z_2 = -z_1 = 0{,}339981043585$	$\beta_3 = \beta_0 = 0{,}347854845137$ $\beta_2 = \beta_1 = 0{,}652145154863$
5	$z_4 = -z_0 = 0{,}906179845939$ $z_3 = -z_1 = 0{,}538469310106$ $z_2 = 0$	$\beta_4 = \beta_0 = 0{,}236926885056$ $\beta_3 = \beta_1 = 0{,}478628670499$ $\beta_2 = 0{,}568888888889$
6	$z_5 = -z_0 = 0{,}932469514203$ $z_4 = -z_1 = 0{,}661209386466$ $z_3 = -z_2 = 0{,}238619186083$	$\beta_5 = \beta_0 = 0{,}171324492379$ $\beta_4 = \beta_1 = 0{,}360761573048$ $\beta_3 = \beta_2 = 0{,}467913934573$

Für den Verfahrensfehler der GAUSS-Integration gilt:

$$|R| \le \frac{(b-a)^{2n+3}[(n+1)!]^4}{(2n+3)[(2n+2)!]^3}\max_{a\le x\le b}|f^{(2n+2)}(x)|$$

Die Anwendung der GAUSSschen Quadraturformeln setzt voraus, dass die zu integrierende Funktion f an beliebigen Argumentstellen x, also auch an den Stützstellen x_k, berechnet werden kann. Liegt f jedoch nur tabelliert und nicht in geschlossener Form vor, so sind die benötigten Funktionswerte zu interpolieren, wodurch im Allgemeinen ein Genauigkeitsverlust eintritt.

14.8   Numerische Differentiation

Eine Funktion $f(x)$ sei an den Stützstellen x_k gegeben, die den festen Abstand h haben; es ist also $x_{k+i} = x_k + i \cdot h$. Aufgabe ist, Näherungsformeln für die ersten und zweiten Ableitungen an den Stützstellen zu entwickeln.

Bezeichnungen: $y_k = f(x_k)$, $y'_k = f'(x_k)$, $y''_k = f''(x_k)$

Normalerweise werden nicht alle Stützstellenwerte zur näherungsweisen Berechnung von y'_k und y''_k herangezogen, sondern nur die in der Nähe von x_k. Dabei kann man auf verschiedene Weisen vorgehen: Eine Möglichkeit ist die Benutzung der TAYLOR-Entwicklung mit Entwicklungspunkt x_k, eine andere ist, die Stützstellen um x_k zu benutzen, um ein Interpolations- oder ein Ausgleichspolynom zu berechnen und dieses dann abzuleiten.

Ableitung mittels TAYLOR-Polynom

Aus der TAYLOR-Entwicklung von $f(x)$ um x_k

$$f(x) = \sum_{l=0}^{2} \frac{f^{(l)}(x_k)}{l!}(x - x_k)^l + \frac{f'''(\xi)}{3!}(x - x_k)^3$$

erhält man nach Einsetzen von $x = x_{k+1} = x_k + h$ und $x = x_{k-1} = x_k - h$ sowie durch Subtraktion bzw. Addition die Formeln

$$y'_k = \frac{y_{k+1} - y_{k-1}}{2h} - \frac{h^2}{6}f'''(\xi) \qquad \text{und} \qquad y''_k = \frac{y_{k+1} - 2y_k + y_{k-1}}{h^2} - \frac{h^2}{12}f^{(4)}(\xi),$$

wobei – wie in den folgenden Formeln auch – ξ stets eine Stelle zwischen den jeweils beteiligten Stützstellen bezeichnet.

Die Formel für die erste Ableitung heißt *zentraler Differenzenquotient*, sie ist von der Fehlerordnung 2 bezüglich der Schrittweite h (mit $O(h^2)$).

Ableitung mittels Interpolationspolynom

Durch die Stützstellen (x_{k+i}, y_{k+i}) mit $i = 0, \cdots, n$ wird das Interpolationspolynom $p(x)$ vom Grade n gelegt. Die Ableitung an der Stelle x_k liefert die folgenden Näherungsformeln:

Für $n = 1$: $\qquad y'_k = \frac{1}{h}(y_{k+1} - y_k) - \frac{h}{2}f''(\xi) \qquad$ *vorwärtiger Differenzenquotient*

analog: $\qquad y'_k = \frac{1}{h}(y_k - y_{k-1}) - \frac{h}{2}f''(\xi) \qquad$ *rückwärtiger Differenzenquotient*

Für $n = 2$:
$$y_k' = \frac{1}{2h}(-3y_k + 4y_{k+1} - y_{k+2}) + \frac{h^2}{3}f'''(\xi)$$

$$y_{k+1}' = \frac{1}{2h}(-y_k + y_{k+2}) - \frac{h^2}{6}f'''(\xi)$$

$$y_{k+2}' = \frac{1}{2h}(y_k - 4y_{k+1} + 3y_{k+2}) + \frac{h^2}{3}f'''(\xi)$$

Für $n = 3$:
$$y_k' = \frac{1}{6h}(-11y_k + 18y_{k+1} - 9y_{k+2} + 2y_{k+3}) - \frac{h^3}{4}f^{(4)}(\xi)$$

$$y_{k+1}' = \frac{1}{6h}(-2y_k - 3y_{k+1} + 6y_{k+2} - y_{k+3}) + \frac{h^3}{12}f^{(4)}(\xi)$$

$$y_{k+2}' = \frac{1}{6h}(y_k - 6y_{k+1} + 3y_{k+2} + 2y_{k+3}) - \frac{h^3}{12}f^{(4)}(\xi)$$

$$y_{k+3}' = \frac{1}{6h}(-2y_k + 9y_{k+1} - 18y_{k+2} + 11y_{k+3}) + \frac{h^3}{4}f^{(4)}(\xi)$$

und
$$y_k'' = \frac{1}{6h^2}(12y_k - 30y_{k+1} + 24y_{k+2} - 6y_{k+3}) + \frac{11}{12}h^2 f^{(4)}(\xi)$$

$$y_{k+1}'' = \frac{1}{6h^2}(6y_k - 12y_{k+1} + 6y_{k+2}) - \frac{h^2}{12}f^{(4)}(\xi)$$

$$y_{k+2}'' = \frac{1}{6h^2}(6y_{k+1} - 12y_{k+2} + 6y_{k+3}) - \frac{h^2}{12}f^{(4)}(\xi)$$

$$y_{k+3}'' = \frac{1}{6h^2}(-6y_k + 24y_{k+1} - 30y_{k+2} + 12y_{k+3}) + \frac{11}{12}h^2 f^{(4)}(\xi)$$

Dabei sind die Ableitungen an Stützstellen in der Mitte aufgrund der Fehlerterme bessere Approximationen für die wahren Werte als die am Rand des Interpolationsintervalls.

Ableitung mittels Ausgleichspolynom

Legt man durch die fünf Stützstellen (x_{k-2}, y_{k-2}), (x_{k-1}, y_{k-1}), (x_k, y_k), (x_{k+1}, y_{k+1}) und (x_{k+2}, y_{k+2}) ein Ausgleichspolynom $p(x)$ dritten Grades und ersetzt die Stützwerte y_{k+i} durch die Werte des Ausgleichspolynoms $\bar{y}_{k+i} = p(x_{k+i})$, so kann man auch die Ableitungen y_{k+i}' durch die Werte $\bar{y}_{k+i}'$ approximieren. Man erhält für die ersten Ableitungen:

$$y_{k-2}' = \bar{y}_{k-2}' = \frac{1}{84h}(-125y_{k-2} + 136y_{k-1} + 48y_k - 88y_{k+1} + 29y_{k+2}) - \frac{25}{42}h^3 f^{(4)}(\xi)$$

$$y'_{k-1} = \bar{y}'_{k-1} = \frac{1}{84h}(-38y_{k-2} - 2y_{k-1} + 24y_k + 26y_{k+1} - 10y_{k+2}) + \frac{17}{84}h^3 f^{(4)}(\xi)$$

$$y'_k = \bar{y}'_k = \frac{1}{12h}(y_{k-2} - 8y_{k-1} + 8y_{k+1} - y_{k+2}) + \frac{h^4}{30}f^{(5)}(\xi)$$

$$y'_{k+1} = \bar{y}'_{k+1} = \frac{1}{84h}(10y_{k-2} - 26y_{k-1} - 24y_k + 2y_{k+1} + 38y_{k+2}) - \frac{17}{84}h^3 f^{(4)}(\xi)$$

$$y'_{k+2} = \bar{y}'_{k+2} = \frac{1}{84h}(-29y_{k-2} + 88y_{k-1} - 48y_k - 136y_{k+1} + 125y_{k+2}) + \frac{25}{42}h^3 f^{(4)}(\xi)$$

Für die zweite Ableitung an der mittleren Stützstelle gilt:

$$y''_k = \bar{y}''_k = \frac{1}{12h^2}(-y_{k-2} + 16y_{k-1} - 30y_k + 16y_{k+1} - y_{k+2}) + \frac{h^4}{90}f^{(4)}(\xi)$$

Es ist nicht sinnvoll, für die Berechnung der ersten beiden Ableitungen Polynome höheren als dritten Grades heranzuziehen, da diese eine größere Welligkeit im Interpolations- oder Ausgleichsbereich aufweisen und damit zu erheblichen Abweichungen in den Ableitungen führen können.

Schrittweitenabhängige Fehler

In allen Formeln zur näherungsweisen Bestimmung der ersten und zweiten Ableitung sind die Verfahrensfehler mindestens von quadratischer Ordnung. Der Schluss liegt also nahe, dass man durch eine Verkleinerung der Schrittweite mit jeder Formel den Ableitungswert mit beliebiger Genauigkeit bestimmen kann. Andererseits steht bei jeder Näherungsformel aufgrund der Ableitungsdefinition h oder h^2 im Nenner. Dadurch ist der Rundungsfehler proportional zu $\frac{1}{h}$ oder $\frac{1}{h^2}$, wird also bei Verkleinerung von h größer.

Es gibt also eine optimale Schrittweite, bei der der Gesamtfehler am kleinsten ist. Bei konkreter Kenntnis des jeweiligen Rundungsfehlers, der ja maschinenabhängig ist, lässt sich diese analytisch leicht bestimmen.

14.9 Numerische Lösung gewöhnlicher Differentialgleichungen

Bei der numerischen Lösung einer Differentialgleichung wird stets ein Anfangs- oder Randwertproblem behandelt, es wird nicht die allgemeine Lösung einer Differentialgleichung bestimmt. Die Lösungsfunktion $y(x)$ wird dabei nicht in geschlossener Form berechnet, sondern es werden Näherungen y_k an – oft äquidistanten – Stützstellen x_k für $y(x_k)$ erzeugt.

Aus diesen Stützstellen lässt sich ggf. durch die in den Abschnitten 14.4. bis 14.6 beschriebenen Methoden eine Näherungsfunktion $\tilde{y}(x)$ der Lösungsfunktion berechnen.

Damit das zu lösende Anfangswertproblem eindeutig lösbar ist, gelte gemäß Abschnitt 9.1 auf dem Lösungsgebiet R nach dem Satz von PICARD-LINDELÖF eine LIPSCHITZ-Bedingung

$$| f(x, \mathbf{y}) - f(x, \overline{\mathbf{y}}) | \le L \| \mathbf{y} - \overline{\mathbf{y}} \| \quad \forall (x, \mathbf{y}), (x, \overline{\mathbf{y}}) \in R .$$

Einschrittverfahren zur Lösung von Anfangswertproblemen erster Ordnung

Ein AWP erster Ordnung ist gegeben durch $\qquad y' = f(x, y)$ mit $y(x_0) = y_0$.

Bei einem *Einschrittverfahren* wird ausgehend vom durch die Anfangsbedingung gegebenen Startpunkt (x_0, y_0) eine Stelle (x_1, y_1) berechnet, wobei mit einer gegebenen Schrittweite h $x_1 = x_0 + h$ ist und y_1 sich – gemäß dem gewählten Verfahren – aus (x_0, y_0) berechnen lässt. Im nächsten Schritt verfährt man analog mit (x_1, y_1) als Startpunkt, um (x_2, y_2) zu berechnen:

Es ist $x_2 = x_1 + h$, y_2 wird nun mit der gleichen Formel aus (x_1, y_1) berechnet wie vorher y_1 aus (x_0, y_0). Es ergibt sich aber ein wichtiger Unterschied zum ersten Schritt:

Während im ersten Schritt der Eingangswert y_0 als gegebener Anfangswert genau dem gesuchten $y(x_0)$ entspricht, ist im zweiten und allen folgenden der Eingangswert y_1 bzw. y_k selbst bereits eine Näherung für $y(x_1)$ bzw. $y(x_k)$. Außer dem von h abhängigen *lokalen Verfahrensfehler*, den man bei Durchführung eines Schrittes macht, ist bei Einschrittverfahren der *globale Verfahrensfehler* zu berücksichtigen, der dadurch entsteht, dass ab dem zweiten Schritt auch die Eingangswerte nicht mehr exakt sind. Dieser ist um eine Fehlerordnung von h schlechter als der lokale Verfahrensfehler.

Allen Verfahren liegt dabei die gleiche Idee zugrunde:

Um eine Rechenvorschrift für den Schritt von x_0 auf x_1 zu erhalten, wird die Differentialgleichung über $[x_0, x_1]$ integriert:

$$\int_{x_0}^{x_1} y' dx = \int_{x_0}^{x_1} f(x, y(x)) dx \quad \Rightarrow \quad y(x_1) = y(x_0) + \int_{x_0}^{x_1} f(x, y(x)) dx \qquad (*)$$

Um einen Näherungswert y_1 für $y(x_1)$ zu bestimmen, wird obiges Integral mit verschiedenen Methoden der numerischen Integration (vgl. Abschnitt 14.7) ausgewertet.

Das EULERsche Polygonzug-Verfahren

Berechnet man das Integral in (*) mit der Rechteck-Regel, ergibt sich das EULER*sche Polygonzug-Verfahren*:

$$x_{k+1} = x_k + h$$
$$y_{k+1} = y_k + h \cdot f(x_k, y_k)$$

Der lokale Verfahrensfehler (bei einem Schritt) ist deshalb von $O(h^2)$, der globale von $O(h)$.

Das Verfahren von HEUN

Wendet man auf das Integral in (*) die Sehnentrapez-Regel an, ergibt sich der zu berechnende Wert y_1 auch auf der rechten Seite; man erhält eine implizite Gleichung, die näherungsweise durch eine Fixpunkt-Iteration gelöst wird. Der Iterationsfehler hat dabei bereits nach dem ersten Schritt die Größenordnung des Integrationsfehlers, deshalb werden beim HEUN-*schen Prädiktor-Korrektor-Verfahren* in jedem Schritt höchstens zwei Iterationen durchgeführt. Der Startwert wird im EULERschen Polygonzug-Verfahren gewonnen (*Prädiktor*); die Iterationsformel heißt *Korrektor*.

$$x_{k+1} = x_k + h$$
$$y_{k+1}^{[0]} = y_k + h \cdot f(x_k, y_k)$$
$$y_{k+1}^{[v+1]} = y_k + \frac{h}{2} \cdot f(x_k, y_k) + \frac{h}{2} \cdot f(x_{k+1}, y_{k+1}^{[v]}) \text{ für } v = 0 \, (,1)$$

lokaler Verfahrensfehler: $O(h^3)$ globaler Verfahrensfehler: $O(h^2)$

Das RUNGE-KUTTA-Verfahren

Wendet man auf das Integral in (*) eine Modifikation der SIMPSON-Regel an, ergibt sich das klassische RUNGE-KUTTA-Verfahren:

$$x_{k+1} = x_k + h$$
$$k_1 = h \cdot f(x_k, y_k)$$
$$k_2 = h \cdot f\left(x_k + \frac{h}{2}, y_k + \frac{k_1}{2}\right)$$

$$k_3 = h \cdot f\left(x_k + \frac{h}{2}, y_k + \frac{k_2}{2}\right)$$
$$k_4 = h \cdot f(x_k + h, y_k + k_3)$$
$$y_{k+1} = y_k + \frac{1}{6}(k_1 + 2k_2 + 2k_3 + k_4)$$

lokaler Verfahrensfehler: $O(h^5)$ globaler Verfahrensfehler: $O(h^4)$

Mehrschrittverfahren

Anders als bei Einschrittverfahren wird beim Schritt auf y_{k+1} nicht nur y_k benutzt, sondern noch weitere s davor liegende Werte $y_{k-s}, y_{k-s+1}, \cdots, y_{k-1}$. Dabei setzt man für $i = k-s, \cdots, k$ zur Abkürzung: $f_i := f(x_i, y_i)$.

Wie beim Einschrittverfahren wird wieder das Integral in (*) approximiert, und zwar folgendermaßen:

$(x_{-s}, f_{-s}), (x_{-s+1}, f_{-s+1}), \cdots, (x_0, f_0)$ sind $s+1$ Stützstellen der Integrandenfunktion außerhalb des Integrationsbereiches. Das dadurch gegebene Interpolationspolynom vom Grade s wird auf den Integrationsbereich fortgesetzt und dort integriert. Man erhält mit $k \in \{0, 1, \ldots, n\}$ für

$$s = 2: \qquad y_{k+1} = y_k + \frac{h}{12}\left(23f_k - 16f_{k-1} + 5f_{k-2}\right)$$

$$\text{bzw.} \quad s = 3: \qquad y_{k+1} = y_k + \frac{h}{24}\left(55f_k - 59f_{k-1} + 37f_{k-2} - 9f_{k-3}\right)$$

das (drei- bzw. vierschrittige) ADAMS-BASHFORTH-*Verfahren*.

Bei fehlerfrei angenommenen Startwerten ergibt sich ein lokaler Verfahrensfehler $O(h^5)$.

Bezieht man die – unbekannte – Stützstelle (x_{k+1}, f_{k+1}) in die Interpolation ein, so erhält man – analog zu 3. – ein *implizites* Verfahren, das ADAMS-MOULTON-*Verfahren*:

$$\text{Für } s = 2: \qquad y_{k+1}^P = y_k + \frac{h}{12}\left(23f_k - 16f_{k-1} + 5f_{k-2}\right) \qquad \textit{(Prädiktor)}$$

$$y_{k+1} = y_k + \frac{h}{24}\left(9f(x_{k+1}, y_{k+1}^P) + 19f_k - 5f_{k-1} + f_{k-2}\right) \qquad \textit{(Korrektor)}$$

bzw.

$$\text{für } s = 3: \qquad y_{k+1}^P = y_k + \frac{h}{24}\left(55f_k - 59f_{k-1} + 37f_{k-2} - 9f_{k-3}\right) \qquad \textit{(Prädiktor)}$$

$$y_{k+1} = y_k + \frac{h}{720}\left(251f(x_{k+1}, y_{k+1}^P) + 646f_k - 264f_{k-1} + 106f_{k-2} - 19f_{k-3}\right)$$

$$\textit{(Korrektor)}$$

Wie bei den Einschrittverfahren ist auch hier die Ordnung des globalen Fehlers um eine Potenz schlechter – er ist also von vierter Ordnung wie beim RUNGE-KUTTA-Verfahren. Der Rechenaufwand, insbesondere die Anzahl der Funktionsauswertungen von f, ist bei Mehrschrittverfahren geringer.

Allerdings braucht man zum Start eines Mehrschrittverfahrens neben dem gegebenen Anfangswert noch s weitere „ältere" Werte. In der Praxis verschafft man sich dieses „Anfangsstück", indem man ein Einschrittverfahren s-mal durchläuft und dann mit den insgesamt $s + 1$ Stützstellen ein Mehrschrittverfahren startet.

Die Koeffizienten der obigen Korrektor-Formel für $s = 3$ deuten wegen ihrer Größe und den wechselnden Vorzeichen auf Probleme mit der numerischen Stabilität hin. Es erweist sich jedoch als ausreichend, den Prädiktor für $s = 3$ mit dem Korrektor für $s = 2$ zu kombinieren – auch hier ist der lokale Verfahrensfehler $O(h^5)$.

Differentialgleichungssysteme erster Ordnung und Anfangswertprobleme höherer Ordnung

Ein Differentialgleichungssystem erster Ordnung mit Anfangsbedingung ist gemäß Abschnitt 9.7 gegeben durch $\mathbf{y}' = \mathbf{F}(x, \mathbf{y})$ mit $\mathbf{y}(x_0) = \mathbf{y}^{(0)}$, wobei nun $\mathbf{F}$ und $\mathbf{y}$ vektorielle Größen sind, die den skalaren Größen f und y bei Differentialgleichungen erster Ordnung entsprechen. Da alle Formeln der hier behandelten Ein- und Mehrschrittverfahren linear in diesen Größen sind, lassen sich diese ohne Weiteres zur Lösung von Differentialgleichungssystemen mit Anfangsbedingungen benutzen, indem man die entsprechenden Größen als Vektoren auffasst.

In Abschnitt 9.7 wurde bereits darauf hingewiesen, wie durch die Substitution $y_k = y^{(k-1)}$ jede Differentialgleichung n-ter Ordnung $y^{(n)} = f(x, y, \cdots, y^{(n-1)})$ in ein Differentialgleichungssystem $\mathbf{y}' = \mathbf{F}(x, \mathbf{y})$ erster Ordnung umgewandelt werden kann, welches sich dann wie oben beschrieben lösen lässt.

Randwertaufgaben

Exemplarisch soll hier nur die numerische Lösung der Randwertaufgabe zweiter Ordnung

$$y'' = f(x, y, y') \text{ mit } y(a) = y_a \text{ und } y(b) = y_b$$

behandelt werden, zum Einen, weil die meisten technisch relevanten Randwertaufgaben zweiter Ordnung sind, zum Anderen, weil die dabei zur Anwendung kommenden Verfahren leicht modifiziert[1] auch für andere Randwertaufgaben benutzt werden können.

Beim **Schießverfahren** wird die numerische Lösung des Randwertproblems durch eine Iteration von Lösungen verwandter Anfangswertprobleme bestimmt, genauer:

Mit einem beliebigen geratenen Wert s wird die Anfangswertaufgabe

$$y'' = f(x, y, y') \text{ mit } y(a) = y_a \text{ und } y'(a) = s$$

---

[1] Für Einzelheiten sei auf die weiterführende Spezialliteratur verwiesen.

mit einem der oben beschriebenen Verfahren gelöst. Die von s abhängige Lösung y_s wird nur zufällig hinreichend genau die zweite Anfangsbedingung $y_s(b) = y_b$ erfüllen – im Allgemeinen wird der Ausdruck

$$A(s) := y_s(b) - y_b$$

ungleich 0 sein. Die Aufgabe, das richtige s^* zu finden, für das $y_{s^*}(b) = y_b$ ist, das also die gesuchte Lösung y_{s^*} der Randwertaufgabe ergibt, ist also ein Nullstellenproblem für die Funktion $A(s)$. Zu dessen Lösung kann im Prinzip jedes der im Abschnitt 14.2 beschriebenen Verfahren verwendet werden. Es bieten sich insbesondere Regula falsi und Bisektionsverfahren an, da hierfür keine Ableitung von A berechnet werden muss. Bei Verwendung des NEWTON-Verfahrens müsste diese numerisch mit den Methoden aus Abschnitt 14.8 bestimmt werden. Die Konvergenz der Nullstellenverfahren ist natürlich nur dann gegeben, wenn das Randwertproblem eindeutig lösbar ist, was ja nicht immer der Fall ist (vgl. hierzu auch Kapitel 9).

Ist die Ordnung der Differentialgleichung größer als 2, muss bei Verwendung des Schießverfahrens nicht nur der Anfangswert für die erste, sondern auch für weitere Ableitungen an der Stelle a „geraten" werden. Dementsprechend sind dann auch mehr Randbedingungen nicht erfüllt, sodass sich analog zu oben ein mehrdimensionales Nullstellenproblem für $\mathbf{A(s)}$ ergibt. Dieses wird meist mit dem NEWTON-RAPHSON-Verfahren gelöst.

Beim **Differenzenverfahren** werden die in der Differentialgleichung vorkommenden Ableitungen durch Differenzenquotienten gemäß Abschnitt 14.8 ersetzt und die Näherungslösung an den Stellen $x_k = a + k \cdot h$ bestimmt. Dies soll an der linearen Randwertaufgabe

$$y'' = a_0(x)y + a_1(x)y' + r(x) \text{ mit } y(a) = y_a \text{ und } y(b) = y_b$$

demonstriert werden:

Mit $h = \dfrac{b-a}{n}$ und $x_k = a + k \cdot h$ erhält man an den Stützstellen x_k gemäß Abschnitt 14.8 näherungsweise die Ableitungswerte

$$y'(x_k) \approx \frac{y_{k+1} - y_{k-1}}{2h} \text{ und } y''(x_k) \approx \frac{y_{k+1} - 2y_k + y_{k-1}}{h^2},$$

die in die Differentialgleichung eingesetzt werden. Für $k = 1, \cdots, n-1$ ergeben sich nach Umstellen $n - 1$ Gleichungen folgender Art für die $y_k \approx y(x_k)$:

$$\left(-1 - \frac{h}{2}a_1(x_k)\right)y_{k-1} + \left(2 + h^2 a_0(x_k)\right)y_k + \left(-1 + \frac{h}{2}a_1(x_k)\right)y_{k+1} = -h^2 r(x_k)$$

Diese Gleichungen für die inneren Diskretisierungspunkte werden ergänzt durch die sich aus den Randbedingungen ergebenden Gleichungen $y_0 = y_a$ und $y_n = y_b$, sodass man insgesamt zur Bestimmung der y_k ein $(n+1, n+1)$-LGS der Gestalt $\mathbf{M} \cdot \mathbf{y} = \mathbf{b}$ erhält mit

$m_{00} = m_{nn} = 1$,

$m_{kk} = 2 + h^2 a_0(x_k)$, $m_{k,k-1} = -1 - \dfrac{h}{2} a_1(x_k)$, $m_{k,k+1} = -1 + \dfrac{h}{2} a_1(x_k)$ für $k = 1, \cdots, n-1$,

$m_{ij} = 0$ sonst;

$b_0 = y_a$, $b_n = y_b$, $b_k = -h^2 r(x_k)$ für $k = 1, \cdots, n-1$.

(Man beachte die Indizierung von 0 bis n !)

Die sich ergebende Tridiagonalmatrix ist für kleine h, also große n, fast singulär, sodass sich Nachkorrektur (siehe Abschnitt 14.3) empfiehlt.

Ist die gegebene Differentialgleichung nicht linear in y und y', so ergibt sich statt $\mathbf{M} \cdot \mathbf{y} = \mathbf{b}$ ein nichtlineares Gleichungssystem für die y_k, welches mit den Verfahren aus Abschnitt 14.2 iterativ gelöst wird. Bei Verwendung des NEWTON-RAPHSON-Verfahrens ist die JACOBI-Matrix dann eine Tridiagonalmatrix.

15 Wahrscheinlichkeitsrechnung

15.1 Kombinatorische Grundlagen

Die Kombinatorik hat Anzahluntersuchungen bei Mengen sowie Zusammenstellungen und Auswahlen daraus zum Gegenstand. Es ist somit unmittelbar einleuchtend, dass sie in vielen Bereichen der Ingenieurmathematik eine Rolle spielt. In der Wahrscheinlichkeitsrechnung (Stochastik) ist sie jedoch –insbesondere bei diskreten Verteilungen – unverzichtbar, weshalb die wesentlichen Grundlagen der Kombinatorik an dieser Stelle behandelt werden.

Permutationen

Gegeben sei eine (endliche) n-elementige Menge M (zum Beispiel $M = \{1, 2, \cdots, n\}$). Eine *Permutation* von M ist eine Anordnung aller Elemente von M. Die Menge aller Permutationen von M heißt *symmetrische Gruppe* und wird mit $S(M)$ oder einfach S_n bezeichnet.

> Für die Anzahl aller Permutationen von M, also die Elementzahl von S_n, gilt:
> $$P(n) = n!$$

Sind nicht alle Elemente von M unterscheidbar, das heißt, ist M die disjunkte Vereinigung von k Teilmengen $M_1, \ldots, M_k$, deren n_i Elemente jeweils nicht unterscheidbar sind, so gibt es

$$\binom{n}{n_1, \ldots, n_k} = \frac{n!}{n_1! \ldots n_k!} \quad (\text{mit } n = n_1 + \ldots + n_k)$$

Möglichkeiten, diese anzuordnen.

<u>Modellvorstellung</u>: In einer Urne befinden sich $n = n_1 + \cdots + n_k$ gleich große Kugeln, von denen jeweils n_i die gleiche Farbe haben. Gesucht ist die Anzahl aller Möglichkeiten, diese so in einer Reihe anzuordnen, dass optisch andere Ergebnisse entstehen.

Der Ausdruck $\binom{n}{n_1, \cdots, n_k}$ heißt *Multinomialkoeffizient*, er ist eine Verallgemeinerung des in Abschnitt 1.5 definierten Binomialkoeffizienten, denn

https://doi.org/10.1515/9783110537161-283

$$\binom{n}{n_1, n_2} = \frac{n!}{n_1! n_2!} = \frac{n!}{n_1!(n - n_1!)} = \binom{n}{n_1} = \binom{n}{n_2}.$$

Kombinationen

Bei einer *k-Kombination* aus einer *n*-elementigen Menge *M* werden *k* Elemente entnommen, wobei es beim Ergebnis nicht auf die Reihenfolge der entnommenen Elemente ankommt. Dies kann ohne oder mit Wiederholung geschehen.

Modellvorstellung: Aus einer Urne mit von 1 bis *n* durchnummerierten Kugeln werden *k* Kugeln gezogen, und zwar ohne bzw. mit Zurücklegen der jeweils gezogenen Kugel; es kommt beim Ergebnis nur auf die gezogenen Zahlen an.

Dafür gibt es $K_k(n) = \binom{n}{k}$ Möglichkeiten   (ohne Wiederholung)

und $K'_k(n) = \binom{n+k-1}{k}$ Möglichkeiten   (mit Wiederholung).

Damit ist $\binom{n}{k}$ die Anzahl aller *k*-elementigen Teilmengen einer *n*-elementigen Menge.

Variationen

Kommt es bei der gleichen Situation wie oben zusätzlich auf die Anordnung im Ergebnis an, so spricht man von *k-Variationen* ohne und mit Wiederholung.

Modellvorstellung: Aus einer Urne mit von 1 bis *n* durchnummerierten Kugeln werden *k* Kugeln nacheinander gezogen und das Ergebnis anschließend notiert, und zwar ohne bzw. mit Zurücklegen der jeweils gezogenen Kugel.

Dafür gibt es $V_k(n) = \dfrac{n!}{(n-k)!}$ Möglichkeiten   (ohne Wiederholung)

und $V'_k(n) = n^k$ Möglichkeiten   (mit Wiederholung).

Damit ist n^k die Anzahl von M^k.

15.2   Ereignisse und Wahrscheinlichkeit

Ein Experiment, das nach vorher genau festgelegten Regeln durchgeführt wird und beliebig oft wiederholbar ist, dessen Ausgang wegen unbekannter oder nicht kontrollierbarer Faktoren aber nicht vorhersehbar ist, heißt *Zufallsexperiment*.

Typische Beispiele sind das Werfen eines gleichmäßigen Würfels oder das Ziehen eines Loses aus einer Urne, aber auch das Messen einer (fehlerbehafteten) Messgröße oder der Stromverbrauch eines zufällig ausgewählten Kunden eines Energieversorgungsunternehmens.

Das Ergebnis einer einmaligen Durchführung eines Zufallsexperiments heißt *Elementarereignis,* die Menge aller Elementarereignisse heißt *Ergebnis-* oder *Stichprobenraum* Ω des Zufallsexperiments.

Ein *Ereignis* A ist eine Teilmenge von Ω, also ein Element der Potenzmenge von Ω. So ist beim Würfeln $\Omega = \{1, 2, 3, 4, 5, 6\}$; die Teilmenge $A = \{2, 3, 5\}$ stellt das Ereignis „Würfeln einer Primzahl" dar.

Definition:

Eine Teilmenge S der Potenzmenge von Ω heißt *Ereignisraum*, wenn sie eine σ-Algebra bildet, das heißt, wenn

    1. $S \neq \varnothing$ ist,

    2. für alle $A \in S$ auch $\overline{A} = \Omega \setminus A \in S$ ist,

    3. für jeweils abzählbar viele $A_i \in S$ auch $\bigcup\limits_{i=0}^{\infty} A_i \in S$ ist.

Ist Ω höchstens abzählbar (insbesondere endlich), so wird die Potenzmenge selbst als Ereignisraum genommen.

Die in Abschnitt 1.1 eingeführten Mengenoperationen werden im Zusammenhang mit einem Ereignisraum S anders ausgedrückt:

Definition:

Für zwei Ereignisse A und B eines Ereignisraums S sagt man:

(i)	$A \cap B$ ist eingetreten	$\Leftrightarrow$	A und B sind eingetreten;
(ii)	$A \cup B$ ist eingetreten	$\Leftrightarrow$	A oder B ist eingetreten;
(iii)	$\overline{A}$ ist eingetreten	$\Leftrightarrow$	A ist nicht eingetreten.
(iv)	A und B heißen *unvereinbar*	$\Leftrightarrow$	$A \cap B = \varnothing$.
(v)	$\varnothing$ heißt *unmögliches,* Ω *sicheres* Ereignis.		

Da Ereignisse als Teilmengen des Ergebnisraums Ω aufgefasst werden können, gelten natürlich die in Abschnitt 1.1 formulierten Regeln für Mengenoperationen sinngemäß.

Tritt ein Ereignis A bei n-facher Ausführung eines Zufallsexperiments k-mal ein, so hat es die *relative Häufigkeit* $h(A) = \dfrac{k}{n}$.

Offensichtlich ist stets $0 \leq h(A) \leq 1$ sowie $h(\varnothing) = 0$ und $h(\Omega) = 1$.

Wird nun n sehr groß, so stellt man bei mehrfacher Wiederholung dieser Versuchsreihe fest, dass sich (annähernd) immer der gleiche Wert für die relative Häufigkeit von A einstellt – man könnte (empirisch) einen Wert $p = \lim\limits_{n \to \infty} h(A)$ als *Wahrscheinlichkeit* des Ereignisses A bezeichnen.

Für eine exakte Definition der Wahrscheinlichkeit benutzt man die

KOLMOGOROFF-Axiome:

Es sei S ein Ereignisraum. Eine Funktion $p : S \to \mathbb{R}$ heißt *Wahrscheinlichkeitsmaß*, wenn

1. $0 \leq p(A) \leq 1$ für alle $A \in S$,

2. $p(\Omega) = 1$ und

3. $p\left(\bigcup\limits_{i=0}^{\infty} A_i\right) = \sum\limits_{i=0}^{\infty} p(A_i)$ für abzählbar viele paarweise unvereinbare Ereignisse A_i

gilt.

Das Tripel (Ω, S, p) heißt *Wahrscheinlichkeitsraum*.

Hieraus folgt unmittelbar:

(i) $A \subseteq B \;\Rightarrow\; p(A) \leq p(B)$

(ii) $p(\varnothing) = 0$ (aber nicht: $p(A) = 0 \;\Rightarrow\; A = \varnothing$!)

(iii) $p(\overline{A}) = 1 - p(A)$

(iv) $p(A \cup B) = p(A) + p(B) - p(A \cap B)$ (**Additionssatz**)

(v) $p(A \cup B \cup C) = p(A) + p(B) + p(C) - p(A \cap B) - p(A \cap C)$
$$-p(B \cap C) + p(A \cap B \cap C)$$

Aus diesen Axiomen lässt sich für einen endlichen (!) Stichprobenraum Ω der **Satz von LAPLACE** folgern:

Haben alle Elementarereignisse aus Ω die gleiche Wahrscheinlichkeit, so gilt für $A \in S$:

$$p(A) = \frac{\text{Anzahl der für } A \text{ günstigen Elementarereignisse}}{\text{Anzahl aller Elementarereignisse}}$$

Unter Benutzung der in Abschnitt 15.1 aufgeführten Formeln aus der Kombinatorik lässt sich damit häufig die Wahrscheinlichkeit eines Ereignisses A bestimmen. Der Quotient aus dem Satz von LAPLACE wird auch als Definition der *klassischen Wahrscheinlichkeit* bezeichnet. Es sei aber ausdrücklich nochmals darauf hingewiesen, dass dies nur bei endlichem Stichprobenraum und nur bei gleichwahrscheinlichen Elementarereignissen möglich ist!

Definition:

Für $A, B \in S$ mit $p(A) \neq 0$ definiert man die *bedingte Wahrscheinlichkeit* „B unter der Bedingung A" durch
$$p(B \mid A) = \frac{p(A \cap B)}{p(A)}.$$

$p(B \mid A)$ gibt also die Wahrscheinlichkeit für das Eintreten von B unter der Bedingung an, dass A bereits eingetreten ist.

Durch Ausmultiplizieren dieser und der analogen Beziehung für $p(A \mid B)$ erhält man den

Multiplikationssatz:

$$p(A \cap B) = p(B \mid A) \cdot p(A) = p(A \mid B) \cdot p(B)$$

Ist $A_1, A_2, \cdots, A_n$ eine *Ereignisbasis* von S, das heißt, ist Ω die disjunkte Vereinigung der A_i, so gilt mit beliebigem $B \in S$ der

Satz von BAYES:

$$p(A_k \mid B) = \frac{p(A_k) \cdot p(B \mid A_k)}{\displaystyle\sum_{i=1}^{n} p(A_i) \cdot p(B \mid A_i)}$$

Dabei ist $\displaystyle\sum_{i=1}^{n} p(A_i) \cdot p(B \mid A_i) = p(B)$ (*totale Wahrscheinlichkeit*).

Definition:

(i) Zwei Ereignisse A und B heißen (*stochastisch*) *unabhängig* genau dann, wenn $p(A \cap B) = p(A) \cdot p(B)$ ist.

(ii) Die Ereignisse $A_1, A_2, \cdots, A_n$ heißen (*stochastisch*) *unabhängig* genau dann, wenn $p(A_{i_1} \cap \cdots \cap A_{i_k}) = p(A_{i_1}) \cdot \ldots \cdot p(A_{i_k})$ für jede beliebige Auswahl von 2 bis n Ereignissen aus $A_1, A_2, \cdots, A_n$ ist.

Es sei ausdrücklich darauf hingewiesen, dass die in (ii) definierte Unabhängigkeit von mehr als zwei Ereignissen mehr ist als nur die paarweise Unabhängigkeit von jeweils zwei Ereignissen aus $A_1, A_2, \cdots, A_n$.

Sind zwei Ereignisse A und B unabhängig, so gilt dies auch für A und $\overline{B}$, $\overline{A}$ und B sowie $\overline{A}$ und $\overline{B}$.

15.3   Zufallsvariable und Verteilung

Häufig ist das Ergebnis eines Zufallsexperiments eine Zahl (zum Beispiel Augenzahl beim Würfeln) oder es kann ihm eine Zahl zugeordnet werden (etwa Wert einer zufällig gezogenen Spielkarte). Ein solcher Zahlenwert heißt *Zufallsgröße* oder *Zufallsvariable*, genauer:

Definition:

> Gegeben sei ein Wahrscheinlichkeitsraum (Ω, S, p).
>
> Eine Funktion $X : \Omega \to \mathbb{R}$ heißt *Zufallsvariable* (oder *stochastische Variable*), wenn für jedes $a \in \mathbb{R}$ und jedes Intervall $I \subseteq \mathbb{R}$ die Urbilder $X^{-1}(\{a\})$ und $X^{-1}(I)$ zu S gehören, anders formuliert:
>
> Die Wahrscheinlichkeit dafür, dass die Zufallsgröße X den Wert a oder Werte im Intervall I annimmt, lässt sich bestimmen, und die KOLMOGOROFF-Axiome gelten für p.

Übliche Schreibweisen:

$$p(X = a) := p(X^{-1}(\{a\}))$$ Wahrscheinlichkeit, dass X den Wert a annimmt

$$p(X \in I) := p(X^{-1}(I))$$ Wahrscheinlichkeit, dass X in das Intervall I fällt

Ist etwa $I = [a, b[$, so schreibt man $p(a \leq X < b)$ statt $p(X \in I)$ o.Ä.

Definition:

> Die für eine Zufallsvariable X durch
>
> $$F(x) := p(X \leq x)$$
>
> definierte Funktion $F : \mathbb{R} \to [0,1]$ heißt *Verteilungsfunktion* der Zufallsvariablen X.

Eigenschaften der Verteilungsfunktion:

1. $\lim\limits_{x \to -\infty} F(x) = 0$ und $\lim\limits_{x \to +\infty} F(x) = 1$;

2. F ist monoton wachsend (im Allgemeinen aber nicht streng monoton wachsend);

3. F ist rechtsseitig stetig und hat höchstens abzählbar viele Sprungstellen;

4. $p(x_1 < X \leq x_2) = F(x_2) - F(x_1)$ für alle $x_1, x_2 \in \mathbb{R}$ mit $x_1 \leq x_2$;

5. $p(X = x) = F(x) - \lim\limits_{t \to x-} F(t)$ für alle $x \in \mathbb{R}$.

Definition:

Eine Zufallsvariable X heißt *diskret* (synonym: *hat eine diskrete Verteilung*) genau dann, wenn

1. $p(X = x_i) = p_i > 0$ für höchstens abzählbar viele $x_i \in \mathbb{R}$ gilt,

2. in jedem beschränkten Intervall von $\mathbb{R}$ höchstens endlich viele solcher x_i liegen,

3. $p(a < X \leq b) = 0$ ist, falls $]a,b]$ kein solches x_i enthält.

Die Funktion $f : \mathbb{R} \to [0,1]$, definiert durch

$$f(x) = \begin{cases} p_i & \text{für } x = x_i \\ 0 & \text{sonst} \end{cases},$$

heißt *Wahrscheinlichkeitsfunktion* der (diskreten) Zufallsvariablen X.

Für die Verteilungsfunktion F einer diskreten Zufallsvariablen gilt:

$$F(x) = \sum_{x_i \leq x} f(x_i) = \sum_{x_i \leq x} p_i$$

F ist also eine sogenannte *Treppenfunktion*, deren „Stufen" an den Stellen x_i jeweils die positive Sprunghöhe p_i haben (siehe Bild 15.3.1).

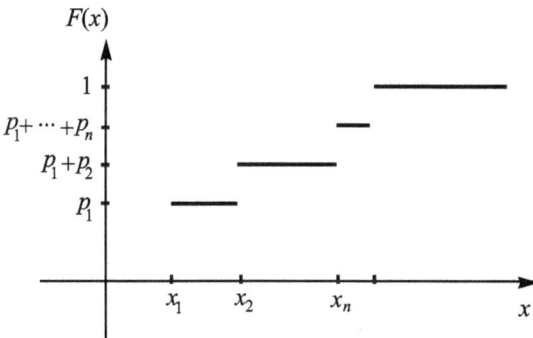

Bild 15.3.1: Die Verteilungsfunktion einer diskreten Zufallsvariablen

Wegen der KOLMOGOROFF-Axiome muss $\sum_i f(x_i) = \sum_i p_i = 1$ sein.

Es ist zu beachten, dass diese Summe bei unendlicher Indexmenge eine konvergente Reihe ist, damit eine diskrete Verteilung vorliegt.

Definition:

Eine Zufallsvariable X heißt *stetig* (synonym: *hat eine stetige Verteilung*) genau dann, wenn es eine nichtnegative reellwertige Funktion f gibt derart, dass

$$F(x) = \int_{-\infty}^{x} f(t)\,dt$$

ist (siehe Bild 15.3.2). f heißt *Dichte(funktion)* oder *Wahrscheinlichkeitsdichte* der (stetigen) Zufallsvariablen X. Sie ist also die Ableitung der Verteilungsfunktion F.

Damit $f(t)$ Dichtefunktion einer stetigen Verteilung ist, muss $\int_{-\infty}^{\infty} f(t)\,dt = 1$ sein.

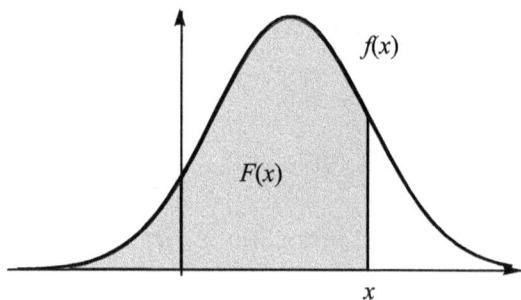

Bild 15.3.2: Dichte und Verteilungsfunktion einer stetigen Zufallsvariablen

Ferner gilt für beliebige $x_1, x_2 \in \mathbb{R}$ mit $x_1 \leq x_2$:

$$p(x_1 < X \leq x_2) = p(x_1 \leq X < x_2) = p(x_1 < X < x_2) = p(x_1 \leq X \leq x_2)$$

$$= F(x_2) - F(x_1) = \int_{x_1}^{x_2} f(t)\,dt$$

Daraus folgt, dass für jedes $x \in \mathbb{R}$ $p(X = x) = 0$ ist, ohne dass das Ereignis $X = x$ unmöglich ist! (Im Gegensatz dazu gilt jedoch nach Abschnitt 15.2: A unmöglich $\Rightarrow p(A) = 0$).

Außerdem gilt für kleine Δx: $\qquad p(x \leq X \leq x + \Delta x) \approx \Delta x \cdot f(x)$

Es gibt viele Parallelen zwischen der Wahrscheinlichkeitsfunktion einer diskreten und der Dichtefunktion einer stetigen Zufallsvariablen (siehe auch Abschnitt 15.4), jedoch unterscheiden sie sich hinsichtlich der Bedeutung von $f(x)$ für festes $x \in \mathbb{R}$:

Während bei einer diskreten Zufallsvariablen dieser Wert die Wahrscheinlichkeit dafür angibt, mit der X genau den Wert x annimmt, ist er bei stetigen Zufallsvariablen ein Näherungswert für die Wahrscheinlichkeit, mit der X in ein kleines Intervall bei x fällt, bezogen auf dessen Intervallgröße.

Man kann sich vorstellen, dass die Werte einer diskreten Zufallsvariablen durch Zählung, die einer stetigen durch – fehlerbehaftete – Messung ermittelt werden.

15.4   Maßzahlen einer Verteilung

Durch die Verteilungsfunktion $F(x)$ oder die Wahrscheinlichkeitsfunktion bzw. Dichtefunktion $f(x)$ ist die Wahrscheinlichkeitsverteilung einer diskreten bzw. stetigen Zufallsvariablen X vollständig gegeben. Wie man die eine aus der anderen erhält, wurde im vorigen Abschnitt ausgeführt.

Oft ist es hilfreich und ausreichend, wesentliche Merkmale einer Verteilung im Ganzen durch gewisse „summarische Größen", sogenannte *Maßzahlen*, auszudrücken, ohne auf die Einzelwerte der Verteilung einzugehen.

Definition:

Für eine Zufallsvariable X mit Wahrscheinlichkeits- bzw. Dichtefunktion $f(x)$ definiert man ihren *Mittelwert* oder *Erwartungswert*, mit μ oder mit E(X) bezeichnet,

a) im diskreten Fall durch

$$\mu = \text{E}(X) = \sum_i x_i f(x_i) \, ;$$

b) im stetigen Fall durch

$$\mu = \text{E}(X) = \int_{-\infty}^{\infty} x \, f(x) \, \mathrm{d}x \, .$$

Es ist zu beachten, dass der Mittelwert einer Verteilung nicht unbedingt existiert, denn nur dann, wenn bei einer diskreten Verteilung nur endlich viele Werte mit positiver Wahrscheinlichkeit angenommen werden oder bei einer stetigen Verteilung die Dichtefunktion nur auf einem beschränkten Intervall positiv ist, existieren Summe bzw. Integral, ohne dass dies durch eine zusätzliche Konvergenzuntersuchung verifiziert werden muss.

So besitzt etwa die diskret verteilte Zufallsvariable mit der Wahrscheinlichkeitsfunktion

$$f(x) = \begin{cases} \dfrac{1}{x(x+1)} & \text{für } x = 1, 2, 3, \cdots \\ 0 & \text{sonst} \end{cases}$$

keinen Mittelwert, da die harmonische Reihe nicht konvergent ist.

Gleiches gilt für die CAUCHY-Verteilung, deren Dichtefunktion durch

$$f(x) = \frac{1}{\pi(1+x^2)}$$

gegeben ist.

Definition:

Für eine Zufallsvariable X mit Wahrscheinlichkeits- bzw. Dichtefunktion $f(x)$ sowie eine Funktion $g:\mathbb{R} \to \mathbb{R}$ ist durch $Z := g(X)$ eine Zufallsvariable definiert. Deren Mittelwert/Erwartungswert heißt *mathematischer Erwartungswert der Funktion g(X)* (kurz: *Erwartung von g(X)*) und wird mit $E(g(X))$ bezeichnet; dieser wird also berechnet

a) im diskreten Fall durch:
$$E(g(X)) = \sum_i g(x_i) f(x_i);$$

b) im stetigen Fall durch:
$$E(g(X)) = \int_{-\infty}^{\infty} g(x) f(x) \, dx.$$

Wie der Mittelwert muss auch $E(g(X))$ nicht für jede Verteilung bzw. jede Funktion $g(x)$ existieren.

Rechenregeln für Erwartungswerte:

Für beliebige Zufallsvariable X und Y und $c, d \in \mathbb{R}$ gilt:

(i) $E(c) = c$,

(ii) $E(cX + dY) = c \cdot E(X) + d \cdot E(Y)$,

(iii) $E(X \cdot Y) = E(X) \cdot E(Y)$, falls X und Y unabhängig sind.[1]

Mit $g(x) = x^r$ (für $r \in \mathbb{N}^+$) erhält man die

Definition:

Für eine Zufallsvariable X heißt $E(X^r)$ das *r-te Moment der Verteilung* (bzw. *der Zufallsvariablen X*).

Falls $\mu = E(X)$ existiert, heißt $E((X - \mu)^r)$ das *r-te zentrale Moment der Verteilung*.

Das zweite zentrale Moment einer Verteilung, welches im Falle der Existenz stets ≥ 0 ist, heißt *Varianz* von X und wird mit $\text{Var}(X)$ oder mit σ^2 bezeichnet.

$\sigma = \sqrt{\text{Var}(X)}$ heißt *Standardabweichung der Verteilung*.

Existiert $\text{Var}(X)$, so heißt $\dfrac{1}{\sigma^3} E((X - \mu)^3)$ die *Schiefe der Verteilung*.

---

[1]   Zur Definition der Unabhängigkeit siehe Abschnitt 15.7

Die Varianz ist also definiert durch $\qquad \sigma^2 = \sum_i (x_i - \mu)^2 f(x_i)$ im diskreten

bzw. $\qquad \sigma^2 = \int_{-\infty}^{\infty} (x - \mu)^2 f(x)\,\mathrm{d}x$ im stetigen Fall.

Es sei noch einmal ausdrücklich darauf hingewiesen, dass es aufgrund der Definition Verteilungen gibt, die keine Varianz besitzen, sogar dann, wenn sie einen Mittelwert haben.

Mit den Rechenregeln für Erwartungswerte erhält man die folgenden

Rechenregeln für die Varianz:

> Für beliebige Zufallsvariable X und Y und $c \in \mathbb{R}$ gilt:
>
> (i) $\qquad \mathrm{Var}\,(X) = \mathrm{E}(X^2) - (\mathrm{E}(X))^2$
>
> (ii) $\qquad \mathrm{Var}\,(X) = 0 \iff X = \mathrm{const}$
>
> (iii) $\qquad \mathrm{Var}\,(cX) = c^2 \mathrm{Var}\,(X)$
>
> (iv) $\qquad \mathrm{Var}\,(X + Y) = \mathrm{Var}\,(X) + \mathrm{Var}\,(Y)$, falls X_1 und X_2 unabhängig sind [1]

Aus einer Zufallsvariablen X mit Mittelwert μ und Standardabweichung $\sigma > 0$ erhält man durch $Z := \dfrac{X - \mu}{\sigma}$ die zu X gehörige *Zufallsvariable in Standardform*; sie hat den Mittelwert 0 und die Standardabweichung 1.

Einen Zusammenhang zwischen Mittelwert und Varianz einer beliebigen Verteilung X beschreibt die

TSCHEBYSCHEFFsche Ungleichung:

> Für beliebiges $c \in \mathbb{R}^+$ ist $\qquad p(|X - \mu| \geq c) \leq \dfrac{\sigma^2}{c^2}$,
>
> insbesondere gilt mit $k \in \mathbb{N}^+$ und $c = k \cdot \sigma$: $\qquad p(|X - \mu| \geq k \cdot \sigma) \leq \dfrac{1}{k^2}$.

Definition:

> Für $\alpha \in\,]0,1[$ heißt $\xi_\alpha := \min\{x \in \mathbb{R} \mid F(x) \geq \alpha\}$ das α-*Quantil* der Verteilung.
>
> Das 0.5-Quantil heißt *Median, Zentralwert* oder *50%-Wert* der Verteilung.

---

[1] Zur Definition der Unabhängigkeit siehe Abschnitt 15.7

Für eine diskrete Zufallsvariable ist also ξ_α die „linke Ecke" derjenigen „niedrigsten Stufe" der die Verteilungsfunktion darstellenden Treppenfunktion (siehe Bild 15.3.1), deren Höhe $\geq \alpha$ ist.

Für eine stetige Zufallsvariable ist ξ_α eindeutig durch $\alpha = \int\limits_{-\infty}^{\xi_a} f(x)\,dx$ gegeben.

15.5   Spezielle diskrete Verteilungen

In diesem Abschnitt werden besonders häufig vorkommende diskrete Verteilungen behandelt. Dabei nimmt die Zufallsvariable X höchstens abzählbar viele Werte x_i mit positiver Wahrscheinlichkeit an. Die Verteilung von X ist also vollständig durch die Angabe der Wahrscheinlichkeitsfunktion $f: \mathbb{R} \to \mathbb{R}$ gegeben, für die gemäß Abschnitt 15.3 gilt:

$$f(x) = \begin{cases} p_i = p(X = x_i) & \text{für } x = x_i \\ 0 & \text{sonst} \end{cases}$$

Der Einfachheit halber wird im Folgenden die Wahrscheinlichkeitsfunktion $f(x)$ nur für diejenigen x angegeben, für die $f(x)$ positiv sein kann.

Die Verteilungsfunktion $F(x)$ erhält man gemäß Abschnitt 15.3 mittels $F(x) = \sum\limits_{x_i \leq x} f(x_i) = \sum\limits_{x_i \leq x} p_i$; die Summe ist stets endlich.

Diskreten Verteilungen liegt häufig ein sogenanntes BERNOULLI-*Experiment* zugrunde. Dies ist ein Zufallsexperiment, das nur die beiden Ausgänge „Erfolg" und „Misserfolg" haben kann, die mit Wahrscheinlichkeit $p \in [0,1]$ („*Erfolgswahrscheinlichkeit*") und $q = 1 - p$ („*Misserfolgswahrscheinlichkeit*") eintreten.

1. Gleichverteilung

Eine Zufallsvariable X heißt *gleichverteilt* auf $\{x_1, x_2, \ldots, x_n\} \subseteq \mathbb{R}$, wenn jeder dieser n Werte mit gleicher Wahrscheinlichkeit $\frac{1}{n}$ angenommen wird.

Es ist also $f(x_i) = \dfrac{1}{n}$ für alle $i = 1, \ldots, n$.

Damit erhält man für den Mittelwert $\mu = E(X) = \dfrac{1}{n}\sum\limits_{i=1}^{n} x_i$ (arithmetisches Mittel)

und die Varianz $\sigma^2 = \text{Var}(X) = \dfrac{1}{n}\sum\limits_{i=1}^{n} x_i^{\,2} - \left(\dfrac{1}{n}\sum\limits_{i=1}^{n} x_i\right)^2$.

Anwendungsbeispiel: Mit einem gleichmäßigen Würfel werde einmal gewürfelt. Die Zufallsvariable X ist die dabei erzielte Augenzahl aus $\{1, 2, ..., 6\}$, die jede mit Wahrscheinlichkeit $\frac{1}{6}$ angenommen wird.

2. Binomialverteilung

Ein BERNOULLI-Experiment mit Erfolgswahrscheinlichkeit p werde n-mal ausgeführt. Die Zufallsvariable X gebe die Anzahl k der Erfolge an. X kann nur die Werte $\{0, 1, ..., n\}$ mit positiver Wahrscheinlichkeit annehmen. Für $k \in \{0, 1, ..., n\}$ ist $f(x)$ gegeben durch:

$$f(k) = p(X = k) = \binom{n}{k} \cdot p^k \cdot (1-p)^{n-k}$$

X heißt *binomialverteilt* mit Parametern $n \in \mathbb{N}$ und $p \in [0,1]$, kurz $X \sim \text{Bi}(n, p)$.

Aus $f(x)$ erhält man für den Mittelwert $\quad \mu = \text{E}(X) = n \cdot p$

und für die Varianz $\quad \sigma^2 = \text{Var}(X) = n \cdot p \cdot (1-p)$.

Anwendungsbeispiel: Aus einer Urne mit N Kugeln, von denen M „Gewinn" bedeuten, werde n-mal gezogen und nach jedem Zug die gezogene Kugel zurückgelegt, sodass die Erfolgswahrscheinlichkeit stets $p = \dfrac{M}{N}$ ist. Bezeichnet X die Anzahl der gezogenen „Gewinne" in n Zügen, so ist $X \sim \text{Bi}(n, p)$.

3. Hypergeometrische Verteilung

Zieht man aus der unter **2.** beschriebenen Urne n Kugeln <u>ohne</u> Zurücklegen, so ist dies keine n-fache Wiederholung des gleichen BERNOULLI-Experiments, da sich in jedem Zug je nach Anzahl der bereits gezogenen „Gewinne" die Erfolgswahrscheinlichkeit p ändert. Die Zufallsvariable X, die die Anzahl k der „Gewinne" in n Zügen angibt, ist also nicht binomialverteilt, sondern *hypergeometrisch* mit den Parametern N, M und n, kurz $X \sim \text{H}(N, M, n)$.

Für $k \in \{0, 1, ..., n\}$ ist $f(x)$ gegeben durch:

$$f(k) = p(X = k) = \frac{\binom{M}{k} \cdot \binom{N-M}{n-k}}{\binom{N}{n}}$$

Man beachte, dass es bei der hypergeometrischen Verteilung für $k \in \{0, 1, ..., n\}$ Fälle geben kann, die aufgrund der speziellen Wahl der Parameter N, M und n unmöglich sind: So ist zum Beispiel $p(X = 0)$ gleich 0, wenn n größer als die Anzahl $N - M$ der „Nieten" ist. Man mache sich klar, dass solche Sonderfälle aufgrund der Eigenschaften des Binomialkoeffizienten in obiger Beschreibung von $f(k)$ bereits enthalten sind.

Aus $f(x)$ erhält man für den Mittelwert $\quad \mu = \mathrm{E}(X) = n \cdot \dfrac{M}{N}$

und für die Varianz $\quad \sigma^2 = \mathrm{Var}(X) = n \cdot \dfrac{M}{N} \cdot \left(1 - \dfrac{M}{N}\right) \cdot \dfrac{N-n}{N-1}$.

Definiert man wie bei der Binomialverteilung $p = \dfrac{M}{N}$ (das ist hier die Erfolgswahrschein-

lichkeit nur vor dem ersten Zug!), so ergibt sich der gleiche Mittelwert wie bei Bi(n, p). Zieht man nur wenige Male aus einer sehr großen Grundgesamtheit, ist also $n \ll N$, so ist der letzte Bruch in der Varianzformel nahezu 1, es ergibt sich also auch (fast) die gleiche Varianz wie bei der Binomialverteilung. Es liegt also nahe, in dieser Situation die sehr unhandliche hypergeometrische durch die einfachere Binomialverteilung zu ersetzen.

Praktische Erfahrung bestätigt die <u>Faustregel</u>:

Für $10n < N$ kann H(N, M, n) hinreichend genau durch Bi$\left(n, \dfrac{M}{N}\right)$ approximiert werden.

---

4. POISSON-Verteilung

Eine Zufallsvariable X heißt POISSON-*verteilt* mit Parameter $\lambda \in \mathbb{R}^+$ (kurz: $X \sim \mathrm{Po}(\lambda)$), wenn sie die Werte $k \in \mathbb{N}$ mit der positiven Wahrscheinlichkeit

$$f(k) = \frac{\lambda^k}{k!} \cdot \mathrm{e}^{-\lambda}$$

annehmen kann.

Mittelwert und Varianz der POISSON-Verteilung lassen sich mittels der Reihenentwicklung der e-Funktion berechnen; sie sind gleich, nämlich $\mathrm{E}(X) = \mathrm{Var}(X) = \lambda$.

<u>Anwendungsbeispiel</u>: Die POISSON-Verteilung tritt im Rahmen von Zählprozessen, sogenannten POISSON-Prozessen, auf: Die Zufallsvariable X, die die während eines Zeitraums der Dauer t eingetroffenen zufälligen „Signale" (etwa Telefonanrufe, Unfälle, Bankkunden o.Ä.) zählt, ist POISSON-verteilt mit Parameter $\lambda = \alpha \cdot t$, wobei α für die *Ankunftsrate*, das ist die durchschnittliche Anzahl der „Signale" pro Zeiteinheit, steht.

Die POISSON-Verteilung ist auch als Approximation für eine Binomialverteilung mit geringer Erfolgswahrscheinlichkeit (also p nahe bei 0 oder – durch Vertauschung von „Erfolg" und „Misserfolg" – nahe bei 1) geeignet. Es gilt die <u>Faustregel</u>:

Für $n \geq 30$ und $p \leq 0{,}1$ kann Bi(n, p) hinreichend genau durch Po($n\,p$) angenähert werden.

---

5. Geometrische Verteilung

Ein BERNOULLI-Experiment mit Erfolgswahrscheinlichkeit p werde solange ausgeführt, bis der erste Erfolg eintritt. Die Zufallsvariable X gebe die Anzahl k der benötigten Versuche an.

X kann prinzipiell alle Werte aus $\mathbb{N}^+$ mit positiver Wahrscheinlichkeit annehmen. Für $k \in \mathbb{N}^+$ ist $f(x)$ gegeben durch:

$$f(k) = p(X = k) = (1-p)^{k-1} \cdot p$$

X heißt *geometrisch verteilt* mit Parameter $p \in\,]0,1[$. Man beachte, dass im Gegensatz zu **1.** bis **3.** jetzt X unendlich viele Werte mit positiver Wahrscheinlichkeit annehmen kann, Mittelwert und Varianz also nicht unbedingt existieren müssen. Konvergenzbetrachtungen mithilfe der geometrischen Reihe liefern

für den Mittelwert $\qquad\qquad \mu = \mathrm{E}(X) = \dfrac{1}{p}$

und für die Varianz $\qquad\qquad \sigma^2 = \mathrm{Var}(X) = \dfrac{1-p}{p^2}$.

<u>Anwendungsbeispiel:</u> Ein technisches Gerät werde in festen Zeittakten benutzt, p bezeichne die in jedem Zeittakt gleiche Wahrscheinlichkeit dafür, dass es ausfällt (keine Alterung). Die Zufallsvariable X beschreibt also die Lebensdauer des Geräts. Die geometrische Verteilung ist also die diskrete Lebensdauerverteilung, ihre stetige Entsprechung ist die im nächsten Abschnitt behandelte Exponentialverteilung.

15.6 Spezielle stetige Verteilungen

1. Gleichverteilung

Eine Zufallsvariable X heißt *gleichverteilt* auf dem Intervall $[a, b]^{[1)}$ (mit $a, b \in \mathbb{R}, a < b$), wenn für die Dichtefunktion f gilt:

$$f(x) = \begin{cases} \dfrac{1}{b-a} & \text{für } a \leq x \leq b \\[2mm] 0 & \text{sonst} \end{cases}$$

Daraus erhält man für den Mittelwert $\qquad \mu = \mathrm{E}(X) = \dfrac{a+b}{2} \qquad$ (Intervallmitte)

und für die Varianz $\qquad \sigma^2 = \mathrm{Var}(X) = \dfrac{(b-a)^2}{12}$.

[1)] Da bei stetigen Zufallsvariablen stets $p(X = x) = 0$ ist, kann das abgeschlossene Intervall je nach Anwendung auch durch ein offenes oder halboffenes ersetzt werden.

Anwendungsbeispiel: Ein Messgerät zeige statt des wahren Wertes $t > 0$ den durch ganzzahlige Rundung entstandenen Wert $\bar{t}$. Der wahre Wert t kann als auf $[\bar{t} - 0,5, \bar{t} + 0,5[$ gleichverteilte Zufallsvariable angesehen werden.

2. WEIBULL- und Exponentialverteilung, Lebensdauerverteilungen

Eine Zufallsvariable X heißt WEIBULL-*verteilt* mit den Parametern λ, $\beta \in \mathbb{R}^+$, wenn für die Dichtefunktion f gilt:

$$f(x) = \begin{cases} 0 & \text{für } x < 0 \\ \lambda\beta \cdot (\lambda x)^{\beta-1} \cdot e^{-(\lambda x)^\beta} & \text{für } x \geq 0 \end{cases}$$

Daraus ergibt sich für den Mittelwert $\qquad \mu = \mathrm{E}(X) = \dfrac{1}{\lambda} \cdot \Gamma\left(\dfrac{1}{\beta} + 1\right)$

und für die Varianz $\qquad \sigma^2 = \mathrm{Var}(X) = \dfrac{1}{\lambda^2} \cdot \left(\Gamma\left(\dfrac{2}{\beta} + 1\right) - \Gamma^2\left(\dfrac{1}{\beta} + 1\right) \right).$

Dabei bezeichnet $\Gamma(x)$ die in Abschnitt 5.4 definierte Gammafunktion.

Für $\beta = 1$ ergibt sich als wichtiger Spezialfall die *Exponentialverteilung* mit Parameter λ mit der Dichtefunktion

$$f(x) = \begin{cases} 0 & \text{für } x < 0 \\ \lambda \cdot e^{-\lambda x} & \text{für } x \geq 0 \end{cases}.$$

Deren Mittelwert ist $\mu = \mathrm{E}(X) = \dfrac{1}{\lambda}$, deren Varianz $\sigma^2 = \mathrm{Var}(X) = \dfrac{1}{\lambda^2}$.

WEIBULL- und Exponentialverteilung gehören zu den sogenannten *Lebensdauerverteilungen*. Die stetige Zufallsvariable X beschreibt dabei die Lebensdauer eines technischen Gerätes, eines Prozesses oder eines Menschen, ihre Verteilungsfunktion $F(x)$ gibt also die Wahrscheinlichkeit dafür an, bis zum Zeitpunkt x „ausgefallen" zu sein. Komplementär dazu ist die *Intaktwahrscheinlichkeit* $R(x) = 1 - F(x)$, mit der die Wahrscheinlichkeit berechnet wird, dass das beobachtete Objekt zum Zeitpunkt x noch „intakt" ist.

Der Alterungsprozess wird dabei durch die sogenannte *Ausfallrate*

$$r(t) = \lim_{\Delta t \to 0+} \frac{1}{\Delta t} p(t < X \leq t + \Delta t \mid X > t)$$

beschrieben, die häufig empirisch ermittelt werden kann.

Damit erhält man die Verteilungsfunktion der die Lebensdauer beschreibenden Zufallsvariablen X durch

$$F(x) = \begin{cases} 0 & \text{für } x < 0 \\ 1 - e^{-\int_0^x r(t)\,dt} & \text{für } x \geq 0 \end{cases}.$$

Die Dichtefunktion ergibt sich daraus durch Differentiation nach x.

Ist $r(t)$ konstant vom Werte λ, so ergibt sich die Exponentialverteilung mit Parameter λ, aus $r(t) = \beta \cdot \lambda^{\beta} \cdot t^{\beta-1}$ ergibt sich die WEIBULL-Verteilung mit den Parametern λ und β.

Dieser Ansatz wird häufig zur Berechnung von Versicherungsprämien bei Lebensversicherungen benutzt; die Parameter λ und β werden dabei aus statistischen Aufzeichnungen, sogenannten Sterbetafeln, ermittelt.

3. Normalverteilung

Eine Zufallsvariable X heißt *normalverteilt* mit den Parametern $\mu \in \mathbb{R}$ und $\sigma \in \mathbb{R}^{+}$ (kurz: $X \sim \mathrm{N}(\mu, \sigma^2)$), wenn für alle $x \in \mathbb{R}$ die Dichtefunktion f gegeben ist durch:

$$f(x) = \frac{1}{\sigma\sqrt{2\pi}} \cdot e^{-\frac{(x-\mu)^2}{2\sigma^2}}$$

Unter Benutzung von $\int_{-\infty}^{\infty} e^{-x^2}\,dx = \sqrt{\pi}$ (siehe Abschnitt 8.6) ergeben sich Mittelwert und Varianz tatsächlich zu $E(X) = \mu$ bzw. $\mathrm{Var}(X) = \sigma^2$, was obige Parameterbezeichnung sinnvoll erscheinen lässt.

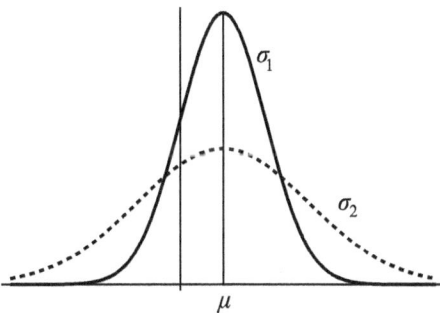

Bild 15.6.1: Dichte der Normalverteilung mit verschiedenen Varianzen ($\sigma_1 < \sigma_2$)

Die Normalverteilung wird auch als GAUSS-Verteilung bezeichnet, der Graph ihrer Dichtefunktion ist die GAUSS*sche Glockenkurve* (siehe Bild 15.6.1).

Die zu $X \sim N(\mu, \sigma^2)$ gehörige Zufallsvariable in Standardform $Z = \dfrac{X - \mu}{\sigma}$ ist ebenfalls normalverteilt, es ist also $Z \sim N(0,1)$. Ihre Verteilung heißt *Standardnormalverteilung*; Dichte- bzw. Verteilungsfunktion werden üblicherweise mit $\varphi(x)$ bzw. $\Phi(x)$ bezeichnet. Die Werte von $\Phi(x)$ sind im Anhang tabelliert.

Für $X \sim N(\mu, \sigma^2)$ und $x_1, x_2 \in \mathbb{R}$ mit $x_1 < x_2$ ist $\quad p(x_1 < X \leq x_2) = \Phi\left(\dfrac{x_2 - \mu}{\sigma}\right) - \Phi\left(\dfrac{x_1 - \mu}{\sigma}\right)$.

Nach dem Grenzwertsatz von DE MOIVRE-LAPLACE lässt sich die Binomialverteilung durch eine Normalverteilung approximieren, genauer:

Die Wahrscheinlichkeitsfunktion f von $X \sim \text{Bi}(n, p)$ kann näherungsweise durch

$$f^*(x) = \frac{1}{\sqrt{2\pi}\sqrt{np(1-p)}}\, e^{-\frac{(x-np)^2}{2np(1-p)}}$$

also die Dichtefunktion einer mit den Parametern $\mu = np$ und $\sigma^2 = np(1-p)$ normalverteilten Zufallsvariablen dargestellt werden.

Für $k_1, k_2 \in \{0, \ldots, n\}$ gilt darüber hinaus:

$$p(k_1 \leq X \leq k_2) = \sum_{k=k_1}^{k_2} \binom{n}{k} p^k (1-p)^{n-k} \approx \Phi\left(\frac{k_2 + 0,5 - np}{\sqrt{np(1-p)}}\right) - \Phi\left(\frac{k_1 - 0,5 - np}{\sqrt{np(1-p)}}\right)$$

Man beachte die sogenannte „Stetigkeitskorrektur" $\pm 0,5$ im Argument von Φ.

Für die Anwendbarkeit dieser Approximationen gilt die <u>Faustregel:</u>

Für $np(1-p) > 9$ kann $\text{Bi}(n, p)$ gut durch $N(np, np(1-p))$ angenähert werden.

Mithilfe der letzten Approximationsformel erhält man das

Gesetz der großen Zahlen:

Ein BERNOULLI-Experiment mit Erfolgswahrscheinlichkeit p_0 werde n-mal wiederholt. X bezeichne die Anzahl der Erfolge. Dann gilt für jedes beliebige $\varepsilon \in \mathbb{R}^+$:

$$\lim_{n \to \infty} p\left(\left|\frac{X}{n} - p_0\right| < \varepsilon\right) = 1$$

4. Logarithmische Normalverteilung

Eine Zufallsvariable X heißt *logarithmisch normalverteilt* mit den Parametern $\mu^* \in \mathbb{R}$ und $\sigma^* \in \mathbb{R}^+$, falls für ihre Dichtefunktion f gilt:

$$f(x) = \begin{cases} 0 & \text{für } x \le 0 \\[2mm] \dfrac{1}{\sigma^*\sqrt{2\pi} \cdot x}\, e^{-\frac{(\ln x - \mu^*)^2}{2\sigma^{*2}}} & \text{für } x > 0 \end{cases}$$

Daraus ergibt sich für den Mittelwert $\qquad \mu = \mathrm{E}(X) = e^{\mu^* + 0.5\sigma^{*2}}$

und für die Varianz $\qquad \sigma^2 = \mathrm{Var}(X) = e^{2\mu^* + \sigma^{*2}}(e^{\sigma^{*2}} - 1)$.

Ist X logarithmisch normalverteilt mit den Parametern μ^* und σ^*, so ist $\ln X \sim \mathrm{N}(\mu^*, \sigma^{*2})$. Die logarithmische Normalverteilung ist ebenfalls eine Lebensdauerverteilung.

15.7   Mehrdimensionale Verteilungen

Werden bei einem Zufallsexperiment mehrere Größen gleichzeitig betrachtet (zum Beispiel Gewicht und Körpergröße einer zufällig ausgewählten Person), so reicht eine (eindimensionale) Zufallsvariable zur Beschreibung nicht mehr aus. Das Ergebnis des Zufallsexperiments wird durch einen sogenannten *Zufallsvektor* beschrieben, der so viele Komponenten hat, wie Merkmale beobachtet werden. Man spricht von *mehrdimensionalen* Verteilungen.

Diese spielen auch bei der Begründung der im nächsten Kapitel behandelten Schätz- und Testverfahren eine wichtige Rolle.

Der Einfachheit halber werden hier zunächst *zweidimensionale* Verteilungen betrachtet, die Verallgemeinerung auf größere n fällt nicht schwer.

Eine zweidimensionale Zufallsvariable ist durch ihre Verteilungsfunktion $F : \mathbb{R}^2 \to \mathbb{R}$ gegeben, wobei diese – analog zum eindimensionalen Fall – durch

$$F(x, y) = p(X \le x, Y \le y)$$

gegeben ist (das Komma auf der rechten Seite bedeutet inhaltlich „und").

Damit erhält man: $\quad p(a_1 < X \le b_1, a_2 < Y \le b_2) = F(b_1, b_2) - F(a_1, b_2) - F(b_1, a_2) + F(a_1, a_2)$

Definition:

(i) Eine zweidimensionale Zufallsvariable heißt *diskret*, wenn sie in jedem beschränkten Gebiet des $\mathbb{R}^2$ höchstens abzählbar viele Werte (x_i, y_j) mit positiver Wahrscheinlichkeit p_{ij} annehmen kann.

Für die *Wahrscheinlichkeitsfunktion* $f:\mathbb{R}^2 \to \mathbb{R}$ gilt also

$$f(x,y) = \begin{cases} p_{ij} & \text{für } (x,y) = (x_i, y_j) \\ 0 & \text{sonst} \end{cases}.$$

Daraus ergibt sich die Verteilungsfunktion $F:\mathbb{R}^2 \to \mathbb{R}$ zu

$$F(x,y) = \sum_{x_i \leq x} \sum_{y_j \leq y} f(x_i, y_j).$$

(ii) Eine zweidimensionale Zufallsvariable heißt *stetig*, wenn sich ihre Verteilungsfunktion $F:\mathbb{R}^2 \to \mathbb{R}$ durch ein Doppelintegral der Form

$$F(x,y) = \int\limits_{-\infty}^{y} \int\limits_{-\infty}^{x} f(s,t) \, ds \, dt$$

ausdrücken lässt. Die nichtnegative Funktion f heißt *Dichte(funktion)* oder *Wahrscheinlichkeitsdichte* der Verteilung.

Wie im eindimensionalen Fall muss für Wahrscheinlichkeits- bzw. Dichtefunktion gelten:

$$\sum_i \sum_j f(x_i, y_j) = 1 \qquad \text{bzw.} \qquad \int\limits_{-\infty}^{\infty} \int\limits_{-\infty}^{\infty} f(x,y) \, dx \, dy = 1$$

Jeder zweidimensionalen Zufallsvariablen (X, Y) lassen sich zwei eindimensionale Verteilungen, die sogenannten *Randverteilungen*, dadurch zuordnen, dass man sich nur für die Verteilung jeweils einer Komponente von (X, Y) interessiert. Man definiert

$$F_1(x) := p(X \leq x, Y \text{ beliebig}) \qquad \text{und} \qquad F_2(y) := p(X \text{ beliebig}, Y \leq y)$$

als Verteilungsfunktionen der Randverteilungen. Aus $F(x, y)$ und $f(x, y)$ der zweidimensionalen Verteilung erhält man somit

(i) im diskreten Fall: $\qquad f_1(x) = \sum_y f(x,y) \qquad$ bzw. $\qquad f_2(y) = \sum_x f(x,y)$

für die Wahrscheinlichkeitsfunktionen sowie

$$F_1(x) = \sum_{x_i \leq x} f_1(x_i) \qquad \text{bzw.} \qquad F_2(y) = \sum_{y_j \leq y} f_2(y_j)$$

für die Verteilungsfunktionen der Randverteilungen;

(ii) im stetigen Fall:
$$f_1(x) = \int_{-\infty}^{\infty} f(x, y)\,\mathrm{d}y \qquad \text{bzw.} \qquad f_2(y) = \int_{-\infty}^{\infty} f(x, y)\,\mathrm{d}x$$

für die Dichtefunktionen sowie

$$F_1(x) = \int_{-\infty}^{x} f_1(s)\,\mathrm{d}s \qquad \text{bzw.} \qquad F_2(y) = \int_{-\infty}^{y} f_2(t)\,\mathrm{d}t$$

für die Verteilungsfunktionen der Randverteilungen.

Definition:

> Die beiden Zufallsvariablen X und Y einer zweidimensionalen Verteilung mit Verteilungsfunktion $F(x, y)$ heißen *unabhängig* genau dann, wenn
>
> $$F(x, y) = F_1(x) \cdot F_2(y)$$
>
> gilt. Dabei bezeichnen F_1 und F_2 die Randverteilungen von (X,Y).

Äquivalent dazu sind die beiden folgenden Aussagen:

(i) Für Wahrscheinlichkeits- bzw. Dichtefunktionen gilt: $f(x, y) = f_1(x) \cdot f_2(y)$

(ii) Für beliebige Paare (a_1,b_1) und (a_2,b_2) aus $\mathbb{R}^2$ sind die Ereignisse „X nimmt einen Wert in $]a_1,b_1]$ an" und „Y nimmt einen Wert in $]a_2,b_2]$ an" unabhängig im Sinne der Definition in Abschnitt 15.2.

Durch Verallgemeinerung auf zwei Veränderliche erhält man anlog zu Abschnitt 15.4 die

Definition:

> Für eine Funktion $g:\mathbb{R}^2 \to \mathbb{R}$ und eine Zufallsvariable (X,Y) definiert man den *mathematischen Erwartungswert* (kurz: die *Erwartung*) von $g(X,Y)$
>
> a) im diskreten Fall durch: $\quad \mathrm{E}(g(X,Y)) = \sum_i \sum_j g(x_i, y_j) f(x_i, y_j)$;
>
> b) im stetigen Fall durch: $\quad \mathrm{E}(g(X,Y)) = \int_{-\infty}^{\infty}\int_{-\infty}^{\infty} g(x, y)\, f(x, y)\,\mathrm{d}x\,\mathrm{d}y$.

Randverteilungen und deren Wahrscheinlichkeits- bzw. Dichtefunktionen, Unabhängigkeit und mathematischer Erwartungswert lassen sich analog für n Zufallsvariable $X_1, \ldots, X_n$ (mit $n > 2$) definieren.

Für n Zufallsvariable $X_1, \ldots, X_n$ gelten

Additionssatz und Multiplikationssatz für Mittelwerte:

(i) $E(X_1 + \ldots + X_n) = E(X_1) + \ldots + E(X_n)$

(ii)   Falls $X_1, \ldots, X_n$ unabhängig sind: $E(X_1 \cdot \ldots \cdot X_n) = E(X_1) \cdot \ldots \cdot E(X_n)$

Für zwei Zufallsvariable X und Y erhält man damit

$$\mathrm{Var}(X + Y) = \mathrm{Var}(X) + \mathrm{Var}(Y) + 2[E(X \cdot Y) - E(X) \cdot E(Y)],$$

woraus im Falle der Unabhängigkeit von X und Y die schon in Abschnitt 15.4 zitierte Formel für die Varianz einer Summe folgt.

Definition:

(i)   Der Ausdruck $E(X \cdot Y) - E(X) \cdot E(Y)$ heißt *Kovarianz* von X und Y und wird mit cov (X, Y) oder σ_{XY} bezeichnet.

(ii)   Sind die Varianzen σ_X^2 und σ_Y^2 von X und Y positiv, so heißt $\rho_{XY} := \dfrac{\sigma_{XY}}{\sigma_X \cdot \sigma_Y}$

der *Korrelationskoeffizient* und $\beta_{XY} := \dfrac{\sigma_{XY}}{\sigma_X^2}$ der *Regressionskoeffizient* von X und Y.

Mit diesen Bezeichnungen wird obige Varianz-Formel zu

$$\mathrm{Var}(X + Y) = \sigma_X^2 + \sigma_Y^2 + 2\sigma_{XY}.$$

Die Kovarianz σ_{XY} ist ein Maß für die Abhängigkeit zwischen X und Y, sie kann positive und negative Werte annehmen und ist genau dann 0, wenn X und Y unabhängig sind.

Der Korrelationskoeffizient ρ_{XY} ist ein Maß für die lineare Abhängigkeit von X und Y; er kann nur Werte zwischen -1 und $+1$ annehmen. Ist $|\rho_{XY}| = 1$, so ist $Y = \beta X + \kappa$, wobei β das Vorzeichen von ρ_{XY} trägt.

Der Regressionskoeffizient ist die Steigung der sogenannten *Regressionsgerade*, das ist diejenige Gerade $\beta X + \kappa$, für die die mittlere quadratische Abweichung von Y minimal ist, das heißt, für die $E((Y - \beta X - \kappa)^2)$ ein Minimum hat.[1]

Mittelwert und Varianz der Summe von $X_1, \ldots, X_n$ lassen sich also mittels obiger Regeln bestimmen, es ist jedoch im Allgemeinen nicht leicht, die Verteilung von $X = X_1 + \ldots + X_n$ anzugeben, sogar dann, wenn die X_i unabhängig sind.

---

[1]   Man beachte die Analogie zu der in Abschnitt 8.5 behandelten Ausgleichsgeraden.

Es gilt jedoch der

Satz über die Summe normalverteilter Zufallsvariablen:

$X_1, \ldots, X_n$ seien unabhängige normalverteilte Zufallsvariable mit $X_i \sim N(\mu_i, \sigma_i^2)$. Dann ist die Summe $X = X_1 + \ldots + X_n$ ebenfalls normalverteilt mit $E(X) = \mu_1 + \ldots + \mu_n$ und $\operatorname{Var}(X) = \sigma_1^2 + \ldots + \sigma_n^2$.

Ein allgemeineres Resultat ist insbesondere für die Statistik wichtig; es heißt dann

Zentraler Grenzwertsatz:

$X_1, \ldots, X_n$ seien unabhängige identisch verteilte Zufallsvariable mit Mittelwert μ und Varianz σ^2. Dann ist für große n die Summe $X = X_1 + \ldots + X_n$ asymptotisch normalverteilt, also $X \sim N(n\mu, n\sigma_i^2)$. Bezeichnet Z_n die zu X gehörige Zufallsvariable in Standardform, also ist $Z_n = \dfrac{X - n\mu}{\sigma\sqrt{n}}$, so konvergiert für $n \to \infty$ die zugehörige Verteilungsfunktion $F_n(x)$ gegen die Verteilungsfunktion $\Phi(x)$ der Standardnormalverteilung.

15.8   Testverteilungen

Die in diesem Abschnitt behandelten sogenannten *Testverteilungen* beschreiben stetige Zufallsvariablen, die aus anderen durch bestimmte Rechenausdrücke zusammengesetzt sind. Diese Terme erscheinen zunächst einmal nicht unbedingt nahe liegend, sie ergeben sich jedoch aus Fragestellungen der im nächsten Kapitel behandelten Schätz- und Testtheorie.

1. χ^2-Verteilung

Es seien $X_1, \ldots, X_n$ unabhängige standardnormalverteilte Zufallsvariable. Daraus erhält man durch $X = X_1^2 + \ldots + X_n^2$ eine stetige Zufallsvariable, für deren Dichtefunktion gilt:

$$f(x) = \begin{cases} 0 & \text{für } x \leq 0 \\[2ex] \dfrac{1}{2^{\frac{n}{2}}\,\Gamma(\frac{n}{2})} \cdot x^{\frac{n}{2}-1} \cdot e^{-\frac{x}{2}} & \text{für } x > 0 \end{cases}$$

$\Gamma(x)$ bezeichnet dabei die in Abschnitt 5.4 eingeführte Gammafunktion. Man beachte, dass für $n = 1$ und $n = 2$ die Dichte f auf $\mathbb{R}^+$ streng monoton fällt, für $n > 2$ besitzt f in $x = n - 2$ ein Maximum (siehe Bild 15.8.1).

Die Zufallsvariable X heißt χ^2-*verteilt* mit dem Parameter (*Freiheitsgrad*) $n \in \mathbb{N}^+$.

Es ist $\mu = E(X) = n$ und $\sigma^2 = \text{Var}(X) = 2n$.

Für die gebräuchlichsten Werte und diverse Freiheitsgrade sind die Quantile der χ^2-Verteilung im Anhang tabelliert. Für fehlende Freiheitsgrade lassen sich die Quantile mit

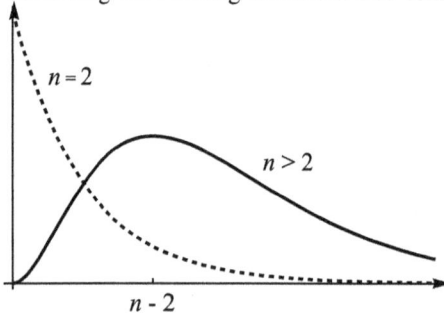

Bild 15.8.1: Dichtefunktion der χ^2-Verteilung mit verschiedenen Freiheitsgraden

hinreichender Genauigkeit mit linearer Interpolation bestimmen. Da eine χ^2-verteilte Zufallsvariable X asymptotisch normalverteilt ist, lässt sich für große n $F(x) \approx \Phi\left(\dfrac{x-n}{\sqrt{2n}}\right)$

setzen.

2. STUDENTsche t-Verteilung

Es seien Y und Z unabhängige Zufallsvariable, Y sei standardnormal- und Z χ^2-verteilt. Daraus erhält man durch $X = \dfrac{Y}{\sqrt{\dfrac{Z}{n}}}$ eine stetige Zufallsvariable, für deren Dichte gilt:

$$f(x) = \frac{\Gamma\left(\dfrac{n+1}{2}\right)}{\sqrt{\pi n} \cdot \Gamma\left(\dfrac{n}{2}\right)} \cdot \left(1 + \frac{x^2}{n}\right)^{-\frac{n+1}{2}}$$

Offensichtlich ist f eine gerade Funktion, ihr Verlauf ähnelt der GAUSSschen Glockenkurve (siehe Bild 15.8.2).

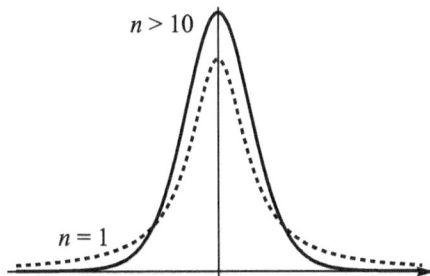

Bild 15.8.2: STUDENTsche t-Verteilung für verschiedene Freiheitsgrade

Die Zufallsvariable X heißt t-verteilt mit dem *Freiheitsgrad* $n \in \mathbb{N}^+$.

Für $n = 1$ ergibt sich die CAUCHY-Verteilung, die keinen Mittelwert besitzt; für $n > 1$ ist der Mittelwert $\mu = 0$.

Für $n = 1$ und $n = 2$ besitzt die t-Verteilung keine Varianz; für $n > 2$ ist diese $\sigma^2 = \dfrac{n}{n-2}$.

Der letzte Wert ist für große n annähernd 1. Wegen des Verlaufs der Dichtefunktion und der Werte für Mittelwert und Varianz kann die t-Verteilung für große n hinreichend gut durch die Standardnormalverteilung approximiert werden.

Für die gebräuchlichsten Werte und diverse Freiheitsgrade sind die Quantile der t-Verteilung im Anhang tabelliert, die Zeile $n = \infty$ enthält die Quantile der Standardnormalverteilung.

3. FISHERsche F-Verteilung

Es seien Y und Z unabhängige χ^2-verteilte Zufallsvariable mit den Freiheitsgraden m bzw. n.

Daraus erhält man durch $X = \dfrac{Y}{m} \cdot \left(\dfrac{Z}{n} \right)^{-1}$ eine stetige Zufallsvariable, für deren Dichte gilt:

$$f(x) = \begin{cases} 0 & \text{für } x \le 0 \\[2ex] \dfrac{\Gamma\left(\dfrac{m+n}{2} \right)}{\Gamma(\frac{m}{2}) \cdot \Gamma(\frac{n}{2})} \, m^{\frac{m}{2}} n^{\frac{n}{2}} \cdot x^{\frac{m}{2} - 1} \cdot (n + mx)^{-\frac{m+n}{2}} & \text{für } x > 0 \end{cases}$$

Die Zufallsvariable X heißt F-*verteilt* mit den Freiheitsgraden (m, n). Für die gebräuchlichsten Werte und diverse Freiheitsgrade sind die Quantile der t-Verteilung im Anhang tabelliert.

Für $n > 2$ existiert der Mittelwert, er ist
$$\mu = \mathrm{E}(X) = \frac{n}{n-2} \; ;$$

für $n > 4$ existiert auch die Varianz, es gilt
$$\sigma^2 = \mathrm{Var}(X) = \frac{2n^2(m+n-2)}{m(n-2)^2(n-4)} \; .$$

16 Statistik

16.1 Grundlagen

Soll eine relativ große oder gar unendliche Menge M auf ein bestimmtes Merkmal untersucht werden, so ist dies meist zu aufwendig oder gar unmöglich. Man beschränkt sich daher auf die Untersuchung einer zufällig ausgewählten Teilmenge T, einer aus der *Grundgesamtheit* gezogenen *Zufallsstichprobe*. Es ist Inhalt der sogenannten *induktiven* Statistik (schließende Statistik), die beim Schluss von den aus T gewonnenen Ergebnissen auf die Grundgesamtheit M auftretende Unsicherheit mithilfe der Wahrscheinlichkeitstheorie zu quantifizieren.

Dem liegt das sogenannte *statistische Standardmodell* zugrunde:

Eine Grundgesamtheit wird hinsichtlich eines Merkmals durch eine Zufallsvariable X beschrieben. So ist man zum Beispiel bei der Untersuchung des Alters aller Studierenden einer bestimmten Fachrichtung in Deutschland an der diskreten Zufallsvariable „X = Lebensalter in Jahren" interessiert. Kennt man deren Verteilung (mit ihren zugehörigen Parametern), so weiß man, wie die Altersstruktur der untersuchten Personengruppe aussieht.

Eine Zufallsstichprobe $T = \{x_1, \cdots, x_n\}$ aus M wird in diesem Modell durch n unabhängige X_i repräsentiert, die alle die gleiche Verteilung wie X haben (X_i = „Zufallsvariable X im i-ten Zug"). Die gezogene Stichprobe $\{x_1, \cdots, x_n\}$ wird als Realisation der n-dimensionalen Zufallsvariablen $(X_1, \cdots, X_n)$ aufgefasst.

Die Unabhängigkeit der X_i, die für sämtliche hier dargestellten Ergebnisse wesentlich ist, wird dadurch gewährleistet, dass bei der Erzeugung der Stichprobe das Modell „Ziehen mit Zurücklegen" zugrunde gelegt wird. Ist der Stichprobenumfang n klein gegenüber der Anzahl N der Grundgesamtheit (Faustregel: $n < \dfrac{N}{10}$), so kann auch „Ziehen ohne Zurücklegen" verwendet werden.

Zur summarischen Beschreibung der Werte einer Stichprobe $\{x_1, \cdots, x_n\}$ werden folgende Begriffe aus der sogenannten *deskriptiven* Statistik (beschreibenden Statistik) verwendet:

Mittelwert: $\qquad \bar{x} = \dfrac{1}{n} \sum_{i=1}^{n} x_i$

https://doi.org/10.1515/9783110537161-309

Varianz: $\qquad s^2 = \dfrac{1}{n-1}\sum_{i=1}^{n}(x_i - \overline{x})^2 = \dfrac{1}{n-1}\left(\sum_{i=1}^{n}x_i^2 - n\overline{x}^2\right)$

Die Wurzel aus der Varianz ist die *Standardabweichung s.*

Wird die Grundgesamtheit durch eine zweidimensionale Zufallsvariable (X, Y) beschrieben, ist man also an der gleichzeitigen Erfassung zweier Merkmale (zum Beispiel Körpergröße und -gewicht) interessiert, so besteht die Zufallsstichprobe aus Paaren $\{(x_1, y_1), \cdots, (x_n, y_n)\}$. Bezeichnen s_x bzw. s_y die Standardabweichungen der x- bzw. y-Werte allein (siehe oben), so ist definiert:

Kovarianz: $\qquad s_{xy} = \dfrac{1}{n-1}\sum_{i=1}^{n}(x_i - \overline{x})(y_i - \overline{y}) = \dfrac{1}{n-1}\sum_{i=1}^{n}(x_i y_i - n\overline{x}\,\overline{y})$

Korrelationskoeffizient: $\qquad r = \dfrac{s_{xy}}{s_x \cdot s_y}$

Regressionskoeffizient: $\qquad b = \dfrac{s_{xy}}{s_x^2}$

Die damit gebildete Gerade $y = b(x - \overline{x}) + \overline{y}$ heißt *Regressionsgerade* (der Stichprobe); es ist die in Abschnitt 8.5 in anderem Zusammenhang behandelte Ausgleichsgerade der Paare (x_i, y_i).

16.2 Schätzen von Parametern

Wie in Abschnitt 16.1 dargestellt, kann eine Grundgesamtheit durch eine Zufallsvariable X beschrieben werden. Diese hängt meist von einem oder mehreren Parametern ab (siehe dazu die Beispiele im vorigen Kapitel).

Häufig hängen diese Parameter eng mit Mittelwert oder Varianz der Verteilung zusammen. So erweisen sich die Parameter μ und σ der Normalverteilung gerade als Mittelwert und Varianz dieser Verteilung; der Parameter α der Exponentialverteilung ergibt den Kehrwert des Mittelwerts der Verteilung.

Es liegt nahe, zur Schätzung von Mittelwert und Varianz der Grundgesamtheit die entsprechenden Werte aus einer Zufallsstichprobe $\{x_1, \cdots, x_n\}$ zu nehmen, also ist $\overline{x} = \dfrac{1}{n}\sum_{i=1}^{n}x_i$ als

Schätzung für (den wahren Wert) μ und $s^2 = \dfrac{1}{n-1}\sum_{i=1}^{n}(x_i - \overline{x})^2$ als eine solche für σ zu

benutzen. Dies ist die sogenannte *Momentenmethode.*

In jedem Fall ist der zu schätzende Parameter ϑ eine Funktion g von den Werten der Zufallsstichprobe. Diese wird gemäß dem statistischen Standardmodell als Realisation der n-dimensionalen Zufallsvariablen $(X_1, \cdots, X_n)$ betrachtet. Damit ist der aus der Zufallsstichprobe berechnete Schätzwert $\tilde{\vartheta} = g(x_1, \cdots, x_n)$ für ϑ eine Realisation der Zufallsvariablen $\theta = g(X_1, \cdots, X_n)$. Eine solche Funktion heißt *Schätzfunktion*.

Definition:

Es sei $\theta = g(X_1, \cdots, X_n)$ eine Schätzfunktion für ϑ.

(i) g heißt *erwartungstreu* $\Leftrightarrow$ $E(\theta) = E(g(X_1, \cdots X_n)) = \vartheta$.

(ii) g heißt *effizient* $\Leftrightarrow$ Die Varianz $\mathrm{E}((\theta - \vartheta)^2)$ von $g(X_1, \cdots X_n)$ ist endlich, und es gibt keine andere Schätzfunktion g^* für θ mit kleinerer Varianz.

(iii) g heißt *konsistent* $\Leftrightarrow$ $\forall \varepsilon \in \mathbb{R}^+ : \lim_{n \to \infty} p\,(|\,\theta - \vartheta\,| < \varepsilon) = 1$.

Die durch $\bar{x}$ und s^2 gegebenen Schätzfunktionen sind erwartungstreu. Man beachte, dass dies für die Varianz deshalb gilt, weil der Faktor in s^2 als $\dfrac{1}{n-1}$ gewählt wurde und nicht – wie manchmal auch – als $\dfrac{1}{n}$.

Effiziente Schätzfunktionen für die Parameter einer Grundgesamtheit erhält man mit der **Maximum-Likelihood-Methode:**

Will man die Parameter $\vartheta_1, \cdots, \vartheta_r$ einer Grundgesamtheit X schätzen, die durch ihre Wahrscheinlichkeits- bzw. Dichtefunktion $f(x, \vartheta_1, \cdots, \vartheta_r)$ gegeben ist, so bilde man durch Einsetzen der Stichprobenwerte $x_1, \cdots, x_n$ für x die sogenannte *Likelihood-Funktion*

$$l^*(\vartheta_1, \cdots, \vartheta_r) = \ln[f(x_1, \vartheta_1, \cdots, \vartheta_r) \cdot \ldots \cdot f(x_n, \vartheta_1, \cdots, \vartheta_r)]$$

und bestimme deren Maximum gemäß Abschnitt 8.5, indem alle partiellen Ableitungen Null gesetzt werden. Durch Auflösen nach den Parametern ϑ_i erhält man r Gleichungen der Gestalt

$$\vartheta_i = g_i(x_1, \cdots, x_n).$$

$g_i(X_1, \cdots, X_n)$ ist dann eine effiziente Schätzfunktion für ϑ_i.

Diese sogenannten *Punktschätzungen* lassen sich genauso auf zweidimensionale Grundgesamtheiten anwenden. Insbesondere lassen sich mit der Momentenmethode Korrelations- und Regressionskoeffizient aus den entsprechenden Größen der (zweidimensionalen) Stichprobe schätzen.

Es ist klar, dass die erhaltenen Schätzwerte die wahren Parameter im Allgemeinen nicht exakt treffen. Es liegt also nahe, basierend auf der durchgeführten Punktschätzung ein Intervall anzugeben, in dem der zu schätzende Parameter der Grundgesamtheit liegt. Während bei numerischen Verfahren ein solches „Unsicherheitsintervall" durch die Approximation des wahren Werts bedingt ist (siehe hierzu Kapitel 14), entsteht es bei Parameterschätzungen durch die zufällige Auswahl der Stichprobe. In der Numerik kann man aufgrund der durchgeführten Fehleranalyse also sicher davon ausgehen, dass der wahre Wert im angegebenen Intervall liegt; bei Parameterschätzungen kann dies nur mit einer anzugebenden Wahrscheinlichkeit gelten. Diese sogenannte *Konfidenzzahl* γ hat typischerweise Werte wie 90%, 95% oder 99%.

Bei den sogenannten *Intervallschätzungen* berechnet man also aus der gezogenen Stichprobe *Konfidenzintervalle*, in denen die zu schätzenden Parameter mit einer Wahrscheinlichkeit γ liegen.

Bei den im Folgenden dargestellten Konfidenzintervallen wird vorausgesetzt, dass die Grundgesamtheit X normalverteilt ist. Wegen des Zentralen Grenzwertsatzes lassen sich die Ergebnisse jedoch für genügend große Stichproben ohne weiteres auf beliebig verteilte Grundgesamtheiten übertragen. Bei Erwartungswertschätzungen ist dies bereits für $n > 30$ möglich, bei Varianzschätzungen sollte $n > 100$ sein.

Konfidenzintervall für den Mittelwert μ bei bekannter Varianz σ^2

1. *Schritt*:   Zur gegebenen Konfidenzzahl γ bestimme man aus der Standardnormalverteilung c mit $F(c) = \dfrac{1+\gamma}{2}$.

2. *Schritt*:   Aus der Stichprobe berechne man $\bar{x} = \dfrac{1}{n}\sum_{i=1}^{n} x_i$.

3. *Schritt*:   Man berechne $a = \dfrac{c \cdot \sigma}{\sqrt{n}}$.

4. *Schritt*:   Das Konfidenzintervall für μ ist $[\bar{x} - a, \bar{x} + a]$.

Konfidenzintervall für den Mittelwert μ bei unbekannter Varianz σ^2

1. *Schritt*:   Zur gegebenen Konfidenzzahl γ bestimme man aus der STUDENTschen t-Verteilung mit $n-1$ Freiheitsgraden c mit $F(c) = \dfrac{1+\gamma}{2}$.

2. *Schritt*:   Aus der Stichprobe berechne man

$$\bar{x} = \frac{1}{n}\sum_{i=1}^{n} x_i \qquad \text{und} \qquad s^2 = \frac{1}{n-1}\left(\sum_{i=1}^{n} x_i^2 - n\bar{x}\right).$$

3. *Schritt*:   Man berechne $a = \dfrac{c \cdot s}{\sqrt{n}}$.

4. *Schritt*:   Das Konfidenzintervall für μ ist $[\bar{x} - a, \bar{x} + a]$.

Konfidenzintervall für die Varianz σ^2

1. Schritt: Zur gegebenen Konfidenzzahl γ bestimme man aus der χ^2-Verteilung mit

$n-1$ Freiheitsgraden c_1 und c_2 mit $F(c_1) = \dfrac{1-\gamma}{2}$ und $F(c_2) = \dfrac{1+\gamma}{2}$.

2. Schritt: Aus der Stichprobe berechne man

$$\bar{x} = \frac{1}{n}\sum_{i=1}^{n} x_i \quad \text{und} \quad s^2 = \frac{1}{n-1}\left(\sum_{i=1}^{n} x_i^2 - n\bar{x}\right).$$

3. Schritt: Das Konfidenzintervall für σ^2 ist $\left[\dfrac{(n-1)\cdot s^2}{c_2}, \dfrac{(n-1)\cdot s^2}{c_1}\right]$.

Konfidenzintervall für die Erfolgswahrscheinlichkeit p eines BERNOULLI-Experiments

Ein BERNOULLI-Experiment werde n-mal durchgeführt, dabei treten k Erfolge ein. Ein nahe liegender Schätzwert für p ist die relative Häufigkeit $\dfrac{k}{n}$.

Zur Ermittlung des Konfidenzintervalls geht man folgendermaßen vor:

1. Schritt: Zur gegebenen Konfidenzzahl γ bestimme man aus der Standardnormal-

verteilung c mit $F(c) = \dfrac{1+\gamma}{2}$.

2. Schritt: Man bestimme die Nullstellen p_1 und p_2 der nach oben geöffneten Parabel

$$g(x) = (n+c^2)x^2 - (2k+c^2)x + \frac{k^2}{n}.$$

3. Schritt: Das Konfidenzintervall für p ist $[p_2, p_1]$, wobei $p_2 < p_1$ ist.

Im Folgenden sei bei der zweidimensionalen Grundgesamtheit (X,Y) für jedes feste $X = x$ Y normalverteilt mit von x unabhängiger Varianz σ_Y^2.

Konfidenzintervall für den Regressionskoeffizienten β_{XY}

1. Schritt: Zur gegebenen Konfidenzzahl γ bestimme man aus der STUDENTschen t-

Verteilung mit $n-2$ Freiheitsgraden c mit $F(c) = \dfrac{1+\gamma}{2}$.

2. Schritt: Aus der Stichprobe berechne man

$$s_x^2, s_y^2, s_{xy}, \ b = \frac{s_{xy}}{s_x^2} \ \text{und} \ a = (n-1)(s_y^2 - b^2 s_x^2).$$

3. Schritt: Man berechne $l = \dfrac{c \cdot \sqrt{a}}{s_x\sqrt{(n-1)(n-2)}}$.

4. Schritt: Das Konfidenzintervall für β_{XY} ist $[b-l, b+l]$.

Konfidenzintervall für den Korrelationskoeffizienten ρ_{XY}

1. *Schritt:*   Zur gegebenen Konfidenzzahl γ bestimme man aus der Standardnormal-

verteilung c mit $F(c) = \dfrac{1+\gamma}{2}$ und setze $a = \dfrac{c}{\sqrt{n-3}}$.

2. *Schritt:*   Aus der Stichprobe berechne man

$$s_x^2,\, s_y^2,\, s_{xy},\text{ und } r = \frac{s_{xy}}{s_x \cdot s_y}\,.$$

3. *Schritt:*   Man berechne $z_0 = \frac{1}{2}\ln\dfrac{1+r}{1-r}$.

4. *Schritt:*   Das Konfidenzintervall für ρ_{XY} ist $[\tanh(z_0 - a), \tanh(z_0 + a)]$.

16.3   Testen von Hypothesen

Eine Hypothese über eine Grundgesamtheit X, zum Beispiel über die Art der Verteilung von X oder über einen Parameter ϑ von X, soll anhand einer Zufallsstichprobe auf ihren – wahrscheinlichen – Wahrheitsgehalt untersucht werden. Dabei wird aufgrund einer aus der Stichprobe ermittelten Testgröße die *Nullhypothese* H_0 (etwa „X ist exponentialverteilt" oder „$\mu \geq \mu_0$") gegen das Gegenteil, die *Alternativhypothese* H_1 (also „X ist nicht exponentialverteilt" bzw. „$\mu < \mu_0$"), getestet.

Liegt die Testgröße t außerhalb des *Annahmebereichs*, dessen Größe vom sogenannten *Signifikanzniveau* α – auch *Irrtumswahrscheinlichkeit* genannt – abhängt, so wird H_0 zu Gunsten von H_1 verworfen. Im Allgemeinen ist α sehr klein (etwa 0.05 oder 0.01 o.ä.), die Komplementärwahrscheinlichkeit $1 - \alpha$ heißt *Sicherheitswahrscheinlichkeit* oder *statistische Sicherheit*.

Bei der aus dem Test einer Hypothese resultierenden Entscheidung können grundsätzlich zwei verschiedene Fehler gemacht werden:

Fehler 1. Art: Aufgrund der Stichprobe wird die Nullhypothese verworfen, obwohl sie richtig ist. Die Wahrscheinlichkeit dafür gibt das Signifikanzniveau α an. Das Risiko, einen Fehler 1. Art zu machen, heißt – aus der Qualitätssicherungstheorie entlehnt – *Produzentenrisiko*. Testverfahren, bei denen die resultierenden Entscheidungen aufgrund eines gegebenen Signifikanzniveaus getroffen werden, heißen *Signifikanztests*.

Fehler 2. Art: Aufgrund der Stichprobe wird die Nullhypothese akzeptiert, also nicht verworfen, obwohl sie falsch ist. Die Wahrscheinlichkeit β für einen Fehler 2. Art ist also in gewisser Weise gegenläufig zum Signifikanzniveau α. Da die Konsequenzen aus den Fehlern 2. Art (*Konsumentenrisiko*) im Allgemeinen als nicht so gravierend angesehen werden, steht bei der Konstruktion der hier dargestellten *Signifikanztests* stets im Vordergrund, α möglichst klein zu halten.

Tests, die H_0 und H_1 als gleichberechtigte Hypothesen ansehen, heißen *Alternativtests*; sie werden bei der Qualitätssicherung benutzt.

χ^2-Test

Mit diesem Test wird untersucht, ob die Grundgesamtheit X eine bestimmte Verteilung hat. Hängt die Verteilung von einem oder mehreren Parametern ab, so werden diese zunächst aus der Stichprobe mit den in Abschnitt 16.2 beschriebenen Verfahren geschätzt.

H_0:   „X besitzt die Verteilungsfunktion $F(x)$ (ggf. mit den Parametern $\vartheta_1, \cdots, \vartheta_r$).“

H_1:   „X ist nicht gemäß $F(x)$ verteilt.“

1. *Schritt*: Man unterteile die x-Achse in m Intervalle $I_1, \cdots, I_m$ derart, dass in jedem Intervall mindestens 5 Stichprobenwerte liegen. Für jedes Intervall I_k bestimme man die Anzahl b_k der Stichprobenwerte, die in I_k liegen.

2. *Schritt*: Mittels $F(x)$ berechne man $p_k = p(X \in I_k)$ für jedes $k \in \{1, \cdots, m\}$ und damit die Anzahl der theoretisch in I_k liegenden Stichprobenwerte $e_k = np_k$.

3. *Schritt*: Man berechne die Testgröße $t = \sum_{k=1}^{m} \frac{(b_k - e_k)^2}{e_k}$.

4. *Schritt*: Mit der gegebenen Signifikanzzahl α bestimme man das $(1 - \alpha)$-Quantil c der χ^2-Verteilung mit $m - 1 - r$ Freiheitsgraden (r ist ggf. 0).

5. *Schritt*: Ist $t \leq c$, so wird H_0 auf dem Signifikanzniveau α angenommen, ansonsten verworfen.

Bei den folgenden Parametertests, bei denen die angenommenen Parameterwerte jeweils mit 0 indiziert sind, sei vorausgesetzt, dass die Grundgesamtheiten normalverteilt sind; bei den Mittelwerttests kann für hinreichend große Stichproben ($n > 0$) auf diese Voraussetzung verzichtet werden.

Tests über den Mittelwert μ bei bekannter Varianz σ^2

1. *Schritt*: Aus der Stichprobe berechne man den Wert der Testgröße $t = \frac{\overline{x} - \mu_0}{\sigma} \cdot \sqrt{n}$.

2. *Schritt*: Mit der Signifikanzzahl α ermittle man aus der Standardnormalverteilung das $\left(1 - \frac{\alpha}{2}\right)$- Quantil λ_1 und das $(1 - \alpha)$- Quantil λ_2 .

3. *Schritt*: Beim *zweiseitigen* GAUSS-*Test*, bei dem die Nullhypothese „$\mu = \mu_0$" gegen die Alternativhypothese „$\mu \neq \mu_0$" getestet wird, wird H_0 auf dem Signifikanzniveau α abgelehnt, wenn $|t| > \lambda_1$ ist.

Beim *einseitigen* GAUSS-*Test*, bei dem die Nullhypothese „$\mu \leq \mu_0$" (bzw. „$\mu \geq \mu_0$") gegen die Alternativhypothese „$\mu > \mu_0$" (bzw. „$\mu < \mu_0$") getestet wird, wird H_0 auf dem Signifikanzniveau α abgelehnt, wenn $t > \lambda_2$ (bzw. $t < -\lambda_2$) ist.

Tests über den Mittelwert μ bei unbekannter Varianz σ^2

Die Tests (einseitig und zweiseitig) verlaufen völlig analog zu den GAUSS-Tests, nur wird die unbekannte Varianz σ^2 durch die Stichprobenvarianz s^2 ersetzt und die Quantile werden von der STUDENTschen t-Verteilung mit $n-1$ Freiheitsgraden statt der Standardnormalverteilung genommen.

Tests über die Mittelwerte μ_X und μ_Y zweier Grundgesamtheiten mit unbekannter, aber gleicher Varianz σ^2

1. *Schritt*: Aus den Stichproben $\{x_1, \cdots, x_n\}$ und $\{y_1, \cdots, y_m\}$ berechne man den Wert der

Testgröße $\qquad t = \dfrac{\bar{x} - \bar{y}}{\sqrt{(n-1)s_x^2 + (m-1)s_y^2}} \cdot \sqrt{\dfrac{n\,m(n+m-2)}{n+m}}$.

2. *Schritt*: Mit der Signifikanzzahl α ermittle man aus der STUDENTschen t-Verteilung mit $n+m-2$ Freiheitsgraden das $\left(1 - \dfrac{\alpha}{2}\right)$ - Quantil λ_1 und das $(1-\alpha)$ -Quantil λ_2 .

3. *Schritt*: Beim zweiseitigen Test, bei dem die Nullhypothese „$\mu_X = \mu_Y$" gegen die Alternativhypothese „$\mu_X \neq \mu_Y$" getestet wird, wird H_0 auf dem Signifikanzniveau α abgelehnt, wenn $|t| > \lambda_1$ ist.

Beim einseitigen Test, bei dem die Nullhypothese „$\mu_X \leq \mu_Y$" gegen die Alternativhypothese „$\mu_X > \mu_Y$" getestet wird, wird H_0 auf dem Signifikanzniveau α abgelehnt, wenn $t > \lambda_2$ ist.

Tests über die Varianz σ^2 bei unbekanntem Mittelwert μ

1. *Schritt*: Aus der Stichprobe berechne man den Wert der Testgröße $\quad t = \dfrac{s^2}{\sigma_0^2} \cdot (n-1)$.

2. *Schritt*: Mit der Signifikanzzahl α ermittle man aus der χ^2-Verteilung mit $n-1$ Freiheitsgraden das $\dfrac{\alpha}{2}$-Quantil λ_1 und das $\left(1 - \dfrac{\alpha}{2}\right)$-Quantil λ_2 (beim zweiseitigen Test) bzw. das α-Quantil λ_3 oder das $(1 - \alpha)$-Quantil λ_4 (beim einseitigen Test).

3. *Schritt*: Beim zweiseitigen Test, bei dem die Nullhypothese „$\sigma^2 = \sigma_0^2$" gegen die Alternativhypothese „$\sigma^2 \neq \sigma_0^2$" getestet wird, wird H_0 auf dem Signifikanzniveau α abgelehnt, wenn $t \notin [\lambda_1, \lambda_2]$ ist.

Beim einseitigen Test, bei dem die Nullhypothese „$\sigma^2 \leq \sigma_0^2$" (bzw. „$\sigma^2 \geq \sigma_0^2$") gegen die Alternativhypothese „$\sigma^2 > \sigma_0^2$" (bzw. „$\sigma^2 < \sigma_0^2$") getestet wird, wird H_0 auf dem Signifikanzniveau α abgelehnt, wenn $t > \lambda_4$ (bzw. $t < \lambda_3$) ist.

Tests über die Varianzen $\sigma_X{}^2$ und $\sigma_Y{}^2$ zweier Grundgesamtheiten mit unbekannten Mittelwerten

1. *Schritt*: Aus den Stichproben $\{x_1, \cdots, x_n\}$ und $\{y_1, \cdots, y_m\}$ berechne man die Stichprobenvarianzen s_x^2 und s_y^2 sowie den Wert der Testgröße $t = \dfrac{s_x^2}{s_y^2}$, wobei s_x^2 die größere der beiden Stichprobenvarianzen sei.

2. *Schritt*: Mit der Signifikanzzahl α ermittle man aus der FISHERschen F-Verteilung mit $(n-1, m-1)$ Freiheitsgraden das $\left(1 - \dfrac{\alpha}{2}\right)$-Quantil λ.

3. *Schritt*: Die Nullhypothese „$\sigma_X^2 = \sigma_Y^2$" wird gegen die Alternativhypothese „$\sigma_X^2 \neq \sigma_Y^2$" getestet; H_0 wird auf dem Signifikanzniveau α abgelehnt, wenn $t > \lambda$ ist.

17 Anhang: Tafeln und Tabellen

17.1 Unbestimmte Integrale

Im Folgenden sind häufig vorkommende unbestimmte Integrale (Stammfunktionen) zusammengestellt. Zum Zwecke der Übersichtlichkeit und leichteren Anwendbarkeit wurden viele Ausdrücke nicht in vollster Allgemeinheit dargestellt, sondern **einfache Umformungen** wie zum Beispiel das Herausziehen eines konstanten Faktors $\neq 0$ aus dem Integral oder aus einer Wurzel dem Anwender überlassen.

Darüber hinaus sollte sich der Benutzer dieser Integraltafel bei Vorliegen eines komplizierteren Integralausdrucks noch einmal an die in Abschnitt 5.3 beschriebenen Integrationstechniken **Substitutionsregel** und **Partielle Integration** erinnern, um damit die Aufgabe auf einfachere hier gelöste Integrale zu reduzieren.

Außerdem kann die Umformung des Integranden vor dem Integrieren sehr hilfreich sein. Zum Einen sei hier auf die **Partialbruchzerlegung** (siehe Abschnitte 3.2 und 5.3) verwiesen, zum Anderen können bei **trigonometrischen Funktionen** entsprechende Formeln, wie sie etwa in Abschnitt 3.5 zusammengestellt sind, sehr hilfreich sein.

Zur **Notation**: C bezeichnet stets eine aus $\mathbb{R}$ beliebig frei wählbare Konstante; wenn nichts anderes vorausgesetzt ist, stehen die Parameter a, b, t für reelle Zahlen, m und n sind für natürliche Zahlen vorgesehen. Falls eine Parametereinschränkung, etwa $a \neq 0$, sofort aus der Formel ersichtlich ist, wurde meist auf die entsprechende Angabe verzichtet.

Integrale rationaler Funktionen

1. $\qquad \displaystyle\int x^t \, dx = \frac{x^{t+1}}{t+1} + C \qquad\qquad\qquad\qquad\qquad$ für $t \neq -1$

2. $\qquad \displaystyle\int \frac{dx}{x} = \ln |x| + C$

3. $\qquad \displaystyle\int (ax+b)^t \, dx = \frac{1}{(t+1)a}(ax+b)^{t+1} + C$

4. $\qquad \displaystyle\int \frac{dx}{ax+b} = \frac{1}{a} \ln |ax+b| + C$

https://doi.org/10.1515/9783110537161-319

5. $\displaystyle\int\frac{x\,\mathrm{d}x}{ax+b}=\frac{x}{a}-\frac{b}{a^2}\ln|ax+b|+C$

6. $\displaystyle\int\frac{x\,\mathrm{d}x}{(ax+b)^2}=\frac{b}{a^2}\frac{1}{ax+b}+\frac{1}{a^2}\ln|ax+b|+C$

7. $\displaystyle\int x(ax+b)^t\,\mathrm{d}x=\frac{1}{(t+2)a^2}(ax+b)^{t+2}-\frac{b}{(t+1)a^2}(ax+b)^{t+1}+C$

8. $\displaystyle\int\frac{1}{x}(ax+b)^t\,\mathrm{d}x=\frac{1}{t}(ax+b)^t+b\int\frac{1}{x}(ax+b)^{t-1}\mathrm{d}x$ mit $\;t>0$

9. $\displaystyle\int\frac{\mathrm{d}x}{x(ax+b)}=-\frac{1}{b}\ln\left|\frac{ax+b}{x}\right|+C$

10. $\displaystyle\int\frac{\mathrm{d}x}{x(ax+b)^t}=\frac{1}{(t-1)b}\cdot\frac{1}{(ax+b)^{t-1}}+\frac{1}{b}\int\frac{\mathrm{d}x}{x(ax+b)^{t-1}}$ mit $\;t>0\,,t\neq1$

11. $\displaystyle\int\frac{ax+b}{cx+d}\,\mathrm{d}x=\frac{a}{c}x+\frac{bc-ad}{c^2}\ln|cx+d|+C$ für $\;c\neq0$

12. $\displaystyle\int\frac{\mathrm{d}x}{(x+a)(x+b)}=\frac{1}{(a-b)}\ln\left|\frac{x+b}{x+a}\right|+C$ für $\;a\neq b$

13. $\displaystyle\int\frac{x\,\mathrm{d}x}{(x+a)(x+b)}=\frac{1}{(a-b)}(a\ln|x+a|-b\ln|x+b|)+C$ für $\;a\neq b$

14. $\displaystyle\int\frac{\mathrm{d}x}{a^2+x^2}=\frac{1}{a}\arctan\left(\frac{x}{a}\right)+C$

15. $\displaystyle\int\frac{\mathrm{d}x}{a^2-x^2}=\frac{1}{2a}\ln\left|\frac{a+x}{a-x}\right|+C$

16. $\displaystyle\int\frac{x\,\mathrm{d}x}{a^2\pm x^2}=\pm\frac{1}{2}\ln|a^2\pm x^2|+C$

17. $\displaystyle\int\frac{\mathrm{d}x}{x(a^2\pm x^2)}=\frac{1}{a^2}\ln\frac{|x|}{\sqrt{|a^2\pm x^2|}}+C$

In den folgenden Formeln besitze x^2+ax+b keine reelle Nullstelle, ansonsten forme man den Integranden mittels Partialbruchzerlegung um und benutze die Formeln 1-17:

18. $\displaystyle\int\frac{\mathrm{d}x}{x^2+ax+b}=\frac{2}{\sqrt{4b-a^2}}\arctan\frac{2x+a}{\sqrt{4b-a^2}}+C$

19. $\int \dfrac{(px+q)\,dx}{x^2+ax+b} = \dfrac{p}{2}\ln\mid x^2+ax+b\mid + (q-\dfrac{ap}{2})\int\dfrac{dx}{x^2+ax+b}$

20. $\int \dfrac{dx}{(x^2+ax+b)^t} = \dfrac{1}{(t-1)(4b-a^2)}\left[\dfrac{2x+a}{(x^2+ax+b)^{t-1}} + 2(2t-3)\int\dfrac{dx}{(x^2+ax+b)^{t-1}}\right]$

$$\text{für } t>0,\ t\neq 1$$

21. $\int \dfrac{(px+q)\,dx}{(x^2ax+b)^t} = -\dfrac{p}{2(t-1)(x^2+ax+b)^{t-1}} + (q-\dfrac{ap}{2})\int\dfrac{dx}{(x^2+ax+b)^t}$

$$\text{für } t>0,\ t\neq 1$$

22. $\int \dfrac{dx}{a^4+x^4} = \dfrac{1}{4a^3\sqrt{2}}\ln\left(\dfrac{x^2+a\sqrt{2x+a^2}}{x^2-a\sqrt{2x+a^2}}\right) +$

$$+\dfrac{1}{2a^3\sqrt{2}}\left[\arctan\left(\dfrac{\sqrt{2}}{a}x+1\right)+\arctan\left(\dfrac{\sqrt{2}}{a}x-1\right)\right]+C$$

23. $\int \dfrac{x\,dx}{a^4+x^4} = \dfrac{1}{2a^2}\arctan\left(\dfrac{x}{a}\right)^2 + C$

24. $\int \dfrac{x^2\,dx}{a^4+x^4} = \dfrac{1}{4a\sqrt{2}}\ln\left(\dfrac{x^2-a\sqrt{2x+a^2}}{x^2+a\sqrt{2x+a^2}}\right) +$

$$+\dfrac{1}{2a\sqrt{2}}\left[\arctan\left(\dfrac{\sqrt{2}}{a}x+1\right)+\arctan\left(\dfrac{\sqrt{2}}{a}x-1\right)\right]+C$$

25. $\int \dfrac{x^3\,dx}{a^4\pm x^4} = \pm\dfrac{1}{4}\ln\mid a^4\pm x^4\mid + C$

Integrale mit Wurzelausdrücken

26. $\int \dfrac{dx}{\sqrt{ax+b}} = \dfrac{2}{a}\sqrt{ax+b} + C$

27. $\int \dfrac{x\,dx}{\sqrt{ax+b}} = \dfrac{2}{3a^2}(ax-2b)\sqrt{ax+b} + C$

28. $\int \dfrac{x^t\,dx}{\sqrt{ax+b}} = \dfrac{2}{(2t+1)a}x^t\sqrt{ax+b} - \dfrac{2tb}{(2t+1)a}\int\dfrac{x^{t-1}}{\sqrt{ax+b}}\,dx$

29.
$$\int \frac{\mathrm{d}x}{x\sqrt{x+a}} = \begin{cases} \dfrac{1}{\sqrt{a}} \ln \left| \dfrac{\sqrt{x+a}-\sqrt{a}}{\sqrt{x+a}+\sqrt{a}} \right| + C & \text{für } a > 0 \\[4mm] \dfrac{2}{\sqrt{|a|}} \arctan \sqrt{\dfrac{x+a}{|a|}} + C & \text{für } a < 0 \end{cases}$$

30.
$$\int \frac{\mathrm{d}x}{x^t \sqrt{ax+b}} = -\frac{1}{(t-1)b} \frac{\sqrt{ax+b}}{x^{t-1}} - \frac{(2t-3)a}{2(t-1)b} \int \frac{\mathrm{d}x}{x^{t-1}\sqrt{ax+b}}$$

31.
$$\int \sqrt{ax+b}\,\mathrm{d}x = \frac{2}{3a} \left(\sqrt{ax+b} \right)^3 + C$$

32.
$$\int x\sqrt{ax+b}\,\mathrm{d}x = \frac{2}{15a^2}(3ax-2b)\left(\sqrt{ax+b} \right)^3 + C$$

33.
$$\int x^t \sqrt{ax+b}\,\mathrm{d}x = \frac{2}{(2t+3)a} x^t \sqrt{ax+b}^3 - \frac{2tb}{(2t+3)a} \int x^{t-1}\sqrt{ax+b}\,\mathrm{d}x$$

34.
$$\int \frac{\sqrt{ax+b}}{x}\,\mathrm{d}x = 2\sqrt{ax+b} + b\int \frac{\mathrm{d}x}{x\sqrt{ax+b}} \qquad\qquad \text{siehe } \mathbf{29.}$$

35.
$$\int \frac{\sqrt{ax+b}}{x^t}\,\mathrm{d}x = -\frac{1}{t-1} \frac{\sqrt{ax+b}}{x^{t-1}} + \frac{a}{2(t-1)} \int \frac{\mathrm{d}x}{x^{t-1}\sqrt{ax+b}} \qquad\qquad \text{siehe } \mathbf{30.}$$

36.
$$\int \frac{\mathrm{d}x}{\sqrt{x+a}\sqrt{x+b}} = 2\ln\left(\sqrt{x+a}+\sqrt{x+b} \right) + C$$

37.
$$\int \frac{\mathrm{d}x}{\sqrt{x+a}\sqrt{-x+b}} = 2\arctan\sqrt{\frac{x+a}{-x+b}} + C$$

38.
$$\int \frac{x\,\mathrm{d}x}{\sqrt{x+a}\sqrt{cx+b}} = c\sqrt{x+a}\sqrt{cx+b} - \frac{1}{2}(bc+a)\int \frac{\mathrm{d}x}{\sqrt{x+a}\sqrt{cx+b}} \qquad \text{für } c = \pm 1$$

39.
$$\int \sqrt{ax+b}\,\sqrt{cx+d}\,\mathrm{d}x = \frac{1}{2}\left(x + \frac{bc+ad}{2ac} \right)\sqrt{ax+b}\sqrt{cx+d}\,x -$$
$$- \frac{(bc-ad)^2}{8ac} \int \frac{\mathrm{d}x}{\sqrt{ax+b}\sqrt{cx+d}}$$

40.
$$\int \sqrt{\frac{ax+b}{cx+d}}\,\mathrm{d}x = \frac{1}{c}\sqrt{ax+b}\sqrt{cx+d} + \frac{bc-ad}{2c} \int \frac{\mathrm{d}x}{\sqrt{ax+b}\sqrt{cx+d}}$$

41. $\displaystyle\int\frac{dx}{\sqrt{a^2+x^2}}=\ln(x+\sqrt{a^2+x^2})+C$ für $a\neq 0$

42. $\displaystyle\int\frac{dx}{\sqrt{a^2-x^2}}=\arcsin\left(\frac{x}{|a|}\right)+C$ für $a\neq 0$

43. $\displaystyle\int\frac{x\,dx}{\sqrt{a^2\pm x^2}}=\pm\sqrt{a^2\pm x^2}+C$ für $a\neq 0$

44. $\displaystyle\int\frac{x^t\,dx}{\sqrt{a^2\pm x^2}}=\pm\frac{1}{t}x^{t-1}\sqrt{a^2\pm x^2}\mp\frac{(t-1)a^2}{t}\int\frac{x^{t-2}}{\sqrt{a^2\pm x^2}}\,dx$ für $a\neq 0$

45. $\displaystyle\int\frac{dx}{x\sqrt{a^2\pm x^2}}=-\frac{1}{a}\cdot\ln\frac{a+\sqrt{a^2\pm x^2}}{x}+C$

46. $\displaystyle\int\frac{dx}{x^t\sqrt{a^2\pm x^2}}=-\frac{1}{(t-1)a^2}\frac{\sqrt{a^2\pm x^2}}{x^{t-1}}\mp\frac{t-2}{(t-1)a^2}\int\frac{dx}{x^{t-2}\sqrt{a^2\pm x^2}}$ für $a\neq 0$

47. $\displaystyle\int\frac{dx}{\sqrt{x^2-a^2}}=\ln|x+\sqrt{x^2-a^2}|+C$ für $a\neq 0$

48. $\displaystyle\int\frac{x\,dx}{\sqrt{x^2-a^2}}=\sqrt{x^2-a^2}+C$ für $a\neq 0$

49. $\displaystyle\int\frac{x^t\,dx}{\sqrt{x^2-a^2}}=\frac{1}{t}x^{t-1}\sqrt{x^2-a^2}+\frac{(t-1)a^2}{t}\int\frac{x^{t-2}}{\sqrt{x^2-a^2}}\,dx$

50. $\displaystyle\int\frac{dx}{x\sqrt{x^2-a^2}}=-\frac{1}{|a|}\arcsin\left|\frac{a}{x}\right|+C$ für $a\neq 0$

51. $\displaystyle\int\frac{dx}{x^t\sqrt{x^2-a^2}}=\frac{1}{(t-1)a^2}\frac{\sqrt{x^2-a^2}}{x^{t-1}}+\frac{t-2}{(t-1)a^2}\int\frac{dx}{x^{t-2}\sqrt{x^2-a^2}}$ für $a\neq 0$

52. $\displaystyle\int\sqrt{a^2+x^2}\,dx=\frac{x}{2}\sqrt{a^2+x^2}+\frac{a^2}{2}\ln(x+\sqrt{a^2+x^2})+C$

53. $\displaystyle\int\sqrt{a^2-x^2}\,dx=\frac{x}{2}\sqrt{a^2-x^2}+\frac{a^2}{2}\arcsin\left(\frac{x}{|a|}\right)+C$

54. $\displaystyle\int x\sqrt{a^2\pm x^2}\,dx=\pm\frac{1}{3}\left(\sqrt{a^2\pm x^2}\right)^3+C$ für $a\neq 0$

55. $\displaystyle\int x^t \sqrt{a^2 \pm x^2}\, dx = \frac{1}{t+2} x^{t+1}\sqrt{a^2 \pm x^2} + \frac{a^2}{t+2}\int \frac{x^t\, dx}{\sqrt{a^2 \pm x^2}}$ für $a \neq 0$

56. $\displaystyle\int \frac{\sqrt{a^2 \pm x^2}}{x}\, dx = \sqrt{a^2 \pm x^2} - a\ln\left|\frac{a + \sqrt{a^2 \pm x^2}}{x}\right| + C$ für $a \neq 0$

57. $\displaystyle\int \sqrt{x^2 - a^2}\, dx = \frac{x}{2}\sqrt{x^2 - a^2} - \frac{a^2}{2}\ln\left|x + \sqrt{x^2 - a^2}\right| + C$

58. $\displaystyle\int x\sqrt{x^2 - a^2}\, dx = \frac{1}{3}\left(\sqrt{x^2 - a^2}\right)^3 + C$

59. $\displaystyle\int x^t \sqrt{x^2 - a^2}\, dx = \frac{1}{t+2} x^{t+1}\sqrt{x^2 - a^2} - \frac{a^2}{t+2}\int \frac{x^t\, dx}{\sqrt{x^2 - a^2}} + C$ für $a \neq 0$

60. $\displaystyle\int \frac{\sqrt{x^2 - a^2}}{x}\, dx = \sqrt{x^2 - a^2} + |a|\arcsin\left|\frac{a}{x}\right| + C$ für $a \neq 0$

61. $\displaystyle\int \frac{dx}{\sqrt{ax^2 + bx + c}} = \begin{cases} \dfrac{1}{\sqrt{a}}\ln\left|2ax + b + 2\sqrt{a}\sqrt{ax^2 + bx + c}\right| & \text{für } a > 0 \\[3mm] -\dfrac{1}{\sqrt{|a|}}\arcsin\dfrac{2ax + b}{\sqrt{b^2 - 4ac}} & \text{für } a < 0 \end{cases}$

62. $\displaystyle\int \frac{x\, dx}{\sqrt{ax^2 + bx + c}} = \frac{1}{a}\sqrt{ax^2 + bx + c} - \frac{b}{2a}\int \frac{dx}{\sqrt{ax^2 + bx + c}}$ für $a \neq 0$

63. $\displaystyle\int \frac{x^2\, dx}{\sqrt{ax^2 + bx + c}} = \frac{1}{4a^2}(2ax - 3b)\sqrt{ax^2 + bx + c} + \frac{3b^2 - 4ac}{8a^2}\int \frac{dx}{\sqrt{ax^2 + bx + c}}$

64. $\displaystyle\int \frac{dx}{x\sqrt{ax^2 + bx + c}} = \begin{cases} -\dfrac{1}{\sqrt{c}}\ln\left|\dfrac{bx + 2c + 2\sqrt{c}\sqrt{ax^2 + bx + c}}{x}\right| & \text{für } c > 0 \\[3mm] -\dfrac{2}{bx}\sqrt{x(ax + b)} & \text{für } c = 0 \text{ und } b \neq 0 \\[3mm] \dfrac{1}{\sqrt{|c|}}\arcsin\left(\dfrac{bx + 2c}{|x|\sqrt{b^2 - 4ac}}\right) & \text{für } c < 0 \end{cases}$

65. $\displaystyle\int \frac{dx}{x^2\sqrt{ax^2 + bx + c}} = \frac{1}{cx}\sqrt{ax^2 + bx + c} - \frac{b}{2c}\int \frac{dx}{x\sqrt{ax^2 + bx + c}}$ für $a \neq 0$

66.
$$\int \frac{dx}{(\sqrt{ax^2 + ax + b})^{2t-1}} = -\frac{2}{(2t-1)(a^2 - 4b)} \frac{2x + a}{(\sqrt{x^2 + ax + b})} -$$

$$- \frac{8(t-1)}{(2t-1)(a^2 - 4b)} \int \frac{dx}{(\sqrt{x^2 + ax + b})^{2t-1}}$$

67.
$$\int \sqrt{x^2 + ax + b}\, dx = \frac{1}{2}(x + \frac{a}{2})\sqrt{x^2 + ax + b} - \frac{a^2 - 4b}{8} \int \frac{dx}{\sqrt{x^2 + ax + b}}$$

68.
$$\int x\sqrt{x^2 + ax + b}\, dx = \frac{1}{3}\left(\sqrt{x^2 + ax + b}\right)^3 -$$

$$- \frac{a}{8}(2x + a)\sqrt{x^2 + ax + b} + \frac{a(a^2 - 4b)}{16} \int \frac{dx}{\sqrt{x^2 + ax + c}}$$

69.
$$\int x^2 \sqrt{x^2 + ax + b}\, dx = \frac{1}{24}(6x - 5a)\left(\sqrt{x^2 + ax + b}\right)^3 + \frac{5a^2 - 4b}{16} \int \sqrt{x^2 + ax + b}\, dx$$

Integrale mit Exponential- und Logarithmusfunktionen

70.
$$\int e^{ax} dx = \frac{e^{ax}}{a} + C$$

71.
$$\int x e^{ax} dx = \frac{1}{a^2}(ax - 1)e^{ax} + C$$

72.
$$\int x^2 e^{ax} dx = \frac{1}{a^3}(a^2 x^2 - 2ax + 2)e^{ax} + C$$

73.
$$\int x^n e^{ax} dx = \frac{e^{ax} x^n}{a} - \frac{n}{a} \int x^{n-1} e^{ax} dx$$

$$= e^{ax}\left(\frac{x^n}{a} - \frac{nx^{n-1}}{a^2} + \frac{n(n-1)x^{n-2}}{a^3} - \dots + \frac{(-1)^n n!}{a^{n+1}}\right) + C$$

74.
$$\int b^{ax} dx = \frac{b^{ax}}{a \ln b} + C$$

75.
$$\int \ln(ax) dx - x(\ln(ax) - 1) + C$$

76.
$$\int x^n \ln(ax) dx = \frac{x^{n+1}}{n+1}\left(\ln(ax) - \frac{1}{n+1}\right) + C$$

77. $\displaystyle\int \frac{(\ln(ax))^n}{x}\,dx = \frac{(\ln(ax))^{n+1}}{n+1} + C$

78. $\displaystyle\int \log_b(ax)\,dx = \frac{1}{\ln b}(x\ln(ax) - x) + C$

Integrale mit trigonometrischen und Arcus-Funktionen

79. $\displaystyle\int \sin(ax)\,dx = -\frac{1}{a}\cos(ax) + C$

80. $\displaystyle\int \sin^2(ax)\,dx = -\frac{1}{4a}\sin(2ax) + \frac{x}{2} + C$

81. $\displaystyle\int \sin^3(ax)\,dx = \frac{1}{3a}\cos(ax)(\cos^2(ax) - 3) + C$

82. $\displaystyle\int \sin^n(ax)\,dx = -\frac{1}{na}\sin^{n-1}(ax)\cos(ax) + \frac{n-1}{n}\int \sin^{n-2}(ax)\,dx$ \hfill mit $n > 1$

83. $\displaystyle\int \frac{dx}{\sin(ax)} = \frac{1}{a}\ln\left|\tan\left(\frac{ax}{2}\right)\right| + C$

84. $\displaystyle\int \frac{dx}{\sin^2(ax)} = -\frac{1}{a}\cot(ax) + C$

85. $\displaystyle\int \frac{dx}{\sin^3(ax)} = -\frac{\cos(ax)}{2a\sin^2(ax)} + \frac{1}{2a}\ln\left|\tan\left(\frac{ax}{2}\right)\right| + C$

86. $\displaystyle\int \frac{dx}{\sin^n(ax)} = -\frac{\cos(ax)}{(n-1)a\sin^{n-1}(ax)} + \frac{n-2}{n-1}\int \frac{dx}{\sin^{n-2}(ax)} + C$ \hfill mit $n > 1$

87. $\displaystyle\int \cos(ax)\,dx = \frac{1}{a}\sin(ax) + C$

88. $\displaystyle\int \cos^2(ax)\,dx = \frac{1}{4a}\sin(2ax) + \frac{x}{2} + C$

89. $\displaystyle\int \cos^3(ax)\,dx = -\frac{1}{3a}\sin(ax)(\sin^2(ax) - 3) + C$

90. $\displaystyle\int \cos^n(ax)\,dx = \frac{1}{na}\cos^{n-1}(ax)\sin(ax) + \frac{n-1}{n}\int \cos^{n-2}(ax)\,dx$

91. $\displaystyle\int \frac{dx}{\cos(ax)} = \frac{1}{2a}\ln\frac{1+\sin(ax)}{1-\sin(ax)} + C$

92. $\displaystyle\int\frac{\mathrm{d}x}{\cos^2(ax)} = \frac{1}{a}\tan(ax) + C$

93. $\displaystyle\int\frac{\mathrm{d}x}{\cos^3(ax)} = \frac{\sin(ax)}{2a\cos^2(ax)} + \frac{1}{4a}\ln\frac{1+\sin(ax)}{1-\sin(ax)} + C$

94. $\displaystyle\int\frac{\mathrm{d}x}{\cos^n(ax)} = \frac{\sin(ax)}{(n-1)a\cos^{n-1}(ax)} + \frac{n-2}{n-1}\int\frac{\mathrm{d}x}{\cos^{n-2}(ax)} + C$ mit $n>1$

95. $\displaystyle\int\tan(ax)\mathrm{d}x = -\frac{1}{a}\ln|\cos(ax)| + C$

96. $\displaystyle\int\tan^2(ax)\mathrm{d}x = \frac{1}{a}\tan(ax) - x + C$

97. $\displaystyle\int\tan^n(ax)\mathrm{d}x = \frac{1}{(n-1)a}\tan^{n-1}(ax) - \int\tan^{n-2}(ax)\mathrm{d}x + C$ mit $n>1$

98. $\displaystyle\int\cot(ax)\mathrm{d}x = \frac{1}{a}\ln|\sin(ax)| + C$

99. $\displaystyle\int\cot^2(ax)\mathrm{d}x = -\frac{1}{a}\cot(ax) - x + C$

100. $\displaystyle\int\cot^n(ax)\mathrm{d}x = -\frac{1}{(n-1)a}\cot^{n-1}(ax) - \int\cot^{n-2}(ax)\mathrm{d}x$ mit $n>1$

101. $\displaystyle\int\sin(ax)\cos(ax)\,\mathrm{d}x = \frac{1}{2a}\sin^2(ax) + C$

102. $\displaystyle\int\sin(ax)\sin(bx)\,\mathrm{d}x = \frac{\sin((a-b)x)}{2(a-b)} - \frac{\sin((a+b)x)}{2(a+b)} + C$

$\displaystyle\qquad\qquad = \frac{1}{b^2-a^2}\big(a\cos(ax)\sin(bx) - b\sin(ax)\cos(bx)\big) + C$ für $|a|\neq|b|$

103. $\displaystyle\int\cos(ax)\cos(bx)\,\mathrm{d}x = \frac{\sin((a-b)x)}{2(a-b)} + \frac{\sin((a+b)x)}{2(a+b)} + C$

$\displaystyle\qquad\qquad = \frac{1}{b^2-a^2}\big(-a\sin(ax)\cos(bx) + b\cos(ax)\sin(bx)\big) + C$ für $|a|\neq|b|$

104. $\displaystyle\int\sin(ax)\cos(bx)\,\mathrm{d}x = -\frac{\cos((a-b)x)}{2(a-b)} - \frac{\cos((a+b)x)}{2(a+b)} + C$

$\displaystyle\qquad\qquad = \frac{1}{b^2-a^2}\big(a\cos(ax)\cos(bx) + b\sin(ax)\sin(bx)\big) + C$ für $|a|\neq|b|$

105. $\quad \int x \sin(ax)\,dx = \dfrac{1}{a^2}\left(\sin(ax) - ax\cos(ax)\right) + C$

106. $\quad \int x^2 \sin(ax)\,dx = \dfrac{1}{a^3}\left(2ax\sin(ax) + (2 - a^2 x^2)\cos(ax)\right) + C$

107. $\quad \int x^n \sin(ax)\,dx = -\dfrac{1}{a}x^n \cos(ax) + \dfrac{n}{a}\int x^{n-1}\cos(ax)\,dx \qquad$ mit $n > 0$

108. $\quad \int x\cos(ax)\,dx = \dfrac{1}{a^2}\left(\cos(ax) + ax\sin(ax)\right) + C$

109. $\quad \int x^2 \cos(ax)\,dx = \dfrac{1}{a^3}\left(2ax\cos(ax) - (2 - a^2 x^2)\sin(ax)\right) + C$

110. $\quad \int x^n \cos(ax)\,dx = \dfrac{1}{a}x^n \sin(ax) - \dfrac{n}{a}\int x^{n-1}\sin(ax)\,dx \qquad$ mit $n > 0$

111. $\quad \int e^{ax}\sin(bx)\,dx = \dfrac{e^{ax}}{a^2 + b^2}\left(a\sin(bx) - b\cos(bx)\right) + C$

112. $\quad \int e^{ax}\sin^n(bx)\,dx = \dfrac{e^{ax}\sin^{n-1}(bx)}{a^2 + n^2 b^2}\left(a\sin(bx) - nb\cos(bx)\right) +$

$\qquad\qquad\qquad\qquad + \dfrac{n(n-1)b^2}{a^2 + n^2 b^2}\int e^{ax}\sin^{n-2}(bx)\,dx \qquad$ für $n > 1$ und $b \neq 0$

113. $\quad \int e^{ax}\cos(bx)\,dx = \dfrac{e^{ax}}{a^2 + b^2}\left(a\cos(bx) + b\sin(bx)\right) + C$

114. $\quad \int e^{ax}\cos^n(bx)\,dx = \dfrac{e^{ax}\cos^{n-1}(bx)}{a^2 + n^2 b^2}\left(a\cos(bx) + nb\sin(bx)\right) +$

$\qquad\qquad\qquad\qquad + \dfrac{n(n-1)b^2}{a^2 + n^2 b^2}\int e^{ax}\cos^{n-2}(bx)\,dx \qquad$ für $n > 1$ und $b \neq 0$

115. $\quad \int x e^{ax}\sin(bx)\,dx = \dfrac{x e^{ax}}{a^2 + b^2}\left(a\sin(bx) - b\cos(bx)\right) -$

$\qquad\qquad\qquad\qquad - \dfrac{e^{ax}}{(a^2 + b^2)^2}\left((a^2 - b^2)\sin(bx) - 2ab\cos(bx)\right) + C$

116. $\quad \int x e^{ax}\cos(bx)\,dx = \dfrac{x e^{ax}}{a^2 + b^2}\left(a\cos(bx) - b\sin(bx)\right) -$

$\qquad\qquad\qquad\qquad - \dfrac{e^{ax}}{(a^2 + b^2)^2}\left((a^2 - b^2)\cos(bx) + 2ab\sin(bx)\right) + C$

117. $\int \arcsin(ax)\,dx = x \arcsin(ax) + \dfrac{1}{a}\sqrt{1-(ax)^2} + C$

118. $\int \arccos(ax)\,dx = x \arccos(ax) - \dfrac{1}{a}\sqrt{1-(ax)^2} + C$

119. $\int \arctan(ax)\,dx = x \arctan(ax) - \dfrac{1}{2a}\ln(1+(ax)^2) + C$

120. $\int \operatorname{arccot}(ax)\,dx = x \operatorname{arccot}(ax) + \dfrac{1}{2a}\ln(1+(ax)^2) + C$

Integrale mit hyperbolischen und Area-Funktionen

121. $\int \sinh(ax)\,dx = \dfrac{1}{a}\cosh(ax) + C$

122. $\int \sinh^2(ax)\,dx = \dfrac{1}{4a}\sinh(2ax) - \dfrac{x}{2} + C$

123. $\int \sinh^n(ax)\,dx = \dfrac{1}{na}\sinh^{n-1}(ax)\cosh(ax) + \dfrac{n-1}{n}\int \sinh^{n-2}(ax)\,dx$ \qquad mit $n > 1$

124. $\int \dfrac{dx}{\sinh(ax)} = \dfrac{1}{a}\ln\left|\tanh\left(\dfrac{ax}{2}\right)\right| + C$

125. $\int \dfrac{dx}{\sinh^2(ax)} = -\dfrac{1}{a}\coth(ax) + C$

126. $\int \dfrac{dx}{\sinh^n(ax)} = -\dfrac{\cosh(ax)}{(n-1)a\,\sinh^{n-1}(ax)} - \dfrac{n-2}{n-1}\int \dfrac{dx}{\sinh^{n-2}(ax)}$ \qquad mit $n > 1$

127. $\int \cosh(ax)\,dx = \dfrac{1}{a}\sinh(ax) + C$

128. $\int \cosh^2(ax)\,dx = \dfrac{1}{4a}\sinh(2ax) + \dfrac{x}{2} + C$

129. $\int \cosh^n(ax)\,dx = \dfrac{1}{na}\cosh^{n-1}(ax)\sinh(ax) + \dfrac{n-1}{n}\int \cosh^{n-2}(ax)\,dx$ \qquad mit $n > 1$

130. $\int \dfrac{dx}{\cosh(ax)} = \dfrac{2}{a}\arctan(e^{ax}) + C$

131. $\int \dfrac{dx}{\cosh^2(ax)} = \dfrac{1}{a}\tanh(ax) + C$

132. $\displaystyle\int\frac{\mathrm{d}x}{\cosh^n(ax)} = -\frac{\sinh(ax)}{(n-1)a\cosh^{n-1}(ax)} + \frac{n-2}{n-1}\int\frac{\mathrm{d}x}{\cosh^{n-2}(ax)}$ mit $n>1$

133. $\displaystyle\int\tanh(ax)\,\mathrm{d}x = \frac{1}{a}\ln(\cosh(ax)) + C$

134. $\displaystyle\int\tanh^2(ax)\,\mathrm{d}x = -\frac{1}{a}\tanh(ax) + x + C$

135. $\displaystyle\int\tanh^n(ax)\,\mathrm{d}x = -\frac{1}{(n-1)a}\tanh^{n-1}(ax) + \int\tanh^{n-2}(ax)\,\mathrm{d}x$ mit $n>1$

136. $\displaystyle\int\coth(ax)\,\mathrm{d}x = \frac{1}{a}\ln|\sinh(ax)| + C$

137. $\displaystyle\int\coth^2(ax)\,\mathrm{d}x = -\frac{1}{a}\coth(ax) + x + C$

138. $\displaystyle\int\coth^n(ax)\,\mathrm{d}x = -\frac{1}{(n-1)a}\coth^{n-1}(ax) + \int\coth^{n-2}(ax)\,\mathrm{d}x$ mit $n>1$

139. $\displaystyle\int\sinh(ax)\cosh(ax)\,\mathrm{d}x = \frac{1}{2a}\sinh^2(ax) + C$

140. $\displaystyle\int\sinh(ax)\sinh(bx)\,\mathrm{d}x = \frac{1}{a^2-b^2}\big(a\cosh(ax)\sinh(bx) - b\sinh(ax)\cosh(bx)\big) + C$

141. $\displaystyle\int\cosh(ax)\cosh(bx)\,\mathrm{d}x = \frac{1}{a^2-b^2}\big(a\sinh(ax)\cosh(bx) - b\cosh(ax)\sinh(bx)\big) + C$

142. $\displaystyle\int\sinh(ax)\cosh(bx)\,\mathrm{d}x = \frac{1}{a^2-b^2}\big(a\cosh(ax)\cosh(bx) - b\sinh(ax)\sinh(bx)\big) + C$

143. $\displaystyle\int\sinh(ax)\sin(bx)\,\mathrm{d}x = \frac{1}{a^2+b^2}\big(a\cosh(ax)\sin(bx) - b\sinh(ax)\cos(bx)\big) + C$

144. $\displaystyle\int\sinh(ax)\cos(bx)\,\mathrm{d}x = \frac{1}{a^2+b^2}\big(a\cosh(ax)\cos(bx) + b\sinh(ax)\sin(bx)\big) + C$

145. $\displaystyle\int\cosh(ax)\sin(bx)\,\mathrm{d}x = \frac{1}{a^2+b^2}\big(a\sinh(ax)\sin(bx) - b\cosh(ax)\cos(bx)\big) + C$

146. $\displaystyle\int\cosh(ax)\cos(bx)\,\mathrm{d}x = \frac{1}{a^2+b^2}\big(a\sinh(ax)\cos(bx) + b\cosh(ax)\sin(bx)\big) + C$

147. $\displaystyle\int x^n\sinh(ax)\,\mathrm{d}x = \frac{1}{a}x^n\cosh(ax) - \frac{n}{a}\int x^{n-1}\cosh(ax)\,\mathrm{d}x$ mit $n>0$

148. $\int x^n \cosh(ax)\,dx = \frac{1}{a} x^n \sinh(ax) - \frac{n}{a} \int x^{n-1} \sinh(ax)\,dx + C$ $\qquad$ mit $n > 0$

149. $\int \operatorname{ar\,sinh}(ax)\,dx = x\operatorname{ar\,sinh}(ax) - \frac{1}{a}\sqrt{1 + (ax)^2} + C$

150. $\int \operatorname{ar\,cosh}(ax)\,dx = x\operatorname{ar\,cosh}(ax) - \frac{1}{a}\sqrt{(ax)^2 - 1} + C$

151. $\int \operatorname{ar\,tanh}(ax)\,dx = x\operatorname{ar\,tanh}(ax) + \frac{1}{2a}\ln(1 - (ax)^2) + C$

152. $\int \operatorname{ar\,coth}(ax)\,dx = x\operatorname{ar\,coth}(ax) + \frac{1}{2a}\ln((ax)^2 - 1) + C$

17.2   Bestimmte Integrale

Häufig vorkommende bestimmte Integrale trigonometrischer Funktionen

1. $\displaystyle\int_0^{\frac{\pi}{2}} \sin^{2n} x\,dx = \int_0^{\frac{\pi}{2}} \cos^{2n} x\,dx = \frac{1\cdot 3\cdot\ldots\cdot(2n-1)}{2\cdot 4\cdot\ldots\cdot 2n}\cdot\frac{\pi}{2}$

2. $\displaystyle\int_0^{\frac{\pi}{2}} \sin^{2n+1} x\,dx = \int_0^{\frac{\pi}{2}} \cos^{2n+1} x\,dx = \frac{2\cdot 4\cdot\ldots\cdot 2n}{3\cdot 5\cdot\ldots\cdot(2n+1)}$

3. $\displaystyle\int_0^{\frac{\pi}{2}} \sin^n x\cos x\,dx = \int_0^{\frac{\pi}{2}} \cos^n x\sin x\,dx = \frac{1}{1+n}$

4. $\displaystyle\int_0^{2\pi} \sin(nx)\sin(mx)\,dx = \begin{cases} \pi & \text{für } n = m \\ 0 & \text{für } n \neq m \end{cases}$

5. $\displaystyle\int_0^{2\pi} \cos(nx)\cos(mx)\,dx = \begin{cases} \pi & \text{für } n = m \\ 0 & \text{für } n \neq m \end{cases}$

6. $\displaystyle\int_0^{2\pi} \sin(nx)\cos(mx)\,dx = 0$

Die Gleichungen **4. – 6.** heißen **Orthogonalitätsrelationen**.

Uneigentliche Integrale

7.
$$\int_a^\infty \frac{dx}{x^n} = \begin{cases} \dfrac{1}{(n-1)a^{n-1}} & \text{für } n > 1 \text{ und } a > 0 \\[2mm] \text{ex. nicht} & \text{für } n \le 1 \text{ und } a > 0 \end{cases}$$

8.
$$\int_0^a \frac{dx}{x^n} = \begin{cases} \dfrac{a^{1-n}}{1-n} & \text{für } n < 1 \text{ und } a \ge 0 \\[2mm] \text{ex. nicht} & \text{für } n \ge 1 \text{ und } a > 0 \end{cases}$$

9.
$$\int_0^\infty \frac{dx}{a^2 + x^2} = \frac{\pi}{2|a|}$$

10.
$$\int_0^\infty \frac{dx}{(a^2 + x^2)^n} = \frac{1 \cdot 3 \cdot \ldots \cdot (2n-3)}{2 \cdot 4 \cdot \ldots \cdot (2n-2)} \cdot \frac{\pi}{2|a|^{2n-1}} \qquad \text{für } n \ge 2 \text{ und } a \ne 0$$

11.
$$\int_0^\infty \frac{dx}{\sqrt{x}(1+x)} = \pi$$

12.
$$\int_0^1 \frac{x\,dx}{\sqrt{1-x^2}} = 1$$

13.
$$\int_0^a \frac{dx}{\sqrt{a^2 - x^2}} = \frac{\pi}{2} \qquad\qquad\qquad\qquad \text{für } a > 0$$

14.
$$\int_0^a \sqrt{a^2 - x^2}\,dx = \frac{a^2 \pi}{4} \qquad\qquad\qquad \text{für } a > 0$$

15.
$$\int_0^\infty \frac{\sin(ax)}{x}\,dx = \frac{\pi}{2} \qquad\qquad\qquad\quad \text{für } a > 0$$

16.
$$\int_0^\infty \frac{\tan(ax)}{x}\,dx = \frac{\pi}{2} \qquad\qquad\qquad\quad \text{für } a > 0$$

17.
$$\int_0^\infty x^n e^{-ax}\,dx = \frac{n!}{a^{n+1}} \qquad\qquad\qquad\quad \text{für } a > 0$$

18. $\displaystyle\int_0^\infty x^{2n} e^{-ax^2} dx = \begin{cases} \dfrac{1\cdot 3\cdot\ldots\cdot(2n-1)}{2^{n+1} a^n}\sqrt{\dfrac{\pi}{a}} & \text{für } n>0 \text{ und } a>0 \\[2em] \dfrac{1}{2}\sqrt{\dfrac{\pi}{a}} & \text{für } n=0 \text{ und } a>0 \end{cases}$

19. $\displaystyle\int_0^\infty x^{2n+1} e^{-ax^2} dx = \dfrac{n!}{2a^{n+1}}$ \qquad\qquad\qquad\qquad für $a>0$

Durch Integrale definierte Funktionen

20. $\displaystyle\Phi(x) = \int_{-\infty}^x e^{-\frac{t^2}{2}} dt = \dfrac{\sqrt{2\pi}}{2} + \sum_{k=0}^\infty \dfrac{(-1)^k x^{2k+1}}{k!(2k+1)2^k}$ \qquad für $x \in \mathbb{R}$

$\Phi(x)$ ist die Verteilungsfunktion der Standardnormalverteilung (siehe Abschnitt 15.6); sie heißt auch GAUSSsches Fehlerintegral.

21. $\displaystyle\Gamma(x) = \int_0^\infty t^{x-1} e^{-t} dt$ für $x>0$ ist die in 5.4 definierte *Gammafunktion* (EULER*sches*

Integral zweiter Gattung). Dafür gilt die Rekursionsformel \quad $\Gamma(x+1) = x\cdot\Gamma(x)$.

Daraus und aus den Startwerten $\Gamma(1)=1$ und $\Gamma(\tfrac{1}{2})=\sqrt{\pi}$ erhält man

für $n \in \mathbb{N}^+$: \qquad\qquad\qquad\qquad $\Gamma(n) = (n-1)!$,

für $x = \tfrac{1}{2}, \tfrac{3}{2}, \cdots, \dfrac{2k+1}{2}, \cdots$: \qquad $\Gamma\!\left(\dfrac{2k+1}{2}\right) = \dfrac{1\cdot 3\cdot\ldots\cdot(2k-1)}{2^k}\cdot\sqrt{\pi}$.

22. $\displaystyle B(x,y) = \int_0^1 t^{x-1}(1-t)^{y-1} dt = 2\int_0^{\frac{\pi}{2}} \cos^{2x-1} t\cdot\sin^{2y-1} t\, dt = \dfrac{\Gamma(x)\cdot\Gamma(y)}{\Gamma(x+y)}$ \quad mit $x, y \in \mathbb{R}^+$

heißt EULER*sches Integral erster Gattung*.

23. $\displaystyle C = -\int_0^\infty e^{-x} \ln x\, dx = \lim_{n\to\infty}\!\left(\sum_{k=1}^n \dfrac{1}{k} - \ln n\right) = 0{,}577215665\ldots$

heißt EULER*sche Konstante*.

24. $\displaystyle\mathrm{Ei}(x) = \int_{-\infty}^x \dfrac{e^t}{t} dt = C + \ln|x| + \sum_{k=1}^\infty \dfrac{x^k}{k!k}$ \quad für $x \in \mathbb{R}^*$ heißt *Integralexponentialfunktion*.

25. $\quad \mathrm{Li}(x) = \int\limits_0^x \dfrac{dt}{\ln t} = C + \ln(\ln \mid x \mid) + \sum\limits_{k=1}^{\infty} \dfrac{(\ln x)^k}{k!k}$ $\qquad$ für $x \in \mathbb{R}^+\backslash\{1\}$

heißt *Integrallogarithmus*. Es ist $\mathrm{Li}(x) = \mathrm{Ei}(\ln x)$.

26. $\quad \mathrm{Si}(x) = \int\limits_{-\infty}^x \dfrac{\sin t}{t}\, dt = \sum\limits_{k=0}^{\infty} \dfrac{(-1)^k x^{2k+1}}{(2k+1)!(2k+1)}$ $\quad$ für $x \in \mathbb{R}$ heißt *Integralsinus*.

27. $\quad \mathrm{Ci}(x) = -\int\limits_{-\infty}^x \dfrac{\cos t}{t}\, dt = C + \ln x + \sum\limits_{k=0}^{\infty} \dfrac{(-1)^k x^{2k}}{(2k)!(2k)}$ $\quad$ für $x \in \mathbb{R}^+$ heißt *Integralkosinus*.

28. $\quad S(x) = \int\limits_0^x \sin\!\left(\dfrac{\pi}{2}t^2\right) dt = \sum\limits_{k=0}^{\infty}\left(\dfrac{\pi}{2}\right)^{2k+1}\dfrac{(-1)^k x^{4k+3}}{(2k+1)!(4k+3)}$ $\qquad$ für $x \in \mathbb{R}$

29. $\quad C(x) = \int\limits_0^x \cos\!\left(\dfrac{\pi}{2}t^2\right) dt = \sum\limits_{k=0}^{\infty}\left(\dfrac{\pi}{2}\right)^{2k}\dfrac{(-1)^k x^{4k+1}}{(2k)!(4k+1)}$ $\qquad$ für $x \in \mathbb{R}$

$S(x)$ und $C(x)$ heißen FRESNELsche Integrale.

30. $\quad F(\varphi,k) = \int\limits_0^{\varphi} \dfrac{d\vartheta}{\sqrt{1 - k^2 \sin^2 \vartheta}} = \int\limits_0^{\sin \varphi} \dfrac{dt}{\sqrt{1-t^2}\sqrt{1-k^2 t^2}}$ $\quad$ für $\mid k \mid < 1$ mit $t = \sin \vartheta$

31. $\quad E(\varphi,k) = \int\limits_0^{\varphi} \sqrt{1 - k^2 \sin^2 \vartheta}\; d\vartheta = \int\limits_0^{\sin \varphi} \dfrac{\sqrt{1-k^2 t^2}}{\sqrt{1-t^2}}\, dt$ $\quad$ für $\mid k \mid < 1$ mit $t = \sin \vartheta$

F und E heißen *elliptische Normalintegrale* 1. bzw. 2. Gattung.

Für $\varphi = \dfrac{\pi}{2}$ erhält man die *vollständigen elliptischen Normalintegrale* 1. bzw. 2. Gattung als

$$F\!\left(\dfrac{\pi}{2},k\right) = \dfrac{\pi}{2}\left[1 + \sum\limits_{\nu=1}^{\infty}\left(\dfrac{1\cdot 3 \cdots \cdot (2\nu - 1)}{2\cdot 4 \cdots \cdot 2\nu}\right)^2 \cdot k^{2\nu}\right]$$

bzw. $\quad E\!\left(\dfrac{\pi}{2},k\right) = \dfrac{\pi}{2}\left[1 - \sum\limits_{\nu=1}^{\infty}\left(\dfrac{1\cdot 3 \cdots \cdot (2\nu - 1)}{2\cdot 4 \cdots \cdot 2\nu}\right)^2 \cdot \dfrac{k^{2\nu}}{2\nu - 1}\right].$

17.3 Potenzreihen

In der folgenden Tabelle sind die wichtigsten Potenzreihenentwicklungen dargestellt. Als Entwicklungspunkt wurde stets $x_0 = 0$ gewählt, in der letzten Spalte ist der jeweilige Konvergenzradius angegeben. Die Formeln gelten sinngemäß auch für die Fortsetzung entsprechender Funktionen ins Komplexe. Durch einfache Substitutionen wie z.B. $x = -t$, $x = t^2$ o.Ä. erhält man hieraus weitere Formeln.

Ist in der binomischen Reihe (5. Zeile) $\alpha \in \mathbb{N}$, so wird wegen $\binom{\alpha}{k} = 0$ für alle $k > \alpha$ diese Reihe zu einer endlichen Summe mit $\alpha + 1$ Summanden. Es ergibt sich der binomische Satz.

In einigen Formeln kommen die BERNOULLI-Zahlen B_k vor. Diese ergeben sich

für gerade Indizes zu $\quad B_0 = 1$, $B_{2l} = (-1)^{l+1} \dfrac{2 \cdot (2l)!}{\pi^{2l}(2^{2l}-1)} \displaystyle\sum_{k=0}^{\infty}(2k+1)^{-2l}$ mit $l \geq 1$,

für ungerade Indizes zu $\quad B_1 = -\dfrac{1}{2}$, $B_{2l+1} = 0$ mit $l \geq 1$.

$\dfrac{1}{1-ax}$ für $a \neq 0$ [1]	$\displaystyle\sum_{k=0}^{\infty}a^k x^k = 1 + ax + a^2 x^2 + \ldots$	$\dfrac{1}{\lvert a \rvert}$
$\dfrac{1}{1-ax^n}$ für $a \neq 0$	$\displaystyle\sum_{k=0}^{\infty}a^k x^{kn} = 1 + ax^n + a^2 x^{2n} + \ldots$	$\sqrt[n]{\dfrac{1}{\lvert a \rvert}}$
$\dfrac{1}{(1-ax)^2}$ für $a \neq 0$	$\displaystyle\sum_{k=0}^{\infty}(k+1)a^k x^k = 1 + 2ax + 3a^2 x^2 + \ldots$	$\dfrac{1}{\lvert a \rvert}$
$\dfrac{ax}{(1-ax)^2}$ für $a \neq 0$	$\displaystyle\sum_{k=1}^{\infty}ka^k x^k = ax + 2a^2 x^2 + 3a^3 x^3 + \ldots$	$\dfrac{1}{\lvert a \rvert}$
$(1+x)^{\alpha}$ für $\alpha \in \mathbb{R} \setminus \mathbb{N}$ [2]	$\displaystyle\sum_{k=0}^{\infty}\binom{\alpha}{k}x^k = 1 + \alpha x + \dfrac{\alpha(\alpha-1)}{2!}x^2 + \ldots$	1
$\sqrt{1+x}$	$\displaystyle\sum_{k=0}^{\infty}\binom{\frac{1}{2}}{k}x^k = 1 + \dfrac{1}{2}x - \dfrac{1}{8}x^2 + \ldots$	1

---

[1] geometrische Reihe

[2] binomische Reihe

$\dfrac{1}{\sqrt{1+x}}$	$\displaystyle\sum_{k=0}^{\infty}\binom{-\frac{1}{2}}{k}x^k = 1 - \dfrac{1}{2}x + \dfrac{3}{8}x^2 + \ldots$	1
e^x	$\displaystyle\sum_{k=0}^{\infty}\dfrac{1}{k!}x^k = 1 + x + \dfrac{x^2}{2!} + \ldots$	∞
a^x für $a > 0$	$\displaystyle\sum_{k=0}^{\infty}\dfrac{1}{k!}(x\ln a)^k = 1 + x\ln a + \dfrac{(x\ln a)^2}{2!} + \ldots$	∞
$\sinh x$	$\displaystyle\sum_{k=0}^{\infty}\dfrac{1}{(2k+1)!}x^{2k+1} = x + \dfrac{x^3}{3!} + \dfrac{x^5}{5!} - \ldots$	∞
$\cosh x$	$\displaystyle\sum_{k=0}^{\infty}\dfrac{1}{(2k)!}x^{2k} = 1 + \dfrac{x^2}{2!} + \dfrac{x^4}{4!} - \ldots$	∞
$\tanh x$	$\displaystyle\sum_{k=0}^{\infty}\dfrac{2^{2k+2}(2^{2k+2}-1)}{(2k+2)!}B_{2k+2}x^{2k+1} = x - \dfrac{x^3}{3} + \dfrac{2x^5}{15} + \ldots$	$\dfrac{\pi}{2}$
$\operatorname{ar\,sinh} x$	$\displaystyle\sum_{k=0}^{\infty}\binom{-\frac{1}{2}}{k}\dfrac{x^{2k+1}}{2k+1} = x - \dfrac{1}{2}\cdot\dfrac{x^3}{3} + \dfrac{1\cdot 3}{2\cdot 4}\cdot\dfrac{x^5}{5} - \ldots$	1
$\operatorname{ar\,tanh} x$	$\displaystyle\sum_{k=0}^{\infty}\dfrac{1}{2k+1}x^{2k+1} = x + \dfrac{x^3}{3} + \dfrac{x^5}{5} + \ldots$	1
$\ln(1+x)$	$\displaystyle\sum_{k=0}^{\infty}\dfrac{(-1)^k}{k+1}x^{k+1} = x - \dfrac{x^2}{2} + \dfrac{x^3}{3} - \ldots$	1
$\ln(a+x)$ für $a > 0$	$\ln a + \displaystyle\sum_{k=1}^{\infty}\dfrac{(-1)^{k+1}}{ka^k}x^k = \ln a + \dfrac{x}{a} - \dfrac{x^2}{2a^2} + \dfrac{x^3}{3a^3} - \ldots$	a
$\ln\!\left(\dfrac{1+x}{1-x}\right)$	$2\displaystyle\sum_{k=0}^{\infty}\dfrac{2}{2k+1}x^{k+1} = 2(x + \dfrac{x^3}{3} + \dfrac{x^5}{5} + \ldots)$	1
$\sin x$	$\displaystyle\sum_{k=0}^{\infty}\dfrac{(-1)^k}{(2k+1)!}x^{2k+1} = x - \dfrac{x^3}{3!} + \dfrac{x^5}{5!} - \ldots$	∞
$\cos x$	$\displaystyle\sum_{k=0}^{\infty}\dfrac{(-1)^k}{(2k)!}x^{2k} = 1 - \dfrac{x^2}{2!} + \dfrac{x^4}{4!} - \ldots$	∞
$\tan x$	$\displaystyle\sum_{k=0}^{\infty}\dfrac{(-1)^k 2^{2k+2}(2^{2k+2}-1)}{(2k+2)!}B_{2k+2}x^{2k+1} = x + \dfrac{x^3}{3} + \dfrac{2x^5}{15} + \ldots$	$\dfrac{\pi}{2}$

arcsin x	$\displaystyle\sum_{k=0}^{\infty}(-1)^k\binom{-\frac{1}{2}}{k}\frac{x^{2k+1}}{2k+1}=x+\frac{1}{2}\cdot\frac{x^3}{3}+\frac{1\cdot 3}{2\cdot 4}\cdot\frac{x^5}{5}+\dots$	1
$\arccos x = \dfrac{\pi}{2} - \arcsin x$	$\dfrac{\pi}{2}-\left(x+\dfrac{1}{2}\cdot\dfrac{x^3}{3}+\dfrac{1\cdot 3}{2\cdot 4}\cdot\dfrac{x^5}{5}+\dots\right)$	1
arctan x	$\displaystyle\sum_{k=0}^{\infty}\frac{(-1)^k}{2k+1}x^{2k+1}=x-\frac{x^3}{3}+\frac{x^5}{5}-\dots$	1

17.4   FOURIER-Reihen

Die im Folgenden behandelten P-periodischen Funktionen $f(x)$ werden stets auf einem Periodenintervall $\left[-\dfrac{P}{2}, \dfrac{P}{2}\right[$ oder $[0, P[$ gegeben und auf ganz $\mathbb{R}$ periodisch fortgesetzt. Für die FOURIER-Koeffizienten spielen die Funktionswerte an den Intervallgrenzen auch bei unstetigen Funktionen keine Rolle, da alle hier aufgeführten Funktionen die DIRICHLETschen Bedingungen (siehe Abschnitt 7.3) erfüllen. Die FOURIER-Reihen $T(x)$ konvergieren somit auf ganz $\mathbb{R}$.

Für $x_0 \in \mathbb{R}$ ist $T(x_0) = f(x_0)$, falls f in x_0 stetig ist,

und $T(x_0) = \dfrac{1}{2}\left(\lim\limits_{x \to x_0-} f(x) + \lim\limits_{x \to x_0+} f(x) \right)$, falls f in x_0 nicht stetig ist.

1. $f(x) = x$ für $x \in \left[-\dfrac{P}{2}, \dfrac{P}{2}\right[$

$$T(x) = \frac{P}{\pi} \sum_{k=1}^{\infty} \frac{(-1)^{k+1}}{k} \sin k\, \frac{2\pi}{P} x$$

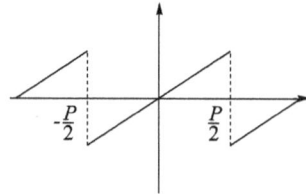

2. $f(x) = x^2$ für $x \in \left[-\dfrac{P}{2}, \dfrac{P}{2}\right[$

$$T(x) = \frac{P^2}{12} + \frac{P^2}{\pi^2} \sum_{k=1}^{\infty} \frac{(-1)^k}{k^2} \cos k\, \frac{2\pi}{P} x$$

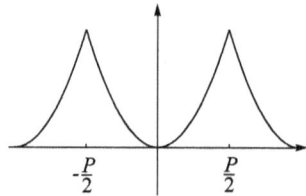

3. $f(x) = x^3$ für $x \in \left[-\dfrac{P}{2}, \dfrac{P}{2}\right[$

$$T(x) = \frac{P^3}{4\pi^3} \sum_{k=1}^{\infty} \frac{(-1)^{k+1}}{k^3} (k^2 \pi^2 - 6) \sin k\, \frac{2\pi}{P} x$$

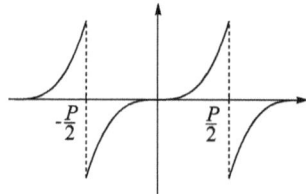

4. $f(x) = \begin{cases} -U - \dfrac{2U}{P}x & \text{für} \quad -\dfrac{P}{2} \le x < 0 \\[3mm] U - \dfrac{2U}{P}x & \text{für} \quad 0 \le x < \dfrac{P}{2} \end{cases}$

$$T(x) = \frac{2U}{\pi} \sum_{k=1}^{\infty} \frac{1}{k} \sin k \frac{2\pi}{P} x$$

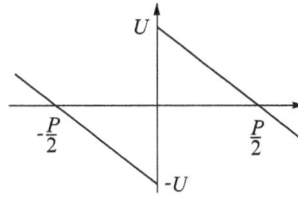

5. $f(x) = \begin{cases} U + \dfrac{2U}{P}x & \text{für} \quad -\dfrac{P}{2} \le x < 0 \\[3mm] U - \dfrac{2U}{P}x & \text{für} \quad 0 \le x < \dfrac{P}{2} \end{cases}$

$$T(x) = \frac{U}{2} + \frac{4U}{\pi^2} \sum_{k=1}^{\infty} \frac{1}{(2k-1)^2} \cos(2k-1)\frac{2\pi}{P} x$$

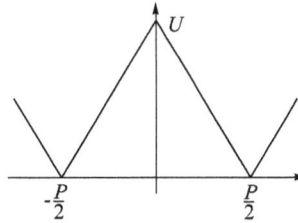

6. $f(x) = \begin{cases} x\left(\dfrac{P}{2} + x\right) & \text{für} \quad -\dfrac{P}{2} \le x < 0 \\[3mm] x\left(\dfrac{P}{2} - x\right) & \text{für} \quad 0 \le x < \dfrac{P}{2} \end{cases}$

$$T(x) = \frac{2P^2}{\pi^3} \sum_{k=1}^{\infty} \frac{1}{(2k-1)^3} \sin(2k-1)\frac{2\pi}{P} x$$

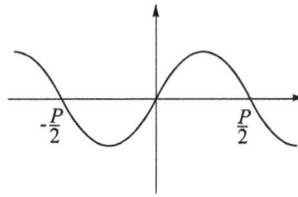

7. $f(x) = x(P - x) \qquad \text{für} \quad 0 \le x < P$

$$T(x) = \frac{P^2}{6} - \frac{P^2}{\pi^2} \sum_{k=1}^{\infty} \frac{1}{k^2} \cos k \frac{2\pi}{P} x$$

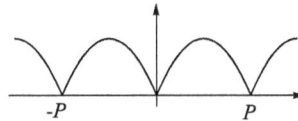

8. $f(x) = U \sin \dfrac{\pi}{P} x \qquad \text{für} \quad 0 \le x < P$

$$T(x) = \frac{2U}{\pi} - \frac{4U}{\pi} \sum_{k=1}^{\infty} \frac{1}{4k^2 - 1} \cos k \frac{2\pi}{P} x$$

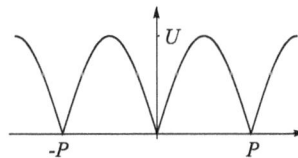

9. $f(x) = \begin{cases} 0 & \text{für} \quad -\dfrac{P}{2} \le x < 0 \\[2mm] U \sin \dfrac{2\pi}{P} x & \text{für} \quad 0 \le x < \dfrac{P}{2} \end{cases}$

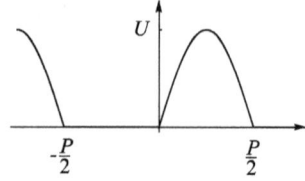

$$T(x) = \frac{U}{\pi} + \frac{U}{2} \sin \frac{2\pi}{P} x - \frac{2U}{\pi} \sum_{k=1}^{\infty} \frac{1}{4k^2 - 1} \cos k \frac{4\pi}{P} x$$

10. $f(x) = U \cos \dfrac{\pi}{P} x \qquad \text{für} \quad 0 \le x < P$

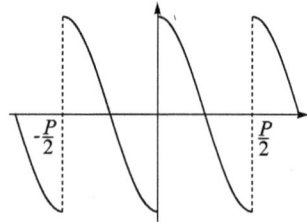

$$T(x) = \frac{2U}{\pi} - \frac{8U}{\pi} \sum_{k=1}^{\infty} \frac{k}{4k^2 - 1} \cos k \frac{2\pi}{P} x$$

11. $f(x) = \begin{cases} U & \text{für} \; |x| < a\dfrac{P}{2} \\[2mm] 0 & \text{für} \; a\dfrac{P}{2} \le |x| < \dfrac{P}{2} \end{cases} \quad \text{mit } a \in [0, 1]$

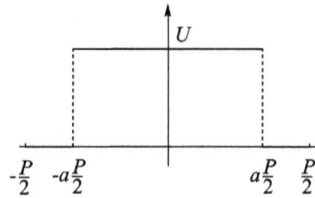

$$T(x) = aU + \frac{2U}{\pi} \sum_{k=1}^{\infty} \frac{\sin k\pi a}{k} \cos k \frac{2\pi}{P} x$$

12. $f(x) = \begin{cases} 0 & \text{für} \; a\dfrac{P}{2} \le |x| < \dfrac{P}{2} \\[2mm] -U & \text{für} \; -a\dfrac{P}{2} < x \le 0 \\[2mm] U & \text{für} \; 0 < x < a\dfrac{P}{2} \end{cases} \quad \text{mit } a \in [0, 1]$

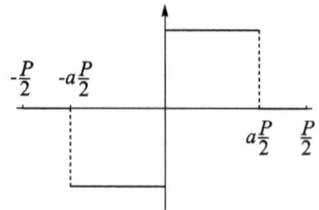

$$T(x) = \frac{2U}{\pi} \sum_{k=1}^{\infty} \frac{1 - \cos k\pi a}{k} \sin k \frac{2\pi}{P} x$$

13. $f(x) = \begin{cases} 0 & \text{für } a\dfrac{P}{2} \le |x| < \dfrac{P}{2} \\ -\dfrac{2U}{aP}x & \text{für } -a\dfrac{P}{2} < x \le 0 \\ \dfrac{2U}{aP}x & \text{für } 0 < x < a\dfrac{P}{2} \end{cases}$ mit $a \in [0, 1]$

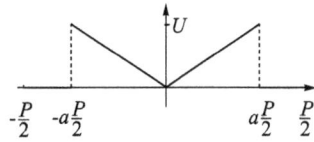

$$T(x) = \frac{aU}{2} + \frac{2U}{\pi^2}\sum_{k=1}^{\infty}\left(\frac{\pi\sin k\pi a}{k} - \frac{1-\cos k\pi a}{ak^2}\right)\cos k\frac{2\pi}{P}x$$

14. $f(x) = \begin{cases} \dfrac{2U}{aP}x & \text{für } |x| < a\dfrac{P}{2} \\ 0 & \text{für } a\dfrac{P}{2} \le |x| < \dfrac{P}{2} \end{cases}$ mit $a \in [0, 1]$

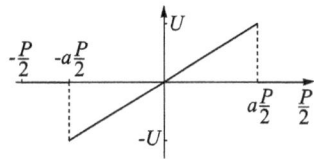

$$T(x) = \frac{2U}{\pi^2}\sum_{k=1}^{\infty}\left(-\frac{\pi\cos k\pi a}{k} + \frac{\sin k\pi a}{ak^2}\right)\sin k\frac{2\pi}{P}x$$

15. $f(x) = \sin a\dfrac{2\pi}{P}x$ für $x \in \left[-\dfrac{P}{2}, \dfrac{P}{2}\right[$ mit $a \notin \mathbb{Z}$

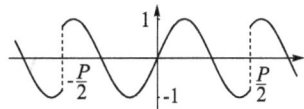

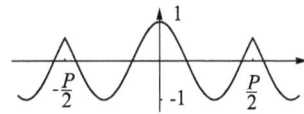

$$T(x) = \frac{2\sin a\pi}{\pi}\sum_{k=1}^{\infty}\frac{(-1)^{k+1}k}{k^2-a^2}\sin k\frac{2\pi}{P}x$$

16. $f(x) = \cos a\dfrac{2\pi}{P}x$ für $x \in \left[-\dfrac{P}{2}, \dfrac{P}{2}\right[$ mit $a \notin \mathbb{Z}$

$$T(x) = \frac{\sin a\pi}{a\pi} + \frac{2a\sin a\pi}{\pi}\sum_{k=1}^{\infty}\frac{(-1)^{k+1}}{k^2-a^2}\cos k\frac{2\pi}{P}x$$

Die folgenden 2π-periodischen trigonometrischen Reihen konvergieren auf den angegebenen Bereichen gegen die entsprechenden Funktionen bzw. deren 2π-periodischen Fortsetzungen.

17. $\displaystyle\sum_{k=1}^{\infty}\frac{1}{k}\sin kx = \begin{cases} 0 & \text{für } x = 0, 2\pi \\[2mm] \dfrac{\pi - x}{2} & \text{für } x \in \,]0, 2\pi[\end{cases}$

18. $\displaystyle\sum_{k=1}^{\infty}\frac{(-1)^{k+1}}{k}\sin kx = \begin{cases} 0 & \text{für } x = -\pi, \pi \\[2mm] \dfrac{x}{2} & \text{für } x \in \,]-\pi, \pi[\end{cases}$

19. $\displaystyle\sum_{k=0}^{\infty}\frac{1}{2k+1}\sin(2k+1)x = \begin{cases} 0 & \text{für } x = 0, \pi, 2\pi \\[2mm] \dfrac{\pi}{4} & \text{für } x \in \,]0, \pi[\\[2mm] -\dfrac{\pi}{4} & \text{für } x \in \,]\pi, 2\pi[\end{cases}$

20. $\displaystyle\sum_{k=0}^{\infty}\frac{(-1)^k}{2k+1}\sin(2k+1)x = -\frac{1}{2}\ln\left(\tan\left(\frac{\pi}{4}-\frac{x}{2}\right)\right)$ \qquad für $x \in \left]-\dfrac{\pi}{2}, \dfrac{\pi}{2}\right[$

21. $\displaystyle\sum_{k=1}^{\infty}\frac{1}{k^3}\sin kx = \frac{\pi^2}{6}x - \frac{\pi}{4}x^2 + \frac{1}{12}x^3$ \qquad für $x \in [0, 2\pi]$

22. $\displaystyle\sum_{k=1}^{\infty}r^k \sin kx = \frac{r\sin x}{1-2r\cos x + r^2}$ \qquad mit $|r| < 1$

23. $\displaystyle\sum_{k=1}^{\infty}\frac{1}{k}\cos kx = -\ln\left(2\sin\frac{x}{2}\right)$ \qquad für $x \in \,]0, 2\pi[$

24. $\displaystyle\sum_{k=1}^{\infty}\frac{(-1)^{k+1}}{k}\cos kx = \ln\left(2\cos\frac{x}{2}\right)$ \qquad für $x \in \,]-\pi, \pi[$

25. $\displaystyle\sum_{k=0}^{\infty}\frac{1}{2k+1}\cos(2k+1)x = -\frac{1}{2}\ln\left(\tan\left(\frac{x}{2}\right)\right)$ \qquad für $x \in \,]0, \pi[$

26. $\displaystyle\sum_{k=0}^{\infty}\frac{(-1)^k}{2k+1}\cos(2k+1)x = \begin{cases} 0 & \text{für } x = -\dfrac{\pi}{2},\dfrac{\pi}{2},\dfrac{3\pi}{2} \\[2mm] \dfrac{\pi}{4} & \text{für } x \in\,]-\dfrac{\pi}{2},\dfrac{\pi}{2}[\\[2mm] -\dfrac{\pi}{4} & \text{für } x \in\,]\dfrac{\pi}{2},\dfrac{3\pi}{2}[\end{cases}$

27. $\displaystyle\sum_{k=1}^{\infty}\frac{1}{k^2}\cos kx = \frac{\pi^2}{6} - \frac{\pi}{2}x + \frac{1}{4}x^2$ \qquad\qquad für $x \in [0, 2\pi]$

28. $\displaystyle\sum_{k=0}^{\infty} r^k \cos kx = \frac{1 - r\cos x}{1 - 2r\cos x + r^2}$ \qquad\qquad mit $|r| < 1$

17.5   FOURIER-Transformierte

Den unten stehenden Formeln für die FOURIER-Transformierten liegt die Definition

$$\mathcal{F}(f(t)) = F(\omega) = \int_{-\infty}^{\infty} f(t) \cdot e^{-i\omega t} dt$$

zu Grunde (siehe auch Abschnitt 12.1). Man beachte, dass in der Definition manchmal auch der Faktor $\dfrac{1}{2\pi}$ hinzukommt. Die Formeln sind dann entsprechend zu ändern.

Aufgrund der Definition ist die Existenz der FOURIER-Transformierten nur für auf ganz $\mathbb{R}$ absolut integrierbare Funktionen $f(t)$ gesichert. Für viele elementare Funktionen existiert demzufolge keine FOURIER-Tranformierte. Deshalb wird für verschiedene Anwendungen die FOURIER-Transformation auf Distributionen verallgemeinert.

Da Distributionen im vorliegenden Taschenbuch nicht behandelt werden, werden hier einige sonst nicht transformierbare Funktionen mittels der *charakteristischen Funktion* $\chi_{[-T,T]}$ „gekappt".

Dabei ist χ_M definiert durch $\chi_M(t) = \begin{cases} 1 & \text{falls } t \in M \\ 0 & \text{falls } t \notin M \end{cases}$.

$\sigma(t)$ bezeichnet die Einheitssprungfunktion, also $\sigma(t) = \begin{cases} 1 & \text{für } t \geq 0 \\ 0 & \text{für } t < 0 \end{cases}$.

	$f(t)$	$F(\omega)$
1.	$e^{-at}\sigma(t) = \begin{cases} e^{-at} & \text{für } t \geq 0 \\ 0 & \text{für } t < 0 \end{cases}$ $(a > 0)$	$\dfrac{1}{a + i\omega}$
2.	$e^{at}\sigma(-t) = \begin{cases} e^{at} & \text{für } t \leq 0 \\ 0 & \text{für } t > 0 \end{cases}$ $(a > 0)$	$\dfrac{1}{a - i\omega}$
3.	$\dfrac{t^{n-1}}{(n-1)!} e^{-at}\sigma(t) \quad (n \in \mathbb{N}^+, a > 0)$	$\dfrac{1}{(a + i\omega)^n}$
4.	$\dfrac{(-1)^{n-1} t^{n-1}}{(n-1)!} e^{-at}\sigma(t) \quad (n \in \mathbb{N}^+, a > 0)$	$\dfrac{1}{(a - i\omega)^n}$

5.	$e^{-a|t|}$	$(a > 0)$	$\dfrac{2a}{a^2 + \omega^2}$
6.	$e^{-a|t|} \operatorname{sign} t$	$(a > 0)$	$-\dfrac{2i\omega}{a^2 + \omega^2}$
7.	$t\,e^{-a|t|}$	$(a > 0)$	$-\dfrac{4ia\omega}{(a^2 + \omega^2)^2}$
8.	$|t|\,e^{-a|t|}$	$(a > 0)$	$\dfrac{2(a^2 - \omega^2)}{(a^2 + \omega^2)^2}$
9.	e^{-at^2}	$(a > 0)$	$\sqrt{\dfrac{\pi}{a}}\,e^{-\frac{\omega^2}{4a}}$
10.	$\dfrac{1}{\sqrt{4\pi a}}\,e^{-\frac{t^2}{4a}}$	$(a > 0)$	$e^{-a\omega^2}$
11.	$\dfrac{1}{t^2 + a^2}$	$(a \neq 0)$	$\dfrac{\pi}{a}\,e^{-a|\omega|}$
12.	$\chi_{[-T,T]}(t)$		$\dfrac{2\sin \omega T}{\omega}$
13.	$t \cdot \chi_{[-T,T]}(t)$		$-\dfrac{2i}{\omega^2}(\sin \omega T - \omega T \cos \omega T)$
14.	$t^2 \cdot \chi_{[-T,T]}(t)$		$\dfrac{2}{\omega^3}[(\omega^2 T^2 - 2)\sin \omega T + 2\omega T \cos \omega T]$
15.	$t^n \cdot \chi_{[-T,T]}(t)$ $(n \in \mathbb{N}^+, n \text{ gerade})$		$\dfrac{2T^n}{\omega}\sin \omega T - \dfrac{ni}{\omega}F\,(t^{n-1})$ $= \dfrac{2T^{n-1}}{\omega^2}(\omega T \sin \omega T - n\cos \omega T) - \dfrac{n(n-1)}{\omega^2}F\,(t^{n-2})$
16.	$t^n \cdot \chi_{[-T,T]}(t)$ $(n \in \mathbb{N}^+, n \text{ ungerade})$		$\dfrac{2iT^n}{\omega}\cos \omega T - \dfrac{ni}{\omega}F\,(t^{n-1})$ $= \dfrac{2iT^{n-1}}{\omega^2}(\omega T \cos \omega T - n\sin \omega T) - \dfrac{n(n-1)}{\omega^2}F\,(t^{n-2})$

17.6   LAPLACE-Transformierte

In der folgenden Tabelle, die eine – reelle oder komplexe – Zeitfunktion $f(t)$ mit ihrer LAPLACE-Transformierten $F(s)$, $s \in \mathbb{C}$, verknüpft, bezeichnet $\sigma(t)$ die Einheitssprungfunktion, also

$$\sigma(t) = \begin{cases} 1 & \text{für } t \geq 0 \\ 0 & \text{für } t < 0 \end{cases}.$$

Auch für alle anderen Funktionen $f(t)$ ist wie üblich $f(t) = 0$ für $t < 0$.

Die Parameter in der Tabelle, die grundsätzlich auch komplex sein können, sind stets so zu wählen, dass alle vorkommenden Ausdrücke definiert sind.

	$f(t)$	$F(s)$
1.	$\sigma(t)$	$\dfrac{1}{s}$
2.	t	$\dfrac{1}{s^2}$
3.	e^{-at}	$\dfrac{1}{s+a}$
4.	$\sin at$	$\dfrac{a}{s^2+a^2}$
5.	$\cos at$	$\dfrac{s}{s^2+a^2}$
6.	$\sinh at$	$\dfrac{a}{s^2-a^2}$
7.	$\cosh at$	$\dfrac{s}{s^2-a^2}$
8.	te^{-at}	$\dfrac{1}{(s+a)^2}$
9.	$(1-at)e^{-at}$	$\dfrac{s}{(s+a)^2}$
10.	$\dfrac{e^{-bt}-e^{-at}}{a-b}$	$\dfrac{1}{(s+a)(s+b)}$

11.	$\dfrac{be^{-bt} - ae^{-at}}{b - a}$	$\dfrac{s}{(s+a)(s+b)}$
12.	$\dfrac{1}{2}t^2 e^{-at}$	$\dfrac{1}{(s+a)^3}$
13.	$\dfrac{1}{2}(2t - at^2)e^{-at}$	$\dfrac{s}{(s+a)^3}$
14.	$\dfrac{1}{2}(2 - 4at + a^2 t^2)e^{-at}$	$\dfrac{s^2}{(s+a)^3}$
15.	$\dfrac{e^{-at} - e^{-bt} + (a-b)te^{-bt}}{(a-b)^2}$	$\dfrac{1}{(s+a)(s+b)^2}$
16.	$\dfrac{(c-b)e^{-at} + (a-c)e^{-bt} + (b-a)e^{-ct}}{(a-b)(b-c)(c-a)}$	$\dfrac{1}{(s+a)(s+b)(s+c)}$
17.	$\dfrac{1}{4a^2}(e^{at} - (2at+1))e^{-at}$	$\dfrac{1}{(s+a)(s^2 - a^2)}$
18.	$\dfrac{be^{-at} + a\sinh bt - b\cosh bt}{b(a^2 - b^2)}$	$\dfrac{1}{(s+a)(s^2 - b^2)}$
19.	$\dfrac{be^{-at} + a\sin bt - b\cos bt}{b(a^2 + b^2)}$	$\dfrac{1}{(s+a)(s^2 + b^2)}$
20.	$\dfrac{t^{n-1}e^{-at}}{(n-1)!}$	$\dfrac{1}{(s+a)^n}$

21. $f(t) = \sigma(t - T)$ für $T > 0$

$$F(s) = \frac{e^{-Ts}}{s}$$

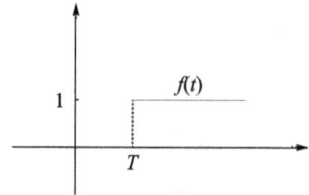

22. $f(t) = 1 - \sigma(t - T)$ für $T > 0$

$$F(s) = \frac{1 - e^{-Ts}}{s}$$

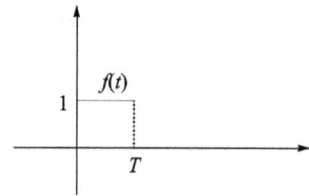

23. $f(t) = \sigma(t - T_1) - \sigma(t - T_2)$ für $T_1, T_2 > 0$

$$F(s) = \frac{e^{-T_1 s} - e^{-T_2 s}}{s}$$

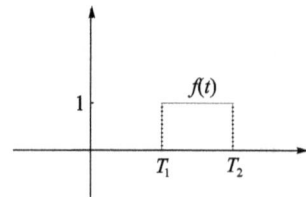

24. $f(t) = \begin{cases} 0 & \text{für } t < T \\ A(t - T) & \text{für } t \geq T \end{cases}$ mit $A \in \mathbb{R}$

$$F(s) = \frac{A e^{-Ts}}{s^2}$$

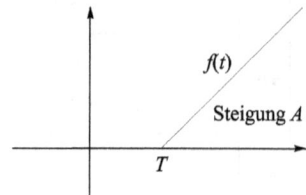

25. $f(t) = \begin{cases} 0 & \text{für } t < T_1 \\ \dfrac{B}{T_2 - T_1}(t - T_1) & \text{für } T_1 \leq t \leq T_2 \\ B & \text{für } t > T_2 \end{cases}$

$$F(s) = \frac{B}{T_2 - T_1} \cdot \frac{e^{-T_1 s} - e^{-T_2 s}}{s^2}$$

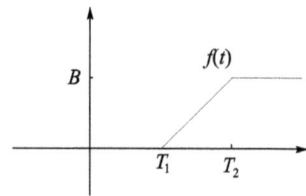

26. $f(t) = \begin{cases} 0 & \text{für } t < T \\ e^{-b(t-T)} & \text{für } t \geq T \end{cases}$ mit $b \in \mathbb{R}^+$

$$F(s) = \frac{e^{-Ts}}{s+b}$$

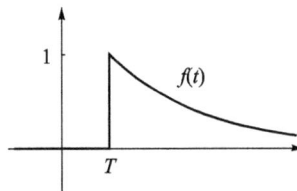

27. $f(t) = \begin{cases} 0 & \text{für } t < T \\ 1 - e^{-b(t-T)} & \text{für } t \geq T \end{cases}$ mit $b \in \mathbb{R}^+$

$$F(s) = \frac{b\, e^{-Ts}}{s(s+b)}$$

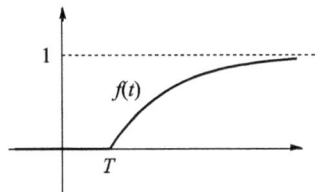

17.7   Statistische Tabellen

Tabelle 1: Quantile u_γ der Standardnormalverteilung

γ	u_γ	γ	u_γ	γ	u_γ	γ	u_γ
0,9999	3,7190	0,9975	2,8070	0,965	1,8119	0,83	0,9542
0,9998	3,5401	0,9970	2,7478	0,960	1,7507	0,82	0,9154
0,9997	3,4316	0,9965	2,6968	0,955	1,6954	0,81	0,8779
0,9996	3,3528	0,9960	2,6521	0,950	1,6449	0,80	0,8416
0,9995	3,2905	0,9955	2,6121	0,945	1,5982	0,79	0,8064
0,9994	3,2389	0,9950	2,5758	0,940	1,5548	0,78	0,7722
0,9993	3,1947	0,9945	2,5427	0,935	1,5141	0,76	0,7063
0,9992	3,1559	0,9940	2,5121	0,930	1,4758	0,74	0,6433
0,9991	3,1214	0,9935	2,4838	0,925	1,4395	0,72	0,5828
0,9990	3,0902	0,9930	2,4573	0,920	1,4051	0,70	0,5244
0,9989	3,0618	0,9925	2,4324	0,915	1,3722	0,68	0,4677
0,9988	3,0357	0,9920	2,4089	0,910	1,3408	0,66	0,4125
0,9987	3,0115	0,9915	2,3867	0,905	1,3106	0,64	0,3585
0,9986	2,9889	0,9910	2,3656	0,900	1,2816	0,62	0,3055
0,9985	2,9677	0,9905	2,3455	0,890	1,2265	0,60	0,2533
0,9984	2,9478	0,9900	2,3263	0,880	1,1750	0,58	0,2019
0,9983	2,9290	0,9850	2,1701	0,870	1,1264	0,56	0,1510
0,9982	2,9112	0,9800	2,0537	0,860	1,0803	0,54	0,1004
0,9981	2,8943	0,9750	1,9600	0,850	1,0364	0,52	0,0502
0,9980	2,8782	0,9700	1,8808	0,840	0,9945	0,50	0,0000

Ablesebeispiel: $u_{0,95} = 1,6449$ Erweiterung für kleine γ: $u_{1-\gamma} = -u_\gamma$

Tabelle 2: Verteilungsfunktion $\Phi(x)$ der Standardnormalverteilung

x	0,00	0,01	0,02	0,03	0,04	0,05	0,06	0,07	0,08	0,09
0,0	0,5000	0,5040	0,5080	0,5120	0,5160	0,5199	0,5239	0,5279	0,5319	0,5359
0,1	0,5398	0,5438	0,5478	0,5517	0,5557	0,5596	0,5636	0,5675	0,5714	0,5753
0,2	0,5793	0,5832	0,5871	0,5910	0,5948	0,5987	0,6026	0,6064	0,6103	0,6141
0,3	0,6179	0,6217	0,6255	0,6293	0,6331	0,6368	0,6406	0,6443	0,6480	0,6517
0,4	0,6554	0,6591	0,6628	0,6664	0,6700	0,6736	0,6772	0,6808	0,6844	0,6879
0,5	0,6915	0,6950	0,6985	0,7019	0,7054	0,7088	0,7123	0,7157	0,7190	0,7224
0,6	0,7257	0,7291	0,7324	0,7357	0,7389	0,7422	0,7454	0,7486	0,7517	0,7549
0,7	0,7580	0,7611	0,7642	0,7673	0,7704	0,7734	0,7764	0,7794	0,7823	0,7852
0,8	0,7881	0,7910	0,7939	0,7967	0,7995	0,8023	0,8051	0,8078	0,8106	0,8133
0,9	0,8159	0,8186	0,8212	0,8238	0,8264	0,8289	0,8315	0,8340	0,8365	0,8389
1,0	0,8413	0,8438	0,8461	0,8485	0,8508	0,8531	0,8554	0,8577	0,8599	0,8621
1,1	0,8643	0,8665	0,8686	0,8708	0,8729	0,8749	0,8770	0,8790	0,8810	0,8830
1,2	0,8849	0,8869	0,8888	0,8907	0,8925	0,8944	0,8962	0,8980	0,8997	0,9015
1,3	0,9032	0,9049	0,9066	0,9082	0,9099	0,9115	0,9131	0,9147	0,9162	0,9177
1,4	0,9192	0,9207	0,9222	0,9236	0,9251	0,9265	0,9279	0,9292	0,9306	0,9319
1,5	0,9332	0,9345	0,9357	0,9370	0,9382	0,9394	0,9406	0,9418	0,9429	0,9441
1,6	0,9452	0,9463	0,9474	0,9484	0,9495	0,9505	0,9515	0,9525	0,9535	0,9545
1,7	0,9554	0,9564	0,9573	0,9582	0,9591	0,9599	0,9608	0,9616	0,9625	0,9633
1,8	0,9641	0,9649	0,9656	0,9664	0,9671	0,9678	0,9686	0,9693	0,9699	0,9706
1,9	0,9713	0,9719	0,9726	0,9732	0,9738	0,9744	0,9750	0,9756	0,9761	0,9767
2,0	0,9772	0,9778	0,9783	0,9788	0,9793	0,9798	0,9803	0,9808	0,9812	0,9817
2,1	0,9821	0,9826	0,9830	0,9834	0,9838	0,9842	0,9846	0,9850	0,9854	0,9857
2,2	0,9861	0,9864	0,9868	0,9871	0,9875	0,9878	0,9881	0,9884	0,9887	0,9890
2,3	0,9893	0,9896	0,9898	0,9901	0,9904	0,9906	0,9909	0,9911	0,9913	0,9916
2,4	0,9918	0,9920	0,9922	0,9925	0,9927	0,9929	0,9931	0,9932	0,9934	0,9936
2,5	0,9938	0,9940	0,9941	0,9943	0,9945	0,9946	0,9948	0,9949	0,9951	0,9952
2,6	0,9953	0,9955	0,9956	0,9957	0,9959	0,9960	0,9961	0,9962	0,9963	0,9964
2,7	0,9965	0,9966	0,9967	0,9968	0,9969	0,9970	0,9971	0,9972	0,9973	0,9974
2,8	0,9974	0,9975	0,9976	0,9977	0,9977	0,9978	0,9979	0,9979	0,9980	0,9981
2,9	0,9981	0,9982	0,9982	0,9983	0,9984	0,9984	0,9985	0,9985	0,9986	0,9986
3,0	0,9987	0,9987	0,9987	0,9988	0,9988	0,9989	0,9989	0,9989	0,9990	0,9990
3,1	0,9990	0,9991	0,9991	0,9991	0,9992	0,9992	0,9992	0,9992	0,9993	0,9993
3,2	0,9993	0,9993	0,9994	0,9994	0,9994	0,9994	0,9994	0,9995	0,9995	0,9995
3,3	0,9995	0,9995	0,9995	0,9996	0,9996	0,9996	0,9996	0,9996	0,9996	0,9997

Ablesebeispiel: $\Phi(1,56) = 0,9406$ Erweiterung für negative x: $\Phi(-x) = 1 - \Phi(x)$

Tabelle 3: Quantile $t_{n,\gamma}$ der t-Verteilung

$n \mid \gamma$	0,995	0,990	0,975	0,950	0,900
1	63,657	31,821	12,706	6,314	3,078
2	9,925	6,965	4,303	2,920	1,886
3	5,841	4,541	3,182	2,353	1,638
4	4,604	3,747	2,776	2,132	1,533
5	4,032	3,365	2,571	2,015	1,476
6	3,707	3,143	2,447	1,943	1,440
7	3,499	2,998	2,365	1,895	1,415
8	3,355	2,896	2,306	1,860	1,397
9	3,250	2,821	2,262	1,833	1,383
10	3,169	2,764	2,228	1,812	1,372
11	3,106	2,718	2,201	1,796	1,363
12	3,055	2,681	2,179	1,782	1,356
13	3,012	2,650	2,160	1,771	1,350
14	2,977	2,624	2,145	1,761	1,345
15	2,947	2,602	2,131	1,753	1,341
16	2,921	2,583	2,120	1,746	1,337
17	2,898	2,567	2,110	1,740	1,333
18	2,878	2,552	2,101	1,734	1,330
19	2,861	2,539	2,093	1,729	1,328
20	2,845	2,528	2,086	1,725	1,325
21	2,831	2,518	2,080	1,721	1,323
22	2,819	2,508	2,074	1,717	1,321
23	2,807	2,500	2,069	1,714	1,319
24	2,797	2,492	2,064	1,711	1,318
25	2,787	2,485	2,060	1,708	1,316
26	2,779	2,479	2,056	1,706	1,315
27	2,771	2,473	2,052	1,703	1,314
28	2,763	2,467	2,048	1,701	1,313
29	2,756	2,462	2,045	1,699	1,311
30	2,750	2,457	2,042	1,697	1,310
40	2,704	2,423	2,021	1,684	1,303
50	2,678	2,403	2,009	1,676	1,299
60	2,660	2,390	2,000	1,671	1,296
70	2,648	2,381	1,994	1,667	1,294
80	2,639	2,374	1,990	1,664	1,292
90	2,632	2,369	1,987	1,662	1,291
100	2,626	2,364	1,984	1,660	1,290
150	2,609	2,352	1,976	1,655	1,287
200	2,601	2,345	1,972	1,653	1,286
300	2,592	2,339	1,968	1,650	1,284
∞	2,576	2,326	1,960	1,645	1,282

Ablesebeispiel: $t_{15;\,0,95} = 1,753$ Erweiterung: $t_{n,1-\gamma} = -t_{n,\gamma}$, $t_{\infty,\gamma} = u_{\gamma}$

Tabelle 4: Quantile $\chi^2_{n,\gamma}$ der χ^2-Verteilung

n / γ	0,995	0,990	0,975	0,950	0,900	0,750	0,500	0,250	0,100	0,050	0,025	0,010	0,005
1	7,879	6,635	5,024	3,841	2,706	1,323	0,455	0,102	$^{-2}1{,}58$	$^{-3}3{,}93$	$^{-4}9{,}82$	$^{-4}1{,}57$	$^{-5}3{,}93$
2	10,60	9,210	7,378	5,991	4,605	2,773	1,386	0,575	0,211	0,103	$^{-2}5{,}06$	$^{-2}2{,}01$	$^{-2}1{,}00$
3	12,84	11,34	9,348	7,815	6,251	4,108	2,366	1,213	0,584	0,352	0,216	0,115	$^{-2}7{,}17$
4	14,86	13,28	11,14	9,488	7,779	5,385	3,357	1,923	1,064	0,711	0,484	0,297	0,207
5	16,75	15,09	12,83	11,07	9,236	6,626	4,351	2,675	1,610	1,145	0,831	0,554	0,412
6	18,55	16,81	14,45	12,59	10,64	7,841	5,348	3,455	2,204	1,635	1,237	0,872	0,676
7	20,28	18,48	16,01	14,07	12,02	9,037	6,346	4,255	2,833	2,167	1,690	1,239	0,989
8	21,96	20,09	17,53	15,51	13,36	10,22	7,344	5,071	3,490	2,733	2,180	1,647	1,344
9	23,59	21,67	19,02	16,92	14,68	11,39	8,343	5,899	4,168	3,325	2,700	2,088	1,735
10	25,19	23,21	20,48	18,31	15,99	12,55	9,342	6,737	4,865	3,940	3,247	2,558	2,156
11	26,76	24,73	21,92	19,68	17,28	13,70	10,34	7,584	5,578	4,575	3,816	3,053	2,603
12	28,30	26,22	23,34	21,03	18,55	14,85	11,34	8,438	6,304	5,226	4,404	3,571	3,074
13	29,82	27,69	24,74	22,36	19,81	15,98	12,34	9,299	7,042	5,892	5,009	4,107	3,565
14	31,32	29,14	26,12	23,68	21,06	17,12	13,34	10,17	7,790	6,571	5,629	4,660	4,075
15	32,80	30,58	27,49	25,00	22,31	18,25	14,34	11,04	8,547	7,261	6,262	5,229	4,601
16	34,27	32,00	28,85	26,30	23,54	19,37	15,34	11,91	9,312	7,962	6,908	5,812	5,142
17	35,72	33,41	30,19	27,59	24,77	20,49	16,34	12,79	10,09	8,672	7,564	6,408	5,697
18	37,16	34,81	31,53	28,87	25,99	21,60	17,34	13,68	10,86	9,390	8,231	7,015	6,265
19	38,58	36,19	32,85	30,14	27,20	22,72	18,34	14,56	11,65	10,12	8,907	7,633	6,844
20	40,00	37,57	34,17	31,41	28,41	23,83	19,34	15,45	12,44	10,85	9,591	8,260	7,434
21	41,40	38,93	35,48	32,67	29,62	24,93	20,34	16,34	13,24	11,59	10,28	8,897	8,034
22	42,80	40,29	36,78	33,92	30,81	26,04	21,34	17,24	14,04	12,34	10,98	9,542	8,643
23	44,18	41,64	38,08	35,17	32,01	27,14	22,34	18,14	14,85	13,09	11,69	10,20	9,260
24	45,56	42,98	39,36	36,42	33,20	28,24	23,34	19,04	15,66	13,85	12,40	10,86	9,886
25	46,93	44,31	40,65	37,65	34,38	29,34	24,34	19,94	16,47	14,61	13,12	11,52	10,52
26	48,29	45,64	41,92	38,89	35,56	30,43	25,34	20,84	17,29	15,38	13,84	12,20	11,16
27	49,64	46,96	43,19	40,11	36,74	31,53	26,34	21,75	18,11	16,15	14,57	12,88	11,81
28	50,99	48,28	44,46	41,34	37,92	32,62	27,34	22,66	19,94	16,93	15,31	13,56	12,46
29	52,34	49,59	45,72	42,56	39,09	33,71	28,34	23,57	19,77	17,71	16,05	14,26	13,12
30	53,67	50,89	46,98	43,77	40,26	34,80	29,34	24,48	20,60	18,49	16,79	14,95	13,79
40	66,77	63,69	59,34	55,76	51,81	45,62	39,34	33,66	29,05	26,51	24,43	22,16	20,71
50	79,49	76,15	71,42	67,50	63,17	56,33	49,33	42,94	37,69	34,76	32,36	29,71	27,99
60	91,95	88,38	83,30	79,08	74,40	66,98	59,33	52,29	46,46	43,19	40,48	37,48	35,53
70	104,2	100,4	95,02	90,53	85,53	77,58	69,33	61,70	55,33	51,74	48,76	45,44	43,28
80	116,3	112,3	106,6	101,9	96,58	88,13	79,33	71,14	64,28	60,39	57,15	53,54	51,17

γ / n	0,995	0,990	0,975	0,950	0,900	0,750	0,500	0,250	0,100	0,050	0,025	0,010	0,005
90	128,3	124,1	118,1	113,1	107,6	98,65	89,33	80,62	73,29	69,13	65,65	61,75	59,20
100	140,2	135,8	129,6	124,3	118,5	109,1	99,33	90,13	82,36	77,93	74,22	70,06	67,33
150	198,4	193,2	185,8	179,6	172,6	161,3	149,3	138,0	128,3	122,7	118,0	112,7	109,1
200	255,3	249,4	241,1	234,0	226,0	213,1	199,3	186,2	174,8	168,3	162,7	156,4	152,2
250	311,3	304,9	295,7	287,9	279,1	264,7	249,3	234,6	221,8	214,4	208,1	200,9	196,2
300	366,8	359,9	349,9	341,4	331,8	316,1	299,3	283,1	269,1	260,9	253,9	246,0	240,7
400	476,6	468,7	457,3	447,6	436,6	418,7	399,3	380,6	364,2	354,6	346,5	337,2	330,9
600	693,0	683,5	669,8	658,1	644,8	623,0	599,3	576,3	556,1	544,2	534,0	522,4	514,5
800	906,8	896,0	880,3	866,9	851,7	826,6	799,3	772,7	749,2	735,4	723,5	709,9	700,7
1000	1119,	1107,	1090,	1075,	1058,	1030,	999,3	969,5	943,1	927,6	914,3	898,9	888,6

Ablesebeispiel: $\chi_{1;0,05} = {}^{-3}3{,}93 = 3{,}93 \cdot 10^{-3} = 0{,}00393$

Tabelle 5: Quantile $F_{m,n,\gamma}$ der F-Verteilung

n	γ \ m	1	2	3	4	5	6	7	8	9	10	11
1	0,990	4052,	4999,	5403,	5625,	5764,	5859,	5928,	5981,	6022,	6056,	6083,
	0,975	647,8	799,5	864,2	899,6	921,8	937,1	948,2	956,7	963,3	968,6	973,0
	0,950	161,4	199,5	215,7	224,6	230,2	234,0	236,8	238,9	240,5	241,9	243,0
	0,900	39,86	49,50	53,59	55,83	57,24	58,20	58,91	59,44	59,86	60,20	60,47
2	0,990	98,50	99,00	99,17	99,25	99,30	99,33	99,36	99,37	99,39	99,40	99,41
	0,975	38,51	39,00	39,17	39,25	39,30	39,33	39,36	39,37	39,39	39,40	39,41
	0,950	18,51	19,00	19,16	19,25	19,30	19,33	19,35	19,37	19,38	19,40	19,40
	0,900	8,526	9,000	9,162	9,243	9,293	9,326	9,349	9,367	9,381	9,392	9,401
3	0,990	34,12	30,82	29,46	28,71	28,24	27,91	27,67	27,49	27,35	27,23	27,13
	0,975	17,44	16,04	15,44	15,10	14,88	14,73	14,62	14,54	14,47	14,42	14,37
	0,950	10,13	9,552	9,277	9,117	9,013	8,941	8,887	8,845	8,812	8,786	8,763
	0,900	5,538	5,462	5,391	5,343	5,309	5,285	5,266	5,252	5,240	5,230	5,222
4	0,990	21,20	18,00	16,69	15,98	15,52	15,21	14,98	14,80	14,66	14,55	14,45
	0,975	12,22	10,65	9,979	9,605	9,364	9,197	9,074	8,980	8,905	8,844	8,793
	0,950	7,709	6,944	6,591	6,388	6,256	6,163	6,094	6,041	5,999	5,964	5,936
	0,900	4,545	4,325	4,191	4,107	4,051	4,010	3,979	3,955	3,936	3,920	3,907
5	0,990	16,26	13,27	12,06	11,39	10,97	10,67	10,46	10,29	10,16	10,05	9,962
	0,975	10,01	8,434	7,764	7,388	7,146	6,978	6,853	6,757	6,681	6,619	6,568
	0,950	6,608	5,786	5,409	5,192	5,050	4,950	4,876	4,818	4,772	4,735	4,704
	0,900	4,060	3,780	3,619	3,520	3,453	3,405	3,368	3,339	3,316	3,297	3,282
6	0,990	13,75	10,92	9,780	9,148	8,746	8,466	8,260	8,102	7,976	7,874	7,789
	0,975	8,813	7,260	6,599	6,227	5,988	5,820	5,695	5,600	5,523	5,461	5,409
	0,950	5,987	5,143	4,757	4,534	4,387	4,284	4,207	4,147	4,099	4,060	4,027
	0,900	3,776	3,463	3,289	3,181	3,108	3,055	3,015	2,983	2,958	2,937	2,919
7	0,990	12,25	9,547	8,451	7,847	7,460	7,191	6,993	6,840	6,719	6,620	6,538
	0,975	8,073	6,542	5,890	5,523	5,285	5,119	4,995	4,899	4,823	4,761	4,709
	0,950	5,591	4,737	4,347	4,120	3,972	3,866	3,787	3,726	3,677	3,637	3,603
	0,900	3,589	3,257	3,074	2,961	2,883	2,827	2,785	2,752	2,725	2,703	2,684
8	0,990	11,26	8,649	7,591	7,006	6,632	6,371	6,178	6,029	5,911	5,814	5,734
	0,975	7,571	6,059	5,416	5,053	4,817	4,652	4,529	4,433	4,357	4,295	4,243
	0,950	5,318	4,459	4,066	3,838	3,687	3,581	3,500	3,438	3,388	3,347	3,313
	0,900	3,458	3,113	2,924	2,806	2,726	2,668	2,624	2,589	2,561	2,538	2,518
9	0,990	10,56	8,022	6,992	6,422	2,057	5,802	5,613	5,467	5,351	5,257	5,177
	0,975	7,209	5,715	5,078	4,718	4,484	4,320	4,197	4,102	4,026	3,964	3,912
	0,950	5,117	4,256	3,863	3,633	3,482	3,374	3,293	3,230	3,179	3,137	3,102
	0,900	3,360	3,006	2,813	2,693	2,611	2,551	2,505	2,469	2,440	2,416	2,396
10	0,990	10,04	7,559	6,552	5,994	5,636	5,386	5,200	5,057	4,962	4,849	4,771
	0,975	6,937	5,456	4,826	4,468	4,236	4,072	3,950	3,855	3,779	3,717	3,665
	0,950	4,965	4,103	3,708	3,478	3,326	3,217	3,135	3,072	3,020	2,978	2,943
	0,900	3,285	2,924	2,728	2,605	2,522	2,461	2,414	2,377	2,347	2,323	2,302

Ablesebeispiel: $F_{3;6;0,99} = 27,91$ Erweiterung: $F_{m,n,1-\gamma} = (F_{m,n,\gamma})^{-1}$

Tabelle 5: Fortsetzung

n \ γ	m 12	13	14	15	20	24	30	40	60	120	∞
1 0,990	6106,	6126,	6143,	6157,	6209,	6235,	6261,	6287,	6313,	6339,	6366,
0,975	976,7	979,8	982,5	984,9	993,1	997,2	1001,	1006,	1010,	1014,	1018,
0,950	243,9	244,7	245,4	245,9	248,0	249,1	250,1	251,1	252,2	253,3	254,3
0,900	60,71	60,90	61,07	61,22	61,74	62,00	62,26	62,53	62,79	63,06	63,33
2 0,990	99,42	99,42	99,43	99,43	99,45	99,46	99,47	99,47	99,48	99,49	99,50
0,975	39,41	39,42	39,43	39,43	39,45	39,46	39,46	39,47	39,48	39,49	39,50
0,950	19,41	19,42	19,42	19,43	19,45	19,45	19,46	19,47	19,48	19,49	19,50
0,900	9,408	9,415	9,420	9,425	9,441	9,450	9,458	9,466	9,475	9,483	9,491
3 0,990	27,05	26,98	26,92	26,87	26,69	26,60	26,50	26,41	26,32	26,22	26,13
0,975	14,34	14,30	14,28	14,25	14,17	14,12	14,08	14,04	13,99	13,95	13,90
0,950	8,745	8,729	8,715	8,703	8,660	8,639	8,617	8,594	8,572	8,549	8,526
0,900	5,216	5,210	5,205	5,200	5,184	5,176	5,168	5,160	5,151	5,143	5,134
4 0,990	14,37	14,31	14,25	14,20	14,02	13,93	13,84	13,75	13,65	13,56	13,46
0,975	8,751	8,715	8,684	8,657	8,560	8,511	8,461	8,411	8,360	8,309	8,257
0,950	5,912	5,891	5,873	5,858	5,803	5,774	5,746	5,717	5,688	5,658	5,628
0,900	3,896	3,885	3,877	3,869	3,844	3,831	3,817	3,804	3,790	3,775	3,761
5 0,990	9,888	9,824	9,770	9,722	9,553	9,466	9,379	9,291	9,202	9,112	9,020
0,975	6,525	6,487	6,455	6,428	6,329	6,278	6,227	6,175	6,123	6,069	6,015
0,950	4,678	4,655	4,636	4,619	4,558	4,527	4,496	4,464	4,431	4,398	4,365
0,900	3,268	3,257	3,247	3,238	3,207	3,191	3,174	3,157	3,140	3,123	3,105
6 0,990	7,718	7,657	7,605	7,559	7,396	7,313	7,229	7,143	7,057	6,969	6,880
0,975	5,366	5,329	5,297	5,269	5,168	5,117	5,065	5,012	4,959	4,904	4,849
0,950	4,000	3,976	3,956	3,938	3,874	3,841	3,808	3,774	3,740	3,705	3,669
0,900	2,905	2,892	2,881	2,871	2,836	2,818	2,800	2,781	2,762	2,742	2,722
7 0,990	6,469	6,410	6,359	6,314	6,155	6,074	5,992	5,908	5,824	5,737	5,650
0,975	4,666	4,628	4,596	4,568	4,467	4,415	4,362	4,309	4,254	4,199	4,142
0,950	3,575	3,550	3,529	3,511	3,445	3,410	3,376	3,340	3,304	3,267	3,230
0,900	2,668	2,654	2,643	2,632	2,595	2,575	2,555	2,535	2,514	2,493	2,471
8 0,990	5,667	5,609	5,558	5,515	5,359	5,279	5,198	5,116	5,032	4,946	4,859
0,975	4,200	4,162	4,129	4,101	3,999	3,947	3,894	3,840	3,784	3,728	3,670
0,950	3,284	3,259	3,237	3,218	3,150	3,115	3,079	3,043	3,005	2,967	2,928
0,900	2,502	2,488	2,475	2,464	2,425	2,404	2,383	2,361	2,339	2,316	2,293
9 0,990	5,111	5,054	5,005	4,962	4,808	4,729	4,649	4,567	4,483	4,398	4,311
0,975	3,868	3,830	3,798	3,769	3,667	3,614	3,560	3,505	3,449	3,392	3,333
0,950	3,073	3,047	3,025	3,006	2,936	2,900	2,864	2,826	2,787	2,748	2,707
0,900	2,379	2,364	2,351	2,340	2,298	2,277	2,255	2,232	2,208	2,184	2,159
10 0,990	4,706	4,649	4,600	4,558	4,405	4,327	4,247	4,165	4,082	3,996	3,909
0,975	3,621	3,583	3,550	3,522	3,419	3,365	3,311	3,255	3,198	3,140	3,080
0,950	2,913	2,887	2,864	2,845	2,774	2,737	2,700	2,661	2,621	2,580	2,538
0,900	2,284	2,269	2,255	2,244	2,201	2,178	2,155	2,132	2,107	2,082	2,055

Tabelle 5: Fortsetzung

n γ / m	1	2	3	4	5	6	7	8	9	10	11
11 0,990	9,646	7,206	6,217	5,668	5,316	5,069	4,886	4,744	4,632	4,539	4,462
0,975	6,724	5,256	4,630	4,275	4,044	3,881	3,759	3,664	3,588	3,526	3,473
0,950	4,844	3,982	3,587	3,357	3,204	3,095	3,012	2,948	2,896	2,854	2,818
0,900	3,225	2,860	2,660	2,536	2,451	2,389	2,342	2,304	2,273	2,248	2,227
12 0,990	9,330	6,927	5,953	5,412	5,064	4,821	4,640	4,499	4,388	4,296	4,219
0,975	6,554	5,096	4,474	4,121	3,891	3,728	3,607	3,512	3,436	3,374	3,321
0,950	4,747	3,885	3,490	3,259	3,106	2,996	2,913	2,849	2,796	2,753	2,717
0,900	3,177	2,807	2,605	2,480	2,394	2,331	2,283	2,245	2,214	2,188	2,166
13 0,990	9,074	6,701	5,739	5,205	4,862	4,620	4,441	4,302	4,191	4,100	4,024
0,975	6,414	4,965	4,347	3,996	3,767	3,604	3,483	3,388	3,312	3,250	3,197
0,950	4,667	3,806	3,411	3,179	3,025	2,915	2,832	2,767	2,714	2,671	2,634
0,900	3,136	2,763	2,560	2,434	2,347	2,283	2,234	2,195	2,164	2,138	2,115
14 0,990	8,862	6,515	5,564	5,035	4,695	4,456	4,278	4,140	4,030	3,939	3,863
0,975	6,298	4,857	4,242	3,892	3,663	3,501	3,380	3,285	3,209	3,147	3,094
0,950	4,600	3,739	3,344	3,112	2,958	2,848	2,764	2,699	2,646	2,602	2,565
0,900	3,102	2,726	2,522	2,395	2,307	2,243	2,193	2,154	2,122	2,095	2,073
15 0,990	8,683	6,359	5,417	4,893	4,556	4,318	4,142	4,004	3,895	3,805	3,730
0,975	6,199	4,765	4,153	3,804	3,576	3,415	3,293	3,199	3,123	3,060	3,007
0,950	4,543	3,682	3,287	3,056	2,901	2,790	2,707	2,641	2,588	2,544	2,506
0,900	3,073	2,695	2,490	2,361	2,273	2,208	2,158	2,119	2,086	2,059	2,036
16 0,990	8,531	6,226	5,292	4,773	4,437	4,202	4,026	3,890	3,780	3,691	3,616
0,975	6,115	4,687	4,077	3,729	3,502	3,341	3,219	3,125	3,049	2,986	2,933
0,950	4,494	3,634	3,239	3,007	2,852	2,741	2,657	2,591	2,538	2,494	2,456
0,900	3,048	2,668	2,462	2,333	2,244	2,178	2,128	2,088	2,055	2,028	2,005
17 0,990	8,400	6,112	5,185	4,669	4,336	4,101	3,927	3,791	3,682	3,593	3,518
0,975	6,042	4,619	4,011	3,665	3,438	3,277	3,156	3,061	2,985	2,922	2,869
0,950	4,451	3,592	3,197	2,965	2,810	2,699	2,614	2,548	2,494	2,450	2,412
0,900	3,026	2,645	2,437	2,308	2,218	2,152	2,102	2,061	2,028	2,001	1,977
18 0,990	8,285	6,013	5,092	4,579	4,248	4,015	3,841	3,705	3,597	3,508	3,433
0,975	5,978	4,560	3,954	3,608	3,382	3,221	3,100	3,005	2,929	2,866	2,813
0,950	4,414	3,555	3,160	2,928	2,773	2,661	2,577	2,510	2,456	2,412	2,374
0,900	3,007	2,624	2,416	2,286	2,196	2,130	2,079	2,038	2,005	1,977	1,953
19 0,990	8,185	5,926	5,010	4,500	4,171	3,939	3,765	3,631	3,523	3,434	3,359
0,975	5,922	4,508	3,903	3,559	3,333	3,172	3,051	2,956	2,880	2,817	2,764
0,950	4,381	3,522	3,127	2,895	2,740	2,628	2,544	2,477	2,423	2,378	2,340
0,900	2,990	2,606	2,397	2,266	2,176	2,109	2,058	2,017	1,984	1,956	1,932
20 0,990	8,096	5,849	4,938	4,431	4,103	3,871	3,699	3,564	3,457	3,368	3,293
0,975	5,871	4,461	3,859	3,515	3,289	3,128	3,007	2,913	2,837	2,774	2,720
0,950	4,351	3,493	3,098	2,866	2,711	2,599	2,514	2,447	2,393	2,348	2,310
0,900	2,975	2,589	2,380	2,249	2,158	2,091	2,040	1,999	1,965	1,937	1,913

Tabelle 5: Fortsetzung

n \ γ	m 12	13	14	15	20	24	30	40	60	120	∞
11 0,990	4,397	4,341	4,293	4,251	4,099	4,021	3,941	3,860	3,776	3,690	3,602
0,975	3,430	3,391	3,358	3,330	3,226	3,173	3,118	3,061	3,004	2,944	2,883
0,950	2,788	2,761	2,738	2,719	2,646	2,609	2,570	2,531	2,490	2,448	2,404
0,900	2,209	2,193	2,179	2,167	2,123	2,100	2,076	2,052	2,026	2,000	1,972
12 0,990	4,155	4,099	4,051	4,010	3,858	3,780	3,701	3,619	3,535	3,449	3,361
0,975	3,277	3,239	3,206	3,177	3,073	3,019	2,963	2,906	2,848	2,787	2,725
0,950	2,687	2,660	2,637	2,617	2,544	2,505	2,466	2,426	2,384	2,341	2,296
0,900	2,147	2,131	2,117	2,105	2,060	2,036	2,011	1,986	1,960	1,932	1,904
13 0,990	3,960	3,905	3,857	3,815	3,665	3,587	3,507	3,425	3,341	3,255	3,165
0,975	3,153	3,115	3,081	3,053	2,948	2,893	2,837	2,780	2,720	2,659	2,595
0,950	2,604	2,577	2,553	2,533	2,459	2,420	2,380	2,339	2,297	2,252	2,206
0,900	2,097	2,080	2,066	2,053	2,007	1,983	1,958	1,931	1,904	1,876	1,846
14 0,990	3,800	3,745	3,697	3,656	3,505	3,427	3,348	3,266	3,181	3,094	3,004
0,975	3,050	3,011	2,978	2,949	2,844	2,789	2,732	2,674	2,614	2,552	2,487
0,950	2,534	2,507	2,483	2,463	2,388	2,349	2,308	2,266	2,223	2,178	2,131
0,900	2,054	2,037	2,022	2,010	1,962	1,938	1,912	1,885	1,857	1,828	1,797
15 0,990	3,666	3,611	3,563	3,522	3,372	3,294	3,214	3,132	3,047	2,959	2,868
0,975	2,963	2,924	2,891	2,862	2,756	2,701	2,644	2,585	2,524	2,461	2,395
0,950	2,475	2,448	2,424	2,403	2,328	2,288	2,247	2,204	2,160	2,114	2,066
0,900	2,017	2,000	1,985	1,972	1,924	1,899	1,873	1,845	1,817	1,787	1,755
16 0,990	3,553	3,497	3,450	3,409	3,259	3,181	3,101	3,018	2,933	2,845	2,753
0,975	2,889	2,850	2,817	2,788	2,681	2,625	2,568	2,509	2,447	2,383	2,316
0,950	2,425	2,397	2,373	2,352	2,276	2,235	2,194	2,151	2,106	2,059	2,010
0,900	1,985	1,968	1,953	1,940	1,891	1,866	1,839	1,811	1,782	1,751	1,718
17 0,990	3,455	3,400	3,353	3,312	3,162	3,084	3,003	2,920	2,835	2,746	2,653
0,975	2,825	2,786	2,752	2,723	2,616	2,560	2,502	2,442	2,380	2,315	2,247
0,950	2,381	2,353	2,329	2,308	2,230	2,190	2,148	2,104	2,058	2,011	1,960
0,900	1,958	1,940	1,925	1,912	1,862	1,836	1,809	1,781	1,751	1,719	1,686
18 0,990	3,371	3,316	3,268	3,227	3,077	2,999	2,919	2,835	2,749	2,660	2,566
0,975	2,769	2,730	2,696	2,667	2,559	2,503	2,444	2,384	2,321	2,256	2,187
0,950	2,342	2,314	2,290	2,269	2,191	2,150	2,107	2,063	2,017	1,968	1,917
0,900	1,933	1,915	1,900	1,887	1,837	1,810	1,783	1,754	1,723	1,691	1,657
19 0,990	3,297	3,241	3,194	3,153	3,003	2,925	2,844	2,761	2,674	2,584	2,489
0,975	2,720	2,680	2,646	2,617	2,509	2,452	2,394	2,333	2,270	2,203	2,133
0,950	2,308	2,280	2,255	2,234	2,155	2,114	2,071	2,026	1,980	1,930	1,878
0,900	1,912	1,894	1,878	1,865	1,814	1,787	1,759	1,730	1,699	1,666	1,631
20 0,990	3,231	3,176	3,129	3,088	2,938	2,859	2,778	2,695	2,608	2,517	2,421
0,975	2,676	2,636	2,602	2,573	2,464	2,408	2,349	2,287	2,223	2,156	2,085
0,950	2,278	2,249	2,225	2,203	2,124	2,082	2,039	1,994	1,946	1,896	1,843
0,900	1,892	1,874	1,859	1,845	1,794	1,767	1,738	1,708	1,677	1,643	1,607

Tabelle 5: Fortsetzung

n	γ	m 1	2	3	4	5	6	7	8	9	10	11
22	0,990	7,945	5,719	4,817	4,313	3,988	3,758	3,587	3,453	3,346	3,258	3,183
	0,975	5,786	4,383	3,783	3,440	3,215	3,055	2,934	2,839	2,763	2,700	2,646
	0,950	4,301	3,443	3,049	2,817	2,661	2,549	2,464	2,397	2,342	2,297	2,258
	0,900	2,949	2,561	2,351	2,219	2,128	2,060	2,008	1,967	1,933	1,904	1,880
24	0,990	7,823	5,614	4,718	4,218	3,895	3,667	3,496	3,363	3,256	3,168	3,094
	0,975	5,717	4,319	3,721	3,379	3,155	2,995	2,874	2,779	2,703	2,640	2,586
	0,950	4,260	3,403	3,009	2,776	2,621	2,508	2,423	2,355	2,300	2,255	2,216
	0,900	2,927	2,538	2,327	2,195	2,103	2,035	1,983	1,941	1,906	1,877	1,853
26	0,990	7,721	5,526	4,637	4,140	3,818	3,591	3,421	3,288	3,182	3,094	3,020
	0,975	5,659	4,265	3,670	3,329	3,105	2,945	2,824	2,729	2,653	2,590	2,536
	0,950	4,225	3,369	2,975	2,743	2,587	2,474	2,388	2,321	2,265	2,200	2,181
	0,900	2,909	2,519	2,307	2,174	2,082	2,014	1,961	1,919	1,884	1,855	1,830
28	0,990	7,636	5,453	4,568	4,074	3,754	3,528	3,358	3,226	3,120	3,032	2,958
	0,975	5,610	4,221	3,626	3,286	3,063	2,903	2,782	2,687	2,611	2,547	2,493
	0,950	4,196	3,340	2,947	2,714	2,558	2,445	2,359	2,291	2,236	2,190	2,151
	0,900	2,894	2,503	2,291	2,157	2,064	1,996	1,943	1,900	1,865	1,836	1,811
30	0,990	7,562	5,390	4,510	4,018	3,699	3,473	3,304	3,173	3,067	2,979	2,905
	0,975	5,568	4,182	3,589	3,250	3,026	2,867	2,746	2,651	2,575	2,511	2,457
	0,950	4,171	3,316	2,922	2,690	2,534	2,421	2,334	2,266	2,211	2,165	2,125
	0,900	2,881	2,489	2,276	2,142	2,049	1,980	1,927	1,884	1,849	1,819	1,794
40	0,990	7,314	5,179	4,313	3,828	3,514	3,291	3,124	2,993	2,888	2,801	2,727
	0,975	5,424	4,051	3,463	3,126	2,904	2,744	2,624	2,529	2,452	2,388	2,334
	0,950	4,085	3,232	2,839	2,606	2,449	2,336	2,249	2,180	2,124	2,077	2,037
	0,900	2,835	2,440	2,226	2,091	1,997	1,927	1,873	1,829	1,793	1,763	1,737
60	0,990	7,077	4,977	4,126	3,649	3,339	3,119	2,953	2,823	2,718	2,632	2,558
	0,975	5,286	3,925	3,343	3,008	2,786	2,627	2,507	2,412	2,334	2,270	2,215
	0,950	4,001	3,150	2,758	2,525	2,368	2,254	2,167	2,097	2,040	1,993	1,952
	0,900	2,791	2,393	2,177	2,041	1,946	1,875	1,819	1,775	1,738	1,707	1,680
80	0,990	6,964	4,882	4,036	3,564	3,256	3,037	2,872	2,743	2,639	2,552	2,478
	0,975	5,219	3,865	3,285	2,951	2,730	2,571	2,451	2,356	2,278	2,214	2,158
	0,950	3,961	3,111	2,719	2,486	2,329	2,214	2,127	2,057	1,999	1,952	1,910
	0,900	2,770	2,370	2,154	2,017	1,921	1,849	1,793	1,748	1,711	1,680	1,652
120	0,990	6,851	4,787	3,949	3,480	3,174	2,956	2,792	2,663	2,559	2,472	2,398
	0,975	5,152	3,805	3,227	2,894	2,674	2,515	2,395	2,299	2,222	2,157	2,101
	0,950	3,920	3,072	2,680	2,447	2,290	2,175	2,087	2,016	1,959	1,910	1,869
	0,900	2,748	2,347	2,130	1,992	1,896	1,824	1,767	1,722	1,684	1,652	1,625
∞	0,990	6,635	4,605	3,782	3,319	3,017	2,802	2,639	2,511	2,407	2,321	2,247
	0,975	5,024	3,689	3,116	2,786	2,567	2,408	2,288	2,192	2,114	2,048	1,992
	0,950	3,841	2,996	2,605	2,372	2,214	2,099	2,010	1,938	1,880	1,831	1,788
	0,900	2,706	2,303	2,084	1,945	1,847	1,774	1,717	1,670	1,632	1,599	1,570

Tabelle 5: Fortsetzung

n	γ	12	13	14	15	20	24	30	40	60	120	∞
22	0,990	3,121	3,066	3,019	2,978	2,827	2,749	2,667	2,583	2,495	2,403	2,305
	0,975	2,602	2,562	2,528	2,498	2,389	2,332	2,272	2,210	2,145	2,076	2,003
	0,950	2,226	2,197	2,172	2,151	2,071	2,028	1,984	1,938	1,889	1,838	1,783
	0,900	1,859	1,841	1,825	1,811	1,759	1,731	1,702	1,671	1,639	1,604	1,567
24	0,990	3,032	2,977	2,930	2,889	2,738	2,659	2,577	2,492	2,403	2,310	2,211
	0,975	2,541	2,501	2,467	2,437	2,327	2,269	2,209	2,146	2,080	2,010	1,935
	0,950	2,183	2,154	2,129	2,108	2,027	1,984	1,939	1,892	1,842	1,790	1,733
	0,900	1,832	1,813	1,797	1,783	1,730	1,702	1,672	1,641	1,607	1,571	1,533
26	0,990	2,958	2,903	2,856	2,815	2,664	2,585	2,503	2,417	2,327	2,233	2,131
	0,975	2,491	2,451	2,417	2,387	2,276	2,217	2,157	2,093	2,026	1,954	1,878
	0,950	2,148	2,119	2,093	2,072	1,990	1,946	1,901	1,853	1,803	1,749	1,691
	0,900	1,809	1,790	1,774	1,760	1,706	1,677	1,647	1,615	1,581	1,544	1,504
28	0,990	2,896	2,841	2,794	2,753	2,602	2,522	2,440	2,353	2,263	2,167	2,064
	0,975	2,448	2,408	2,374	2,344	2,232	2,174	2,112	2,048	1,980	1,907	1,829
	0,950	2,118	2,088	2,063	2,041	1,959	1,915	1,869	1,820	1,769	1,714	1,654
	0,900	1,790	1,770	1,754	1,740	1,685	1,656	1,625	1,592	1,558	1,520	1,478
30	0,990	2,843	2,788	2,741	2,700	2,549	2,469	2,386	2,299	2,208	2,111	2,006
	0,975	2,412	2,372	2,337	2,307	2,195	2,136	2,074	2,009	1,940	1,866	1,787
	0,950	2,092	2,062	2,037	2,015	1,932	1,887	1,841	1,792	1,740	1,684	1,622
	0,900	1,773	1,753	1,737	1,722	1,667	1,638	1,606	1,573	1,538	1,499	1,456
40	0,990	2,665	2,610	2,563	2,522	2,369	2,288	2,203	2,114	2,019	1,917	1,805
	0,975	2,288	2,247	2,212	2,182	2,068	2,007	1,943	1,875	1,803	1,724	1,637
	0,950	2,003	1,973	1,947	1,924	1,839	1,793	1,744	1,693	1,637	1,577	1,509
	0,900	1,715	1,695	1,677	1,662	1,605	1,574	1,541	1,506	1,467	1,425	1,377
60	0,990	2,496	2,441	2,393	2,352	2,198	2,115	2,028	1,936	1,836	1,726	1,601
	0,975	2,169	2,128	2,092	2,061	1,944	1,882	1,815	1,744	1,667	1,581	1,482
	0,950	1,917	1,886	1,860	1,836	1,748	1,700	1,649	1,594	1,534	1,467	1,389
	0,900	1,657	1,637	1,619	1,603	1,543	1,511	1,476	1,437	1,395	1,348	1,291
80	0,990	2,416	2,361	2,313	2,272	2,116	2,033	1,944	1,849	1,746	1,630	1,491
	0,975	2,112	2,070	2,034	2,003	1,885	1,821	1,753	1,679	1,598	1,507	1,396
	0,950	1,876	1,844	1,817	1,793	1,703	1,654	1,602	1,545	1,482	1,410	1,322
	0,900	1,629	1,608	1,590	1,574	1,513	1,479	1,443	1,403	1,358	1,306	1,242
120	0,990	2,336	2,281	2,233	2,192	2,035	1,950	1,860	1,763	1,656	1,533	1,381
	0,975	2,055	2,013	1,976	1,945	1,825	1,760	1,690	1,614	1,530	1,433	1,310
	0,950	1,834	1,802	1,774	1,750	1,659	1,608	1,554	1,495	1,429	1,352	1,254
	0,900	1,601	1,580	1,561	1,545	1,482	1,447	1,409	1,368	1,320	1,265	1,193
∞	0,990	2,185	2,129	2,080	2,039	1,878	1,791	1,696	1,592	1,473	1,325	1,000
	0,975	1,945	1,902	1,865	1,833	1,708	1,640	1,566	1,484	1,388	1,268	1,000
	0,950	1,752	1,719	1,691	1,666	1,571	1,517	1,459	1,394	1,318	1,221	1,000
	0,900	1,546	1,523	1,504	1,487	1,421	1,383	1,342	1,295	1,240	1,169	1,000

18   Literaturhinweise

Es würde den Rahmen dieses Kapitels sprengen, alle Werke zu nennen, die in das vorliegende Taschenbuch, das auf Vorlesungen aus mehr als 30 Jahren basiert, direkt oder indirekt eingegangen sind. Deshalb wird hier nur eine kleine Auswahl solcher Bücher genannt, mit denen die Autoren gearbeitet haben und die gemeint sind, wenn auf weiterführende Literatur verwiesen wird. Von den meisten der hier angegebenen Werke gibt es inzwischen neuere Auflagen.

Lehrbücher

zur Ingenieurmathematik

T. Arens et al.: Mathematik, 3. Aufl., Springer Verlag, 2015

J. Erven, D. Schwägerl: Mathematik für Angewandte Wissenschaften, Ein Lehrbuch für Ingenieure und Naturwissenschaftler, 5. Aufl., de Gruyter Verlag, 2018

J. Erven, M. Erven, J. Hörwick: Mathematik für Angewandte Wissenschaften, Ein Vorkurs für Ingenieure, Natur- und Wirtschaftswissenschaftler, 6. Aufl., de Gruyter Verlag, 2018

A. Fetzer, H. Fränkel (Hrsg.): Mathematik, Lehrbuch für Fachhochschulen, Bd. 1-3, VDI-Verlag, 1985

A. Hoffmann, B. Marx, W. Vogt: Mathematik für Ingenieure, Bd. 1+2, Pearson Verlag, 2005/2006

W. Preuß, G. Wenisch (Hrsg.): Lehr- und Übungsbuch Mathematik Bd. 1-3, Fachbuchverlag Leipzig, 1996

P. Stingl: Mathematik für Fachhochschulen, 3. Aufl., Hanser Verlag, 1988

zu Differentialgleichungen und Funktionentheorie

N. H. Asmar: Applied Complex Analysis with Partial Differential Equations, Pearson Education, 2002

L. Collatz: Gewöhnliche Differentialgleichungen, 4. Aufl., Teubner Verlag, 1970

W. Fischer, I. Lieb: Funktionentheorie, 7. Aufl., Vieweg Verlagsgesellschaft, 2002

A. Herz: Repetitorium Funktionentheorie, Vieweg + Teubner Verlag, 2003

H. Heuser: Gewöhnliche Differentialgleichungen, 4. Aufl., Teubner Verlag, 2004

https://doi.org/10.1515/9783110537161-361

zur Numerischen Mathematik

M. Knorrenschild: Numerische Mathematik – eine beispielorientierte Einführung, Fachbuchverlag Leipzig, 2003

W. Preuß, G. Wenisch (Hrsg.): Lehr- und Übungsbuch Numerische Mathematik, Fachbuchverlag Leipzig 2001

H. Schwetlick, H. Kretzschmar: Numerische Verfahren für Naturwissenschaftler und Ingenieure, Fachbuchverlag Leipzig 1991

zu Wahrscheinlichkeitstheorie und Statistik

A.H. Haddad: Probabilistic Systems and Random Signals, Pearson Prentice Hall, 2006

E. Kreyszig: Statistische Methoden und ihre Anwendungen, 3. Aufl., Verlag Vandenhoeck und Rupprecht, 1970

S.M. Ross: Statistik für Ingenieure und Naturwissenschaftler, 3. Aufl., Spektrum Akademischer Verlag, 2006

M. Sachs: Wahrscheinlichkeitsrechnung und Statistik, Für Ingenieurstudenten an Fachhochschulen, Fachbuchverlag Leipzig, 2003

R. Storm: Wahrscheinlichkeitsrechnung, mathematische Statistik und statistische Qualitätskontrolle, 10. Aufl., Fachbuchverlag Leipzig, 1995

Nachschlagewerke und Formelsammlungen

H.-J. Bartsch: Taschenbuch Mathematischer Formeln für Ingenieure und Naturwissenschaftler, 22. neu bearbeitete Auflage, Fachbuchverlag Leipzig 2011

I.N. Bronstein, K.A. Semendjajew, G. Musiol, H. Mühlig: Taschenbuch der Mathematik, Harri Deutsch Verlag, 1993

L. Rade, B. Westergren: Springers Mathematische Formeln, 3. Aufl., Springer Verlag, 2000

H. Reichardt (Hrsg.): Kleine Enzyklopädie Mathematik, 2. Aufl., Harri Deutsch Verlag, 1980

H. Stöcker (Hrsg.): Taschenbuch mathematischer Formeln und moderner Verfahren, 2. Aufl., Harri Deutsch Verlag, 1993

H. Wörle, H.-J. Rumpf, J. Erven: Taschenbuch der Mathematik, 12. Aufl. Oldenbourg Verlag 1994, Reprint im de Gruyter Verlag 2015

Stichwortverzeichnis

https://doi.org/10.1515/9783110537161-363

www.ingramcontent.com/pod-product-compliance
Lightning Source LLC
Chambersburg PA
CBHW081045220326
41598CB00038B/6991